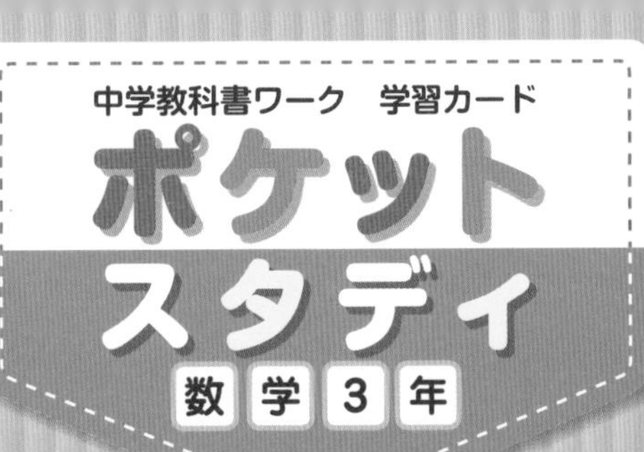

1 かっこをはずす

次の計算をすると？

$3x(2x-4y)$

2 乗法公式1

次の式を展開すると？

$(x+3)(x-5)$

3 乗法公式2 3

次の式を展開すると？

$(x+6)^2$

4 乗法公式4

次の式を展開すると？

$(x+4)(x-4)$

5 共通な因数をくくり出す

次の式を因数分解すると？

$4ax-6ay$

6 因数分解1'

次の式を因数分解すると？

$x^2-10x+21$

7 因数分解2' 3'

次の式を因数分解すると？

$x^2-12x+36$

8 因数分解4'

次の式を因数分解すると？

x^2-100

9 式の計算の利用

$a=78$, $b=58$のとき，次の式の値は？

$a^2-2ab+b^2$

分配法則を使って展開する！

$3x(2x-4y)$

$=3x\times 2x-3x\times 4y$ ← 分配法則！

$=\mathbf{6x^2-12xy}$…答

◎ミシン目で切り取り，穴をあけてリングなどを通して使いましょう。

◎カードの表面が問題，裏面が解答と解説です。

$(x\pm a)^2=x^2\pm 2ax+a^2$

$(x+6)^2$

$=x^2+\underbrace{2\times 6}_{6の2倍}\times x+\underbrace{6^2}_{6の2乗}$

$=\mathbf{x^2+12x+36}$…答

$(x+a)(x+b)=x^2+(a+b)x+ab$

$(x+3)(x-5)$

$=x^2+\underbrace{\{3+(-5)\}}_{和}x+\underbrace{3\times(-5)}_{積}$

$=\mathbf{x^2-2x-15}$…答

できるかぎり因数分解する！

$4ax-6ay$

$=2\times 2\times a\times x-2\times 3\times a\times y$

$=\mathbf{2a(2x-3y)}$…答

2aをかっこの外に

$(x+a)(x-a)=x^2-a^2$

$(x+4)(x-4)$

$=\underbrace{x^2-4^2}_{(2乗)-(2乗)}$

$=\mathbf{x^2-16}$…答

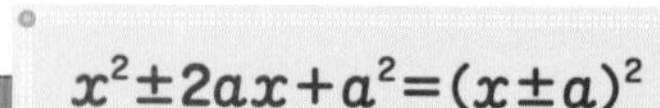

$x^2-12x+36$

$=x^2-\underbrace{2\times 6}_{6の2倍}\times x+\underbrace{6^2}_{6の2乗}$

$=\mathbf{(x-6)^2}$…答

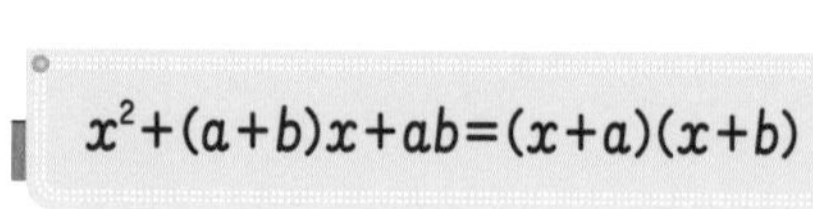

$x^2-10x+21$

$=x^2+\underbrace{\{(-3)+(-7)\}}_{和が-10}x+\underbrace{(-3)\times(-7)}_{積が21}$

$=\mathbf{(x-3)(x-7)}$…答

因数分解してから値を代入！

$a^2-2ab+b^2=(a-b)^2$ ← はじめに因数分解

これにa，bの値を代入すると，

$(78-58)^2=20^2=\mathbf{400}$…答

$x^2-a^2=(x+a)(x-a)$

x^2-100

$=\underbrace{x^2-10^2}_{(2乗)-(2乗)}$

$=\mathbf{(x+10)(x-10)}$…答

中学教科書ワーク

定期テスト対策

スピード
チェック

教科書の公式&解法マスター

数学 3年

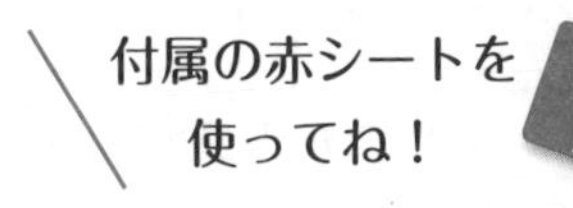
付属の赤シートを
使ってね！

学校図書版

「スピードチェック」は取りはずして使用できます。

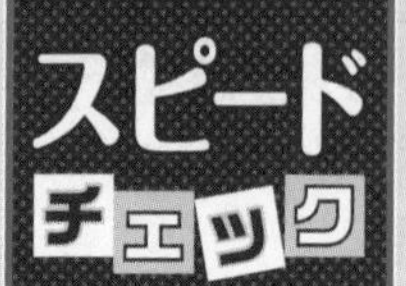

1章　式の計算

1　多項式の計算

1　(単項式)×(多項式)は，分配法則 $a(b+c)=ab+$〔 ac 〕を使って計算する。　**例** $2a(x+3y)=$〔 $2ax+6ay$ 〕

(多項式)×(単項式)は，分配法則 $(b+c)a=ab+$〔 ac 〕を使って計算する。　**例** $(a-4b)\times3x=$〔 $3ax-12bx$ 〕

2　(多項式)÷(単項式)は，式を分数の形で表すか，乗法に直して計算する。

$(a+b)\div c=(a+b)\times\dfrac{1}{〔\ c\ 〕}$　**例** $(2ab+6bc)\div2b=$〔 $a+3c$ 〕

3　単項式と多項式や，多項式どうしの積の形をした式のかっこをはずして，単項式の和の形に表すことを，もとの式を〔 展開 〕するという。

(多項式)×(多項式)は，$(a+b)(c+d)=ac+$〔 ad 〕$+bc+$〔 bd 〕のように計算する。　**例** $(a+2)(b-3)=ab-$〔 $3a$ 〕$+$〔 $2b$ 〕-6

4　$(x+a)(x+b)$ の展開は，

$(x+a)(x+b)=x^2+($〔 $a+b$ 〕$)x+$〔 ab 〕を使う。

例 $(x+2)(x+3)=x^2+(2+3)x+2\times3=x^2+$〔 5 〕$x+$〔 6 〕

例 $(x+3)(x-5)=x^2+\{3+(-5)\}x+3\times(-5)=x^2-$〔 2 〕$x-$〔 15 〕

5　$(x+a)^2$ の展開は，$(x+a)^2=x^2+$〔 $2a$ 〕$x+$〔 a 〕^{2} を使う。

例 $(x+4)^2=x^2+2\times4\times x+4^2=x^2+$〔 8 〕$x+$〔 16 〕

$(x-a)^2$ の展開は，$(x-a)^2=x^2-$〔 $2a$ 〕$x+$〔 a 〕^{2} を使う。

例 $(x-7)^2=x^2-2\times7\times x+7^2=x^2-$〔 14 〕$x+$〔 49 〕

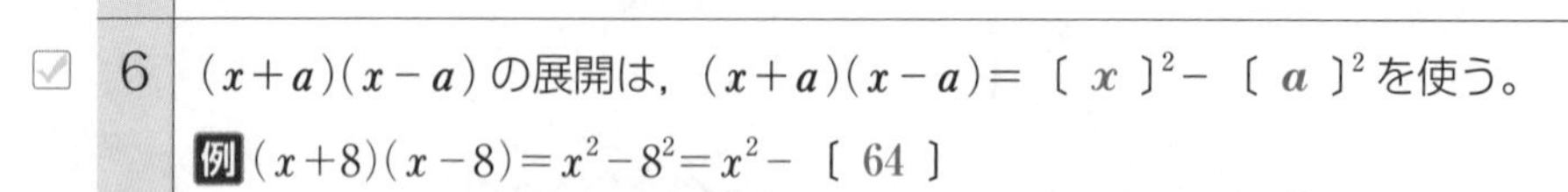

6　$(x+a)(x-a)$ の展開は，$(x+a)(x-a)=$〔 x 〕$^2-$〔 a 〕^{2} を使う。

例 $(x+8)(x-8)=x^2-8^2=x^2-$〔 64 〕

7　$(a+b+c)(a+b+d)$ の展開は，$a+b=M$ とおきかえて計算する。

例 $(a+b+6)(a+b-6)$ の展開は，$a+b=M$ とおくと，

$(M+6)(M-6)=M^2-6^2=(a+b)^2-36=$〔 $a^2+2ab+b^2$ 〕-36

教科書 p.25 ~ 43

1章　式の計算

2　因数分解
3　式の利用

1	多項式をいくつかの単項式や多項式の積の形で表すとき，一つひとつの式をもとの多項式の〔 因数 〕といい，多項式をいくつかの因数の積の形で表すことを，その多項式を〔 因数分解 〕するという。 因数分解は，式の〔 展開 〕の逆になっている。
2	多項式の各項に共通な因数があるときは，それをかっこの外にくくり出す。 $ma+mb+mc=$〔 m 〕$(a+b+c)$ 例 $4ax+6bx+8cx=$〔 $2x$ 〕$(2a+3b+$〔 $4c$ 〕$)$
3	$x^2+(a+b)x+ab$ の因数分解は， $x^2+(a+b)x+ab=(x+$〔 a 〕$)(x+$〔 b 〕$)$ を使う。 例 $x^2+4x+3=x^2+(1+3)x+1\times3=(x+$〔 1 〕$)(x+$〔 3 〕$)$ 例 $x^2-5x-24=x^2+\{3+(-8)\}x+3\times(-8)=(x+$〔 3 〕$)(x-$〔 8 〕$)$
4	$x^2+2ax+a^2$ の因数分解は，$x^2+2ax+a^2=(x+$〔 a 〕$)^2$ を使う。 例 $x^2+12x+36=x^2+2\times6\times x+6^2=(x+$〔 6 〕$)^2$ $x^2-2ax+a^2$ の因数分解は，$x^2-2ax+a^2=(x-$〔 a 〕$)^2$ を使う。 例 $a^2-2a+1=a^2-2\times1\times a+1^2=(a-$〔 1 〕$)^2$
5	x^2-a^2 の因数分解は，$x^2-a^2=(x+$〔 a 〕$)(x-$〔 a 〕$)$ を使う。 例 $x^2-81=x^2-9^2=(x+$〔 9 〕$)(x-$〔 9 〕$)$
6	$ax^2+abx+ac$ の因数分解は，まず共通な因数 a をくくり出す。 例 $2x^2+4x-6=2(x^2+2x-3)=2(x+$〔 3 〕$)(x-$〔 1 〕$)$
7	$(x+y)^2+a(x+y)+b$ の因数分解は，$x+y=M$ とおきかえて考える。 例 $(x+y)^2+5(x+y)+6$ の因数分解は，$x+y=M$ とおくと， $(x+y)^2+5(x+y)+6=M^2+5M+6=(M+2)(M+3)$ $=($〔 $x+y$ 〕$+2)($〔 $x+y$ 〕$+3)$

2章　平方根

1　平方根

☑	1	ある数 x を2乗すると a になるとき，すなわち，$x^2=$〔 a 〕であるとき，x を a の〔 平方根 〕という。正の数の平方根は〔 正，負 〕の2つあり，その〔 絶対値 〕は等しい。0の平方根は〔 0 〕だけである。 例 64の平方根は，$8^2=64$，$(-8)^2=64$ より，〔 8 〕と〔 -8 〕 例 0.09の平方根は，$0.3^2=0.09$，$(-0.3)^2=0.09$ より，〔 0.3 〕と〔 -0.3 〕
☑	2	正の数 a の2つの平方根のうち，正の方を $\sqrt{a}$，負の方を $-\sqrt{a}$ と表し，まとめて〔 $\pm\sqrt{a}$ 〕と表すことがある。また，$\sqrt{0}=0$ である。 例 15の平方根を根号を使って表すと，〔 $\pm\sqrt{15}$ 〕 例 0.7の平方根を根号を使って表すと，〔 $\pm\sqrt{0.7}$ 〕
☑	3	a が正の数のとき，$\sqrt{a^2}=$〔 a 〕，$-\sqrt{a^2}=$〔 $-a$ 〕 例 $\sqrt{49}$ を根号を使わずに表すと，$\sqrt{49}=$〔 7 〕 例 $-\sqrt{0.81}$ を根号を使わずに表すと，$-\sqrt{0.81}=$〔 -0.9 〕
☑	4	a が正の数のとき，$(\sqrt{a})^2=$〔 a 〕，$(-\sqrt{a})^2=$〔 a 〕 例 $(\sqrt{14})^2=$〔 14 〕　例 $(-\sqrt{0.6})^2=$〔 0.6 〕
☑	5	a，b が正の数のとき，$a<b$ ならば $\sqrt{a}$〔 $<$ 〕$\sqrt{b}$ 例 4と $\sqrt{15}$ の大小を調べると，$4=\sqrt{4^2}=\sqrt{16}$ で， $16>$〔 15 〕だから，$\sqrt{16}$〔 $>$ 〕$\sqrt{15}$　したがって，4〔 $>$ 〕$\sqrt{15}$
☑	6	m を整数，n を0でない整数とするとき，$\frac{m}{n}$ のように，分数で表すことができる数を〔 有理数 〕，分数で表すことができない数を〔 無理数 〕という。 例 $\sqrt{2}$ や $\sqrt{3}$，円周率 π は，〔 無理数 〕である。
☑	7	小数第何位かで終わる小数を〔 有限小数 〕といい，小数部分が限りなく続く小数を〔 無限小数 〕という。無限小数のうち，小数部分に同じ数の並びがくりかえし現れるものを〔 循環小数 〕という。 例 $\frac{2}{7}$ を小数で表すと，$\frac{2}{7}=0.285714285714\cdots$ だから，〔 循環 〕小数である。

スピードチェック

教科書 p.55 ～ 73

2章　平方根

2　根号をふくむ式の計算

1

a，b が正の数のとき，$\sqrt{a}\times\sqrt{b}=\sqrt{〔\ ab\ 〕}$，$\dfrac{\sqrt{a}}{\sqrt{b}}=\sqrt{〔\ \dfrac{a}{b}\ 〕}$

例 $\sqrt{7}\times\sqrt{3}=\sqrt{7\times3}=$〔 $\sqrt{21}$ 〕 例 $\dfrac{\sqrt{30}}{\sqrt{6}}=\sqrt{\dfrac{30}{6}}=$〔 $\sqrt{5}$ 〕

例 $\sqrt{3}\times\sqrt{12}=\sqrt{3\times12}=\sqrt{36}=$〔 6 〕 例 $\dfrac{\sqrt{48}}{\sqrt{3}}=\sqrt{\dfrac{48}{3}}=\sqrt{16}=$〔 4 〕

2

a，b が正の数のとき，$a\sqrt{b}=\sqrt{〔\ a^2\times b\ 〕}$，$\sqrt{a^2\times b}=$〔 a 〕$\sqrt{b}$

例 $2\sqrt{2}$ を $\sqrt{a}$ の形に直すと，$2\sqrt{2}=\sqrt{2^2\times2}=$〔 $\sqrt{8}$ 〕

例 $\sqrt{45}$ を $a\sqrt{b}$ の形に直すと，$\sqrt{45}=\sqrt{3^2\times5}=$〔 $3\sqrt{5}$ 〕

例 $\sqrt{2}=1.414$ として，$\sqrt{200}$ の近似値を求めると，

$\sqrt{200}=\sqrt{2}\times\sqrt{100}=10\sqrt{2}=10\times1.414=$〔 14.14 〕

3

分母に根号をふくまない形に直すことを，分母を〔 有理化 〕するという。

a，b が正の数のとき，$\dfrac{\sqrt{a}}{\sqrt{b}}=\dfrac{\sqrt{a}\times〔\ \sqrt{b}\ 〕}{\sqrt{b}\times\sqrt{b}}=\dfrac{〔\ \sqrt{ab}\ 〕}{b}$

例 $\dfrac{\sqrt{5}}{\sqrt{2}}$ の分母を有理化すると，$\dfrac{\sqrt{5}}{\sqrt{2}}=\dfrac{\sqrt{5}\times〔\ \sqrt{2}\ 〕}{\sqrt{2}\times\sqrt{2}}=\dfrac{〔\ \sqrt{10}\ 〕}{2}$

例 $\dfrac{5}{2\sqrt{3}}$ の分母を有理化すると，$\dfrac{5}{2\sqrt{3}}=\dfrac{5\times〔\ \sqrt{3}\ 〕}{2\sqrt{3}\times\sqrt{3}}=\dfrac{〔\ 5\sqrt{3}\ 〕}{6}$

4

a が正の数のとき，$m\sqrt{a}+n\sqrt{a}=(m+$〔 n 〕$)\sqrt{a}$

a が正の数のとき，$m\sqrt{a}-n\sqrt{a}=($〔 m 〕$-n)\sqrt{a}$

例 $5\sqrt{3}-7\sqrt{3}=(5-7)\sqrt{3}=$〔 -2 〕$\sqrt{3}$

5

根号をふくむ式の計算では，分配法則 $a(b+c)=ab+$〔 ac 〕や

乗法公式 $(x+a)(x+b)=x^2+($〔 $a+b$ 〕$)x+$〔 ab 〕，

$(x+a)^2=x^2+$〔 $2a$ 〕$x+$〔 a 〕^{2}，$(x-a)^2=x^2-2ax+a^2$，

$(x+a)(x-a)=$〔 x^2 〕$-$〔 a^2 〕などが使える。

例 $\sqrt{2}(\sqrt{3}+2\sqrt{5})=\sqrt{2}\times\sqrt{3}+\sqrt{2}\times2\sqrt{5}=$〔 $\sqrt{6}$ 〕$+2$〔 $\sqrt{10}$ 〕

例 $(\sqrt{3}+\sqrt{5})^2=(\sqrt{3})^2+2\times\sqrt{5}\times\sqrt{3}+(\sqrt{5})^2=$〔 8 〕$+2$〔 $\sqrt{15}$ 〕

教科書 p.74 ～ 85

3章　2次方程式

1　2次方程式の解き方（1）

1

2次方程式を成り立たせるような文字の値を，その2次方程式の〔 解 〕といい，解をすべて求めることを，2次方程式を〔 解く 〕という。

例 1，2，3のうち，2次方程式 $x^2-4x+3=0$ の解は，〔 1，3 〕

例 -1，-2，-3のうち，2次方程式 $x^2+4x+4=0$ の解は，〔 -2 〕

2

$AB=0$ ならば，$A=$〔 0 〕または $B=$〔 0 〕

2次方程式 $(x-a)(x-b)=0$ を解くと，$x=$〔 a 〕，$x=$〔 b 〕

例 $(x-3)(x+8)=0$ を解くと，$x=$〔 3 〕，$x=$〔 -8 〕

例 $x^2-2x-8=0$ を解くと，$(x+2)(x-4)=0$ より，$x=$〔 -2 〕，$x=$〔 4 〕

3

$x(x-a)=0$ を解くと，$x=0$ または $x-a=0$ より，$x=$〔 0 〕，$x=$〔 a 〕

例 $x(x-7)=0$ を解くと，$x=$〔 0 〕，$x=$〔 7 〕

例 $x^2+6x=0$ を解くと，$x(x+6)=0$ より，$x=$〔 0 〕，$x=$〔 -6 〕

4

$(x-a)^2=0$ を解くと，$x-a=0$ より，$x=$〔 a 〕

例 $(x-5)^2=0$ を解くと，$x=$〔 5 〕

例 $x^2+8x+16=0$ を解くと，$(x+4)^2=0$ より，$x=$〔 -4 〕

5

$x^2-a=0$ を解くと，$x^2=a$ より，$x=\pm$〔 $\sqrt{a}$ 〕

例 $x^2-7=0$ を解くと，$x^2=7$ より，$x=\pm$〔 $\sqrt{7}$ 〕

$ax^2-b=0$ を解くと，$ax^2=b$ で $x^2=\dfrac{b}{a}$ より，$x=$〔 $\pm\sqrt{\dfrac{b}{a}}$ 〕

例 $9x^2-16=0$ を解くと，$9x^2=16$ で $x^2=\dfrac{16}{9}$ より，$x=$〔 $\pm\dfrac{4}{3}$ 〕

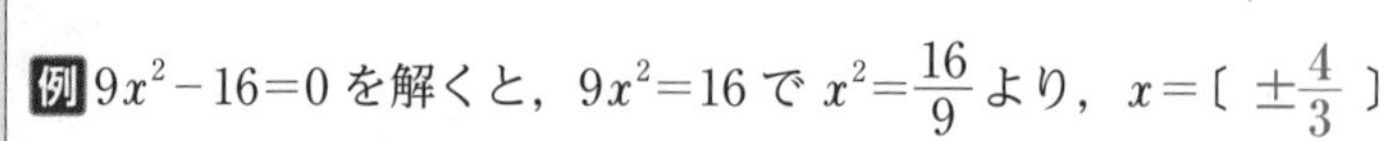

$(x+p)^2=q$ を解くと，$x+p=\pm\sqrt{q}$ より，$x=$〔 $-p\pm\sqrt{q}$ 〕

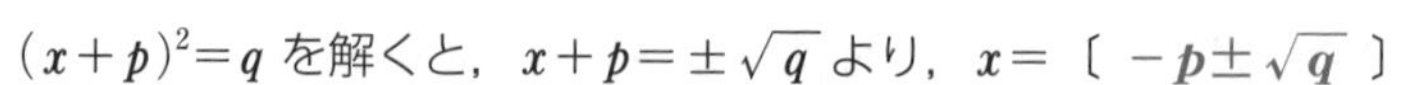

例 $(x-2)^2=3$ を解くと，$x-2=\pm\sqrt{3}$ より，$x=$〔 $2\pm\sqrt{3}$ 〕

6

$x^2+ax+b=0$ の形をした2次方程式は，（〔 x 〕$+p)^2=q$ の形に直せば，平方根の考えを使って解くことができる。

例 $x^2+6x-1=0$ を解くには，$x^2+6x+9=1+9$ と変形して，$(x+3)^2=10$ より，$x=$〔 $-3\pm\sqrt{10}$ 〕

教科書 p.86 ～ 98

3章　2次方程式

1　2次方程式の解き方（2）
2　2次方程式の利用

1

2次方程式 $ax^2+bx+c=0$ の解は，$x=\dfrac{-b\pm\sqrt{b^2-〔\ 4ac\ 〕}}{〔\ 2a\ 〕}$

例 $x^2-5x+3=0$ の解は，$x=\dfrac{-(-5)\pm\sqrt{(-5)^2-4\times1\times3}}{2\times1}=\dfrac{5\pm〔\ \sqrt{13}\ 〕}{2}$

例 $2x^2+3x-1=0$ の解は，$x=\dfrac{-3\pm\sqrt{3^2-4\times2\times(-1)}}{2\times2}=\dfrac{-3\pm〔\ \sqrt{17}\ 〕}{4}$

2

解の公式の根号の中の b^2-4ac の値が0のときは，

その2次方程式の解の個数は，〔 1つ 〕になる。

例 $x^2+6x+9=0$ の解は，$x=\dfrac{-6\pm\sqrt{6^2-4\times1\times9}}{2\times1}=\dfrac{-6\pm\sqrt{0}}{2}=$〔 -3 〕

3

$x^2+ax+b=0$ の解の1つが $x=p$ のとき，$p^2+ap+b=0$ が成り立つ。

例 $x^2-ax+6=0$ の解の1つが2であるとき，$2^2-a\times2+6=0$ より，

$a=$〔 5 〕　よって，$x^2-5x+6=0$ だから，$(x-2)(x-3)=0$ より，

もう1つの解は，$x=$〔 3 〕

4

2次方程式を利用して解く文章題では，何を x で表すか決めて，

等しい数量の関係から〔 2次方程式 〕をつくる。その2次方程式を

解いて，解が問題に〔 適して 〕いるかどうかを確かめる。

例 2つの自然数があって，その差は6で，積は112になる。

小さい方の数を x として，2次方程式をつくると，〔 $x(x+6)=112$ 〕

これを解くと，$(x+14)(x-8)=0$ で，x は自然数だから，$x=$〔 8 〕

したがって，2つの自然数は，8と〔 14 〕。

例 1辺 $x$cm の正方形の紙の4すみから1辺2cm の正方形を切り取り，ふたのない容積 72cm^3 の箱をつくった。このことから，2次方程式をつくると，〔 $2(x-4)^2=72$ 〕　これを解くと，$x=10$，$x=-2$

$x>4$ であるから，$x=10$　　正方形の1辺の長さは〔 10 〕cm。

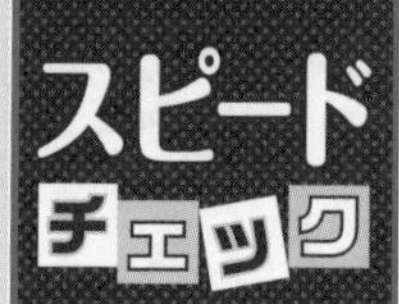

4章　関数 $y=ax^2$

1　関数 $y=ax^2$ (1)

1 y が x の関数であり，$y=ax^2$ と表せるとき，y は x の〔 2乗に比例 〕するという。ただし，a は0でない定数で，この a を〔 比例定数 〕という。

例 半径 x cm の円の面積を y cm^2 とすると，
$y=$〔 π 〕x^2 と表せるから，y は〔 x の2乗 〕に比例する。

例 底面の円の半径が x cm，高さが5cm の円柱の体積を y cm^3 とするとき，
y を x の式で表すと $y=$〔 5π 〕x^2 だから，比例定数は〔 5π 〕。

2 y が x の2乗に比例するとき，x の値が n 倍になると，
対応する y の値は〔 n の2乗 〕倍になる。

例 y が x の2乗に比例するとき，
x の値が4倍になると，対応する y の値は〔 16 〕倍になり，
x の値が $\frac{1}{3}$ 倍になると，対応する y の値は〔 $\frac{1}{9}$ 〕倍になる。

3 例 $y=3x^2$ について，$x=4$ のときの y の値は，$y=3\times4^2$ より，$y=$〔 48 〕

例 $y=-2x^2$ について，$y=-18$ のときの x の値は，
$-18=-2x^2$ より，$x^2=9$ だから，$x=$〔 ±3 〕

4 y が x の2乗に比例するとき，比例定数 a は，$y=ax^2$ より，
$x=$〔 1 〕のときの y の値に等しい。

例 y が x の2乗に比例し，$x=1$ のとき $y=4$ であるとき，
この関数の比例定数 a は，$4=a\times1^2$ より，$a=$〔 4 〕

5 y が x の2乗に比例するとき，この関数の式を $y=ax^2$ として，x と y の値を代入すると，〔 a 〕の値を求めることができる。

例 y が x の2乗に比例し，$x=2$ のとき $y=12$ である関数は，$y=ax^2$ に
$x=2$，$y=12$ を代入して，$12=a\times2^2$　$a=3$ より，$y=$〔 3 〕x^2

例 y が x の2乗に比例し，$x=3$ のとき $y=-45$ である関数は，$y=ax^2$ に
$x=3$，$y=-45$ を代入して，$-45=a\times3^2$　$a=-5$ より，$y=$〔 -5 〕x^2

スピードチェック

4章　関数 $y=ax^2$

1　関数 $y=ax^2$ (2)
2　いろいろな関数

1

関数 $y=ax^2$ のグラフは，

〔 原点 〕を通り，〔 y 〕軸について対称な曲線。

$a>0$ のとき，〔 上 〕に開き，x 軸の〔 上 〕側。

$a<0$ のとき，〔 下 〕に開き，x 軸の〔 下 〕側。

a の絶対値が大きいほど，

グラフの開き方は〔 小さい 〕。

$y=ax^2$ のグラフと $y=-ax^2$ のグラフは，〔 x 〕軸について対称である。

例 $y=4x^2$ のグラフは，〔 上 〕に開いた形で，x 軸の〔 上側 〕にある。

例 $y=-3x^2$ のグラフは，〔 下 〕に開いた形で，x 軸の〔 下側 〕にある。

例 $y=3x^2$ のグラフは，$y=-2x^2$ のグラフより開き方は〔 小さい 〕。

2

関数 $y=ax^2(a>0)$ で，x の値が増加するとき，

$x<0$ の範囲では，y の値は〔 減少 〕する。

$x>0$ の範囲では，y の値は〔 増加 〕する。

また，$x=0$ のとき，y は〔 最小 〕値 0 をとる。

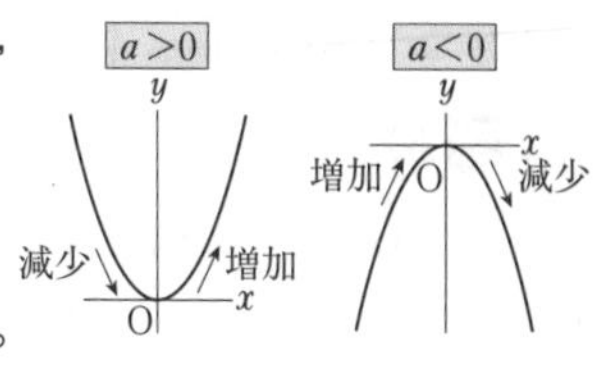

例 関数 $y=5x^2$ で，$x<0$ では，x の値が増加すると y の値は〔 減少 〕する。

例 関数 $y=-4x^2$ で，$x<0$ では，x の値が増加すると y の値は〔 増加 〕する。

3

x の変域から y の変域を求めるときは，グラフをかいて，

y の値の最大値と〔 最小 〕値を求めればよい。

例 関数 $y=-2x^2$ で，x の変域が $-1 \leqq x \leqq 3$ のときの y の変域は，

x の範囲に 0 がふくまれるかどうかに注意して，〔 $-18 \leqq y \leqq 0$ 〕

4

関数 $y=ax^2$ では，(〔 変化の割合 〕) $=\dfrac{(y\text{ の増加量})}{(x\text{ の増加量})}$ は一定〔ではない〕。

例 関数 $y=3x^2$ で，x の値が 1 から 4 まで増加するときの変化の割合は，

$\dfrac{(y\text{ の増加量})}{(x\text{ の増加量})}=\dfrac{3\times4^2-3\times1^2}{4-1}=\dfrac{48-3}{3}=$〔 15 〕

教科書 p.138 ~ 155

5章 相似な図形

1 相似な図形

1	拡大図，縮図の関係になっている2つの図形は〔 相似 〕であるという。 四角形ABCDと四角形EFGHが〔 相似 〕であることを， 記号∽を使って〔 四角形ABCD ∽ 四角形EFGH 〕と表す。 相似の記号∽を使うときは，対応する〔 点 〕が同じ順序になるように表す。 例 四角形ABCD ∽四角形EFGHであるとき， ∠Bに対応する角は，〔 ∠F 〕 辺ADに対応する辺は，〔 辺EH 〕
2	相似な図形では，対応する線分の〔 長さの比 〕はすべて等しく， 対応する〔 角の大きさ 〕はそれぞれ等しい。対応する線分の長さの比を 〔 相似比 〕という。 例 △ABC ∽△DEFで，AB＝12 cm，DE＝20 cmのとき， △ABCと△DEFの相似比は，12：20 すなわち 〔 3：5 〕
3	2つの三角形は，〔 3 〕組の辺の比がすべて等しいとき，相似である。 例 AB：DE＝〔 BC 〕：〔 EF 〕＝CA：FD のとき，△ABC ∽△DEFとなる。 (図: A, B, C ∽ D, E, F)
4	2つの三角形は，〔 2 〕組の辺の比と〔 その間 〕 の角がそれぞれ等しいとき，相似である。 (図: A, B, C ∽ D, E, F) 例 AB:DE＝BC:EF，∠〔 B 〕＝∠〔 E 〕のとき，△ABC ∽△DEFとなる。
5	2つの三角形は，〔 2 〕組の角が それぞれ等しいとき，相似である。 (図: A, B, C ∽ D, E, F) 例 ∠B＝∠〔 E 〕，∠C＝∠〔 F 〕のとき，△ABC ∽△DEFとなる。
6	近似値から真の値をひいた差を〔 誤差 〕といい，近似値を表す数字のうち， 信頼できる数字を〔 有効数字 〕という。 近似値を表すとき，有効数字がはっきりとわかるようにするために， (整数部分が1桁の小数)×(〔 10 〕の累乗)や (整数部分が〔 1 〕桁の小数)×$\frac{1}{10の累乗}$で表すことがある。

スピードチェック

5章　相似な図形

2　平行線と相似

1　△ABC の辺 AB，AC 上の点をそれぞれ P，Q とするとき，

PQ//BC ならば，
$$\begin{cases} AP:AB=AQ:〔\ AC\ 〕=PQ:〔\ BC\ 〕 \\ AP:PB=AQ:〔\ QC\ 〕 \end{cases}$$

AP：〔 AB 〕＝AQ：AC ならば，
AP：〔 PB 〕＝AQ：QC ならば，　} PQ//〔 BC 〕

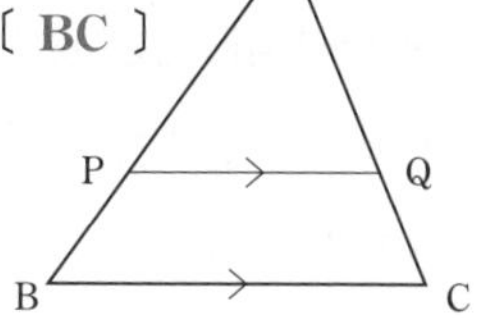

例 △ABC の辺 AB，AC 上の点 P，Q で PQ//BC のとき，

△APQ と△ABC は，相似にな〔 る 〕。

AP：PB＝2：1 なら，
$$\begin{cases} AQ:QC=〔\ 2:1\ 〕 \\ PQ:BC=〔\ 2:3\ 〕 \end{cases}$$

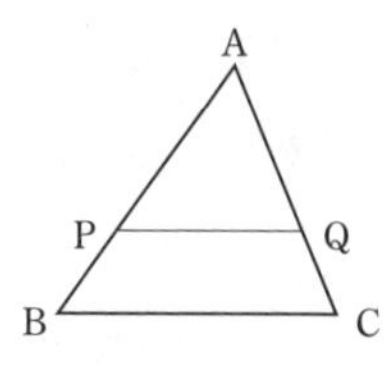

例 △ABC の辺 AB，AC 上の点をそれぞれ P，Q とするとき，

AP：AB＝AQ：AC＝1：3 のとき，PQ〔 // 〕BC

AP：PB＝AQ：〔 QC 〕＝1：2 のとき，PQ//BC

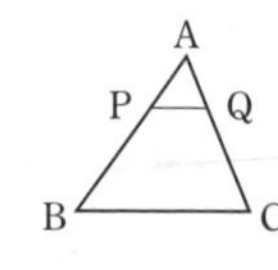

2　平行な 3 つの直線 ℓ，m，n に，

2 つの直線 p，q が交わっているとき，

次のことが成り立つ。

$a:b=〔\ a'\ 〕:b'$

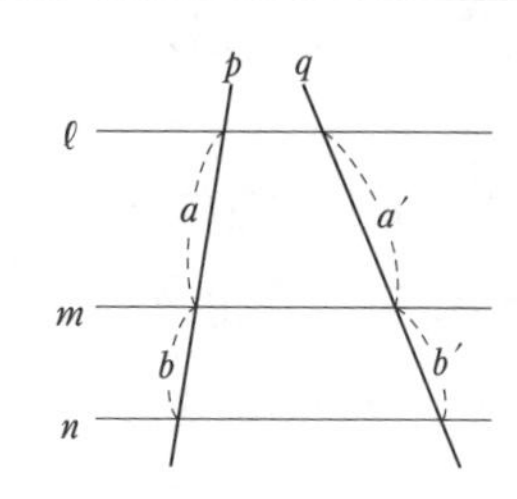

3　〈〔 中点連結 〕定理〉

△ABC の辺 AB，AC の中点をそれぞれ M，N とするとき，MN//〔 BC 〕，MN＝〔 $\frac{1}{2}$ 〕BC

例 四角形 ABCD の辺 AB，BC，CD，DA の中点をそれぞれ P，Q，R，S とするとき，

四角形 PQRS は，〔 平行四辺形 〕になる。

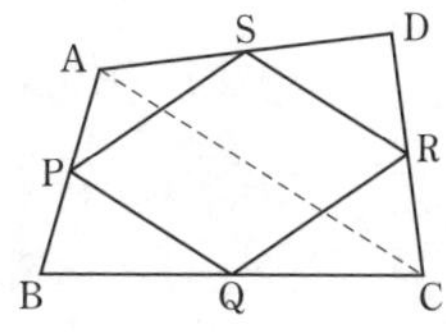

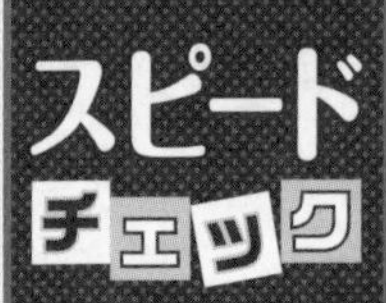

5章　相似な図形

3　相似と計量

☑ 1

相似な図形で，

その相似比が $m：n$ ならば，

周の長さの比は〔 $m：n$ 〕，

面積比は〔 $m^2：n^2$ 〕

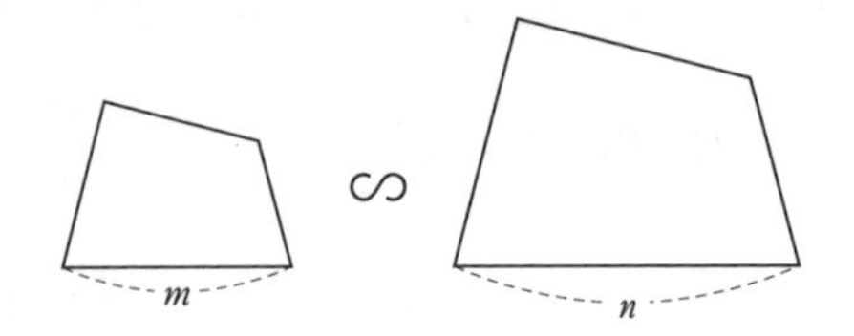

すなわち，相似な図形の周の長さの比は〔 相似比 〕に等しく，

面積比は相似比の〔 2乗 〕に等しい。

例 △ABC ∽△DEF で，その相似比が 3：4，△ABC の周の長さが 27 cm，

△ABC の面積が 18cm² のとき，

△DEF の周の長さは〔 36 cm 〕，

△DEF の面積は〔 32 cm² 〕

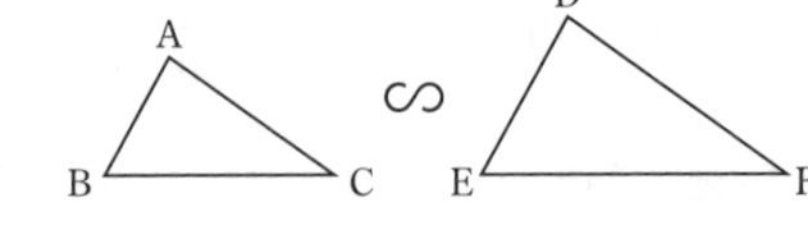

例 半径 5 cm の円と半径 7 cm の円で，

円周の長さの比は〔 5：7 〕，

面積比は〔 25：49 〕

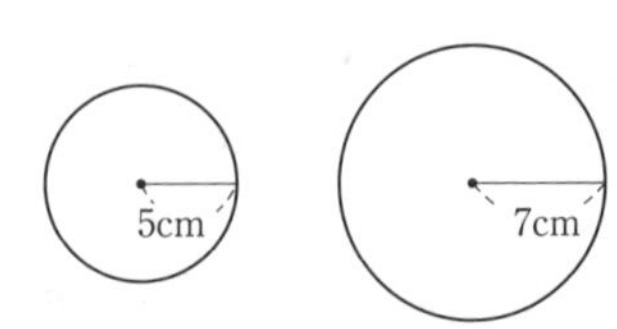

☑ 2

相似な立体で，

その相似比が $m：n$ ならば，

表面積比は〔 $m^2：n^2$ 〕，

体積比は〔 $m^3：n^3$ 〕

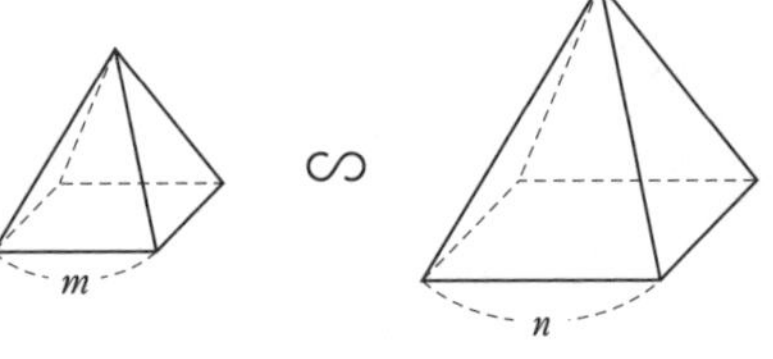

すなわち，相似な立体の表面積比は，相似比の〔 2乗 〕に等しく，

体積比は，相似比の〔 3乗 〕に等しい。

例 右の図の円柱 P と円柱 Q は相似で，その相似比が 1：2 であり，

円柱 P の表面積が 24π cm²，

円柱 P の体積が 16π cm³ のとき，

円柱 Q の表面積は〔 96π cm² 〕，

円柱 Q の体積は〔 128π cm³ 〕

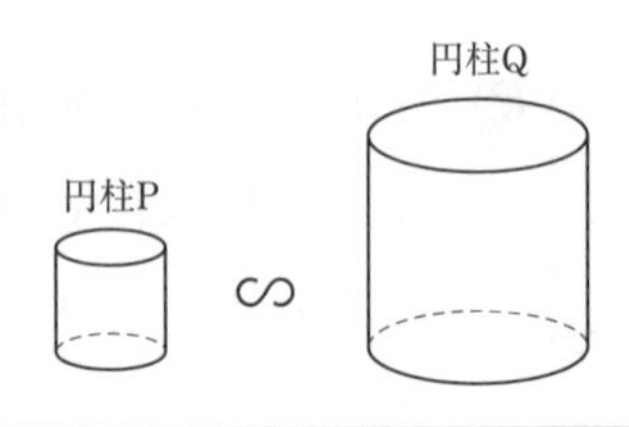

6章　円
1　円周角と中心角
2　円周角の定理の利用

1

1つの弧に対する円周角は，その弧に対する中心角の〔 半分 〕である。すなわち，右の図で，

$\angle APB=$〔 $\frac{1}{2}$ 〕$\angle AOB$

1つの弧に対する円周角はすべて〔 等しい 〕。

例 右の図で，$\overset{\frown}{AB}$ に対する中心角∠AOB の大きさが 140°のとき，

$\overset{\frown}{AB}$ に対する円周角∠x の大きさは，〔 70° 〕

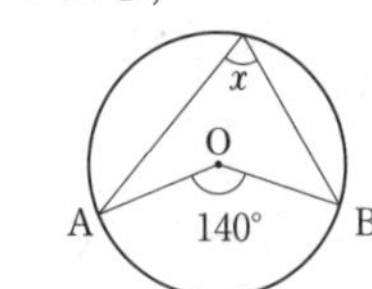

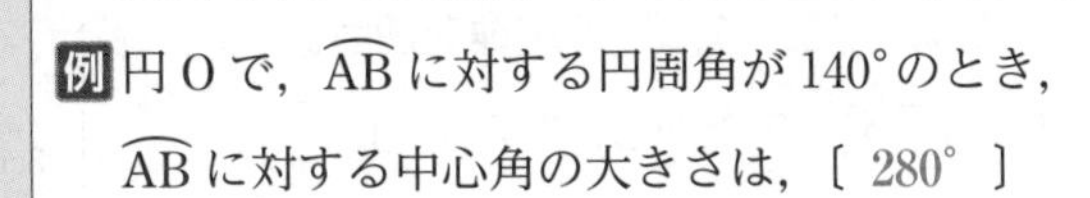

例 円Oで，$\overset{\frown}{AB}$ に対する円周角が 140°のとき，

$\overset{\frown}{AB}$ に対する中心角の大きさは，〔 280° 〕

2

半円の弧に対する円周角は〔 90° 〕である。

例 右の図で，AB が円Oの直径であるとき，

∠APB＝〔 90° 〕だから，∠ABP＝〔 50° 〕

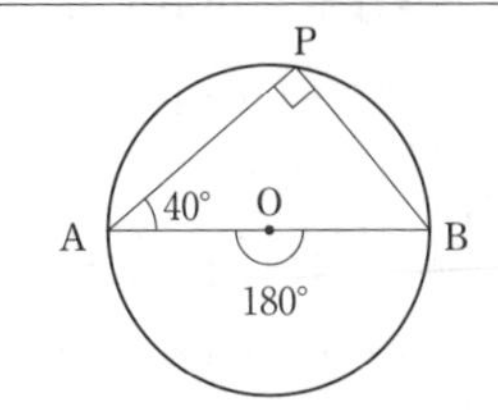

3

1つの円において，等しい弧に対する〔 円周角 〕は等しい。

1つの円において，等しい円周角に対する〔 弧 〕は等しい。

例 右の図で，$\overset{\frown}{AB}=\overset{\frown}{CD}$ のとき，

∠APB＝∠CQD＝〔 20° 〕，∠AOB＝∠COD＝〔 40° 〕

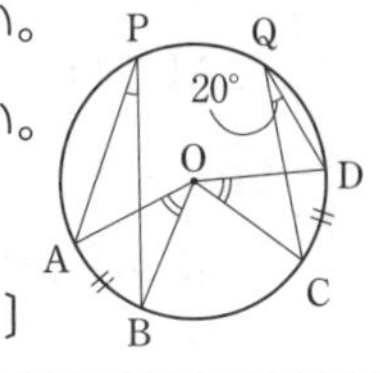

4

2点P，Q が直線AB について同じ側にあるとき，

∠APB＝∠〔 AQB 〕ならば，

4点A，P，Q，B は1つの円周上にある。

例 右の図で，∠BPQ＝〔 30° 〕ならば，

4点A，P，Q，B は1つの円周上にある。

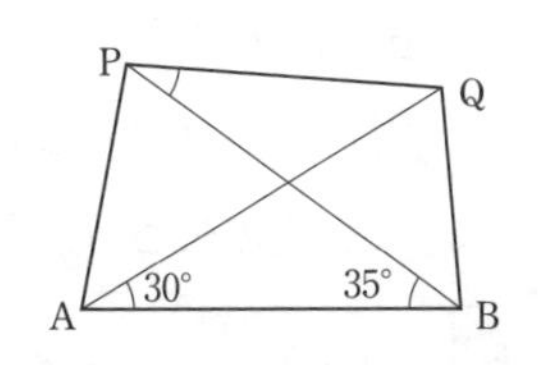

5

円の外部にある1点から，この円に引いた2本の接線の長さは等しい。

例 右の図で，円Oの半径 x は，

$(5-x)+(12-x)=13$ より，$x=$〔 2 〕

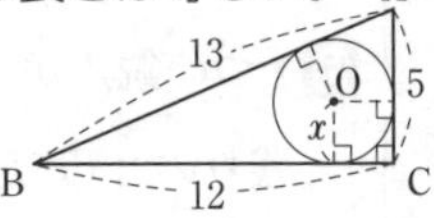

教科書 p.202 ~ 212

7章　三平方の定理

1　三平方の定理
2　三平方の定理の利用（1）

☑ **1**

直角三角形の直角をはさむ 2 辺の長さを a, b,
斜辺の長さを c とすると，$a^2+b^2=$〔 c 〕^{2}
すなわち，∠C=90° の直角三角形 ABC では,
$BC^2+CA^2=$〔 AB 〕^{2}

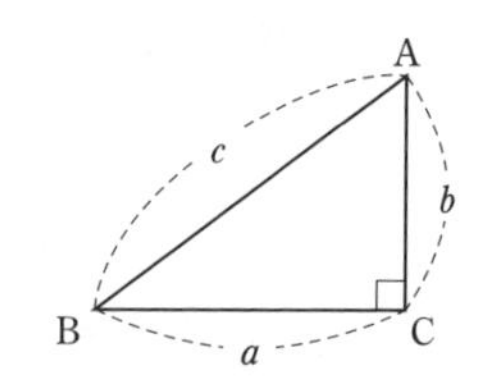

☑ **2**

直角三角形で，3 辺の長さについて，2 辺の長さがわかっていて,
残りの 1 辺の長さを求めるには，〔 三平方 〕の定理を使う。
例 右の図で，斜辺の長さは$\sqrt{3^2+4^2}=5$ だから,〔 5cm 〕。
例 斜辺が 10cm，他の 1 辺が 8cm の直角三角形で,
　残りの 1 辺の長さは，$\sqrt{10^2-8^2}=$〔 6 〕(cm)。

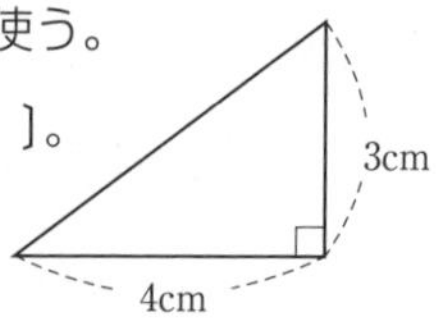

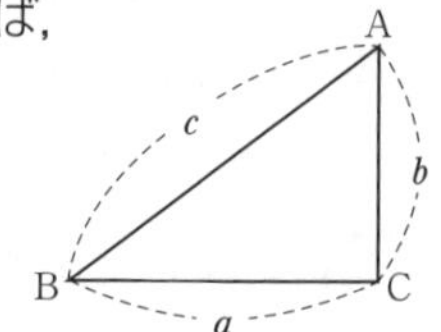

☑ **3**

下の図で，△ABC の 3 辺の長さ a, b, c の間に，$a^2+b^2=c^2$ の関係が
成り立てば，△ABC は∠〔 C 〕=90° の直角三角形である。
すなわち，△ABC で $BC^2+CA^2=AB^2$ が成り立つならば,
△ABC は〔 AB 〕を斜辺とする直角三角形である。
例 3 辺の長さが 2cm, $\sqrt{3}$ cm, $\sqrt{7}$ cm の三角形は,
　直角三角形と〔 いえる 〕。

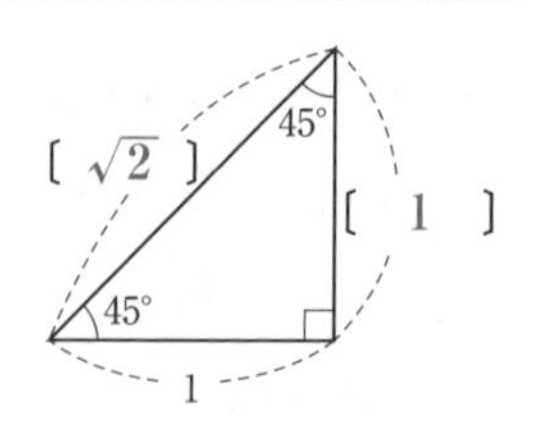

☑ **4**

直角二等辺三角形の 3 辺の長さの比は,
右の図のようになる。
例 直角をはさむ 2 辺が 2cm の直角二等辺三角形の
　斜辺の長さは，〔 $2\sqrt{2}$ 〕cm

〔 $\sqrt{2}$ 〕
45°
〔 1 〕
45°
1

☑ **5**

60° の角をもつ直角三角形の 3 辺の長さの比は,
右の図のようになる。
例 1 つの鋭角が 30°，斜辺が 4cm の直角三角形の
　残りの 2 辺の長さは，〔 2 〕cm,〔 $2\sqrt{3}$ 〕cm

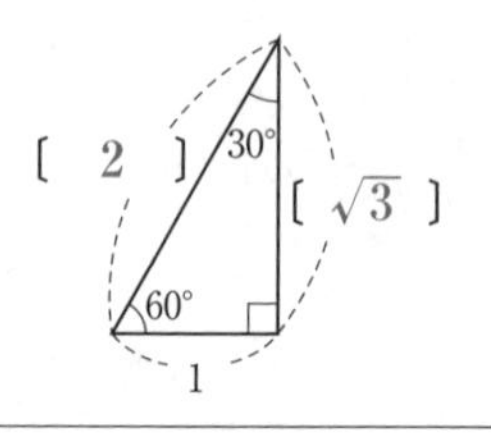

スピードチェック

7章　三平方の定理

2　三平方の定理の利用（2）

1

例 1辺1cm の正方形の対角線の長さ $a$cm は，

$1^2+1^2=a^2$ より，$a=$〔 $\sqrt{2}$ 〕

例 縦1cm，横2cm の長方形の対角線の長さ

$a$cm は，$1^2+2^2=a^2$ より，$a=$〔 $\sqrt{5}$ 〕

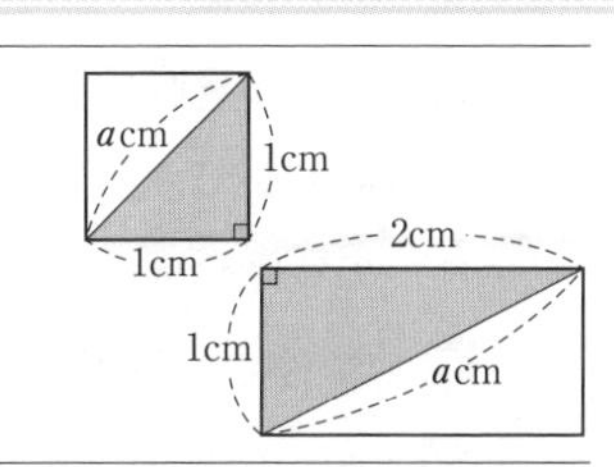

2

例 1辺2cm の正三角形の高さ $h$cm は，

$1^2+h^2=2^2$ より，$h=$〔 $\sqrt{3}$ 〕

例 底辺が2cm，残りの2辺が3cm の

二等辺三角形の高さ $h$cm は，

$1^2+h^2=3^2$ より，$h=$〔 $2\sqrt{2}$ 〕

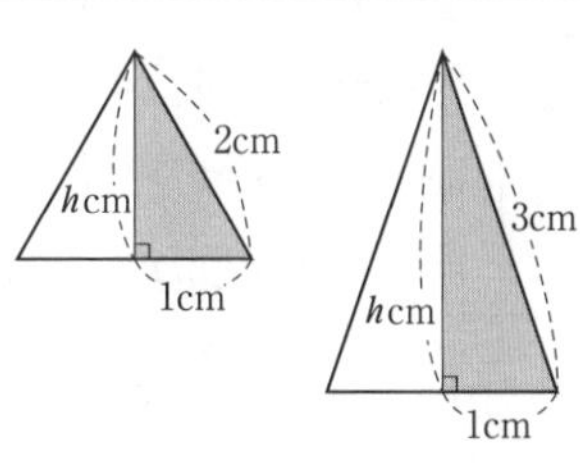

3

例 右の図で，直線 AB が点 B を接点とする円 O の接線，

円 O の半径が 2cm，線分 OA の長さが 4cm のとき，

$\text{AB}=\sqrt{4^2-2^2}=$〔 $2\sqrt{3}$ 〕(cm)

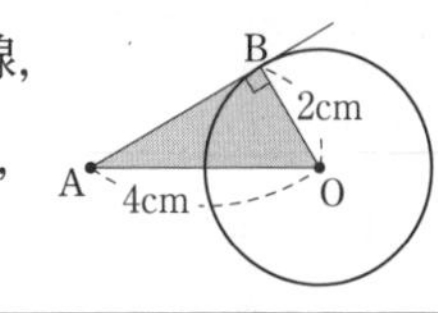

4

例 原点 O と点 A(4, −3) の間の距離は，

$\text{OA}=\sqrt{4^2+3^2}=$〔 5 〕

例 2点 B(1, 3)，C(−4, −2) 間の距離は，

$\text{BC}=\sqrt{\{1-(-4)\}^2+\{3-(-2)\}^2}=$〔 $5\sqrt{2}$ 〕

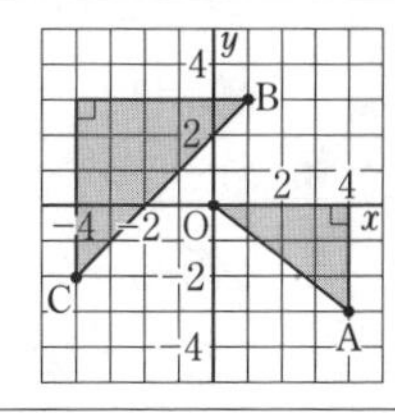

5

例 1辺2cm の立方体の対角線の長さ $a$cm は，

$a=\sqrt{2^2+2^2+2^2}=$〔 $2\sqrt{3}$ 〕

例 縦1cm，横2cm，高さ3cm の

直方体の対角線の長さ $a$cm は，

$a=\sqrt{1^2+2^2+3^2}=$〔 $\sqrt{14}$ 〕

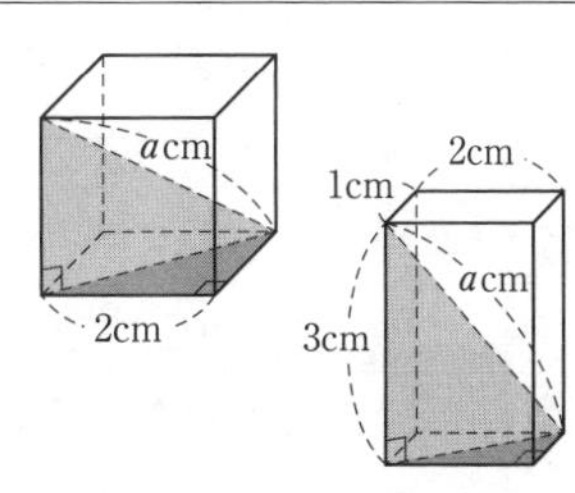

6

例 底面の半径が6cm，母線の長さが10cm の

円錐の高さ $h$cm は，

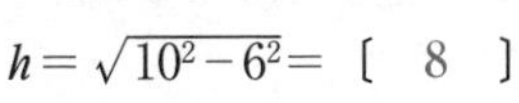

$h=\sqrt{10^2-6^2}=$〔 8 〕

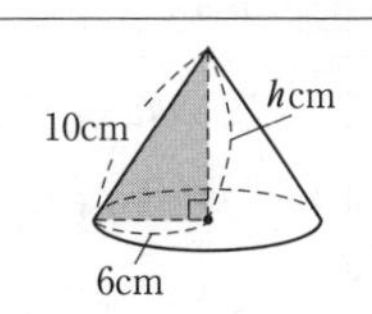

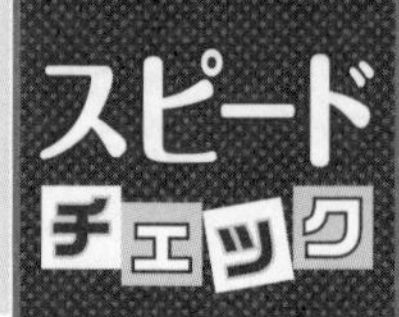

教科書 p.228 ~ 244

8章　標本調査

1　標本調査

1	対象となる集団のすべてのものについて行う調査を〔 全数調査 〕という。 これに対して，対象となる集団の中から一部を取り出して調べ， もとの集団全体の傾向を推測する調査を〔 標本調査 〕という。 例 中学校での健康診断では，ふつう〔 全数 〕調査が行われる。 例 缶詰の中身の品質検査では，ふつう〔 標本 〕調査が行われる。
2	標本調査を行うとき，調査する対象となるもとの集団を〔 母集団 〕と いい，母集団から取り出した一部分を〔 標本(サンプル) 〕という。 また，母集団から標本を取り出すことを標本の〔 抽出 〕といい， 標本から母集団の性質を推測することを〔 推定 〕という。 さらに，標本が母集団の性質をよく表すように，かたよりなく抽出する 方法を，〔 無作為抽出 〕という。 標本の平均値を〔 標本平均 〕，母集団の平均値を〔 母平均 〕という。 例 ある県の中学生 56473 人から，1000 人を無作為抽出して調査を行った。 この調査の母集団は〔 ある県の中学生 56473 人 〕， 標本は〔 無作為抽出された 1000 人 〕，標本の大きさは〔 1000 〕(人)。
3	例 ある工場でつくった製品から 150 個を無作為抽出したところ，不良品が 2 個あった。この工場で 30000 個の製品をつくるときの不良品の個数を x 個とするとき，母集団と標本において，製品と不良品の割合は等しい と考えると，〔 30000 〕: $x=150:2$　これを解くと $x=400$ だから，不 良品は約〔 400 〕個発生すると推定できる。
4	例 箱の中にビー玉がたくさん入っている。そのおよその個数を調べるため に，箱の中からビー玉を 20 個取り出し，そのすべてに印をつけてもとの 箱にもどした。その後，よくかき混ぜてから 50 個のビー玉を無作為抽出 したところ，印のついたビー玉が 2 個ふくまれていた。はじめに箱に入っ ていたビー玉の数を x 個とすると，$x:20=$〔 50 〕:〔 2 〕 これを解くと $x=500$ だから，箱の中にはビー玉がおよそ〔 500 〕個入っ ていたと推定できる。

10 平方根を求める

次の数の平方根は？

(1)　64　　(2)　$\dfrac{9}{16}$

11 根号を使わずに表す

次の数を根号を使わずに表すと？

(1)　$\sqrt{0.25}$　　(2)　$\sqrt{(-5)^2}$

12 $a\sqrt{b}$の形に

次の数を$a\sqrt{b}$の形に表すと？

(1)　$\sqrt{18}$　　(2)　$\sqrt{75}$

13 分母の有理化

次の数の分母を有理化すると？

(1)　$\dfrac{1}{\sqrt{5}}$　　(2)　$\dfrac{\sqrt{2}}{\sqrt{3}}$

14 平方根の近似値

$\sqrt{5}=2.236$として，次の値を求めると？

$\sqrt{50000}$

15 根号をふくむ式の計算

次の計算をすると？

$(\sqrt{5}+\sqrt{3})(\sqrt{5}-\sqrt{3})$

16 平方根の考えを使う

次の２次方程式を解くと？

$(x+4)^2=1$

17 ２次方程式の解の公式

２次方程式$ax^2+bx+c=0$の解は？

18 因数分解で解く(1)

次の２次方程式を解くと？

$x^2-3x+2=0$

19 因数分解で解く(2)

次の２次方程式を解くと？

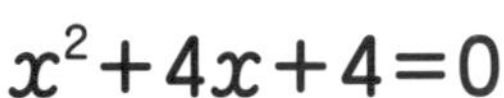

$x^2+4x+4=0$

$\sqrt{a^2}=\sqrt{(-a)^2}=a\,(a\geqq 0)$

(1) $\sqrt{0.25}=\sqrt{0.5^2}=\mathbf{0.5}$

$0.5\times 0.5=0.25$

(2) $\sqrt{(-5)^2}=\sqrt{25}=\mathbf{5}$

$(-5)\times(-5)=25$

…答

$x^2=a\rightarrow x$はaの平方根（へいほうこん）

答 (1) 8と−8　(2) $\dfrac{3}{4}$と$-\dfrac{3}{4}$

(1) $8^2=64$, $(-8)^2=64$

(2) $\left(\dfrac{3}{4}\right)^2=\dfrac{9}{16}$, $\left(-\dfrac{3}{4}\right)^2=\dfrac{9}{16}$

分母に根号がない形に表す

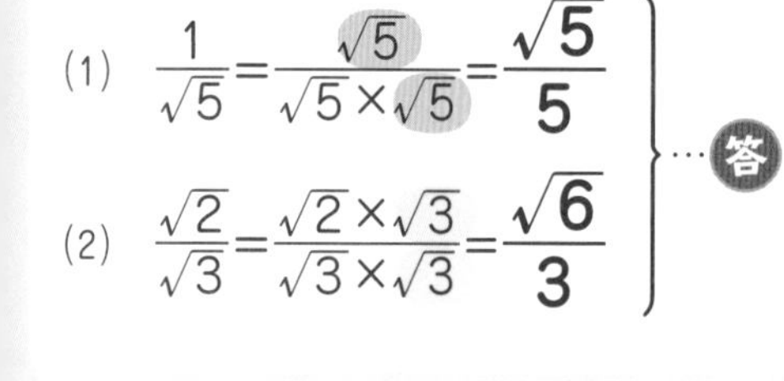

(1) $\dfrac{1}{\sqrt{5}}=\dfrac{\sqrt{5}}{\sqrt{5}\times\sqrt{5}}=\dfrac{\sqrt{5}}{5}$

(2) $\dfrac{\sqrt{2}}{\sqrt{3}}=\dfrac{\sqrt{2}\times\sqrt{3}}{\sqrt{3}\times\sqrt{3}}=\dfrac{\sqrt{6}}{3}$

…答

根号の中を小さい自然数にする

答 (1) $3\sqrt{2}$　(2) $5\sqrt{3}$

(1) $\sqrt{18}=\sqrt{3^2\times 2}=3\sqrt{2}$

$\sqrt{3^2}\times\sqrt{2}=3\times\sqrt{2}$

(2) $\sqrt{75}=\sqrt{5^2\times 3}=5\sqrt{3}$

$\sqrt{5^2}\times\sqrt{3}=5\times\sqrt{3}$

乗法公式を使って式を展開

$(\sqrt{5}+\sqrt{3})(\sqrt{5}-\sqrt{3})$

$=(\sqrt{5})^2-(\sqrt{3})^2$

$=5-3$

$=\mathbf{2}$…答

$(x+a)(x-a)$
$=x^2-a^2$

$a\sqrt{b}$の形にしてから値を代入

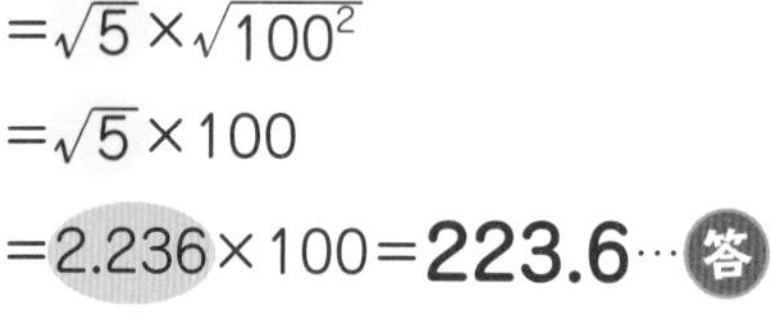

$\sqrt{50000}=\sqrt{5\times 10000}$

$=\sqrt{5}\times\sqrt{100^2}$

$=\sqrt{5}\times 100$

$=2.236\times 100=\mathbf{223.6}$…答

2次方程式の解の公式を覚える

2次方程式 $ax^2+bx+c=0$の解は

$$x=\frac{-b\pm\sqrt{b^2-4ac}}{2a}$$…答

$(x+m)^2=n\rightarrow x+m=\pm\sqrt{n}$

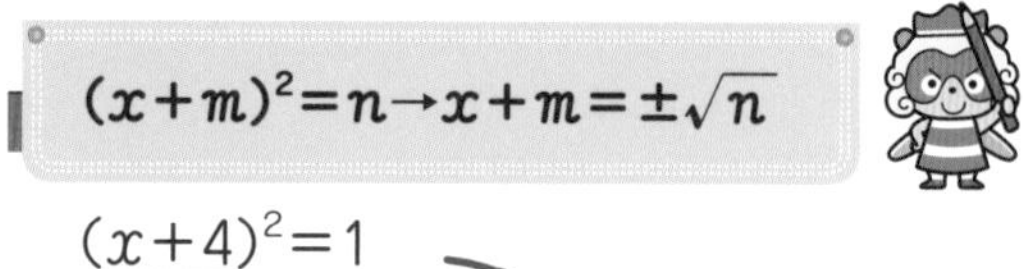

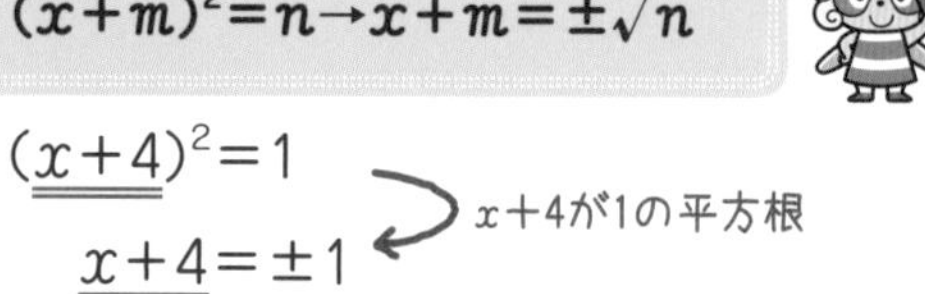

$(x+4)^2=1$

$x+4=\pm 1$

$x+4$が1の平方根

$x=-4+1$, $x=-4-1$

$\mathbf{x=-3,\ x=-5}$…答

$x^2+2ax+a^2=(x+a)^2$で因数分解

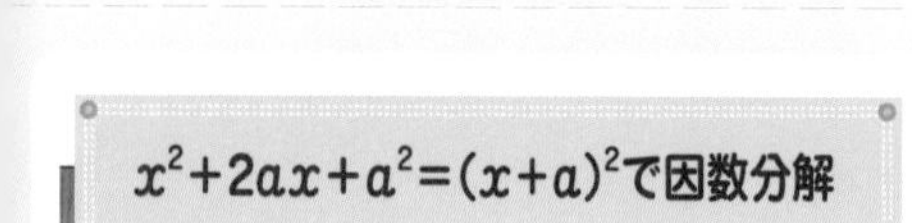

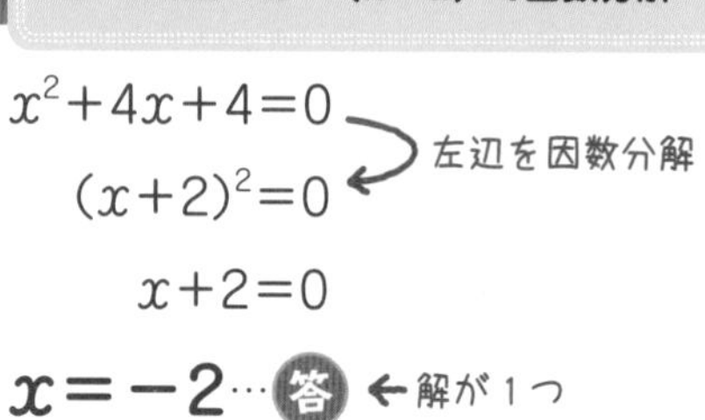

$x^2+4x+4=0$

$(x+2)^2=0$

左辺を因数分解

$x+2=0$

$\mathbf{x=-2}$…答 ←解が1つ

$x^2+(a+b)x+ab=(x+a)(x+b)$で因数分解

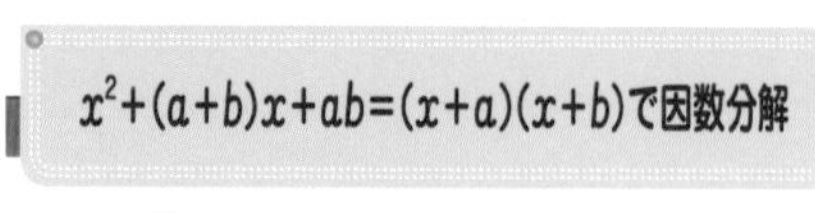

$x^2-3x+2=0$

$(x-1)(x-2)=0$

左辺を因数分解

$x-1=0$または$x-2=0$

$AB=0$ならば$A=0$または$B=0$

$\mathbf{x=1,\ x=2}$…答

20 関数の式を求める

yはxの２乗に比例し，
$x=1$のとき，$y=3$です。
yをxの式で表すと？

21 関数$y=ax^2$のグラフ

㋐～㋒の関数のグラフは
①～③のどれ？

㋐$y=-x^2$　㋑$y=2x^2$
㋒$y=-3x^2$

22 変域とグラフ

関数$y=-x^2$のxの変域が
$-2 \leqq x \leqq 1$のとき，
yの変域は？

23 変化の割合

関数$y=x^2$について，xの値が
1から2まで増加するときの
変化の割合は？

24 相似な図形の性質

△ABC∽△DEFのとき，
xの値は？

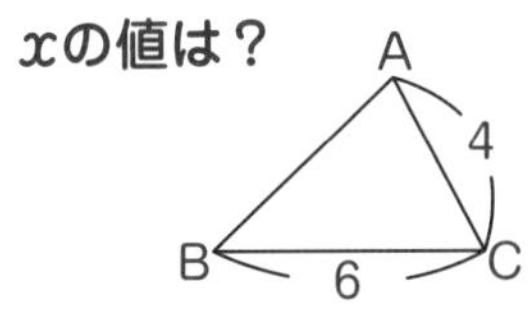

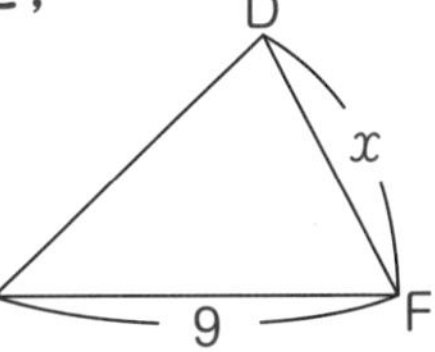

25 相似な三角形(1)

相似な三角形を∽
を使って表すと？
また，使った相似
条件は？

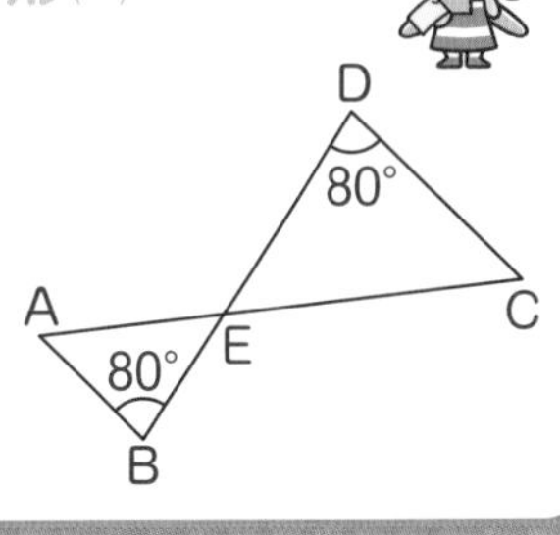

26 相似な三角形(2)

相似な三角形を∽
を使って表すと？
また，使った相似
条件は？

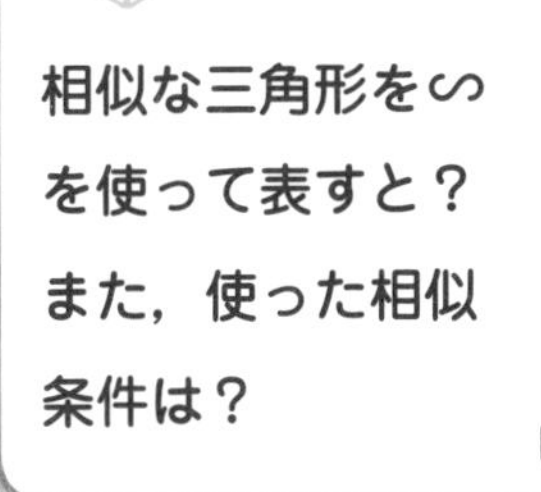

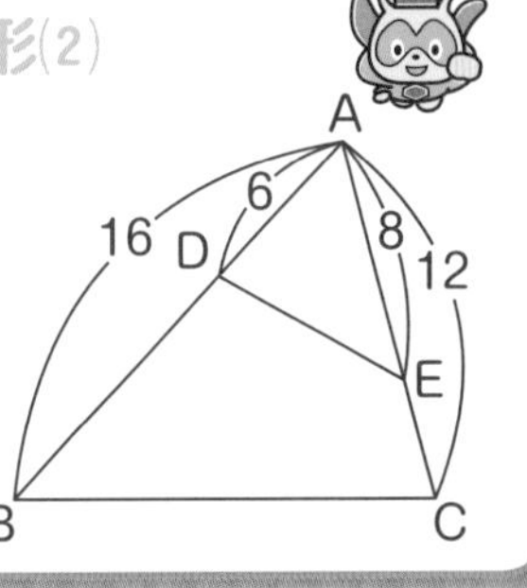

27 三角形と比

DE//BCのとき，
x，yの値は？

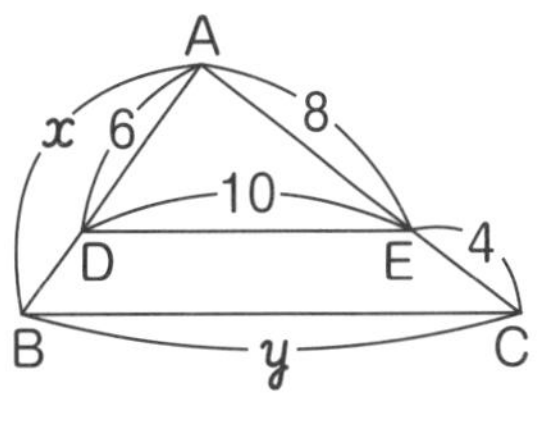

28 中点連結定理

３点E，F，Gがそれぞれ
辺AB，対角線AC，
辺DCの中点であるとき，
EGの長さは？

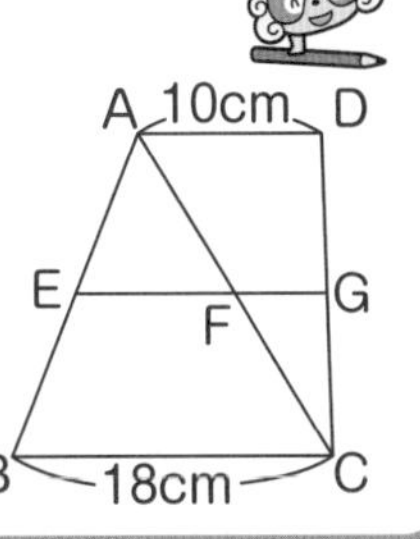

29 面積比と体積比

２つの円柱の相似比が２：３のとき，
次の比は？

(1)　表面積の比
(2)　体積比

グラフの開き方を見る

答 ア②，イ①，ウ③

グラフは，$a>0$のとき上，$a<0$のとき下に開く。
aの絶対値が大きいほど，グラフの開き方は小さい。

$y=ax^2$とおいて，x，yの値を代入！

答 $y=3x^2$

・$y=ax^2$とおいて，
$x=1$，$y=3$を代入すると，
$3=a\times1^2$　$a=3$

yがxの2乗に比例
↓
$y=ax^2$

変化の割合は一定ではない！

答 3

・(変化の割合)$=\dfrac{(y\text{の増加量})}{(x\text{の増加量})}$

$\dfrac{2^2-1^2}{2-1}=\dfrac{3}{1}=3$

yの変域は，グラフから求める

答 $-4\leqq y\leqq 0$

・$x=0$のとき，$y=0$で最大

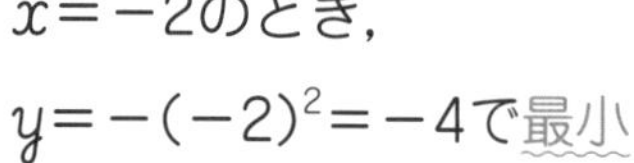

・$x=-2$のとき，
$y=-(-2)^2=-4$で最小

2組の等しい角を見つける

答 △ABE∽△CDE
2組の角がそれぞれ等しい。
↑
∠B＝∠D，∠AEB＝∠CED

対応する辺の長さの比で求める

・BC：EF＝AC：DFより，
6：9＝4：x
$6x=36$
$x=6$…答

相似な図形の対応する部分の長さの比はすべて等しい！

DE//BC→AD：AB＝AE：AC＝DE：BC

・6：x＝8：(8＋4)
$8x=72$　$x=9$…答
・10：y＝8：(8＋4)
$8y=120$　$y=15$…答

長さの比が等しい2組の辺を見つける

答 △ABC∽△AED
2組の辺の比とその間の角がそれぞれ等しい。
↑
AB：AE＝AC：AD＝2：1
∠BAC＝∠EAD

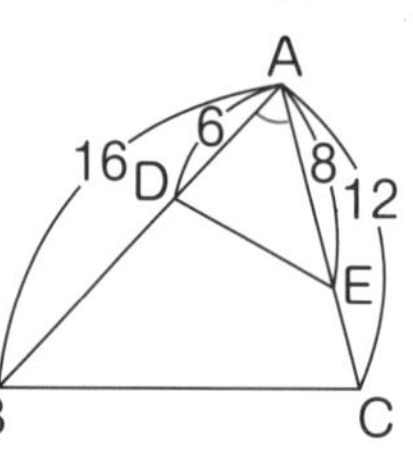

表面積の比は2乗，体積比は3乗

答 (1)　4：9　(2)　8：27

・表面積の比は相似比の2乗
→$2^2:3^2=4:9$
・体積比は相似比の3乗
→$2^3:3^3=8:27$

中点を結ぶ→中点連結定理

答 14cm

・EF＝$\dfrac{1}{2}$BC＝9cm
・FG＝$\dfrac{1}{2}$AD＝5cm
・EG＝EF＋FG＝14cm

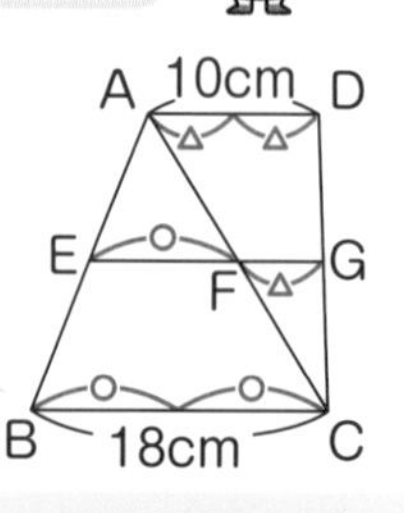

30 円周角の定理

$\angle x$，$\angle y$の

大きさは？

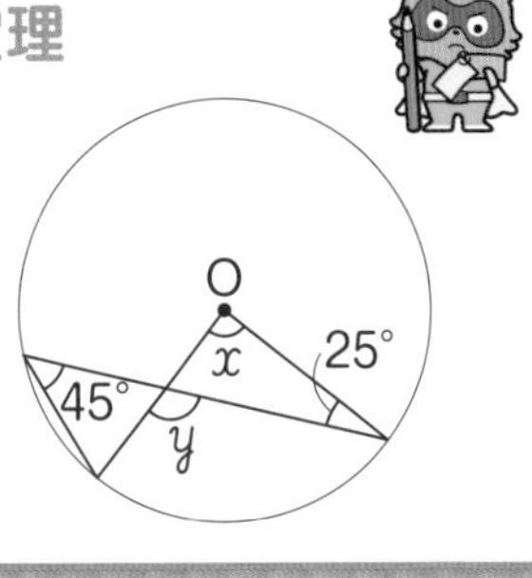

31 直径と円周角

$\angle x$の大きさは？

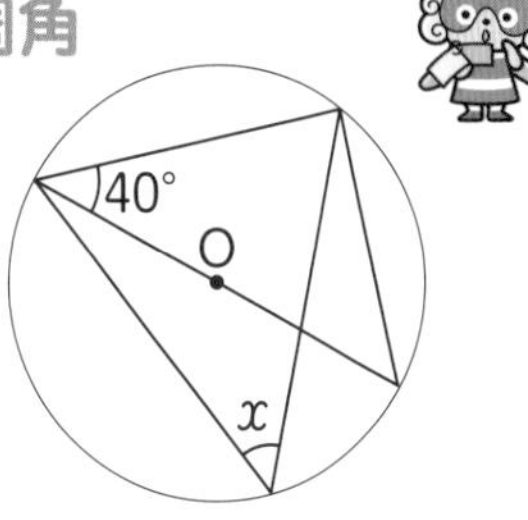

32 円周角の定理の逆

4点A，B，C，Dは

1つの円周上にある？

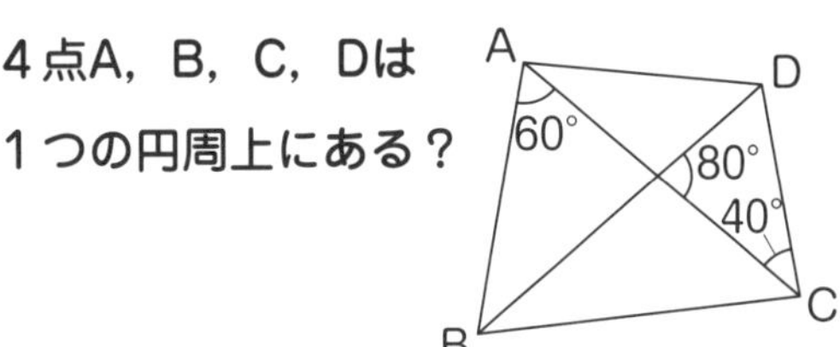

33 相似な三角形を見つける

$\angle$ACB＝$\angle$ACD

のとき，

△DCEと相似な

三角形は？

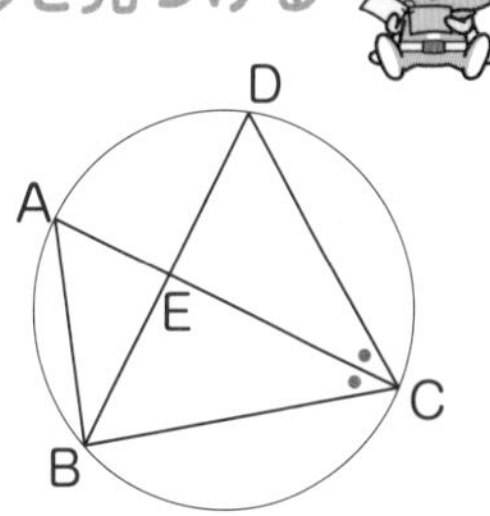

34 三平方の定理

x，yの値は？

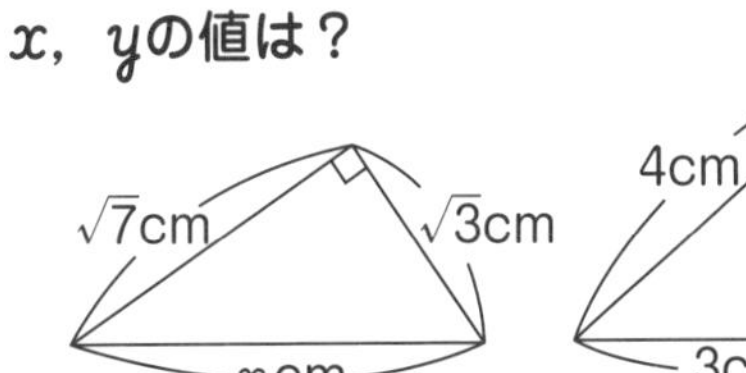

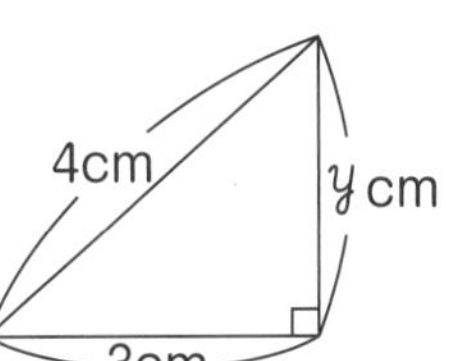

35 特別な直角三角形

x，yの値は？

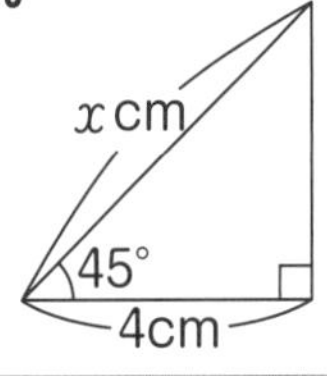

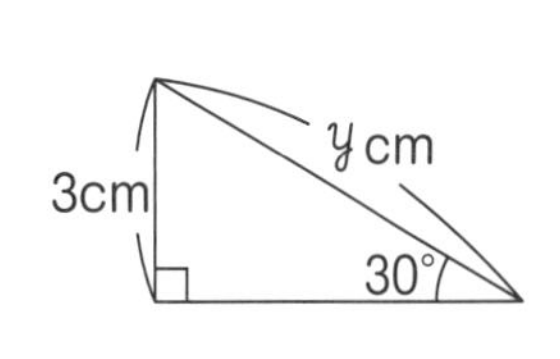

36 正三角形の高さ

1辺の長さが8cmの

正三角形の高さは？

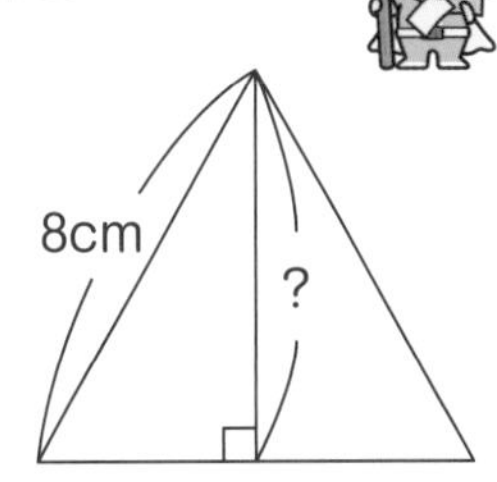

37 直方体の対角線の長さ

縦3cm，横3cm，高さ2cmの直方体の

対角線の長さは？

38 全数調査と標本調査

次の調査は，全数調査？ 標本調査？

(1) 河川の水質調査

(2) 学校での進路調査

(3) けい光灯の寿命調査

39 母集団と標本

ある製品100個を無作為に抽出して

調べたら，4個が不良品でした。

この製品1万個の中には，およそ何個の

不良品があると考えられる？

半円の弧に対する円周角は 90°

答 $\angle x = 50°$

・△ACDの内角の和より，

$\angle x = 180° - (40° + 90°)$

$= 50°$

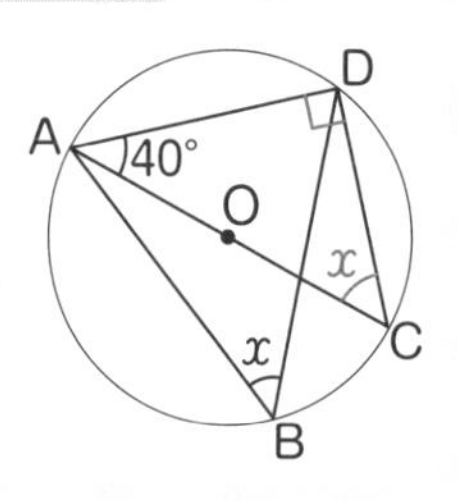

円周角は中心角の半分！

・$\angle x = 2\angle A = 90°$

・$\angle y = \angle x + \angle C = 115°$

∠yは△OCDの外角

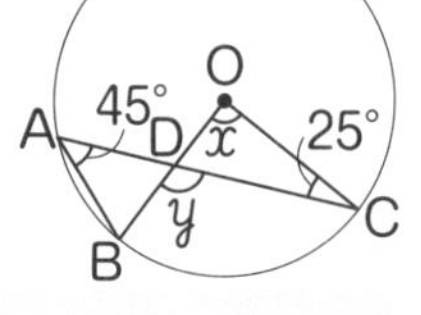

等しい角に印をつけてみよう！

答 △ABEと△ACB

↑

2組の角がそれぞれ等しいから，

△DCE ∽ △ABE，

△DCE ∽ △ACB

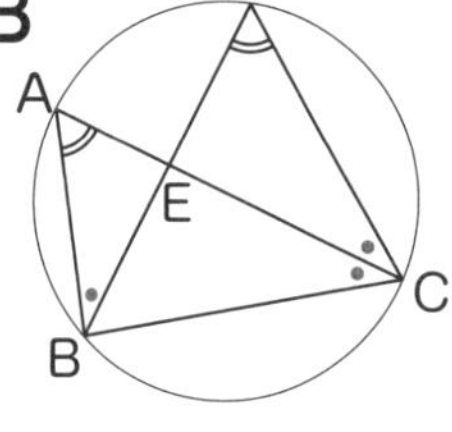

円周角の定理の逆←等しい角を見つける

↑

2点A，Dが直線BCの同じ側にあって，

∠BAC＝∠BDCだから。

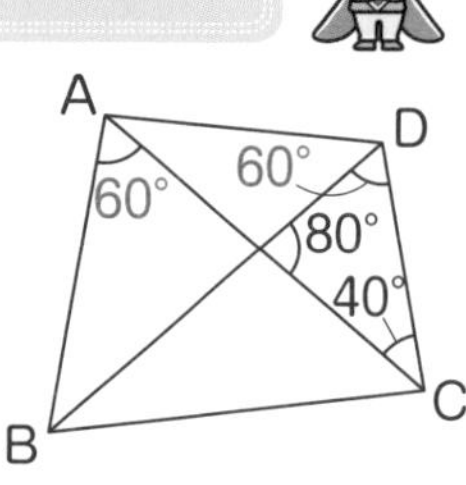

特別な直角三角形の3辺の比

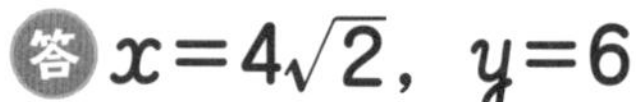

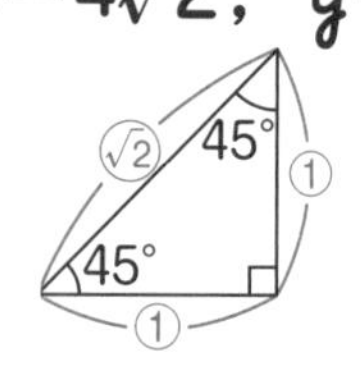

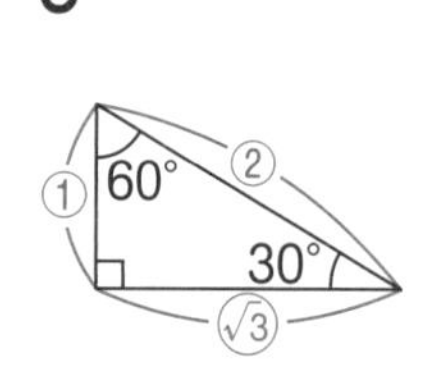

$a^2+b^2=c^2$（三平方の定理）

・$x^2 = (\sqrt{7})^2 + (\sqrt{3})^2 = 10$

$x>0$より，$x = \sqrt{10}$…答

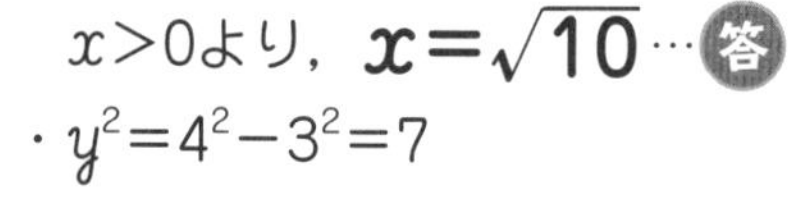

・$y^2 = 4^2 - 3^2 = 7$

$y>0$より，$y = \sqrt{7}$…答

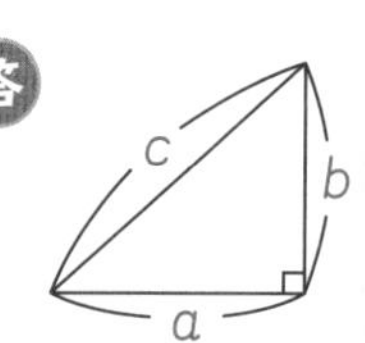

右の図で，$BH=\sqrt{a^2+b^2+c^2}$

答 $\sqrt{22}$ cm

・対角線の長さ

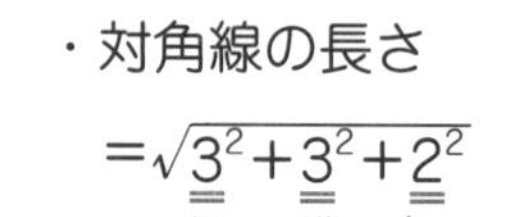

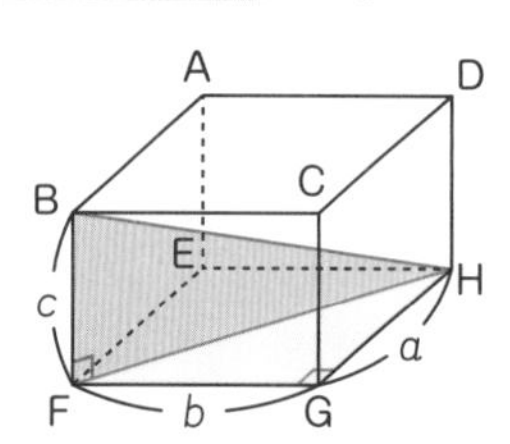

右の図の△ABHで考える

答 $4\sqrt{3}$ cm

・AB：AH＝2：$\sqrt{3}$だから

8：AH＝2：$\sqrt{3}$

AH＝$4\sqrt{3}$

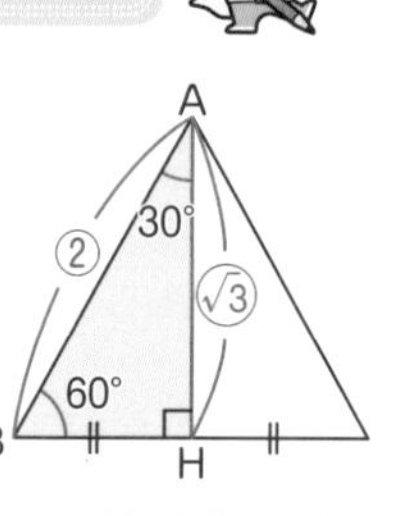

母集団の数量を推測する

答 およそ400個

・不良品の割合は$\frac{4}{100}$と推定できるから，

この製品1万個の中の不良品は，およそ

$10000 \times \frac{4}{100} = 400$（個）と考えられる。

全数調査と標本調査の違いに注意！

答 (1) 標本調査 (2) 全数調査

(3) 標本調査

・全数調査…集団全部について調査

・標本調査…集団の一部分を調査して全体を推測

学校図書版
数学3年 もくじ

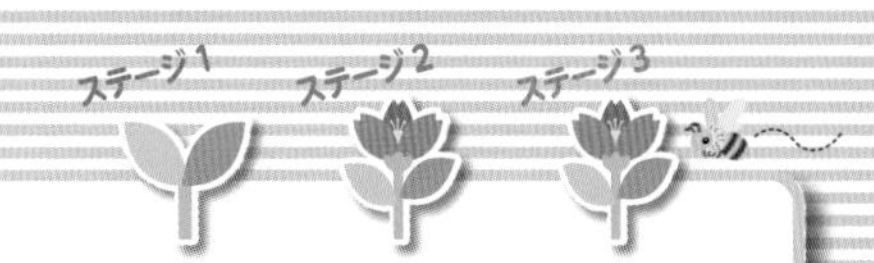

		教科書ページ	この本のページ ステージ1 確認のワーク	ステージ2 定着のワーク	ステージ3 実力判定テスト
1章 式の計算					
1	多項式の計算	14～24	2～7	8～9	20～21
2	因数分解	25～33	10～17	18～19	
3	式の利用	34～38			
2章 平方根					
1	平方根	46～54	22～25	26～27	38～39
2	根号をふくむ式の計算	55～68	28～35	36～37	
3章 2次方程式					
1	2次方程式の解き方	76～90	40～45	46～47	52～53
2	2次方程式の利用	91～93	48～49	50～51	
4章 関数 $y=ax^2$					
1	関数 $y=ax^2$	102～125	54～61 64～65	62～63 68～69	70～71
2	いろいろな関数	126～128	66～67		
5章 相似な図形					
1	相似な図形	140～155	72～79	80～81	94～95
2	平行線と相似	156～167	82～87	88～89	
3	相似と計量	168～174	90～91	92～93	
6章 円					
1	円周角と中心角	182～191	96～99	100～101	108～109
2	円周角の定理の利用	192～196	102～105	106～107	
深めよう！	発展 動かして考えよう	201			
7章 三平方の定理					
1	三平方の定理	204～209	110～111	112～113	122～123
2	三平方の定理の利用	210～221	114～119	120～121	
8章 標本調査					
1	標本調査	230～238	124～125	126～127	128

発展→この学年の学習指導要領には示されていない内容を取り上げています。学習に応じて取り組みましょう。

特別ふろく

定期テスト対策	予想問題	129～144
	スピードチェック	別冊
学習サポート	ポケットスタディ(学習カード)	要点まとめシート
	定期テスト対策問題	どこでもワーク(スマホアプリ)
	ホームページテスト	

※特別ふろくについて，くわしくは表紙の裏や巻末へ

解答と解説 別冊

1 多項式の計算
❶ 式の乗法・除法 ❷ 式の展開

例1 単項式と多項式の乗法

教 p.14 → 基本問題 1

$-2x(4x+3)$ を計算しなさい。

考え方 分配法則を使って，かっこをはずす。

解き方 $-2x(4x+3)$

$=-2x\times4x+(-2x)\times$ ①

$=$ ②

分配法則を使ってかっこをはずす

$-2x(4x+3)$

分配法則

$a(b+c)=ab+ac$

$(b+c)a=ab+ac$

例2 多項式と単項式の除法

教 p.15 → 基本問題 2

$(a^2-5ab)\div\frac{1}{3}a$ を計算しなさい。

考え方 わる式の**逆数**を使って，乗法に直して計算する。

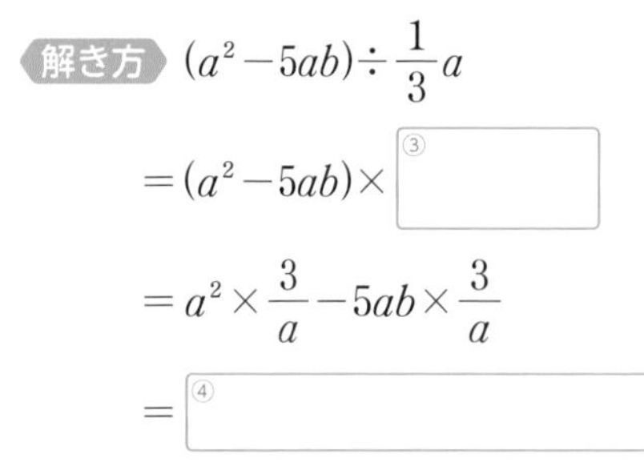

解き方 $(a^2-5ab)\div\frac{1}{3}a$

$=(a^2-5ab)\times$ ③

$=a^2\times\frac{3}{a}-5ab\times\frac{3}{a}$

$=$ ④

わる式の逆数をかける

分配法則

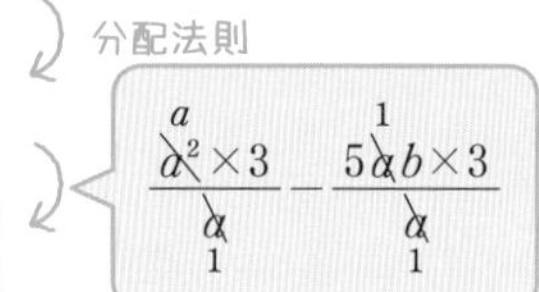

思い出そう

2つの数の積が1のとき，一方の数を他方の数の**逆数**という。

⇩

$\frac{1}{3}a$ の逆数は

$\frac{1}{3}a=\frac{a}{3}$ → $\frac{3}{a}$

例3 式の展開

教 p.16～17 → 基本問題 3 4

次の式を展開しなさい。

(1) $(2x-4)(x+3)$ (2) $(a+b)(3x-y+4)$

注 たいせつ 単項式（たんこうしき）と多項式や，多項式どうしの積の形をした式のかっこをはずして，単項式の和の形で表すことを，もとの式を**展開**（てんかい）するという。

考え方 (1) $(a+b)(c+d)=ac+ad+bc+bd$ を利用する。

(2) $3x-y+4$ を1つの数と考えて，分配法則を使う。

たいせつ

$(a+b)(c+d)$

$=ac+ad+bc+bd$
① ② ③ ④

解き方

(1) $(2x-4)(x+3)$

$=2x^2+6x-4x-$ ⑤

$=$ ⑥

同類項をまとめる

(2) $(a+b)(3x-y+4)$

$=a(3x-y+4)+$ ⑦ $(3x-y+4)$

$=$ ⑧

基本問題

解答 p.1

1 単項式と多項式の乗法　次の計算をしなさい。

教 p.14 問1

(1)　$3a(a+1)$　　(2)　$(-2x+3)\times 7x$

(3)　$-5x(2x-3y)$　　(4)　$(5a+b)\times(-4b)$

(5)　$2x(x^2-3x+6)$　　(6)　$(8a-12)\times\frac{3}{4}a$

(3)　$-5x(2x-3y)$

$=-10x^2-15xy$
符号(ふごう)のミスに注意！

$=-10x^2+15x$
かけ忘れに注意！

⇩

$-5x(2x\ -3y)$

2 多項式と単項式の除法　次の計算をしなさい。

教 p.15 問2

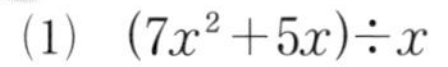

(1)　$(7x^2+5x)\div x$　　(2)　$(8a^2b-12ab^2)\div(-4ab)$

(3)　$(9x^2-3xy)\div\frac{3}{5}x$　　(4)　$(-6xy+x)\div\left(-\frac{x}{2}\right)$

ここがポイント

単項式でわるときは，分数の形や乗法に直して計算する。

(1) $\frac{7x^2+5x}{x}=\frac{7x^2}{x}+\frac{5x}{x}$

(3) $\div\frac{3}{5}x\rightarrow\div\frac{3x}{5}\rightarrow\times\frac{5}{3x}$

ただし，わる数 x は $x\neq 0$

3 式の展開　次の式を展開しなさい。

教 p.17 問2, 問3

(1)　$(x+2)(y+7)$　　(2)　$(a-b)(c-d)$

(3)　$(x-3)(x+6)$　　(4)　$(2x-1)(x-4)$

(5)　$(-a+5)(3a+2)$　　(6)　$(4x+y)(2x-3y)$

同類項のまとめ忘れに注意しよう。

4 式の展開　次の式を展開しなさい。

教 p.17 問4

(1)　$(a-b)(x+y-1)$　　(2)　$(x-y+2)(x-y)$

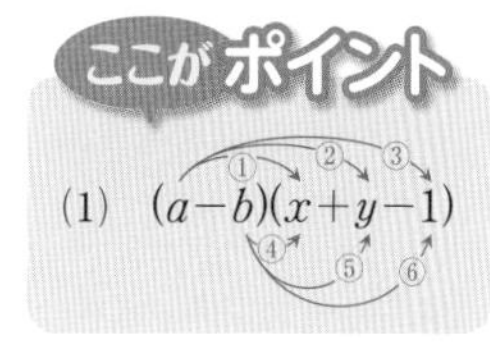

左ページの例の答え　① 3　② $-8x^2-6x$　③ $\frac{3}{a}$　④ $3a-15b$　⑤ 12　⑥ $2x^2+2x-12$　⑦ b　⑧ $3ax-ay+4a+3bx-by+4b$

確認のワーク ステージ1 1 多項式の計算 ❸ 乗法公式(1)

例1 $(x+a)(x+b)$ の公式

教 p.18 → 基本問題1

次の式を展開しなさい。

(1) $(x+4)(x+5)$　(2) $(x-2)(x+3)$

考え方 乗法公式①を利用する。

公式①で，(1)は a が 4，b が 5，(2)は a が -2，b が 3

乗法公式①
$(x+a)(x+b)$
$=x^2+(a+b)x+ab$

解き方

(1) $(x+4)(x+5)$

$=x^2+(4+5)x+4\times$ ①

$=$ ②

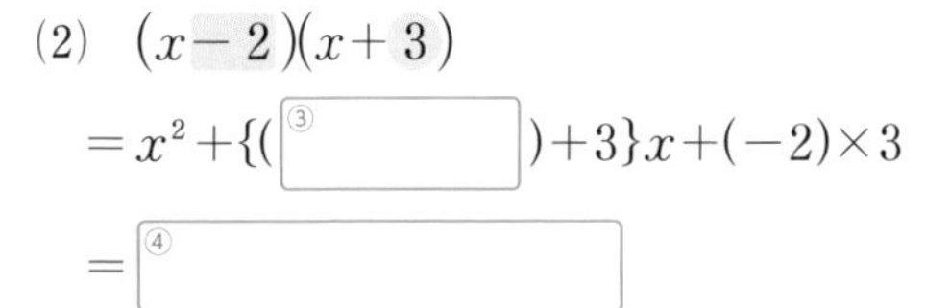

(2) $(x-2)(x+3)$

$=x^2+\{($ ③ $)+3\}x+(-2)\times3$

$=$ ④

途中式の負の数には，( )をつけると間違えにくいよ。

例2 平方の公式

教 p.19 → 基本問題2

次の式を展開しなさい。

(1) $(x+5)^2$　(2) $(x-7)^2$

考え方 (1) 乗法公式②で a が 5

(2) 乗法公式③で a が 7 ←注 −7

乗法公式②・乗法公式③

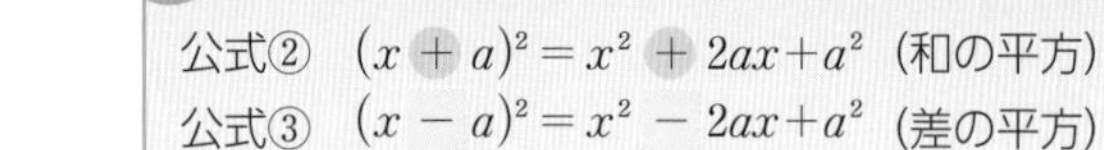

公式② $(x+a)^2=x^2+2ax+a^2$ (和の平方)

公式③ $(x-a)^2=x^2-2ax+a^2$ (差の平方)

解き方

(1) $(x+5)^2$

$=x^2+$ ⑤ $\times5\times x+5^2$

$=$ ⑥

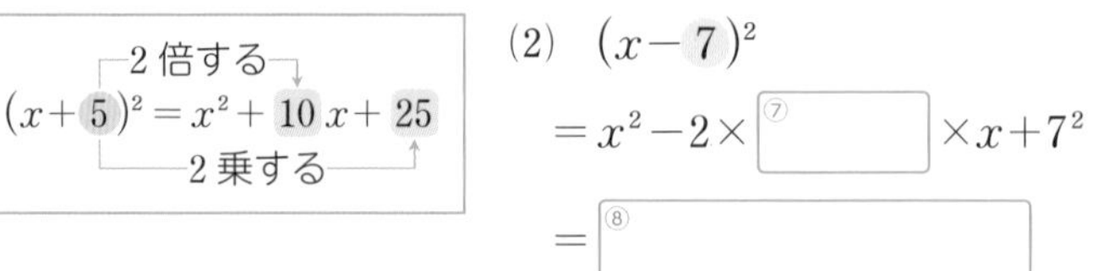

(2) $(x-7)^2$

$=x^2-2\times$ ⑦ $\times x+7^2$

$=$ ⑧

例3 和と差の積の公式

教 p.20 → 基本問題3

$(x+4)(x-4)$ を展開しなさい。

考え方 乗法公式④を利用する。公式④で a が 4

乗法公式④

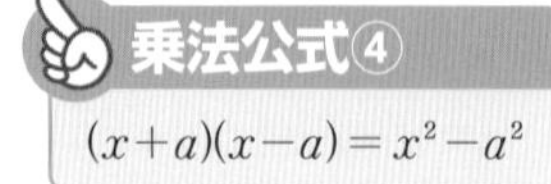

$(x+a)(x-a)=x^2-a^2$

解き方 $(x+4)(x-4)$

$=x^2-4^2$

$=$ ⑨

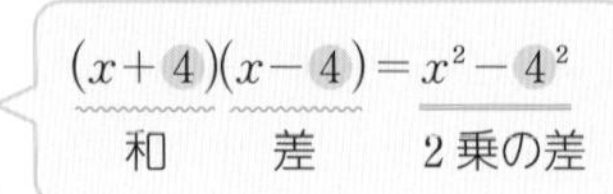

基本問題

解答 p.1

1 $(x+a)(x+b)$ の公式　次の式を展開しなさい。　教 p.18 問1

(1) $(x+2)(x+3)$　(2) $(y-5)(y+4)$

(3) $(a-4)(a-7)$　(4) $(x+8)(x-3)$

(5) $(x+6)(x-6)$　(6) $(a+1)^2$

(7) $\left(x-\frac{1}{3}\right)\left(x-\frac{2}{3}\right)$　(8) $\left(y+\frac{1}{3}\right)\left(y-\frac{1}{4}\right)$

知ってると得

乗法公式①の導き方

$(x+a)(x+b)$
$=x^2+ax+bx+ab$
$=x^2+(a+b)x+ab$

式の文字が y や a でも，数が分数でも，同じように公式が使えるよ。

2 平方の公式　次の式を展開しなさい。　教 p.19 問3

(1) $(x+2)^2$　(2) $(a+4)^2$

(3) $(x-1)^2$　(4) $(y-8)^2$

(5) $(x-y)^2$　(6) $\left(a+\frac{1}{2}\right)^2$

知ってると得

乗法公式②，③の導き方

$(x+a)^2=(x+a)(x+a)$
$=x^2+(a+a)x+a^2$
$=x^2+2ax+a^2$

$(x-a)^2=(x-a)(x-a)$
$=x^2+\{(-a)+(-a)\}x+(-a)^2$
$=x^2-2ax+a^2$

3 和と差の積の公式　次の式を展開しなさい。　教 p.20 問5

(1) $(x+9)(x-9)$　(2) $(x-7)(x+7)$

(3) $(2+y)(2-y)$　(4) $(x-y)(x+y)$

(5) $(x-3)(3+x)$　(6) $\left(a+\frac{1}{5}\right)\left(a-\frac{1}{5}\right)$

知ってると得

乗法公式④の導き方

$(x+a)(x-a)$
$=x^2+\{a+(-a)\}x+a\times(-a)$
$=x^2-a^2$

ここがポイント

(5) 公式が使える形に変形する。

$(x-3)(3+x)=(x-3)(x+3)$
$=(x+3)(x-3)$

左ページの例の答え　①5　② $x^2+9x+20$　③ -2　④ x^2+x-6　⑤2　⑥ $x^2+10x+25$　⑦7　⑧ $x^2-14x+49$　⑨ x^2-16

1 多項式の計算
❸ 乗法公式(2)

教 p.21 → 基本問題 1

次の式を展開しなさい。

(1) $(3x+4)(3x-1)$　　(2) $(5a-4b)^2$

考え方 (1) $3x$ を1つの数と考えて，$3x=A$ とおき，乗法公式①を使って展開する。

(2) $5a$ を A，$4b$ を B とおいて，乗法公式③を使って展開する。

解き方 下の計算で，おきかえの部分は省略することができる。

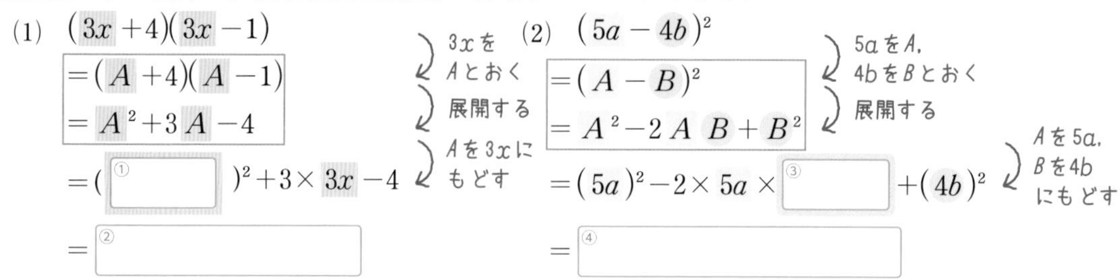

(1) $(3x+4)(3x-1)$

$=(A+4)(A-1)$　← $3x$ を A とおく

$=A^2+3A-4$　← 展開する

$=($ ① $)^2+3\times 3x-4$　← A を $3x$ にもどす

$=$ ②

(2) $(5a-4b)^2$

$=(A-B)^2$　← $5a$ を A，$4b$ を B とおく

$=A^2-2AB+B^2$　← 展開する

$=(5a)^2-2\times 5a\times$ ③ $+(4b)^2$　← A を $5a$，B を $4b$ にもどす

$=$ ④

例2 いろいろな計算②

教 p.22 → 基本問題 2

$(x+y-3)(x+y+5)$ を展開しなさい。

考え方 $x+y$ を M とおいて，乗法公式①を使って展開する。

解き方 $x+y=M$ とおくと，

$(x+y-3)(x+y+5)$

$=(M-3)(M+5)$　← $x+y=M$ とおく

$=M^2+2M-15$　← 展開する

$=($ ⑤ $)^2+2($ ⑥ $)-15$　← M を $x+y$ にもどす

$=$ ⑦

ここがポイント
式の一部をひとまとめにして1つの文字におきかえると，乗法公式が使える場合がある。

ミス注意
M を $x+y$ にもどすときに，(　)をつけるのを忘れないようにしよう！

例3 いろいろな計算③

教 p.22 → 基本問題 3

$(x+3)^2-(x-2)(x-9)$ を計算しなさい。

考え方 $(x+3)^2$ と $(x-2)(x-9)$ を乗法公式を使ってそれぞれ展開し，同類項(こう)をまとめる。

解き方 $(x+3)^2-(x-2)(x-9)$

$=(x^2+6x+9)-($ ⑧ $)$　← 乗法公式②，乗法公式①を使って展開する

$=x^2+6x+9-x^2+11x-$ ⑨　← かっこをはずす

$=$ ⑩　← 同類項をまとめる

まず，乗法公式が使えるのはどこの部分か考えよう。

基本問題

解答 p.2

1 いろいろな計算① 次の式を展開しなさい。

教 p.21 問6

(1) $(5x+2)(5x+4)$　　(2) $(2a-7)(2a-1)$

(3) $(3x-6)(3x+8)$　　(4) $(5x+3)^2$

(5) $(6a-b)^2$　　(6) $(3x-2y)^2$

(7) $(4x+3)(4x-3)$　　(8) $(2a-9b)(2a+9b)$

係数のかけ忘れに注意しよう！

(1) $(5x+2)(5x+4)$

$=(5x)^2+(2+4)\times x+8$

$\times x \to \times 5x$

$5x$ を1つの数と考えて計算する。

2 いろいろな計算② 次の式を展開しなさい。

(1) $(x+y-2)(x+y-5)$　　(2) $(a-b+3)(a-b+7)$

(3) $(a+b+4)^2$　　(4) $(x-y-3)^2$

(5) $(a+b-8)(a+b+8)$　　(6) $(x-y+1)(x-y-1)$

ここがポイント

(1)(2)(5)(6) 2つのかっこの中の式で共通する部分を M とおく。

(3)(4) かっこの中の最初の2つの項を M におきかえる。

3 いろいろな計算③ 次の計算をしなさい。

(1) $x(x-4)+(x+6)(x-6)$　　(2) $(y-5)^2-(y-1)(y+1)$

(3) $(a-5)(a+9)-a(a-2)$

(4) $2(x+3)^2-(2x-3)^2$

(2)〜(4) かっこをはずすときの符号(ふごう)のミスに注意！

展開した式にかっこをつけて途(と)中式を書こう。

⇨ (2) $=(y^2-10y+25)-(y^2-1)$

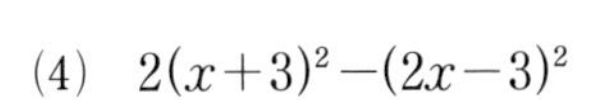

左ページの 例 の答え
① $3x$　② $9x^2+9x-4$　③ $4b$　④ $25a^2-40ab+16b^2$　⑤ $x+y$　⑥ $x+y$
⑦ $x^2+2xy+y^2+2x+2y-15$　⑧ $x^2-11x+18$　⑨ 18　⑩ $17x-9$

解答 p.2

1 多項式の計算

1 次の計算をしなさい。

(1) $3a(4a-b)$　(2) $(8a-4b+1)\times(-5b)$　(3) $(18x-12y)\times\left(-\frac{5}{6}x\right)$

(4) $(3x^2y-9xy^2)\div3xy$　(5) $(2a^2b+ab^2)\div\frac{1}{4}b$　(6) $(2xy-4x^2y)\div\left(-\frac{2}{3}xy\right)$

2 次の式を展開しなさい。

(1) $(5a+2)(a-3)$　(2) $(2x-3y)(3x-y)$

(3) $(a-2b)(2a+b-3)$　(4) $(3x+4y-1)(2x-y)$

よく出る **3** 次の式を展開しなさい。

(1) $(x+6)(x-5)$　(2) $(x-12)^2$　(3) $(a-9)(a+11)$

(4) $(9-x)(x+9)$　(5) $(1-a)^2$　(6) $(-8+a)(8+a)$

(7) $\left(x+\frac{3}{7}\right)^2$　(8) $\left(x-\frac{2}{3}\right)\left(x+\frac{2}{3}\right)$　(9) $\left(a+\frac{1}{3}\right)\left(a-\frac{1}{2}\right)$

4 次の式を展開しなさい。

(1) $(-3x+5)(-3x-2)$　(2) $(2x-7y)(2x+6y)$　(3) $(-5a-2b)^2$

(4) $\left(\frac{1}{2}x+2\right)\left(\frac{1}{2}x-6\right)$　(5) $\left(3x+\frac{1}{2}y\right)^2$　(6) $(4a+5b)(5b-4a)$

3 (4) $(9-x)(x+9)=(9-x)(9+x)=(9+x)(9-x)$ と変形して乗法公式を使う。

(6) $(-8+a)(8+a)=(a-8)(a+8)=(a+8)(a-8)$ と変形して乗法公式を使う。

4 (1) $-3x$ を1つの数と考えて，$-3x=A$ とおく。

5 次の式を展開しなさい。

(1) $(x+2y-1)(x+2y-5)$

(2) $(a-3b+2)^2$

(3) $(2x+y-1)^2$

(4) $(x-y+1)(x-y-1)$

(5) $(x+y+6)(x-y+6)$

レベルUP (6) $(a-b+5)(a+b-5)$

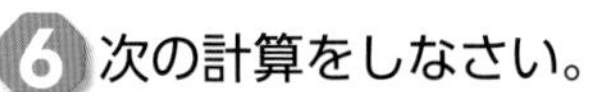

6 次の計算をしなさい。

(1) $(3a-1)(3a+2)+(2a-1)^2$

(2) $2(x-5)^2-(3+2x)(3-2x)$

(3) $(4a-b)^2-(4a+b)^2$

(4) $9x(x-2y)-(3x+4y)(3x-5y)$

1 次の式を展開しなさい。

(1) $(3x-1)(x-2)$ 〔沖縄〕

(2) $(3x+y)^2$ 〔大阪〕

2 次の計算をしなさい。

(1) $(24ab+3b^2)\div 3b$ 〔静岡〕

(2) $(6a^2+8ab)\div \dfrac{2a}{3}$ 〔静岡〕

(3) $(2x-3)(x+2)-(x-2)(x+3)$ 〔愛知〕

(4) $(x+9)^2-(x-3)(x-7)$ 〔神奈川〕

(5) $(a+2)(a-1)-(a-2)^2$ 〔和歌山〕

(6) $(x-6)(x+2)-(x+3)(x-3)$ 〔愛媛〕

5 (5) $(x+6+y)(x+6-y)$ と項を入れかえれば，$x+6$ が共通とわかる。

(6) $(a-b+5)(a+b-5)$ で，b と 5 の符号がそれぞれ反対だから，$\{a-(b-5)\}\{a+(b-5)\}$ と変形してから共通部分の $b-5$ を 1 つの文字におきかえる。

ステージ1 確認のワーク

2 因数分解
❶ 因数分解　❷ 公式による因数分解(1)

例1 因数分解
教 p.25〜26 → 基本問題 1

$x^2+7x+10=(x+2)(x+5)$ の式は，因数分解しているといえますか。

考え方 右辺が因数の積の形で表されているかをみる。

解き方 $x^2+7x+10=(x+2)(x+5)$ ←右辺は積の形

右辺を展開すると，

$(x+2)(x+5)=x^2+7x+10$ ←左辺になっている

よって，$x+2$，①[ ] は，

$x^2+7x+10$ の因数である。

⇨因数分解しているといえる。

因数分解	
$x^2+7x+10$ ⟷ $(x+2)(x+5)$	
⋮ 展開 ⋮	
単項式の和の形	因数の積の形

たいせつ

・多項式をいくつかの単項式や多項式の積の形で表すとき，一つひとつの式をもとの多項式の**因数**という。

・多項式をいくつかの因数の積の形で表すことを，その多項式を**因数分解**するという。

例2 共通な因数
教 p.27 → 基本問題 2

次の式を因数分解しなさい。

(1) $ab+ac$　　(2) $6x^2-3xy$

考え方 各項に共通な因数を見つけて，分配法則を使って共通な因数をかっこの外にくくり出す。

解き方 (1) 共通な因数は a

$ab=a\times b$

$ac=a\times c$

$ab+ac$

$=a\times b+a\times c$

$=$ ②[ ] $(b+c)$ ←共通な因数をくくり出す

(2) 共通な因数は ③[ ]

$6x^2=3x\times 2x$

$3xy=3x\times y$

$6x^2-3xy$

$=3x\times 2x-3x\times y$

$=3x($ ④[ ] $)$

注 共通な因数はすべてくくり出すこと！

例3 $x^2+(a+b)x+ab=(x+a)(x+b)$ の公式
教 p.28 → 基本問題 3

$x^2+8x+15$ を因数分解しなさい。

考え方 $x^2+○x+□$ の形の式の因数分解は，積が□で和が○になる2数を見つける。右の表のようにしてさがす。

積が 15	和が 8
1 と 15	×
−1 と −15	×
3 と 5	○
−3 と −5	×

因数分解の公式①′

$x^2+(a+b)x+ab$

$=(x+a)(x+b)$

解き方 上の表より，積が15になる2数のうち，和が8になるのは3と5だから，

$x^2+8x+15=x^2+(3+5)x+3\times 5$

$=(x+3)(x+$ ⑤[ ] $)$

[ ] の式は省略できるよ。

注 $(x+3)(x+5)$ と $(x+5)(x+3)$ は同じものなので，どちらで答えてもよい。

基本問題

解答 p.3

1 因数分解 次の式の中で，因数分解をしているものはどれですか。

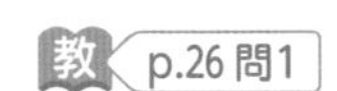

教 p.26 問1

(1) $x^2+6x=x(x+6)$　(2) $x^2-3x-10=x(x-3)-10$

(3) $x^2-25=(x+5)(x-5)$　(4) $x^2+4x+5=(x+2)^2+1$

2 共通な因数 次の式を因数分解しなさい。

教 p.27 問2, 問3

(1) $xy-6y$　(2) $3ax-9ay$

(3) $4x^2+10xy$　(4) $18a^2b-27ab^2$

(5) $mx^2+7mx-9m$　(6) $6x^2-4xy+2x$

たいせつ

単項式の因数…$3xy$ の**因数**は 3，x，y，$3x$，$3y$，xy，$3xy$

ミス注意

(2) $3ax-9ay$
$=a(3x-9y)$ と答えないこと。かっこの中がまだ因数分解できる。

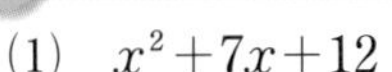

3 $x^2+(a+b)x+ab$ の公式 次の式を因数分解しなさい。

教 p.28 問1, 問2

(1) $x^2+7x+12$　(2) $x^2+9x+18$

(3) x^2-9x+8　(4) $x^2-16x+63$

(5) $x^2+5x-14$　(6) a^2+a-20

(7) y^2-2y-3　(8) $x^2-4x-12$

ここがポイント

公式①′の因数分解で積が ab，和が $a+b$ になる2数を求めるには，

1 積に着目する。
- $ab>0$ のとき，a，b は同符号(ふごう)
- $ab<0$ のとき，a，b は異符号

2 1に合う2数で和が $a+b$ になるものを見つける。

左ページの例の答え　① $x+5$　② a　③ $3x$　④ $2x-y$　⑤ 5

ステージ1

2 因数分解
❷ 公式による因数分解(2)

例1 $x^2+2ax+a^2=(x+a)^2$, $x^2-2ax+a^2=(x-a)^2$ の公式

教 p.29 → 基本問題 1 3

次の式を因数分解しなさい。

(1) $x^2+16x+64$　　(2) $x^2-10x+25$

考え方 $x^2+○x+□$, $x^2-○x+□$ の式で，
□が a^2（2乗）の形ならば，
○が $2a$ になっていることを確認して，
公式②′，③′を使う。

因数分解の公式②′，③′

②′ $x^2+2ax+a^2=(x+a)^2$

③′ $x^2-2ax+a^2=(x-a)^2$

解き方 (1) $x^2+16x+64=x^2+2\times8\times x+8^2$

$=($ ① $)^2$

(2) $x^2-10x+25=x^2-2\times5\times x+5^2$

$=$ ②

例2 $x^2-a^2=(x+a)(x-a)$ の公式

教 p.29 → 基本問題 2 3

x^2-49 を因数分解しなさい。

考え方 式が2乗の差の形になっていることを確認して，公式④′を使う。

解き方 $x^2-49=x^2-7^2$

$=(x+7)($ ③ $)$

因数分解の公式④′

$x^2-a^2=(x+a)(x-a)$

例3 いろいろな因数分解①

教 p.30 → 基本問題 4 5

次の式を因数分解しなさい。

(1) $9x^2-24x+16$　　(2) $ax^2+7ax+12a$

考え方 (1) $9x^2=(3x)^2$, $16=4^2$ であることに着目して，公式③′が使えないか考える。

(2) まず共通な因数をくくり出し，さらに公式を使って因数分解できないか考える。

解き方 (1) $9x^2-24x+16=(3x)^2-2\times 3x\times4+4^2$

$=($ ④ $)^2$

3xを1つの数と考えて，公式③′を使う

(2) $ax^2+7ax+12a$

$=$ ⑤ $(x^2+7x+12)$

共通な因数aを，かっこの外にくくり出す

$=a(x+3)($ ⑥ $)$

かっこの中の式を，公式①′を使って因数分解する

ここがポイント

そのまま公式が使えないときは，まず共通な因数をかっこの外にくくり出せないか考える。

基本問題

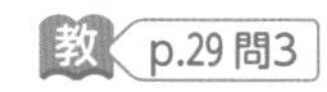

1 $x^2+2ax+a^2$，$x^2-2ax+a^2$ の公式　次の式を因数分解しなさい。

教 p.29 問3

(1)　$x^2+8x+16$　　(2)　x^2-6x+9

(3)　$y^2+20y+100$　　(4)　$a^2-18a+81$

$○^2+2×□×○+□^2$
$○^2-2×□×○+□^2$
の形かどうかに着目する。(→公式②′，③′)

2 x^2-a^2 の公式　次の式を因数分解しなさい。

(1)　x^2-4　　(2)　x^2-9

(3)　$64-a^2$　　(4)　x^2-y^2

ここがポイント

2 乗の差の形 $○^2-□^2$
⇩
和と差の積
(○＋□)(○－□) に因数分解できる。(公式④′)

3 公式による因数分解　次の式を因数分解しなさい。

(1)　a^2+6a+9　　(2)　$a^2+14a+49$　　(3)　$x^2-20x+100$

(4)　x^2-121　　(5)　$y^2-12y+36$　　(6)　$x^2+24x+144$

4 いろいろな因数分解①　次の式を因数分解しなさい。

(1)　$9x^2+6x+1$　　(2)　$4a^2-20a+25$　　(3)　$x^2-4xy+4y^2$

(4)　$64-9a^2$　　(5)　$36x^2-49y^2$　　(6)　$a^2-\dfrac{b^2}{81}$

5 いろいろな因数分解①　次の式を因数分解しなさい。

(1)　$ax^2+2ax-3a$　　(2)　xy^2-16x　　(3)　$4x^2+24x+36$

(4)　$3x^2-12$　　(5)　$-2y^2+2y+12$　　(6)　$2a^2b-4ab+2b$

左ページの例の答え　① $x+8$　② $(x-5)^2$　③ $x-7$　④ $3x-4$　⑤ a　⑥ $x+4$

2 因数分解 ❷ 公式による因数分解(3)
3 式の利用 ❶ 式の利用(1)

例1 いろいろな因数分解②

教 p.31 → 基本問題1

$(x-3)^2+2(x-3)-24$ を因数分解しなさい。

考え方 共通な部分の $x-3$ を1つの文字におきかえて，公式が使えないか考える。

解き方 $x-3$ を M とおくと，

$(x-3)^2+2(x-3)-24$

$=M^2+2M-24$ （$x-3$ を M とおく）

$=(M+6)($①$\quad)$ （公式①′を使って因数分解する）

$=(x-3+6)(x-3-4)$ （M を $x-3$ にもどす）

$=(x+3)($②$\quad)$ （かっこの中を整理する）

慣れてきたら，おきかえないで $x-3$ をひとまとまりとみて，そのまま因数分解してもいいよ。

例2 いろいろな因数分解③

教 p.31 → 基本問題2

$ax+a+x+1$ を因数分解しなさい。

考え方 a をふくむ項(こう)とふくまない項に分けて，因数分解する。

解き方 $ax+a+x+1$

$=(ax+a)+(x+1)$ （a をふくむ項とふくまない項に分ける）

$=$③$\quad(x+1)+(x+1)$ （$ax+a$ で共通な因数 a をくくり出す）

$=(x+1)($④$\quad)$ （共通な因数 $x+1$ を，かっこの外にくくり出す）

別解

$ax+a+x+1$

$=(ax+x)+(a+1)$

$=x(a+1)+(a+1)$

$=(a+1)(x+1)$

例3 数の性質

教 p.34〜36 → 基本問題3

連続する2つの奇数(きすう)の積に1を加えると，その間にある偶数(ぐうすう)の2乗に等しくなることを証明しなさい。

考え方 2つの奇数を文字式で表し，数量の関係を式に表して式の展開や因数分解を利用する。

解き方 **証明** 連続する2つの奇数は，n を整数とすると，$2n-1$，$2n+1$ と表される。

$(2n-1)(2n+1)+1$

$=$⑤$\quad+1$

$=4n^2$

$=($⑥$\quad)^2$

$2n$ は連続する2つの奇数の間にある偶数である。
したがって，連続する2つの奇数の積に1を加えると，その間にある偶数の2乗に等しくなる。

ここがポイント

数の性質の証明のしかた
1. 数量を文字式で表す。
2. 数量の関係を式に表す。
3. 展開や因数分解を利用して，式を証明したいことがらに合うように変形する。
4. 結論を導く。

基本問題

解答 p.4

1 いろいろな因数分解② 次の式を因数分解しなさい。

教 p.31 問8

(1) $(x+4)^2-(x+4)$　　(2) $(a+1)x-(a+1)y$

(3) $(x-2)^2-6(x-2)+8$　　(4) $(a+b)^2-25$

ミス注意

分配法則や公式を使って因数分解した後，かっこの中が整理できる場合は必ず整理する。

(1) $(x+4)^2-(x+4)$

$=(x+4)(x+4-1)$

を答えとしないこと。

2 いろいろな因数分解③ 次の式を因数分解しなさい。

教 p.31 問9

(1) $ab-a+b-1$　　(2) $xy+2x-y-2$

ここがポイント

4つの項の式は，2項ずつに分けると共通な因数が見つかる場合が多い。

3 数の性質 次の問いに答えなさい。

教 p.35 問1, p.36 問2～4

(1) 連続する3つの整数があります。もっとも小さい数ともっとも大きい数の積に1を加えるとき，次の問いに答えなさい。

(ア) この計算の結果を，次の「　」のように予想しました。㋐□，㋑□にあてはまる言葉をそれぞれ答えなさい。

「この計算の結果は，㋐□の数の㋑□になる。」

(イ) (ア)の予想が成り立つことを証明しなさい。

覚えておこう

nを整数とするとき，

偶数…$2n$

奇数…$2n-1$か$2n+1$

連続する2つの整数

…n，$n+1$

連続する3つの整数

…$n-1$，n，$n+1$

(n，$n+1$，$n+2$)

nの倍数…$n\times$(整数)

(2) 連続する2つの偶数の2乗の差は，4の倍数になります。このことを，小さい方の偶数を$2n$（nは整数）として証明しなさい。

4の倍数になることを示すには，式が4×(整数)の形になることを示せばいいね。

左ページの例の答え　① $M-4$　② $x-7$　③ a　④ $a+1$　⑤ $4n^2-1$　⑥ $2n$

3 式の利用
❶ 式の利用(2)

例1 計算のくふう①

教 p.36 → 基本問題 1

$a=32$, $b=12$ のとき，$a^2-2ab+b^2$ の値を求めなさい。

考え方 値をそのまま代入しないで，先に因数分解する。

解き方 $a^2-2ab+b^2$

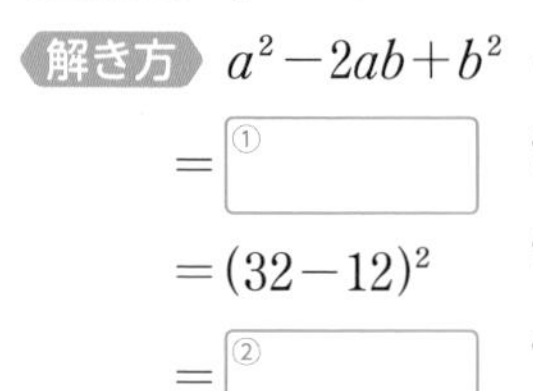

$=$ ①［　　］

$=(32-12)^2$

$=$ ②［　　］

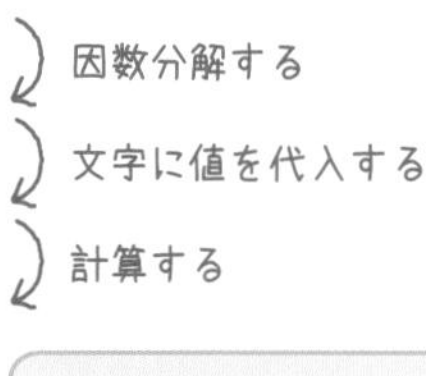

知ってると得

先に因数分解することで，計算量を減らすことができる。

$a^2-2ab+b^2$

$=32^2-2\times32\times12+12^2$

$=1024-768+144$

$=400$

例2 計算のくふう②

教 p.36 → 基本問題 2

式の展開や因数分解を使って，次の計算をしなさい。

(1) 79^2-21^2 (2) 103^2

考え方 式の形をみて，100 などの切りのよい数に着目し，式の展開や因数分解を利用する。

解き方

(1) $79^2-21^2=(79+$ ③［　　］$)\times(79-21)$ ← 因数分解の公式④′を利用する $x^2-a^2=(x+a)(x-a)$

（2乗の差）

$=100\times58$

$=$ ④［　　］

(2) $103^2=(100+3)^2$ ← 103＝100＋3と考えて，乗法公式②を利用する

$=100^2+2\times100\times3+$ ⑤［　　］^{2} ← $(x+a)^2=x^2+2ax+a^2$

$=$ ⑥［　　］

例3 図形の性質

教 p.37〜38 → 基本問題 3

右の図のように，O を中心とする 2 つの円があります。この 2 つの円にはさまれた灰色の部分の面積を，a と b を使って表しなさい。

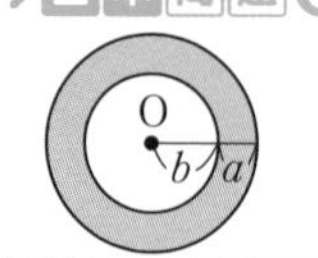

考え方 大きい円と小さい円の面積を a, b を使った式で表し，求める部分の面積を計算する。

解き方 大きい円の面積は $\pi(a+b)^2$，小さい円の面積は ⑦［　　］ だから，

$\pi(a+b)^2-\pi b^2=\pi(a^2+2ab+b^2)-\pi b^2$ ← $\pi(a+b)^2$ を展開する（乗法公式② $(x+a)^2=x^2+2ax+a^2$）

$=\pi a^2+2\pi ab+\pi b^2-\pi b^2$

$=$ ⑧［　　］

思い出そう

円の半径が r のとき，

(円周) $=2\pi r$

(円の面積) $=\pi r^2$

基本問題

解答 p.5

1 計算のくふう① $a=27$ のとき，次の式の値を求めなさい。

教 p.36 問5

(1) a^2-17a　　(2) $a^2-4a-21$

ここがポイント
もとの式にそのまま a の値を代入しないで，先に因数分解する。

(3) a^2-49　　(4) a^2+6a+9

2 計算のくふう② 次の式をくふうして計算しなさい。

(1) 45^2-35^2　　(2) 76^2-24^2　　(3) 97^2

(5) $62=60+2$，$58=60-2$ と考えると，公式④和と差の積の公式が利用できる。

(4) 51^2　　(5) 62×58

3 図形の性質 右の図のように，1 辺が p m の正方形の土地の周囲に，幅（はば）a m の道があり，道の外側の周は正方形になっています。この道の面積を S m^2，道の中央を通る線全体の長さを ℓ m とするとき，$S=a\ell$ であることを証明しなさい。

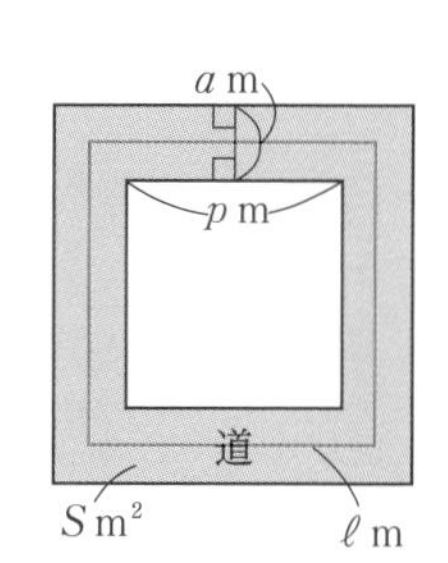

まず，S と ℓ を a，p を使った式で表そう。

左ページの例の答え　① $(a-b)^2$　② 400　③ 21　④ 5800　⑤ 3　⑥ 10609　⑦ πb^2
⑧ $\pi a^2+2\pi ab$（または，$\pi a(a+2b)$）

解答 p.6

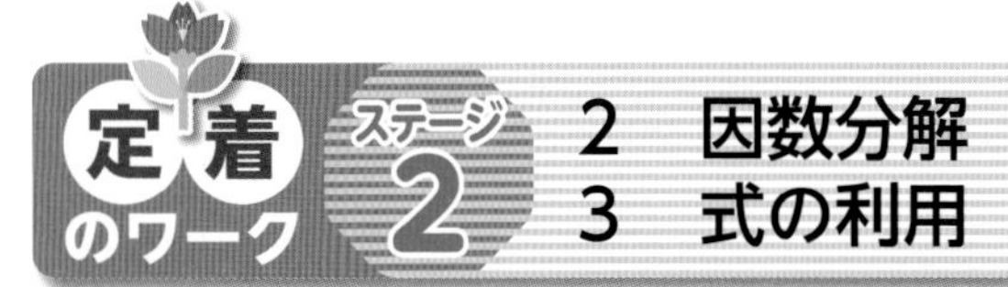

2 因数分解
3 式の利用

よく出る **1** 次の式を因数分解しなさい。

(1) $-2mn^2-4m^2n$　(2) $6a^2b-3ab+9ab^2$　(3) $x^2-12x+32$

(4) $49+a^2-14a$　(5) $100-x^2$　(6) $x^2+x+\dfrac{1}{4}$

よく出る **2** 次の式を因数分解しなさい。

(1) $25a^2-20ab+4b^2$　(2) $x^2-\dfrac{y^2}{36}$　(3) $x^2+2xy-24y^2$

(4) a^2b-bc^2　(5) $4x^2y+16xy-48y$　(6) $(x-5)(x-2)-4$

(7) $(x+3)^2+4(x+3)-21$　(8) $(a-4)^2-16$

レベルUP (9) $ab-4a-2b+8$　レベルUP (10) $x^2+2x+1-y^2$

3 次の式をくふうして計算しなさい。

(1) 9.8^2　(2) 2.7×3.3　(3) $29^2\times3.14-21^2\times3.14$

4 $a=19$ のとき，次の式の値を求めなさい。

(1) $a^2+7a-44$　(2) a^2-81

2 (6) まずかっこをはずして式を整理してから，因数分解する。
(9) 2項(こう)ずつに分けて考える。　(10) 3項と1項に分けて考える。

5 $x=42$，$y=38$ のとき，次の式の値を求めなさい。

(1) $x^2-2xy+y^2$　　(2) x^2-y^2

6 連続する 2 つの整数の積に大きい方の整数を加えると，大きい方の整数の 2 乗に等しくなります。このことを証明しなさい。

7 偶数（ぐうすう）と奇数（きすう）の積は偶数になることを証明しなさい。

8 右の図は，円と 2 つの半円を組み合わせたものです。色のついた部分の面積を S cm^2 とするとき，$S=\pi a(a+b)$ であることを証明しなさい。

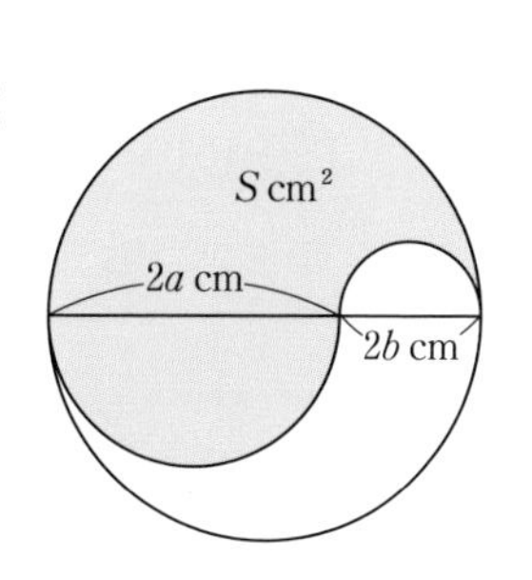

入試問題をやってみよう！

1 次の式を因数分解しなさい。

(1) $x^2+13x-30$ 〔大阪〕　(2) $3x^2y-12y$ 〔愛知〕

(3) $(x+1)(x+4)-2(2x+3)$ 〔愛知〕　(4) $(x-4)^2+8(x-4)-33$ 〔神奈川〕

(5) $(x+4)(x-3)-8$ 〔千葉〕　(6) $(a+2b)^2+a+2b-2$ 〔大阪〕

2 小さい順に並べた連続する 3 つの奇数，3，5，7 において，$5\times7-5\times3$ を計算すると 20 となり，中央の奇数 5 の 4 倍になっています。このように，「小さい順に並べた連続する 3 つの奇数において，中央の奇数と最も大きい奇数の積から，中央の奇数と最も小さい奇数の積をひいた差は中央の奇数の 4 倍に等しくなる」ことを文字 n を使って説明しなさい。ただし，説明は「n を整数とし，中央の奇数を $2n+1$ とする。」に続けて完成させなさい。

〔長崎〕

5 与えられた式を因数分解してから値を代入すると，計算が簡単になる。
7 偶数と奇数は，m，n を整数とすると，それぞれ $2m$，$2n+1$ と表される。
2 最も小さい奇数は $2n-1$，最も大きい奇数は $2n+3$ と表される。

解答 p.7

実力判定テスト ステージ3 式の計算

40分　　/100

1 次の計算をしなさい。　3点×3（9点）

(1) $-2x(x-2y+4)$

(2) $(8x^2y+4xy^2)\div 2xy$

(3) $(6x^2-3x)\div\left(-\dfrac{3}{2}x\right)$

よく出る 2 次の式を展開しなさい。　3点×8（24点）

(1) $(x+5)(2x-3)$

(2) $(x+2)(x-8)$

(3) $(x+10)^2$

(4) $\left(a-\dfrac{1}{3}\right)^2$

(5) $(7-a)(7+a)$

(6) $(3x-5)(3x+4)$

(7) $(9a-2b)^2$

(8) $(x+y+4)(x-y-4)$

3 次の計算をしなさい。　3点×2（6点）

(1) $(x+8)^2+2(x+3)(x-3)$

(2) $4(x-3)(x-1)-(2x-5)^2$

よく出る 4 次の式を因数分解しなさい。　3点×6（18点）

(1) $6m^2n-2mn$

(2) $x^2-11x+18$

(3) a^2+6a-7

(4) $x^2+12x+36$

(5) $9x^2-30xy+25y^2$

(6) $16x^2-\dfrac{y^2}{4}$

目標 公式をきちんと覚え，計算や因数分解を速く正確にできるようになろう。乗法公式や因数分解を活用できるようになろう。

自分の得点まで色をぬろう!

がんばろう!	もう一歩	合格!
0	60	80　100点

5 次の式を因数分解しなさい。　3点×4（12点）

(1)　$-3x^2+12x+96$　　(2)　$2a^2b-8b$

（　　　　）　（　　　　）

(3)　$(x+1)^2+4(x+1)-5$　　(4)　$3ab-2a-3b+2$

（　　　　）　（　　　　）

6 次の式をくふうして計算しなさい。　3点×2（6点）

(1)　27^2-23^2　　(2)　3.9×4.1

（　　　　）　（　　　　）

7 $x=\dfrac{5}{6}$，$y=-\dfrac{3}{4}$ のとき，次の式の値を求めなさい。　3点×2（6点）

(1)　$9x^2+12xy+4y^2$　　(2)　$6xy+3x-4y-2$

（　　　　）　（　　　　）

8 連続する3つの整数で，もっとも大きい数の2乗からもっとも小さい数の2乗をひいた差について，次のように予想しました。㋐ にあてはまる数を答えなさい。

また，この予想が成り立つことを証明しなさい。　㋐2点，証明4点（6点）

予想「その差は，中央の数の ㋐ 倍になる。」　㋐（　　　　）

証明

9 連続する2つの奇数（きすう）では，大きい方の数の2乗から小さい方の数の2乗をひいた差は，8の倍数になります。このことを証明しなさい。　（5点）

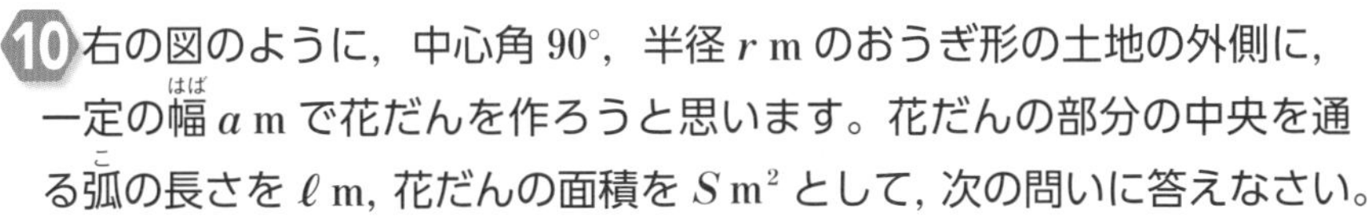

10 右の図のように，中心角90°，半径 r m のおうぎ形の土地の外側に，一定の幅（はば） a m で花だんを作ろうと思います。花だんの部分の中央を通る弧（こ）の長さを ℓ m，花だんの面積を S m^2 として，次の問いに答えなさい。

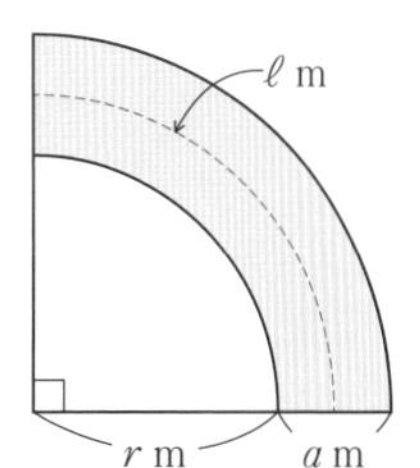

(1)　ℓ を r と a を使って表しなさい。　4点×2（8点）

（　　　　）

(2)　$S=a\ell$ であることを証明しなさい。

アプリ【どこでもワーク計算編】をやって，さらに力をつけよう！

1 平方根
❶ 平方根

例1 平方根の近似値

教 p.46〜47 →基本問題①②

$\sqrt{6}$ の値を小数第一位まで求めると 2.4 です。2.41^2，2.42^2，2.43^2，…を順に計算して，$\sqrt{6}$ の近似値（きんじち）を小数第二位まで求めなさい。

考え方 2 乗した数で 6 をはさむものをさがす。

解き方 $2.41^2=5.8081$，$2.42^2=5.8564$，$2.43^2=5.9049$，

$2.44^2=$ ①＿＿，$2.45^2=6.0025$ だから，

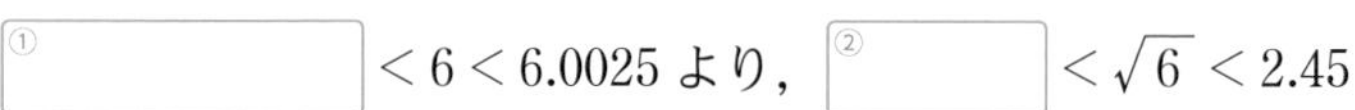

①＿＿ $<6<6.0025$ より，②＿＿ $<\sqrt{6}<2.45$

よって，$\sqrt{6}$ の近似値を小数第二位まで求めると，③＿＿である。

注 電卓（でんたく）で，［6］［√］の順にキーを押（お）すと 2.4494…となり，小数第三位を四捨五入して近似値を求めると，2.45 になる。

たいせつ

根号…「2 乗すると 6 になる正の数」を記号 $\sqrt{\ }$ を使って $\sqrt{6}$ と表す。この記号 $\sqrt{\ }$ を根号（こんごう）といい，$\sqrt{6}$ を「ルート 6」と読む。

例2 2 乗すると a になる数（平方根を求める）

教 p.48 →基本問題③④

次の数の平方根を求めなさい。

(1) 64　　(2) 11

考え方 a の平方根は 2 乗すると a になる数である。

→2 乗して 64，11 になる数を考える。今までに習った数にそのような数がないときは，根号を使って表す。

解き方 (1) $8^2=64$，$(-8)^2=64$ だから，64 の平方根は，

8 と ④＿＿（1 つにまとめて，± 8（プラスマイナス））

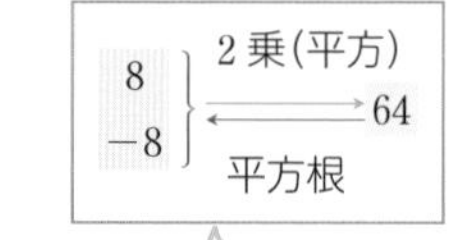

(2) 2 乗して 11 になる整数はないので，11 の平方根は，

$\sqrt{11}$ と ⑤＿＿

（1 つにまとめて，⑥＿＿）

注 正の数 a の平方根は，正と負の 2 つあるよ！

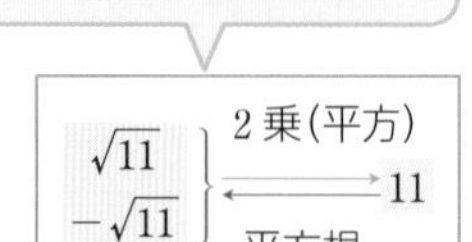

たいせつ

平方根…ある数 x を 2 乗すると a になるとき，すなわち，$x^2=a$ であるとき，x を a の平方根（へいほうこん）という。

a が正の数のとき，a の平方根を，根号を使って，正の方を $\sqrt{a}$，負の方を $-\sqrt{a}$ と表す。

①正の数の平方根は正，負の 2 つあり，その絶対値は等しい。

② 0 の平方根は 0 だけである。

$\sqrt{a}$，$-\sqrt{a}$ —2 乗(平方)→ a，a —平方根→ $\sqrt{a}$，$-\sqrt{a}$

例3 2 乗すると a になる数（根号を使わずに表す）

教 p.49 →基本問題⑤⑥

次の数を，根号を使わずに表しなさい。

(1) $-\sqrt{25}$　　(2) $\sqrt{(-4)^2}$

解き方 (1) 25 の平方根の負の方だから，$25=$ ⑦＿＿ ^{2} より，

$-\sqrt{25}=$ ⑧＿＿

(2) 根号の中を計算してから求める。

$\sqrt{(-4)^2}=\sqrt{16}$

$=$ ⑨＿＿

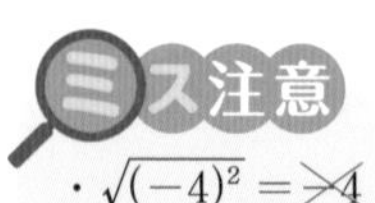

・$\sqrt{(-4)^2}=$ ~~−4~~

・$\sqrt{16}=$ ~~±4~~ → $\sqrt{16}$は，16の平方根の正の方

基本問題

解答 p.8

1 平方根の近似値 次のように，$\sqrt{3}$ の近似値を小数第二位まで求めました。□にあてはまる数を答えなさい。 教 p.46～47 問1，問2

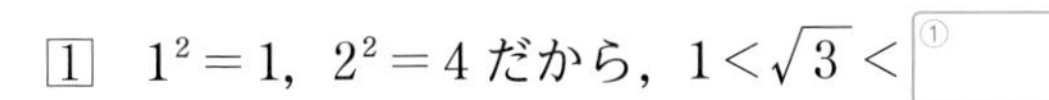

[1] $1^2=1$，$2^2=4$ だから，$1<\sqrt{3}<$ ①□

[2] $1.7^2=2.89$，$1.8^2=$ ②□ だから，③□ $<\sqrt{3}<1.8$

[3] $1.73^2=2.9929$，$1.74^2=3.0276$ より，④□ $<\sqrt{3}<$ ⑤□

よって，$\sqrt{3}$ の近似値を小数第二位まで求めると，⑥□ である。

知ってると得

平方根の近似値を次のように覚える語呂（ごろ）合わせがある。

- $\sqrt{2}=1.41421356\cdots$ 一夜一夜に人見ごろ（ひとよひとよにひとみごろ）
- $\sqrt{3}=1.7320508\cdots$ 人なみにおごれや（ひとなみにおごれや）
- $\sqrt{5}=2.2360679\cdots$ 富士山麓オウム鳴く（ふじさんろくおうむなく）

2 平方根の近似値 電卓を使って，次の数の近似値を小数第三位まで求めなさい。

(1) $\sqrt{5}$ (2) $\sqrt{40}$

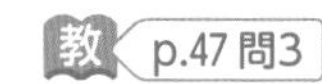
教 p.47 問3

3 平方根 次の数の平方根を求めなさい。

教 p.48 問4

(1) 4 (2) 121

(3) $\dfrac{25}{49}$ (4) 0.36

ここがポイント

・正の数 a の平方根は正と負の 2 つある。負の方を忘れないように注意しよう。
・分数や小数も考え方は同じ。

4 平方根 次の数の平方根を，根号を使って表しなさい。

教 p.48 問5

(1) 5 (2) 35

(3) 0.9 (4) $\dfrac{2}{5}$

ミス注意

(1) 5 の平方根は，$\sqrt{5}$ と ~~$\sqrt{-5}$~~
→負の数には平方根はないので，根号の中が負の数になることはない。

5 根号を使わずに表す 次の数を，根号を使わずに表しなさい。

教 p.49 問6

(1) $\sqrt{100}$ (2) $-\sqrt{81}$ (3) $-\sqrt{1}$

(4) $\sqrt{0.25}$ (5) $-\sqrt{\dfrac{9}{16}}$ (6) $\sqrt{(-6)^2}$

(1)の $\sqrt{100}$ は，100 の平方根の正の方だね。

6 平方根の 2 乗 次の数を求めなさい。 教 p.49 問7

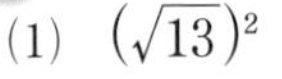

(1) $(\sqrt{13})^2$ (2) $(-\sqrt{18})^2$

(3) $(-\sqrt{0.7})^2$ (4) $\left(\sqrt{\dfrac{3}{8}}\right)^2$

たいせつ

a が正の数のとき，$\sqrt{a}$ と $-\sqrt{a}$ は a の平方根だから，
$(\sqrt{a})^2=a$，$(-\sqrt{a})^2=a$

左ページの例の答え　① 5.9536　② 2.44　③ 2.44　④ -8　⑤ $-\sqrt{11}$　⑥ $\pm\sqrt{11}$　⑦ 5　⑧ -5　⑨ 4

確認のワーク ステージ1　1 平方根 ❷ 平方根の大小 ❸ 有理数と無理数

例1 平方根の大小

教 p.50〜51 → 基本問題 1

次の各組の数の大小を，不等号を使って表しなさい。

(1) $\sqrt{14}$，$\sqrt{17}$　(2) 6，$\sqrt{35}$　(3) $-\sqrt{8}$，$-\sqrt{3}$

考え方 根号の中の数の大小を比べる。根号のつかない数がある場合は，$a=\sqrt{a^2}\,(a>0)$ を利用して根号のついた数に直して考える。

解き方 (1) $14<17$ だから，$\sqrt{14}$ ① $\sqrt{17}$

(2) $6=\sqrt{6^2}=\sqrt{②}$

$36>35$ だから，$\sqrt{36}$ ③ $\sqrt{35}$

したがって，6 ④ $\sqrt{35}$

(3) $\sqrt{8}$ ⑤ $\sqrt{3}$ だから，

$-\sqrt{8}$ ⑥ $-\sqrt{3}$

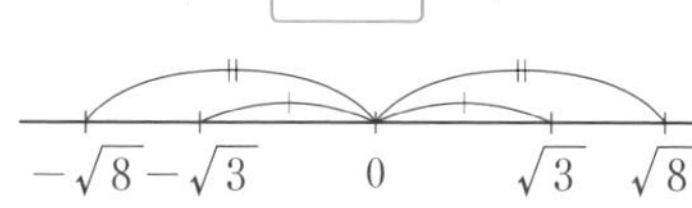

たいせつ
平方根の大小
a，b が正の数のとき，
$a<b$ ならば，
$\sqrt{a}<\sqrt{b}$

思い出そう
負の数では，絶対値が大きいほど小さい。

例2 有理数と無理数

教 p.52 → 基本問題 2

次の数は有理数ですか，それとも無理数ですか。

$\sqrt{12}$，$\dfrac{8}{3}$，$-\sqrt{49}$，0.04，$-\sqrt{5}$，$\sqrt{\dfrac{9}{16}}$

解き方 有理数は分数で表せる数だから，

• $\dfrac{8}{3}$，$0.04=\dfrac{4}{100}\left(=\dfrac{1}{25}\right)$ →有理数

根号を使わずに表せる数は有理数，根号を使わずに表せない数は無理数である。

注 根号がついているだけで無理数と判断しないこと！

• $-\sqrt{49}=$ ⑦ $=-\dfrac{7}{1}$，$\sqrt{\dfrac{9}{16}}=$ ⑧ → ⑨ 数

• $\sqrt{12}$ と $-\sqrt{5}$ は，根号をはずせず分数では表せないから，

⑩ 数

たいせつ
• 有理数…m を整数，n を 0 でない整数とするとき，$\dfrac{m}{n}$ のように，分数で表すことができる数を有理数という。
• 無理数…$\sqrt{2}$ や $-\sqrt{3}$，π など，分数で表すことができない数を無理数という。

例3 有限小数・無限小数・循環小数

教 p.53 → 基本問題 3

有理数の $\dfrac{3}{4}$ と $\dfrac{6}{11}$ を小数で表し，その特徴を考えてみましょう。

考え方 • $\dfrac{3}{4}=$ ⑪ →小数第二位で終わっている。

…小数第何位かで終わる小数を**有限小数**という。

• $\dfrac{6}{11}=0.54545454\cdots$ → ⑫ の並びがくりかえし現れる。

…小数部分が限りなく続く小数を**無限小数**という。そのうち，小数部分に同じ数の並びがくりかえし現れるものを**循環小数**という。

基本問題

解答 p.9

1 平方根の大小 次の各組の数の大小を，不等号を使って表しなさい。 教 p.51 問1

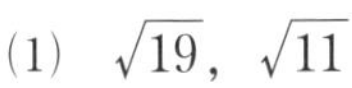

(1) $\sqrt{19}$，$\sqrt{11}$　　(2) $\sqrt{37}$，$\sqrt{42}$

(3) 5，$\sqrt{28}$　　(4) $\sqrt{170}$，13

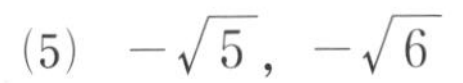

(5) $-\sqrt{5}$，$-\sqrt{6}$　　(6) -4，$-\sqrt{15}$

(7) 6，$\sqrt{34}$，$\sqrt{39}$　　(8) 2，3，$\sqrt{7}$

ミス注意

(5) $-\sqrt{5} \times -\sqrt{6}$
負の数は絶対値が大きいほど小さい。

(7) $6 > \sqrt{34} < \sqrt{39}$（×）
3つの数の大小は小さい順または大きい順に並べかえ，不等号の向きをそろえて表す。

知ってると得

(3) $5^2=25$，$(\sqrt{28})^2=28$ のように，それぞれを2乗して大小を比べてもよい。

2 有理数と無理数 次の数を，有理数と無理数に分けなさい。

教 p.52 問2

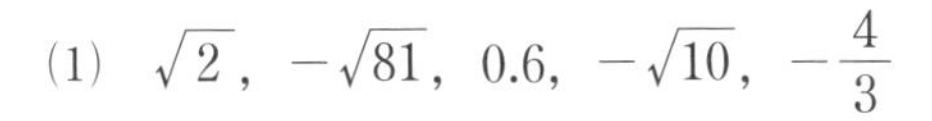

(1) $\sqrt{2}$，$-\sqrt{81}$，0.6，$-\sqrt{10}$，$-\frac{4}{3}$

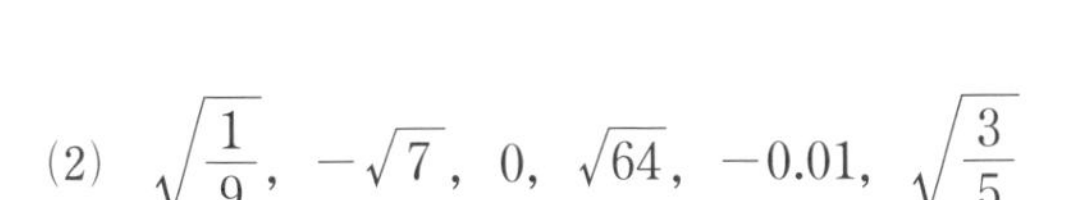

(2) $\sqrt{\frac{1}{9}}$，$-\sqrt{7}$，0，$\sqrt{64}$，-0.01，$\sqrt{\frac{3}{5}}$

覚えておこう

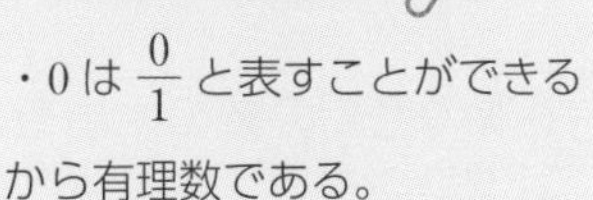

・0は $\frac{0}{1}$ と表すことができるから有理数である。

・円周率 π は無理数であることがわかっている。

3 有限小数・無限小数・循環小数 次の問いに答えなさい。

教 p.53

(1) 下の分類で，□にあてはまる言葉を答えなさい。

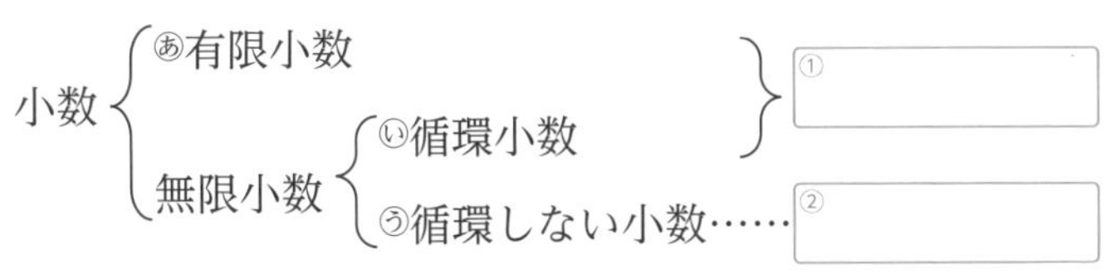

$\sqrt{2}$ や円周率 π は㋒にあてはまるよ。

(2) 次の分数を小数で表すと，(1)の分類の㋐，㋑，㋒のどれにあてはまりますか。

㋐ $\frac{5}{8}$　　㋑ $\frac{2}{7}$

左ページの例の答え

①＜　②36　③＞　④＞　⑤＞　⑥＜　⑦-7　⑧$\frac{3}{4}$　⑨有理　⑩無理　⑪0.75　⑫54

解答 p.9

1 平方根

1 次の数の平方根を求めなさい。

(1) 900　(2) 0　(3) 0.4　(4) $\dfrac{49}{81}$

よく出る **2** 次の数を，根号を使わずに表しなさい。

(1) $\sqrt{144}$　(2) $-\sqrt{\dfrac{25}{121}}$　(3) $\sqrt{0.16}$

(4) $\sqrt{(-15)^2}$　(5) $\left(\sqrt{\dfrac{3}{4}}\right)^2$　(6) $(-\sqrt{2.7})^2$

3 次のことがらは正しいですか。正しいものには○印を答え，誤りがあるものは，下線部を正しく書き直しなさい。

(1) 36 の平方根は $\underline{6}$ である。　(2) $\sqrt{64}=\underline{\pm 8}$ である。

(3) $-\sqrt{(-5)^2}=\underline{-5}$ である。　(4) $(-\sqrt{11})^2=\underline{-11}$ である。

よく出る **4** 次の各組の数の大小を，不等号を使って表しなさい。

(1) $-\sqrt{72}$，$-\sqrt{59}$　(2) 0.3，$\sqrt{0.1}$　(3) 12，$\sqrt{140}$

(4) 5，$\sqrt{23}$，$\sqrt{28}$　(5) $-\sqrt{\dfrac{1}{3}}$，$-\sqrt{\dfrac{1}{2}}$，$-\dfrac{1}{3}$

5 次の問いに答えなさい。

(1) $5.5<\sqrt{x}<6$ となるような，自然数 x の値をすべて求めなさい。

(2) $\sqrt{10}$ より大きく $\sqrt{50}$ より小さい整数の個数を求めなさい。

(3) $\sqrt{17}$ を小数で表したときの整数部分の数を求めなさい。また，小数第一位を求めなさい。

4 (2)(5) 小数や分数が混ざっていても，大小の比べ方は整数の場合と同じ。

5 (1) $5.5=\sqrt{5.5^2}=\sqrt{30.25}$，$6=\sqrt{6^2}=\sqrt{36}$ として考える。

(2) 求める整数を x とすると，$\sqrt{10}<\sqrt{x^2}<\sqrt{50}$ より，$10<x^2<50$

6 次の数を，有理数と無理数に分けなさい。

$\sqrt{8}$，$-\dfrac{14}{13}$，-0.06，$\sqrt{0.9}$，π，$-\sqrt{225}$

7 右の数直線上の点A, B, C, D は，$\sqrt{3}$，$-\sqrt{4}$，-0.5，$\sqrt{6}$ のどれかと対応しています。これらの点に対応する数をそれぞれ答えなさい。

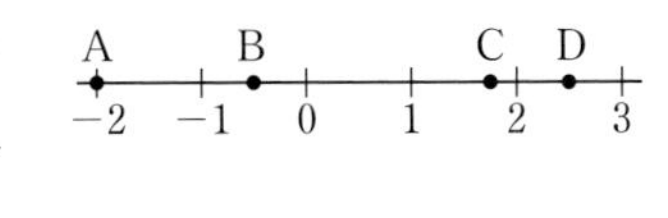

2章

レベルUP **8** 循環(じゅんかん)小数は，くりかえされる並びの最初と最後の数字の上に ˙ をつけて，$\dfrac{4}{11}=0.\dot{3}\dot{6}$ のように表すことがあります。循環小数 $0.\dot{3}\dot{6}$ は，次のように分数に直すことができます。

$x=0.\dot{3}\dot{6}$ とすると，　$x=0.363636\cdots$　①

両辺を 100 倍すると，$100x=36.363636\cdots$　②

②の両辺から①の両辺をそれぞれひくと，$99x=36$

$$x=\frac{36}{99}=\frac{4}{11}$$

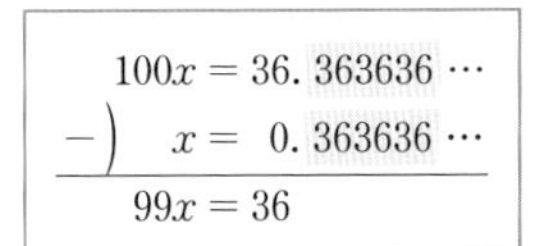

上の方法で，次の循環小数を分数に直しなさい。

(1)　$0.\dot{2}\dot{8}$　　(2)　$0.\dot{6}3\dot{9}$

入試問題をやってみよう！

1 n を自然数とします。$3<\sqrt{2n}<4$ をみたす n の個数を求めなさい。〔長崎〕

2 次の問いに答えなさい。

(1)　n は自然数で，$8.2<\sqrt{n+1}<8.4$ である。このような n をすべて求めなさい。〔愛知〕

レベルUP (2)　$\sqrt{53-2n}$ が整数となるような正の整数 n の個数を求めなさい。〔神奈川〕

レベルUP (3)　$\sqrt{67-2n}$ の値が整数となるような自然数 n のうち，最も小さいものを求めなさい。〔長崎〕

7 根号のついた数は，整数や小数の近似値(きんじち)で表して考える。4 つの数の大小で考えてもよい。

8 (2)　$x=0.\dot{6}3\dot{9}$ とすると，$x=0.639639\cdots$より，両辺を 1000 倍して考える。

2 (3)　n が最も小さいとき，$67-2n$ がどんな数であればよいかを考えよう。

ステージ1

2 根号をふくむ式の計算
❶ 根号をふくむ式の乗法・除法(1)

例1 根号をふくむ数の積と商

教 p.55～56 → 基本問題 1

次の計算をしなさい。

(1) $\sqrt{5}\times\sqrt{7}$　　(2) $\sqrt{42}\div\sqrt{6}$

考え方 根号の中の数の乗除をしてから，その積や商に根号をつける。

(1) $\sqrt{5}\times\sqrt{7}$

$=\sqrt{5\times7}$

$=$ ①□

(2) $\sqrt{42}\div\sqrt{6}$

$=\dfrac{\sqrt{42}}{\sqrt{6}}$

$=\sqrt{\dfrac{②□}{6}}$

$=$ ③□

約分のし忘れに注意！
根号の中の分数が約分できるときは，必ず約分する。

たいせつ

根号をふくむ数の積と商

a，b が正の数のとき，

$\sqrt{a}\times\sqrt{b}=\sqrt{ab}$

$\dfrac{\sqrt{a}}{\sqrt{b}}=\sqrt{\dfrac{a}{b}}$

注 $\sqrt{a}\times\sqrt{b}$ は，$\sqrt{a}\sqrt{b}$ と表すこともある。

例2 根号をふくむ数の変形①

教 p.56 → 基本問題 2

$4\sqrt{3}$ を $\sqrt{a}$ の形に直しなさい。

考え方 $a\sqrt{b}$ の a を2乗して，根号の中へ入れる。

解き方 $4\sqrt{3}=4\times\sqrt{3}$

$=\sqrt{④□^2}\times\sqrt{3}$

$=\sqrt{4^2\times3}$

$=$ ⑤□

$a\sqrt{b}$ で，$a=\sqrt{a^2}$ より，
$a\sqrt{b}=\sqrt{a^2}\times\sqrt{b}=\sqrt{a^2\times b}$

$\sqrt{4^2\times3}=\sqrt{16\times3}$

たいせつ

根号をふくむ数の変形

a，b が正の数のとき，

$a\sqrt{b}=\sqrt{a^2\times b}$

注 $a\times\sqrt{b}$ や $\sqrt{b}\times a$ は，乗法の記号×を省いて，ふつう $a\sqrt{b}$ と表す。

例3 根号をふくむ数の変形②

教 p.56～57 → 基本問題 3 4

次の問いに答えなさい。

(1) $\sqrt{63}$ を $a\sqrt{b}$ の形に直しなさい。

(2) $\sqrt{\dfrac{19}{25}}$ を $\dfrac{\sqrt{b}}{a}$ の形に直しなさい。

考え方 (1) $\sqrt{a^2\times b}$，(2) $\dfrac{\sqrt{b}}{\sqrt{a^2}}$ の形にして，a^2 を根号の外へ出す。

解き方

(1) $\sqrt{63}$

$=\sqrt{⑥□^2\times7}$

63の2乗の因数を見つける

$=\sqrt{3^2}\times\sqrt{7}$

$=$ ⑦□

・素因数分解を利用する
・暗算で求める
$63=9\times7=3^2\times7$

(2) $\sqrt{\dfrac{19}{25}}=\dfrac{\sqrt{19}}{\sqrt{25}}$

$=\dfrac{\sqrt{19}}{⑧□}$

$\dfrac{\sqrt{19}}{\sqrt{5^2}}$

覚えておこう

根号をふくむ数の変形

a，b が正の数のとき，

$\sqrt{a^2\times b}=a\sqrt{b}$

$\sqrt{\dfrac{b}{a^2}}=\dfrac{\sqrt{b}}{a}$

基本問題

解答 p.10

1 根号をふくむ数の積と商　次の計算をしなさい。

教 p.56 問2

(1) $\sqrt{2}\times\sqrt{7}$　(2) $\sqrt{11}\times(-\sqrt{3})$　(3) $\sqrt{5}\sqrt{19}$

(4) $\sqrt{30}\div\sqrt{6}$　(5) $\sqrt{65}\div\sqrt{5}$　(6) $-\sqrt{210}\div\sqrt{70}$

知ってると得

(4) $\sqrt{30}\div\sqrt{6}=\sqrt{30\div6}$ のように考えてもよい。

2 根号をふくむ数の変形① 次の数を $\sqrt{a}$ の形に直しなさい。

教 p.56 問3

(1) $3\sqrt{3}$　(2) $2\sqrt{7}$　(3) $5\sqrt{2}$

(4) $4\sqrt{6}$　(5) $7\sqrt{2}$　(6) $\dfrac{\sqrt{5}}{2}$

(6)は分母を根号のついた数にして，$\dfrac{\sqrt{\square}}{\sqrt{\bigcirc}}=\sqrt{\dfrac{\square}{\bigcirc}}$ とするよ。

3 根号をふくむ数の変形② 次の数を $a\sqrt{b}$ の形に直しなさい。

教 p.57 問4

(1) $\sqrt{20}$　(2) $\sqrt{18}$　(3) $\sqrt{75}$

(4) $\sqrt{32}$　(5) $\sqrt{252}$　(6) $\sqrt{500}$

ここがポイント

(3) $\sqrt{a^2b}$ の a^2 が暗算で見つからないときは，素因数分解を利用する。

⑤)75
⑤)15
　　3

$75=3\times5^2$

4 根号をふくむ数の変形② 次の数を $\dfrac{\sqrt{b}}{a}$ (a, b は自然数)の形に直しなさい。

教 p.57 問5

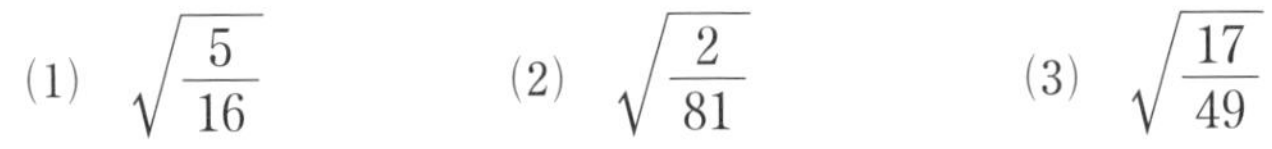

(1) $\sqrt{\dfrac{5}{16}}$　(2) $\sqrt{\dfrac{2}{81}}$　(3) $\sqrt{\dfrac{17}{49}}$

(4) $\sqrt{0.03}$　(5) $\sqrt{0.59}$　(6) $\sqrt{0.0007}$

ここがポイント

(4)〜(6) 根号の中の小数を，分母が 100 や 10000 の分数に直して考える。

(4) $\sqrt{0.03}=\sqrt{\dfrac{3}{100}}=\dfrac{\sqrt{3}}{\sqrt{100}}=\dfrac{\sqrt{3}}{\sqrt{10^2}}$

左ページの例の答え　① $\sqrt{35}$　② 42　③ $\sqrt{7}$　④ 4　⑤ $\sqrt{48}$　⑥ 3　⑦ $3\sqrt{7}$　⑧ 5

確認のワーク ステージ1

2 根号をふくむ式の計算
❶ 根号をふくむ式の乗法・除法(2)

例1 分母の有理化

教 p.57 → 基本問題 1 2

次の数の分母を有理化しなさい。

(1) $\dfrac{\sqrt{3}}{\sqrt{7}}$　　(2) $\dfrac{5}{3\sqrt{10}}$

たいせつ
分母に根号をふくまない形に直すことを，分母を有理化（ゆうりか）するという。$\dfrac{\sqrt{a}}{\sqrt{b}}=\dfrac{\sqrt{a}\times\sqrt{b}}{\sqrt{b}\times\sqrt{b}}=\dfrac{\sqrt{ab}}{b}$

考え方 分母と分子に同じ数(分母の根号のついた数)をかけて，分母に根号をふくまない形に直す。

解き方

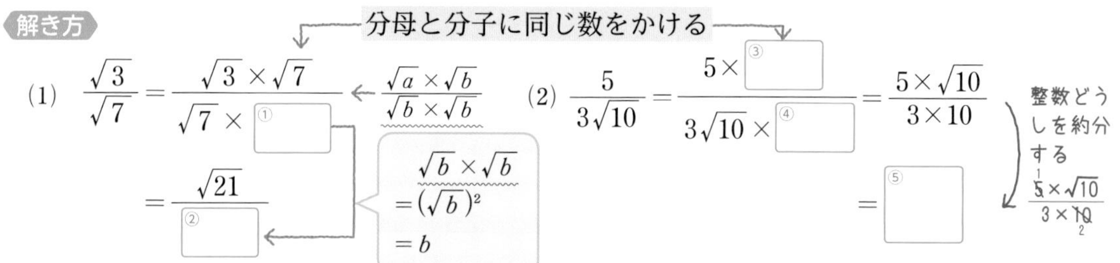

(1) $\dfrac{\sqrt{3}}{\sqrt{7}}=\dfrac{\sqrt{3}\times\sqrt{7}}{\sqrt{7}\times ①}$ ← $\dfrac{\sqrt{a}\times\sqrt{b}}{\sqrt{b}\times\sqrt{b}}$

$=\dfrac{\sqrt{21}}{②}$

$\sqrt{b}\times\sqrt{b}=(\sqrt{b})^2=b$

(2) $\dfrac{5}{3\sqrt{10}}=\dfrac{5\times ③}{3\sqrt{10}\times ④}=\dfrac{5\times\sqrt{10}}{3\times10}$

$=⑤$

整数どうしを約分する　$\dfrac{\overset{1}{\cancel{5}}\times\sqrt{10}}{3\times\underset{2}{\cancel{10}}}$

例2 根号をふくむ式の乗法・除法

教 p.58 → 基本問題 3 4

次の計算をしなさい。

(1) $5\sqrt{6}\times\sqrt{3}$　　(2) $8\sqrt{26}\div2\sqrt{6}$

考え方 根号をふくむ数どうし，整数どうしをそれぞれ計算する。計算の結果は，根号の中をできるだけ小さい自然数にし，分数になるときは分母を有理化しておく。

解き方

(1) $5\sqrt{6}\times\sqrt{3}$

$=5\times\sqrt{6}\times\sqrt{3}$　根号をふくむ数どうしをかける

$=5\times\sqrt{18}$　根号の中を小さくする　$\sqrt{18}=\sqrt{3^2\times2}$

$=5\times3\sqrt{⑥}$　整数どうしをかける

$=⑦$

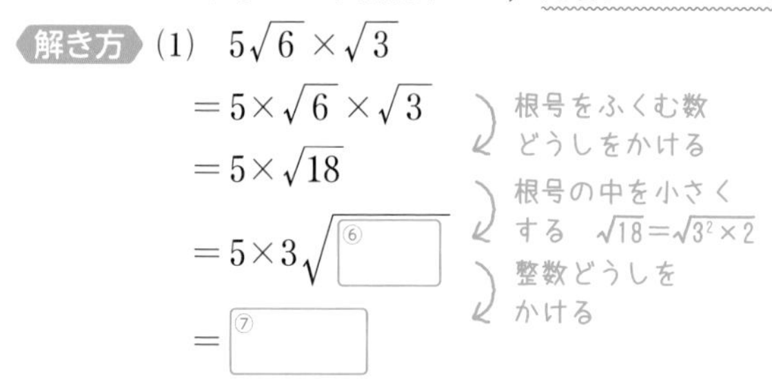

〔別の解き方〕$5\sqrt{6}\times\sqrt{3}=5\times\sqrt{6}\times\sqrt{3}$

$=5\times\sqrt{2}\times\sqrt{3}\times\sqrt{3}$

$=5\times\sqrt{2}\times3=15\sqrt{2}$

$\sqrt{6}=\sqrt{2}\times\sqrt{3}$ と考えて計算する。

(2) $8\sqrt{26}\div2\sqrt{6}$

$=\dfrac{8\sqrt{26}}{2\sqrt{6}}$　分数の形にする

$=⑧\times\sqrt{\dfrac{13}{3}}$　根号をふくむ数どうし，整数どうしをそれぞれ計算する　$\dfrac{\overset{4}{\cancel{8}}\sqrt{26}}{\underset{1}{\cancel{2}}\sqrt{6}}=4\times\sqrt{\dfrac{\overset{13}{\cancel{26}}}{\underset{3}{\cancel{6}}}}=4\times\dfrac{\sqrt{13}}{\sqrt{3}}$

$=4\times\dfrac{\sqrt{13}\times\sqrt{3}}{\sqrt{3}\times\sqrt{3}}$　分数の分母を有理化する

$=4\times\dfrac{\sqrt{39}}{3}=⑨$

例3 平方根の近似値

教 p.59 → 基本問題 5

$\sqrt{7}=2.646$ として，$\sqrt{700}$ の近似値（きんじち）を求めなさい。

考え方 $\sqrt{7}$ の値を利用できるように，$\sqrt{700}$ を変形する。

解き方

$\sqrt{700}=\sqrt{7}\times\sqrt{100}$　$\sqrt{7}$が入った形に変形する（$a\sqrt{b}$で$\sqrt{b}$が$\sqrt{7}$）　$\sqrt{7}\times\sqrt{100}=\sqrt{7}\times\sqrt{10^2}$

$=⑩$

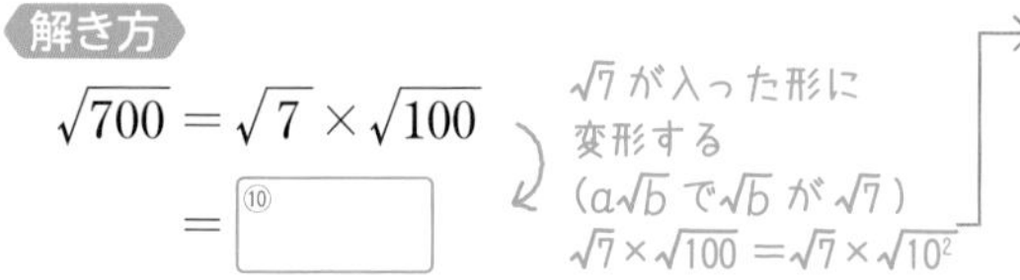

→$10\sqrt{7}$ に $\sqrt{7}=2.646$ を代入して，

$10\sqrt{7}=10\times2.646$

$=⑪$

注 1つの式で求めてよい。
$\sqrt{700}=\sqrt{7}\times\sqrt{100}=10\sqrt{7}$
$=10\times2.646=26.46$

基本問題

解答 p.11

1 分母の有理化 次の数の分母を有理化しなさい。

教 p.57 問6

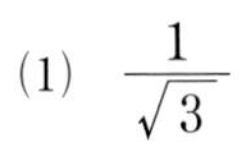

(1) $\dfrac{1}{\sqrt{3}}$　(2) $\dfrac{\sqrt{6}}{\sqrt{7}}$　(3) $\dfrac{\sqrt{7}}{4\sqrt{5}}$

(4) $\dfrac{8}{3\sqrt{6}}$　(5) $\dfrac{15}{\sqrt{18}}$　(6) $\dfrac{3\sqrt{2}}{\sqrt{6}}$

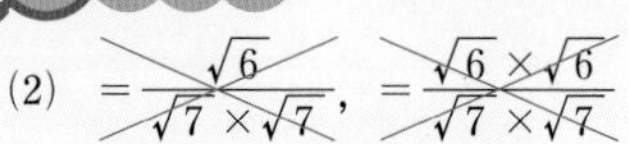

(2) $=\dfrac{\sqrt{6}}{\sqrt{7}\times\sqrt{7}}$, $=\dfrac{\sqrt{6}\times\sqrt{6}}{\sqrt{7}\times\sqrt{7}}$

分子のかけ忘れやかけ間違いに注意しよう。

ここがポイント

(5) まず $\sqrt{18} \to a\sqrt{b}$ に。
(6) 根号のついた数どうしを先に計算（約分）する。

2 分母の有理化 $\sqrt{5}=2.236$ として，$\dfrac{10}{\sqrt{5}}$ の値を求めなさい。

教 p.57 問7

まず分母を有理化するといいね。

3 根号をふくむ式の乗法 次の計算をしなさい。

教 p.58 問9

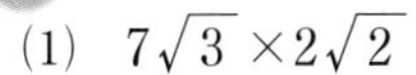

(1) $7\sqrt{3}\times2\sqrt{2}$　(2) $4\sqrt{5}\times\sqrt{10}$　(3) $3\sqrt{6}\times(-2\sqrt{15})$

(4) $\sqrt{8}\times3\sqrt{2}$　(5) $(-5\sqrt{6})\times\sqrt{24}$　(6) $2\sqrt{14}\times4\sqrt{21}$

4 根号をふくむ式の除法 次の計算をしなさい。

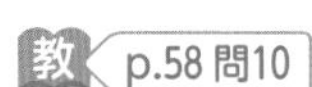

(1) $5\sqrt{42}\div\sqrt{6}$　(2) $(-8\sqrt{30})\div4\sqrt{5}$　(3) $\sqrt{2}\div\sqrt{7}$

(4) $3\sqrt{10}\div(-\sqrt{15})$　(5) $4\sqrt{20}\div2\sqrt{8}$　(6) $\dfrac{2\sqrt{3}}{9}\div\dfrac{\sqrt{5}}{3}$

5 平方根の近似値 $\sqrt{2}=1.414$，$\sqrt{20}=4.472$ として，次の数の近似値を求めなさい。

(1) $\sqrt{200}$　(2) $\sqrt{2000}$

(3) $\sqrt{0.2}$　(4) $\sqrt{0.02}$

$\sqrt{2}$ や $\sqrt{20}$ の入った式に変形しよう。

(3) $\sqrt{0.2}=\sqrt{\dfrac{20}{100}}=\dfrac{\sqrt{20}}{\sqrt{100}}=\dfrac{\sqrt{20}}{10}$

※根号の中の数の小数点が 2 桁（けた）移ると，平方根の小数点は 1 桁移る。

$\sqrt{2}=1.414\cdots$　$\sqrt{200}=14.14\cdots$

左ページの例の答え　① $\sqrt{7}$　② 7　③ $\sqrt{10}$　④ $\sqrt{10}$　⑤ $\dfrac{\sqrt{10}}{6}$　⑥ 2　⑦ $15\sqrt{2}$　⑧ 4　⑨ $\dfrac{4\sqrt{39}}{3}$　⑩ $10\sqrt{7}$　⑪ 26.46

ステージ1　2　根号をふくむ式の計算
❷ 根号をふくむ式の加法・減法(1)

例1 根号をふくむ式の加法・減法①
教 p.60〜61 → 基本問題 1

次の計算をしなさい。

(1) $3\sqrt{6}+4\sqrt{6}$　　(2) $5\sqrt{3}+4\sqrt{7}-\sqrt{3}-3\sqrt{7}$

考え方 根号の中が同じ数の加法・減法は，同類項(どうるいこう)をまとめるのと同じように考えて，分配法則を使って計算する。→ $a\sqrt{c}+b\sqrt{c}=(a+b)\sqrt{c}$

解き方 (1) $3\sqrt{6}+4\sqrt{6}$
$=(3+4)\sqrt{6}$
$=$ ①

（$3x+4x=(3+4)x$ と同じように計算する）

(2) $5\sqrt{3}+4\sqrt{7}-\sqrt{3}-3\sqrt{7}$
$=(5-1)\sqrt{3}+(4-$ ② $)\sqrt{7}$
$=4\sqrt{3}+$ ③

（根号の中が同じ数どうしをそれぞれ計算する）

←**注** $4\sqrt{3}+\sqrt{7}$ は，これ以上簡単にできない1つの数。

例2 根号をふくむ式の加法・減法②
教 p.61 → 基本問題 2

次の計算をしなさい。

(1) $\sqrt{48}-\sqrt{12}$　　(2) $7\sqrt{5}+\dfrac{10}{\sqrt{5}}$

考え方 (1) 根号の中をできるだけ小さい自然数にしてから計算する。→ $\sqrt{a^2b}=a\sqrt{b}$

(2) 分母に根号のある数をふくむときは，分母を有理化してから計算する。

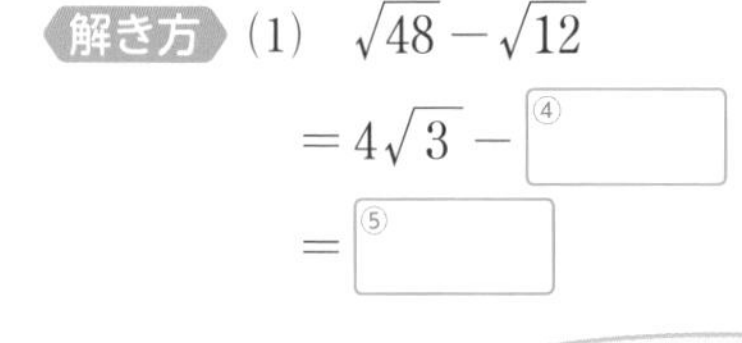

解き方 (1) $\sqrt{48}-\sqrt{12}$
$=4\sqrt{3}-$ ④
$=$ ⑤

（根号の中を小さくする $\sqrt{48}=\sqrt{4^2\times3}$，$\sqrt{12}=\sqrt{2^2\times3}$）
（根号の中が同じ数の減法）

(2) $7\sqrt{5}+\dfrac{10}{\sqrt{5}}$
$=7\sqrt{5}+\dfrac{10\sqrt{5}}{5}$
$=7\sqrt{5}+$ ⑥
$=$ ⑦

（分母を有理化する $\dfrac{10}{\sqrt{5}}=\dfrac{10\times\sqrt{5}}{\sqrt{5}\times\sqrt{5}}=\dfrac{10\sqrt{5}}{5}$）
（約分する）
（根号の中が同じ数の加法）

$\sqrt{48-12}$ とするミスに注意しよう。
$a\sqrt{b}$ の形にしてから計算するよ。

例3 いろいろな計算
教 p.62 → 基本問題 3 4

次の計算をしなさい。

(1) $\sqrt{2}(\sqrt{14}+3\sqrt{2})$　　(2) $(\sqrt{3}+2)(\sqrt{3}-6)$

考え方 (1)は分配法則，(2)は乗法公式①を使って式を展開する。

解き方

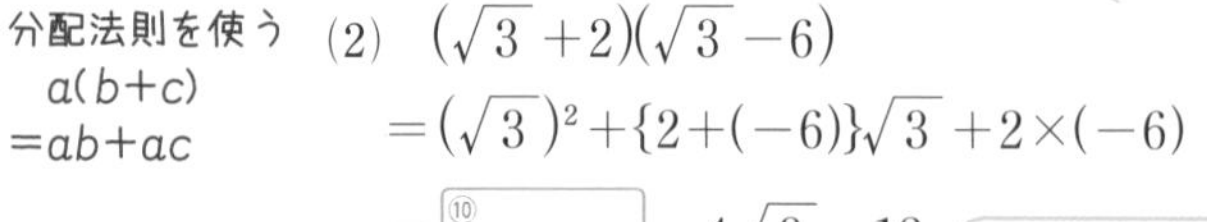

(1) $\sqrt{2}(\sqrt{14}+3\sqrt{2})$
$=\sqrt{2}\times\sqrt{14}+\sqrt{2}\times3\sqrt{2}$
$=\sqrt{28}+$ ⑧
$=$ ⑨ $+6$

（分配法則を使う $a(b+c)=ab+ac$）
（根号の中をできるだけ小さい自然数にする $\sqrt{28}=\sqrt{2^2\times7}$）

(2) $(\sqrt{3}+2)(\sqrt{3}-6)$
$=(\sqrt{3})^2+\{2+(-6)\}\sqrt{3}+2\times(-6)$
$=$ ⑩ $-4\sqrt{3}-12$
$=$ ⑪ $-4\sqrt{3}$

（乗法公式①で x を $\sqrt{3}$ とみる）

公式① $(x+a)(x+b)$
$=x^2+(a+b)x+ab$

基本問題

解答 p.12

1 根号をふくむ式の加法・減法① 次の計算をしなさい。

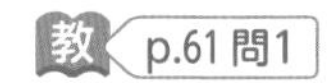

教 p.61 問1

(1) $6\sqrt{2}+2\sqrt{2}$　　(2) $-\sqrt{7}+9\sqrt{7}-6\sqrt{7}$

(3) $4\sqrt{3}-3\sqrt{5}+2\sqrt{5}+5\sqrt{3}$　　(4) $-3\sqrt{2}+\sqrt{6}+7\sqrt{2}-8\sqrt{6}$

2 根号をふくむ式の加法・減法② 次の計算をしなさい。

教 p.61 問2, 問3

(1) $9\sqrt{2}+\sqrt{8}$　　(2) $\sqrt{28}-\sqrt{63}$

(3) $\sqrt{24}-\sqrt{54}+2\sqrt{6}$　　(4) $\sqrt{45}-\sqrt{3}+2\sqrt{5}-\sqrt{27}$

(5) $5\sqrt{6}+\dfrac{18}{\sqrt{6}}$　　(6) $\sqrt{32}-\dfrac{14}{\sqrt{2}}$

(7) $\sqrt{12}-\dfrac{3}{\sqrt{3}}+\sqrt{48}$　　(8) $\dfrac{6\sqrt{10}}{5}-\sqrt{\dfrac{2}{5}}$

ここがポイント

- 根号の中は，できるだけ小さい自然数にしておく。
  $\sqrt{a^2b}=a\sqrt{b}$
- 分母に根号をふくむときは，まず分母を有理化する。
  $\dfrac{a}{\sqrt{b}}=\dfrac{a\times\sqrt{b}}{\sqrt{b}\times\sqrt{b}}=\dfrac{a\sqrt{b}}{b}$

(8) $\sqrt{\dfrac{2}{5}}=\dfrac{\sqrt{2}}{\sqrt{5}}$ として，分母を有理化する。

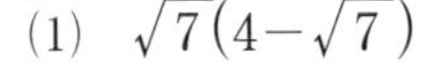

3 いろいろな計算 次の計算をしなさい。

教 p.62 問4, 問5

(1) $\sqrt{7}(4-\sqrt{7})$　　(2) $(\sqrt{18}+6)\times\sqrt{2}$　　(3) $(\sqrt{75}-\sqrt{27})\div\sqrt{3}$

(4) $(9+\sqrt{5})(7-\sqrt{5})$　　(5) $(\sqrt{6}+4)(\sqrt{6}+5)$

(6) $(\sqrt{5}+2)^2$　　(7) $(\sqrt{7}-\sqrt{3})^2$

(8) $(4-\sqrt{6})(4+\sqrt{6})$　　(9) $(2\sqrt{2}+3)(2\sqrt{2}-9)$

思い出そう

- 多項式の乗法
  $(a+b)(c+d)$
  $=ac+ad+bc+bd$
- 乗法公式
  ① $(x+a)(x+b)$
  $=x^2+(a+b)x+ab$
  ② $(x+a)^2$
  $=x^2+2ax+a^2$
  ③ $(x-a)^2$
  $=x^2-2ax+a^2$
  ④ $(x+a)(x-a)$
  $=x^2-a^2$

4 いろいろな計算（四則混合の計算） 次の計算をしなさい。

教 p.62 問6

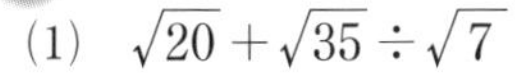

(1) $\sqrt{20}+\sqrt{35}\div\sqrt{7}$　　(2) $\sqrt{72}-\sqrt{2}(\sqrt{6}-4)$

計算の順序は整数
のときと同じだよ。

左ページの例の答え

① $7\sqrt{6}$　② 3　③ $\sqrt{7}$　④ $2\sqrt{3}$　⑤ $2\sqrt{3}$　⑥ $2\sqrt{5}$　⑦ $9\sqrt{5}$　⑧ 6
⑨ $2\sqrt{7}$　⑩ 3　⑪ -9

ステージ1 2 根号をふくむ式の計算
❷ 根号をふくむ式の加法・減法(2) ❸ 平方根の利用

例1 いろいろな計算(式の値)
教 p.63 → 基本問題1

$x=\sqrt{2}+3$ のとき，x^2-9 の値を求めなさい。

考え方 x^2-9 に直接 x の値を代入する方法と，x^2-9 を因数分解してから代入する方法がある。

解き方 直接代入すると，

$x^2-9=(\sqrt{2}+3)^2-9$

$=2+6\sqrt{2}+$ ① -9

$=2+$ ②

因数分解してから代入すると，

$x^2-9=(x+3)(x-$ ③ $)$

$=(\sqrt{2}+3+3)(\sqrt{2}+3-3)$

$=(\sqrt{2}+6)\times\sqrt{2}=$ ④

注 因数分解してから代入する方が計算が楽になる場合がある。

発展

例2 乗法公式を使った分母の有理化
教 p.63 → 基本問題2

$\dfrac{1}{\sqrt{6}+\sqrt{5}}$ の分母を有理化しなさい。

考え方 分母が $\sqrt{6}$ と $\sqrt{5}$ の和なので，$\sqrt{6}$ と $\sqrt{5}$ の差を分母と分子にかける。

解き方 $\dfrac{1}{\sqrt{6}+\sqrt{5}}=\dfrac{1\times(\sqrt{6}-\sqrt{5})}{(\sqrt{6}+\sqrt{5})\times(\sqrt{6}-\sqrt{5})}$ ←分母と分子に $\sqrt{6}-\sqrt{5}$ をかける

$=\dfrac{\sqrt{6}-\sqrt{5}}{(\sqrt{6})^2-(\text{⑤})^2}$ 乗法公式④を利用する

$=\dfrac{\sqrt{6}-\sqrt{5}}{6-5}=$ ⑥

$(x+a)(x-a)$
$=x^2-a^2$

ここがポイント
分母が $\sqrt{a}+\sqrt{b}$ や $\sqrt{a}-\sqrt{b}$ の形の分数は，乗法公式④（和と差の積の公式）を使って分母を有理化することができる。

$\dfrac{1}{\sqrt{a}+\sqrt{b}}=\dfrac{1\times(\sqrt{a}-\sqrt{b})}{(\sqrt{a}+\sqrt{b})(\sqrt{a}-\sqrt{b})}$

$=\dfrac{\sqrt{a}-\sqrt{b}}{a-b}$

例3 平方根の利用
教 p.64～65 → 基本問題3 4

1辺1 cmの正方形の対角線の長さは何 cmですか。

右の図を使って求めなさい。

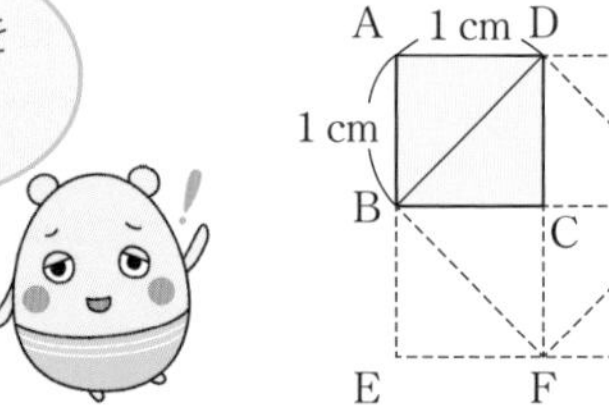

対角線DBの長さを
求めればいいね。

A 1 cm D I
1 cm
B C H
E F G

考え方 求める対角線の長さは，正方形DBFHの1辺の長さに等しいことから考える。

解き方 1辺1 cmの正方形の対角線DBを1辺とする正方形DBFHの面積は，

1辺2 cmの正方形AEGIの面積の半分だから，

$2\times2\div2=$ ⑦ (cm^2) ←(対角線DB)×(対角線DB)

よって，対角線DBの長さは，正方形DBFHの面積の値の正の平方根だから，

DB＝ ⑧ (cm)

答 $\sqrt{2}$ cm

基本問題

解答 p.13

1 いろいろな計算（式の値） $x=\sqrt{6}+\sqrt{5}$，$y=\sqrt{6}-\sqrt{5}$ のとき，次の式の値を求めなさい。

教 p.63 問7

(1) xy　　(2) x^2-y^2

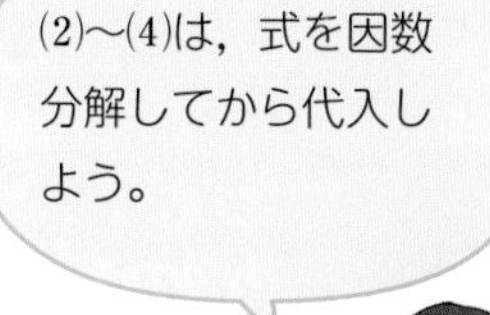

(2)〜(4)は，式を因数分解してから代入しよう。

(3) $x^2+2xy+y^2$　　(4) $x^2-2xy+y^2$

発展 **2 乗法公式を使った分母の有理化** 次の数の分母を有理化しなさい。

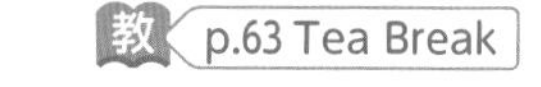

(1) 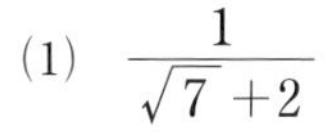 $\dfrac{1}{\sqrt{7}+2}$　　(2) $\dfrac{2}{\sqrt{5}-\sqrt{3}}$

(2) 分母が $\sqrt{5}$ と $\sqrt{3}$ の差だから，$\sqrt{5}$ と $\sqrt{3}$ の和 $\sqrt{5}+\sqrt{3}$ を分母と分子にかける。

3 平方根の利用 右の図のように，1 辺 6 cm の正方形の折り紙を，たがいに 1 つの頂点が対角線の交点に重なるように，5 枚つないでかざりをつくります。このとき，かざり全体の長さを求めなさい。

教 p.65 問1

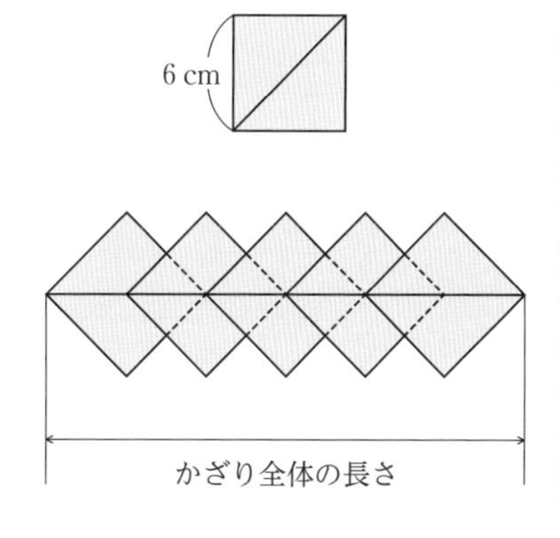

正方形 a cm² の 1 辺
→ $\sqrt{a}$ cm

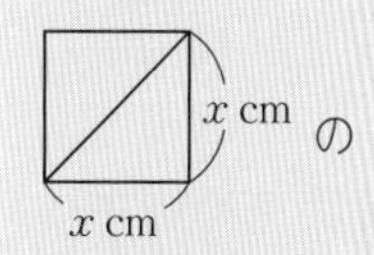

の対角線の長さ
→ $\sqrt{2}\,x$ cm

4 平方根の利用 次の問いに答えなさい。

教 p.65 問2

(1) 1 辺 10 cm の正方形と 1 辺 20 cm の正方形があります。この 2 つの正方形の面積の和に等しい面積の正方形をつくるには，1 辺を何 cm にすればよいですか。$\sqrt{5}=2.236$ として，四捨五入して mm の単位まで求めなさい。

(2) 底辺 16 cm，高さ 9 cm の三角形があります。この三角形の面積と等しい面積の正方形の 1 辺の長さを求めなさい。

知ってると得

紙の 2 辺の長さの比

私たちがふだん使っている A 判，B 判の紙はすべて，2 辺の長さの比が $1:\sqrt{2}$ になっている。

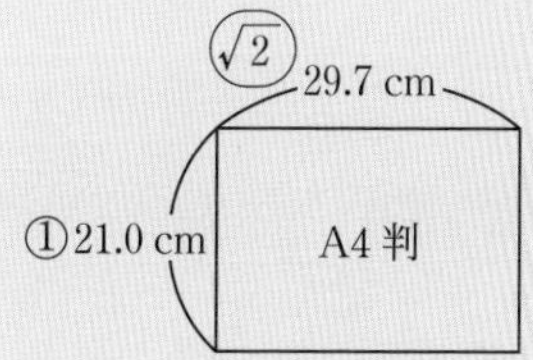

左ページの例の答え　① 9　② $6\sqrt{2}$　③ 3　④ $2+6\sqrt{2}$　⑤ $\sqrt{5}$　⑥ $\sqrt{6}-\sqrt{5}$　⑦ 2　⑧ $\sqrt{2}$

解答 p.13

2 根号をふくむ式の計算

1 次の数の分母を有理化しなさい。

(1) $\sqrt{\dfrac{3}{7}}$　(2) $\dfrac{6\sqrt{2}}{\sqrt{24}}$　(3) $\dfrac{\sqrt{10}-\sqrt{7}}{\sqrt{2}}$

よく出る **2** 次の計算をしなさい。

(1) $2\sqrt{6}\times\sqrt{18}$　(2) $\sqrt{12}\times(-\sqrt{75})$　(3) $\sqrt{27}\div\sqrt{12}$

(4) $10\sqrt{3}\div\sqrt{5}$　(5) $\dfrac{\sqrt{2}}{6}\div\dfrac{\sqrt{3}}{8}$　(6) $(-\sqrt{45})\div3\sqrt{7}\times\sqrt{14}$

よく出る **3** 次の計算をしなさい。

(1) $-\sqrt{27}+\sqrt{12}-4\sqrt{3}$　(2) $3\sqrt{8}-\sqrt{98}+2\sqrt{2}+\sqrt{32}$

(3) $\dfrac{18}{\sqrt{6}}-\dfrac{\sqrt{54}}{6}$　(4) $\dfrac{5\sqrt{3}}{6}-\sqrt{\dfrac{1}{3}}$　(5) $15\sqrt{2}\div\sqrt{10}-2\sqrt{3}\times\sqrt{15}$

よく出る **4** 次の計算をしなさい。

(1) $\sqrt{7}(\sqrt{28}+\sqrt{14})$　(2) $(2\sqrt{3}-3)(2\sqrt{3}-5)$

(3) $(3\sqrt{7}-5)^2$　(4) $(2\sqrt{6}+4)(4-2\sqrt{6})$

(5) $(\sqrt{3}+1)^2-\dfrac{6}{\sqrt{3}}$　(6) $(\sqrt{5}-2)(\sqrt{5}+2)-\sqrt{5}(\sqrt{5}-2)$

1 (2) 根号の中を小さくし，整数どうし，根号のついた数どうしを約分してから分母を有理化する。
(3) 分母と分子に $\sqrt{2}$ をかけて，分子は $(\sqrt{10}-\sqrt{7})\times\sqrt{2}$ を計算する。
4 (4) $(2\sqrt{6}+4)(4-2\sqrt{6})=(4+2\sqrt{6})(4-2\sqrt{6})$ として，乗法公式④を使う。

5 $\sqrt{7}=2.646$，$\sqrt{70}=8.367$ として，次の数の近似値を求めなさい。

(1)　$\sqrt{0.7}$　　(2)　$\sqrt{63}$　　(3)　$\sqrt{1.75}$

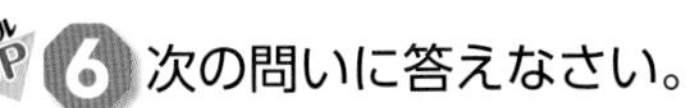

6 次の問いに答えなさい。

(1)　$x=\sqrt{5}-2$ のとき，$x^2-4x-12$ の値を求めなさい。

(2)　$\sqrt{10}$ を小数で表したときの小数部分を a とするとき，$\dfrac{a-7}{a+3}$ の値を求めなさい。

(3)　半径 3 cm の円と半径 6 cm の円があります。この 2 つの円の面積の和に等しい面積の円をつくるには，半径を何 cm にすればよいですか。

入試問題をやってみよう！

1 次の計算をしなさい。

(1)　$\dfrac{4}{\sqrt{2}}-\sqrt{3}\times\sqrt{6}$　〔千葉〕

(2)　$\sqrt{63}+\dfrac{42}{\sqrt{7}}$　〔神奈川〕

(3)　$\sqrt{3}(\sqrt{5}-3)+\sqrt{27}$　〔愛知〕

(4)　$(\sqrt{3}-1)^2+\sqrt{48}-\dfrac{9}{\sqrt{3}}$　〔長崎〕

2 次の問いに答えなさい。

(1)　$x=5-2\sqrt{3}$ のとき，$x^2-10x+2$ の値を求めなさい。　〔大阪〕

(2)　$x=4\sqrt{3}+3\sqrt{5}$，$y=\sqrt{3}+\sqrt{5}$ のとき，$x^2-8xy+16y^2$ の値を求めなさい。　〔大阪〕

6 (1)，**2** (2)　それぞれ与えられた式を因数分解してから代入すると，計算が楽になる。

6 (2)　まず，$\sqrt{10}$ の整数部分の数を求める。$\sqrt{10}=(\sqrt{10}$ の整数部分$)+a$ だから，
$a=\sqrt{10}-(\sqrt{10}$ の整数部分$)$　(3)　半径を r とすると，(円の面積) $=\pi r^2$

解答 p.15

平方根

40分 /100

1 次の問いに答えなさい。 3点×7（21点）

(1) $\dfrac{49}{64}$ の平方根を求めなさい。 （　　　）

(2) $-\sqrt{(-6)^2}$ を根号を使わずに表しなさい。 （　　　）

(3) $(-\sqrt{25})^2$ の値を求めなさい。 （　　　）

(4) 次の各組の数の大小を，不等号を使って表しなさい。

① $-4\sqrt{2}$，-6 （　　　）

② $\dfrac{3}{5}$，$\sqrt{\dfrac{3}{5}}$，$\dfrac{\sqrt{3}}{5}$，$\dfrac{3}{\sqrt{5}}$ （　　　）

(5) $2<\sqrt{a}<3$ となるような，自然数 a をすべて求めなさい。 （　　　）

(6) 右の数のうち，無理数はどれですか。 $\sqrt{0.4}$，$\sqrt{3}$，0，$\sqrt{\dfrac{16}{9}}$，$\dfrac{2}{\sqrt{3}}$，$\sqrt{0.25}$ （　　　）

2 次の問いに答えなさい。 4点×4（16点）

(1) $5\sqrt{6}$ を $\sqrt{a}$ の形に直しなさい。 （　　　）

(2) $3\sqrt{72}$ を，根号の中をできるだけ小さい自然数に直しなさい。 （　　　）

(3) $\dfrac{9}{\sqrt{5}}$ の分母を有理化しなさい。 （　　　）

(4) $\sqrt{3}=1.732$ として，$\dfrac{3}{\sqrt{12}}$ の値を求めなさい。 （　　　）

3 次の問いに答えなさい。 4点×3（12点）

(1) $\sqrt{135n}$ が自然数となるような，もっとも小さい自然数 n を求めなさい。 （　　　）

(2) $\sqrt{160}$ を小数で表したときの整数部分の数を求めなさい。 （　　　）

(3) 面積が $35\,\mathrm{cm}^2$ の正方形の1辺の長さは，面積が $10\,\mathrm{cm}^2$ の正方形の1辺の長さの何倍かを求めなさい。 （　　　）

目標 平方根の意味や性質を十分に理解するとともに，根号をふくむ式の計算が速く正確にできるようになろう。

自分の得点まで色をぬろう！

がんばろう！ | もう一歩 | 合格！

0　60　80　100点

4 次の計算をしなさい。　3点×4（12点）

(1) $\sqrt{3}\times2\sqrt{6}$　(　　)

(2) $\sqrt{14}\div\sqrt{21}$　(　　)

(3) $\dfrac{\sqrt{3}}{8}\div\dfrac{\sqrt{7}}{4}$　(　　)

(4) $3\sqrt{5}\div\sqrt{10}\times(-\sqrt{12})$　(　　)

5 次の計算をしなさい。　3点×6（18点）

(1) $3\sqrt{5}+2\sqrt{3}-4\sqrt{5}+\sqrt{3}$　(　　)

(2) $-\sqrt{8}+2\sqrt{18}-\sqrt{50}$　(　　)

(3) $\sqrt{20}-\dfrac{15}{\sqrt{5}}$　(　　)

(4) $\sqrt{\dfrac{1}{3}}+\dfrac{5\sqrt{3}}{3}$　(　　)

(5) $3\sqrt{7}-\sqrt{42}\div\sqrt{6}$　(　　)

(6) $2\sqrt{5}\times\sqrt{10}-\dfrac{6}{\sqrt{2}}$　(　　)

6 次の計算をしなさい。　3点×6（18点）

(1) $2\sqrt{3}(\sqrt{12}-\sqrt{6})$　(　　)

(2) $(\sqrt{2}-4)(\sqrt{2}+5)$　(　　)

(3) $(\sqrt{6}+\sqrt{10})^2$　(　　)

(4) $\left(\dfrac{3}{\sqrt{2}}+\sqrt{7}\right)\left(\dfrac{3}{\sqrt{2}}-\sqrt{7}\right)$　(　　)

(5) $(\sqrt{3}-\sqrt{2})^2+\dfrac{12}{\sqrt{6}}$　(　　)

(6) $(2\sqrt{5}+6)(2\sqrt{5}-1)-(\sqrt{5}-2)^2$　(　　)

7 $x=3+\sqrt{7}$，$y=3-\sqrt{7}$ のとき，x^2-y^2 の値を求めなさい。　（3点）

(　　)

アプリ【どこでもワーク計算編】をやって，さらに力をつけよう！

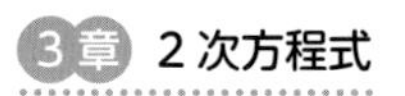

ステージ1 1 2次方程式の解き方 ❶ 2次方程式とその解 ❷ 因数分解を使った解き方

例1 2次方程式とその解

教 p.76～77 → 基本問題 1 2

0，1，2，3，4 のうち，2次方程式 $x^2-4x+3=0$ の解はどれですか。

考え方 x に数を代入して，2次方程式が成り立つかを調べる。

解き方 方程式の x に 0～4 を代入すると，

$x=0$ のとき，(左辺) $=0^2-4\times0+3=3$，　(右辺) $=0$

$x=1$ のとき，(左辺) $=1^2-4\times1+3=0$，　(右辺) $=0$

$x=2$ のとき，(左辺) $=2^2-4\times2+3=-1$，　(右辺) $=0$

$x=3$ のとき，(左辺) $=3^2-4\times3+3=$ ①［　］，　(右辺) $=0$

$x=4$ のとき，(左辺) $=4^2-4\times4+3=3$，　(右辺) $=0$

(左辺) = (右辺) となるものが解である。 **答** 1，②［　］

たいせつ

a を 0 でない定数，b，c を定数として，$ax^2+bx+c=0$ の形で表される方程式を，x についての**2次方程式**という。

2次方程式を成り立たせる x の値を，その2次方程式の**解**(かい)といい，解をすべて求めることを，その2次方程式を**解く**(と)という。

例2 因数分解を使った解き方①

教 p.79～80 → 基本問題 3 4

次の方程式を解きなさい。

(1) $x^2+6x-7=0$　　(2) $x^2+8x+16=0$

考え方 左辺を因数分解し，$AB=0$ ならば，$A=0$ または $B=0$ の性質を使って解く。

解き方 (1) $x^2+6x-7=0$

左辺を因数分解すると，

$(x+7)(x-$ ③［　］$)=0$

$x+7=0$ または $x-1=0$

$x=-7$，$x=$ ④［　］

公式①′ $x^2+(a+b)x+ab=(x+a)(x+b)$

$AB=0$ ならば，$A=0$ または $B=0$

(2) $x^2+8x+16=0$

左辺を因数分解すると，

$(x+4)^2=0$

$x+$ ⑤［　］ $=0$

$x=$ ⑥［　］

公式②′ $x^2+2ax+a^2=(x+a)^2$

$(x+4)^2=0$ は，$(x+4)(x+4)=0$ と同じ。

注 $(x+a)^2=0$ の解は $x=-a$ の1つ。

注 一般(いっぱん)に2次方程式の解は2つあるが，(2)のように2つの解が一致(いっち)して解が1つになることがある。

例3 因数分解を使った解き方②

教 p.81 → 基本問題 5

方程式 $(x+3)(x-2)=7x-6$ を解きなさい。

考え方 左辺を展開し，(2次式) $=0$ の形に整理してから解く。

解き方

$(x+3)(x-2)=7x-6$

$x^2+x-6=7x-6$

$x^2-6x=0$

$x(x-$ ⑦［　］$)=0$

$x=0$ または $x-6=0$

$x=$ ⑧［　］，$x=$ ⑨［　］

乗法公式①を使って，左辺を展開する $(x+a)(x+b)=x^2+(a+b)x+ab$

移項して整理する

左辺を因数分解する

共通な因数をくくり出す

ここがポイント

複雑な形の2次方程式は，展開したり移項(いこう)したりして，$x^2+mx+n=0$ の形に整理してから解く。

$x^2-6x=0$ ~~の両辺を x でわると，$x-6=0$，$x=6$~~

$x=0$ の場合があるので，等式の両辺を x でわってはいけない。

基本問題

解答 p.16

1 2次方程式　次の㋐〜㋓の方程式のうち，2次方程式はどれですか。

㋐　$x^2-5x=0$　　㋑　$x^2-8x+15=0$

㋒　$6x-7=0$　　㋓　$(x+4)(x-9)=0$

ここがポイント
(左辺)$=0$ の形に整理して，2次の項(x^2の項)があるものが2次方程式である。

2 2次方程式の解　次の㋐〜㋓の方程式のうち，-2 と 5 がともに解である2次方程式はどれですか。

㋐　$x^2-4=0$　　㋑　$x^2+3x-10=0$

㋒　$(x+8)(x+1)=-6$　　㋓　$x^2-3x=10$

3 積が0の方程式の解き方　次の方程式を解きなさい。

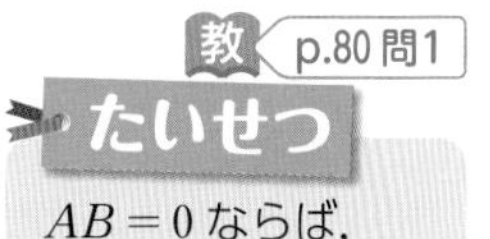

(1)　$(x+9)(x-2)=0$　　(2)　$x(x+7)=0$

たいせつ
$AB=0$ ならば，
$A=0$ または $B=0$

4 因数分解を使った解き方①　次の方程式を解きなさい。

(1)　$x^2+8x+15=0$　　(2)　$x^2+2x-8=0$　　(3)　$x^2-x-72=0$

(4)　$x^2-7x+12=0$　　(5)　$x^2+5x-6=0$　　(6)　$x^2-49=0$

(7)　$x^2+4x+4=0$　　(8)　$x^2-18x+81=0$

(9)　$x^2+4x=0$　　(10)　$x^2-12x=0$

ここがポイント
(6)　2乗の差だから，和と差の積に因数分解する。
(9)(10)　左辺を $x(x+p)=0$ の形に因数分解する。両辺を x でわらないこと。

5 因数分解を使った解き方②　次の方程式を解きなさい。

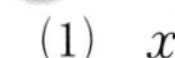

(1)　$x^2-10=4-5x$　　(2)　$(x+1)^2=7x-3$

(3)　$3x^2-24x+36=0$　　(4)　$x(3-x)=-18$

(3)(4)は x^2 の係数を1にしてから解くよ。
(3)は両辺を3でわればいいね。

3章

左ページの例の答え　①0　②3　③1　④1　⑤4　⑥-4　⑦6　⑧，⑨0，6

1 2次方程式の解き方
❸ 平方根の考えを使った解き方

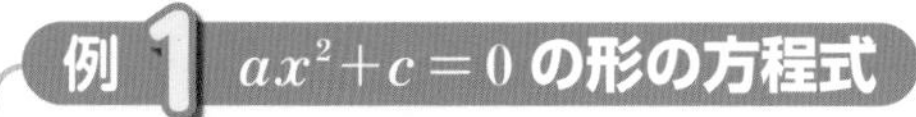

例1 $ax^2+c=0$ の形の方程式

教 p.82 → 基本問題 1

次の方程式を解きなさい。

(1) $x^2-15=0$　　(2) $2x^2-24=0$

考え方 $x^2=k$ の形に変形して，平方根の考えを使って解く。

解き方 (1)

$x^2-15=0$

$x^2=15$　（-15を移項する）

$x=$ ①□　（15の平方根を求める）

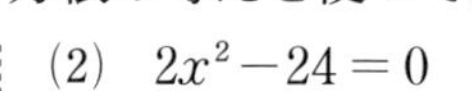

(2) $2x^2-24=0$

$2x^2=$ ②□　（-24を移項する）

$x^2=12$　（両辺を2でわる）

$x=$ ③□

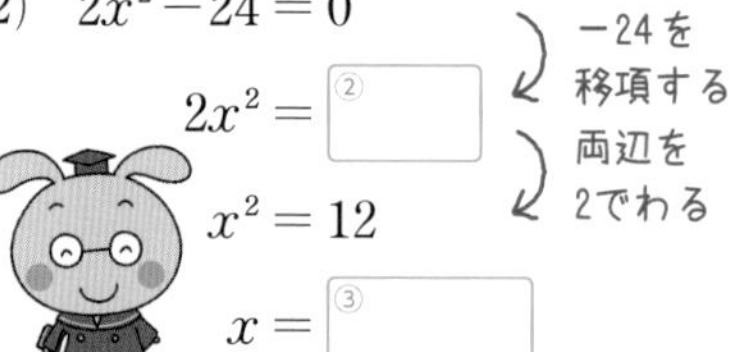

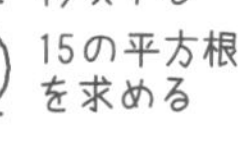

たいせつ

$ax^2+c=0$ の形の方程式は，$x^2=k$ の形に変形し，平方根の考えを使って解くことができる。

$x^2=k \rightarrow x=\pm\sqrt{k}$

例2 $(x+p)^2=q$ の形の方程式

教 p.83 → 基本問題 2

次の方程式を解きなさい。

(1) $(x+2)^2=6$　　(2) $(x-3)^2=25$

考え方 $x+p=M$ とおき，$M^2=q$ の形の方程式を，平方根の考えを使って解く。

解き方 (1) $(x+2)^2=6$

$x+2=M$ とおくと，

$M^2=6$

$M=\pm$ ④□

M をもとにもどすと，

$x+2=\pm\sqrt{6}$

2を移項して，$x=$ ⑤□

(2) $(x-3)^2=25$　（$x-3=M$ とおくと，$M^2=25$　$M=\pm$□）

$x-3=\pm$ ⑥□

$x=3\pm5$　（-3を移項する）

$x=3+5$ から，$x=$ ⑦□

$x=3-5$ から，$x=$ ⑧□

答 $x=8$，$x=-2$

ここがポイント

$(x+p)^2=q$

$x+p=\pm\sqrt{q}$

$x=-p\pm\sqrt{q}$

例3 $x^2+mx+n=0$ の形の方程式

教 p.84 → 基本問題 3 4

方程式 $x^2+8x-5=0$ を解きなさい。

考え方 両辺に x の係数8の $\frac{1}{2}$ の2乗を加えて，$(x+p)^2=q$ の形に直す。

解き方 $x^2+8x-5=0$

$x^2+8x=5$　（-5を移項する）

x^2+8x+ ⑨□ $=5+$ ⑩□　（左辺を$(x+p)^2$の形に因数分解するため，両辺に4^2を加える）

$(x+4)^2=21$　（左辺を因数分解する）

$x+4=\pm\sqrt{21}$

$x=$ ⑪□　（平方根の考えを使って解く）

ここがポイント

$x^2+\boxed{8}x=5$

x の係数8の $\frac{1}{2}$ の2乗$(=4^2)$

$x^2+8x+\boxed{4^2}=5+\boxed{4^2}$

$(x+p)^2$ の p は8の $\frac{1}{2}$ の4

$(x+\boxed{4})^2=21$

基本問題

解答 p.16

1 $ax^2+c=0$ の形の方程式　次の方程式を解きなさい。

教 p.82 問1, 問2

(1)　$x^2-11=0$　　(2)　$8x^2=72$　　(3)　$4x^2=25$

(4)　$6x^2-18=0$　　(5)　$3x^2-54=0$　　(6)　$16x^2-5=0$

ここがポイント

x^2 の項と数の項だけで，x の項がない $ax^2+c=0$ の形の方程式は，$x^2=k$ の形に変形して，k の平方根を求める。

2 $(x+p)^2=q$ の形の方程式　次の方程式を解きなさい。

教 p.83 問3

(1)　$(x-2)^2=5$　　(2)　$(x+6)^2=64$　　(3)　$(x-1)^2-25=0$

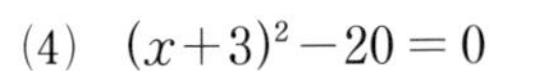

(4)　$(x+3)^2-20=0$　　(5)　$(2x-4)^2=9$

かっこの中を1つの文字とみればいいね。

3章

3 x^2+mx から $(x+p)^2$ への変形　次の □ にあてはまる数を答えなさい。

教 p.84

(1)　$x^2+6x+\square=(x+\square)^2$

(2)　$x^2-12x+\square=(x-\square)^2$

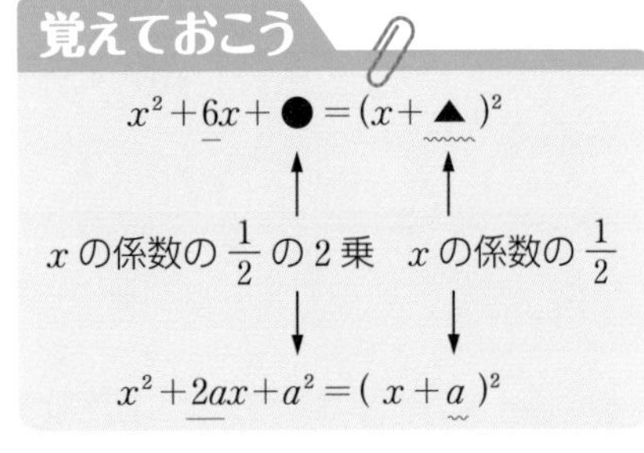

覚えておこう

$x^2+\underline{6}x+●=(x+▲)^2$

●：x の係数の $\frac{1}{2}$ の2乗　　▲：x の係数の $\frac{1}{2}$

$x^2+\underline{2a}x+a^2=(x+a)^2$

4 $x^2+mx+n=0$ の形の方程式　次の方程式を解きなさい。

教 p.84 問4, p.85トライ

(1)　$x^2+4x=7$　　(2)　$x^2-2x-5=0$

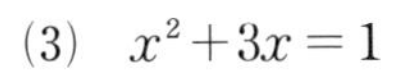

(3)　$x^2+3x=1$　　(4)　$x^2-7x+4=0$

ここがポイント

左辺が因数分解できない2次方程式は，等式の性質を利用して，$(x+p)^2=q$ の形に直して解くことができる。

$x^2+mx+n=0$

x の係数の $\frac{1}{2}$ の2乗

$x^2+mx+\left(\frac{m}{2}\right)^2=-n+\left(\frac{m}{2}\right)^2$

$\left(x+\frac{m}{2}\right)^2=-n+\left(\frac{m}{2}\right)^2$

左ページの例の答え　①$\pm\sqrt{15}$　②24　③$\pm2\sqrt{3}$　④$\sqrt{6}$　⑤$-2\pm\sqrt{6}$　⑥5　⑦8　⑧-2　⑨$4^2$（または16）　⑩4^2（または16）　⑪$-4\pm\sqrt{21}$

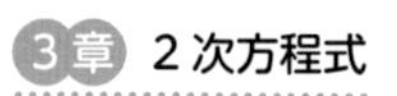

ステージ 1

1 2次方程式の解き方
❹ 2次方程式の解の公式

例1 2次方程式の解の公式①

教 p.86～87 →基本問題1

方程式 $3x^2-x-5=0$ を解きなさい。

考え方 a，b，c の値を確認して，解の公式に代入する。

解き方 $a=3$，$b=-1$，$c=-5$ を解の公式に代入すると，

$$x=\frac{-(-1)\pm\sqrt{(-1)^2-4\times3\times(-5)}}{2\times3}$$

$$=\frac{1\pm\sqrt{1+60}}{6}=\boxed{①\quad}$$

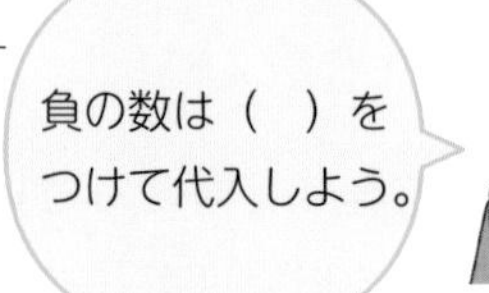

解の公式

2次方程式

$ax^2+bx+c=0$ の解は，

$$x=\frac{-b\pm\sqrt{b^2-4ac}}{2a}$$

例2 2次方程式の解の公式②

教 p.88 →基本問題2

方程式 $x^2+8x-3=0$ を解きなさい。

解き方 $a=1$，$b=8$，$c=-3$ を解の公式に代入すると，

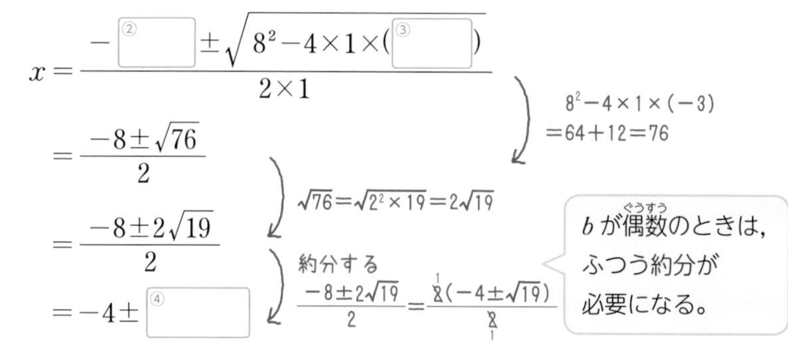

$$x=\frac{-\boxed{②\quad}\pm\sqrt{8^2-4\times1\times(\boxed{③\quad})}}{2\times1}$$

$8^2-4\times1\times(-3)=64+12=76$

$$=\frac{-8\pm\sqrt{76}}{2}$$

$\sqrt{76}=\sqrt{2^2\times19}=2\sqrt{19}$

$$=\frac{-8\pm2\sqrt{19}}{2}$$

約分する $\dfrac{-8\pm2\sqrt{19}}{2}=\dfrac{2(-4\pm\sqrt{19})}{2}$

$$=-4\pm\boxed{④\quad}$$

b が偶数(ぐうすう)のときは，ふつう約分が必要になる。

ここがポイント

①根号の中は，できるだけ小さい自然数にする。

②約分できるときは，約分ミスに注意する。

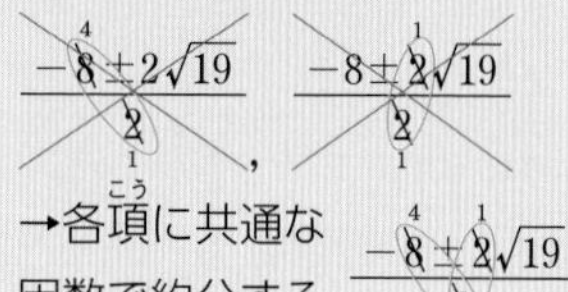

→各項(こう)に共通な因数で約分する $\dfrac{-8\pm2\sqrt{19}}{2}$

例3 2次方程式の解の公式③

教 p.88～89 →基本問題3

方程式 $4x^2-5x+1=0$ を解きなさい。

解き方 $a=4$，$b=-5$，$c=1$ を解の公式に代入すると，

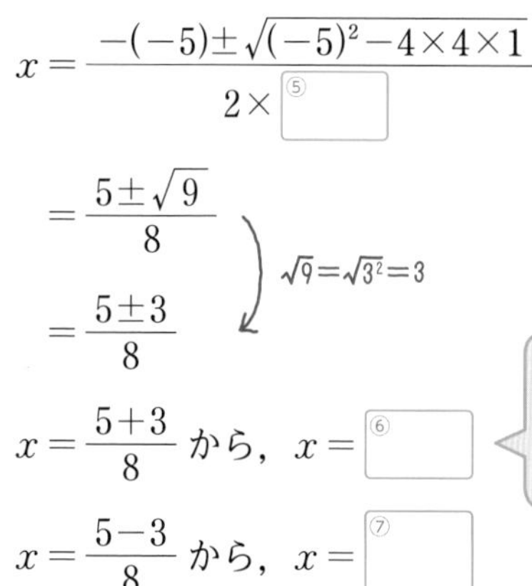

$$x=\frac{-(-5)\pm\sqrt{(-5)^2-4\times4\times1}}{2\times\boxed{⑤\quad}}$$

$(-5)^2-4\times4\times1=25-16=9$

$$=\frac{5\pm\sqrt{9}}{8}$$

$\sqrt{9}=\sqrt{3^2}=3$

$$=\frac{5\pm3}{8}$$

$x=\dfrac{5+3}{8}$ から，$x=\boxed{⑥\quad}$

$x=\dfrac{5-3}{8}$ から，$x=\boxed{⑦\quad}$

計算を $x=\dfrac{5\pm3}{8}$ で終わりにしないこと。

答 $x=1$，$x=\dfrac{1}{4}$

覚えておこう

根号の中の b^2-4ac の値が整数の2乗のときは，解が有理数になる。

また，b^2-4ac の値が0のときは解が1つになる。

解の公式を使うと，$b^2-4ac<0$ の場合を除いて，どんな2次方程式でも解けるね。

基本問題

解答 p.17

1 2次方程式の解の公式① 次の方程式を，解の公式を使って解きなさい。

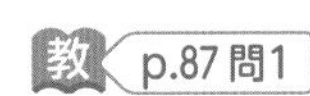

(1) $x^2+3x-5=0$　(2) $x^2-7x+2=0$　(3) $3x^2+9x+4=0$

(4) $4x^2+5x-1=0$　(5) $2x^2-x-4=0$

覚えておこう

解の公式は，2次方程式 $ax^2+bx+c=0$ を $(x+p)^2=q$ の形に変形して解を求めたものである。

2 2次方程式の解の公式② 次の方程式を，解の公式を使って解きなさい。

(1) $x^2+4x-1=0$　(2) $x^2-10x+8=0$

(3) $2x^2+6x+3=0$　(4) $3x^2-2x-2=0$

知ってると得

x の係数が偶数 ($b=2p$) である2次方程式 $ax^2+2px+c=0$ の解は，

$$x=\frac{-p\pm\sqrt{p^2-ac}}{a}$$

となる。

3 2次方程式の解の公式③ 次の問いに答えなさい。 教 p.88 問3, p.89 問4

(1) 次の方程式を，解の公式を使って解きなさい。

㋐ $4x^2+7x+3=0$　㋑ $2x^2+x-1=0$

㋒ $6x^2-5x=-1$　㋓ $3x^2=2x+5$

(2) 次の方程式を，左辺を因数分解して解きなさい。また，解の公式を使って解きなさい。

㋐ $x^2-4x-5=0$　㋑ $x^2-12x+36=0$

知ってると得

解の公式の根号の中の式 b^2-4ac は「判別式（はんべつしき）」とも呼ばれ，解の個数（正のときは解が2つ，0のときは解が1つ，負のときは解が0）を判別するときなどに使われる。

(2)㋑は，根号の中の値が0 ($b^2-4ac=0$)

→解が1つ

因数分解と解の公式のどちらを使って解く方が計算が楽かな。

左ページの 例 の答え　① $\frac{1\pm\sqrt{61}}{6}$　② 8　③ -3　④ $\sqrt{19}$　⑤ 4　⑥ 1　⑦ $\frac{1}{4}$

解答 p.17

1 2次方程式の解き方

よく出る 1 次の方程式を解きなさい。

(1) $x^2+13x+36=0$　(2) $x^2-22x+121=0$　(3) $x^2=-8x$

(4) $2x^2-2x-84=0$　(5) $-4x^2-20x+24=0$　(6) $\dfrac{1}{2}x^2+4=3x$

(7) $9x^2-4=0$　(8) $(x+5)^2=28$　(9) $(2x-1)^2-49=0$

2 次の方程式を，$(x+p)^2=q$ の形に直して解きなさい。

(1) $x^2-8x+5=14$　(2) $x^2+5x-3=0$

よく出る 3 次の方程式を解きなさい。

(1) $3x^2-7x+2=0$　(2) $2x^2+4x-5=0$　(3) $6x^2-48=6x$

4 次の方程式を解きなさい。

(1) $(x-3)^2=2x+4$　(2) $(x+1)^2+2(x+1)-3=0$

(3) $\dfrac{1}{6}x(x-2)=4$　(4) $x^2+\dfrac{2}{5}x+\dfrac{1}{25}=0$

1 (5) まず，両辺を -4 でわって，x^2 の係数を1にする。
(6) 両辺に2をかけて，すべての係数を整数に直してから解く。

4 (2) 左辺を展開し，式を整理してから解く。または，$x+1=M$ とおきかえて解く。

5 2次方程式 $x^2-2x+a=0$ の解の1つが6のとき，次の問いに答えなさい。

(1) a の値を求めなさい。

(2) この方程式のもう1つの解を求めなさい。

レベルUP **6** 次の問いに答えなさい。

(1) 2次方程式 $x^2+ax+b=0$ の解が -8 と6のとき，a と b の値をそれぞれ求めなさい。

(2) 2次方程式 $x^2+2x-3=0$ の小さい方の解が，2次方程式 $x^2-ax-(5-a)=0$ の解の1つになっています。このとき，a の値を求めなさい。

レベルUP **7** 次の㋐，㋑の2次方程式は，どちらも解の1つが3です。このとき，下の問いに答えなさい。

㋐ $x^2+2ax-7b=0$	㋑ $x^2-6ax+9b=0$

(1) a，b の値を求めなさい。

(2) ㋐，㋑のもう1つの解を，それぞれ求めなさい。

入試問題をやってみよう！

1 次の方程式を解きなさい。

(1) $(x-6)(x+6)=20-x$ 〔静岡〕

(2) $(2x+1)(x-1)-(x+2)(x-1)=0$ 〔大分〕

(3) $(x+1)(x+4)=2(5x+1)$ 〔長崎〕

(4) $(x+3)(x-8)+4(x+5)=0$ 〔愛知〕

レベルUP **2** a，b を定数とする。2次方程式 $x^2+ax+15=0$ の解の1つは -3 で，もう1つの解は1次方程式 $2x+a+b=0$ の解でもある。このとき，a，b の値を求めなさい。 〔愛知〕

5 (1) 与えられた方程式に $x=6$ を代入して，a の値を求める。

6 (1) 方程式に2つの解 $x=-8$，$x=6$ を代入して，a，b についての連立方程式を解く。または，2つの解が p と q である2次方程式は $(x-p)(x-q)=0$ と表されることから考えてもよい。

ステージ1 2 2次方程式の利用
❶ 2次方程式の利用

例1 数についての問題
教 p.91〜92 → 基本問題 1

連続する2つの整数があります。それぞれを2乗した数の和が61になるとき，この2つの整数を求めなさい。

考え方 小さい方の整数を x として，大きい方の整数を x を使って表し，方程式をつくる。

解き方 小さい方の整数を x とすると，大きい方の整数は

① □ と表される。

$x^2+(x+1)^2=61$ （(左辺)=0の形に整理する $x^2+x^2+2x+1-61=0$）

これを解くと，$2x^2+2x-60=0$ （両辺を2でわる）

$x^2+x-30=0$ （左辺を因数分解する）

$(x-5)(x+$ ② □ $)=0$ （$x-5=0$ または $x+6=0$）

$x=5,\ x=-6$

$x=5$ のとき，2つの整数は，5，6

$x=-6$ のとき，2つの整数は，-6，③ □

これらは，どちらも問題に適している。 **答** 5，6と -6，-5

注 解の吟味(ぎんみ)では，「連続する2つの整数」という条件をしっかり確認しよう。「連続する2つの自然数」の場合は，答えは「5，6」の1組になる。

ここがポイント

文章題を解く手順

1. 問題文中の数量の関係をつかむ。
2. わかっている数量，わからない数量をはっきりさせ，何を x とするかを決めて，方程式をつくる。
3. 方程式を解く。
4. 方程式の解が問題に適しているかどうかを確かめ，問題に合うように答えを求める。

例2 図形についての問題
教 p.92〜93 → 基本問題 2 3 4

右の図のように，縦10 m，横14 mの長方形の土地に幅(はば)が一定の道をつくり，残りの土地を畑にします。畑の面積を $96\,\mathrm{m}^2$ にするには，道の幅を何mにすればよいですか。

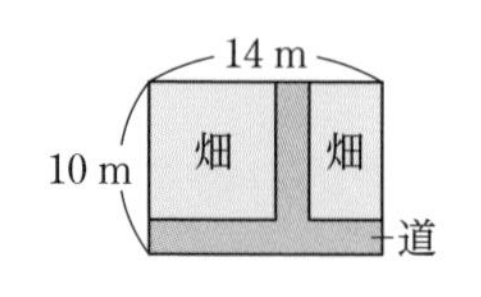

考え方 道の幅を x mとして，畑の面積についての方程式をつくる。

解き方 右の図のように，道の部分を端(はし)によせても畑の面積は変わらず，畑は1つの長方形で表される。道の幅を x mとすると，

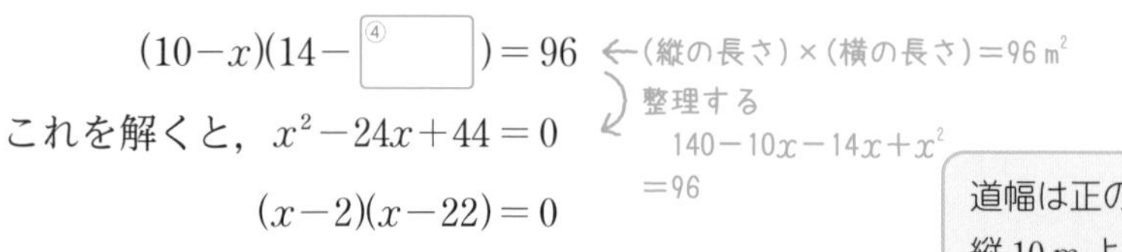

$(10-x)(14-$ ④ □ $)=96$ （←(縦の長さ)×(横の長さ)$=96\,\mathrm{m}^2$）

これを解くと，$x^2-24x+44=0$ （整理する $140-10x-14x+x^2=96$）

$(x-2)(x-22)=0$

$x=2,\ x=22$

$0<x<10$ であるから，$x=2$ は問題に適しているが，

$x=$ ⑤ □ は適していない。 **注** 変域に注意。

答 ⑥ □ m

道幅は正の数で，
縦10 mより
短くなるね。

ここがポイント

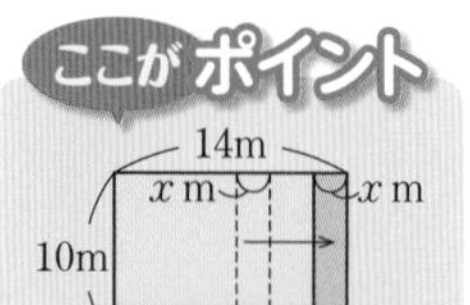

道幅を求める問題では，道を端によせて，残りの土地を1つの長方形にまとめる。

基本問題

解答 p.18

1 数についての問題 次の問いに答えなさい。 教 p.91 問1, 問2, p.92 問3

(1) ある整数を2乗すると，その整数を3倍して28を加えた数と等しくなります。この整数を求めなさい。

(2) 連続する2つの自然数があります。大きい方の数の2乗から，小さい方の数の4倍をひいた差は49になります。この2つの自然数を求めなさい。

思い出そう
連続する2つの整数
n，$n+1$
連続する3つの整数
$n-1$，n，$n+1$
(n，$n+1$，$n+2$)

2 図形についての問題 右の図のように，縦12 m，横18 mの長方形の土地に幅が一定の道をつくり，残りを畑にします。畑の面積を135 m^2にするには，道の幅を何mにすればよいですか。

教 p.92 例2

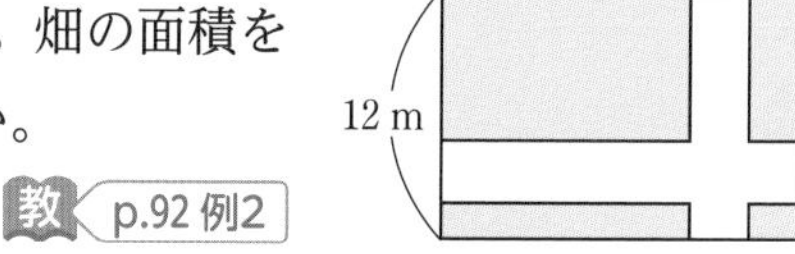

3 図形についての問題 右の図のように，幅24 cmの厚紙を左右同じ長さだけ折り曲げ，切り口の長方形の面積を64 cm^2にします。厚紙を左右何cmずつ折り曲げればよいですか。 教 p.92 問4

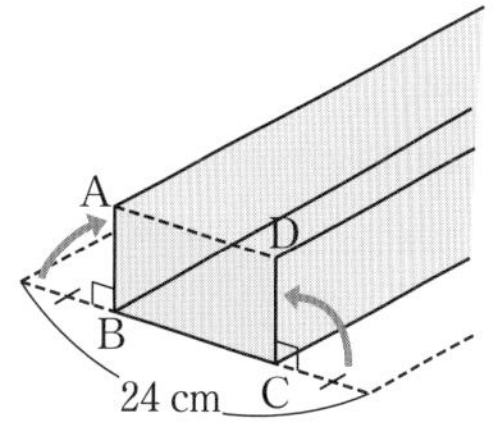

4 動点についての問題 **長さ8 cmの線分ABがあります。点PはAを出発してBまで動きます。このとき，AP，PBをそれぞれ1辺とする2つの正方形の面積の和について，次の問いに答えなさい。** 教 p.93 例3, 問6

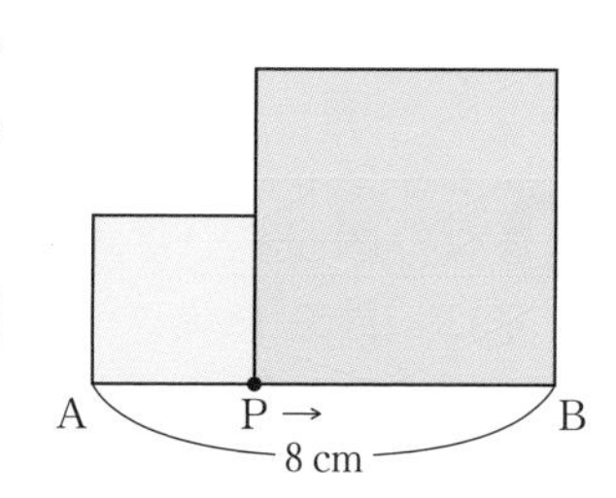

(1) 面積の和が34 cm^2になるのは，点Pが何cm動いたときですか。

(2) 面積の和が60 cm^2になるのは，点Pが何cm動いたときですか。

ここがポイント
点Pが動いた距離(きょり)APをx cmとして，PBをxで表し，方程式をつくる。xの変域に注意して解を吟味する。

左ページの例の答え　① $x+1$　② 6　③ -5　④ x　⑤ 22　⑥ 2

2 2次方程式の利用

よく出る **1** 次の問いに答えなさい。

(1) 大小2つの整数があります。その差は4で，積は60です。この2つの整数を求めなさい。

(2) 連続する2つの正の整数があります。小さい方の数を2乗した数は，大きい方の数の4倍より8大きくなります。この2つの整数を求めなさい。

(3) 連続する3つの整数があります。それぞれの整数を2乗して，それらの和を計算したら110になりました。この3つの整数を求めなさい。

2 右の図のように，正方形の花だんの周りを幅(はば)1.5 m ずつ広げたところ，その面積は289 m^2 になりました。もとの花だんの1辺の長さを求めなさい。

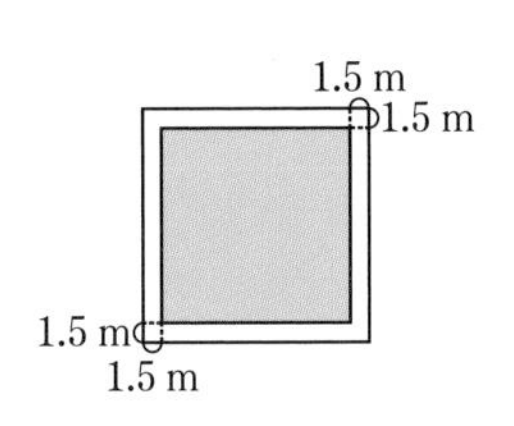

よく出る **3** 横が縦より3 cm 長い長方形の紙があります。この紙の4すみから，1辺2 cm の正方形を切り取って，ふたのない直方体の形をした容器をつくったところ，その容積が56 cm^3 になりました。もとの紙の縦の長さを求めなさい。

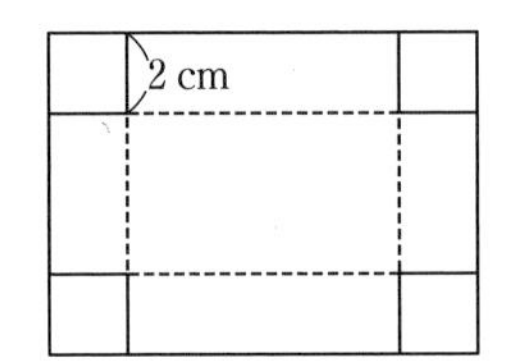

4 右の図のような1辺10 cm の正方形ABCDで，点PはAを出発し，秒速1 cm で辺AB上をBまで動きます。また，点Qは，点PがAを出発するのと同時にDを出発し，点Pと同じ速さで辺DA上をAまで動きます。△APQの面積が12 cm^2 になるのは，点P，Qが出発してから何秒後ですか。

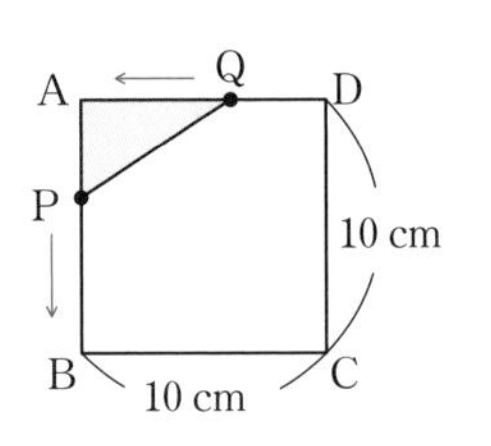

1 (1) 大きい方の整数を x とすると，小さい方の整数は $x-4$ と表される。
3 縦の長さを x cm として，横の長さを x を使って表し，容積についての方程式をつくる。
4 点P，Qが出発してから x 秒後のとき，AP $= x$ cm，AQ $= (10-x)$ cm

5 右の図のような直角二等辺三角形ABCで，点Pは，辺AC上をAからCまで動きます。また，点Qは，点PがAを出発するのと同時にBを出発し，点Pと同じ速さで辺BC上をCまで動きます。点PがAから何cm動いたとき，台形ABQPの面積が$15\mathrm{cm}^2$になりますか。

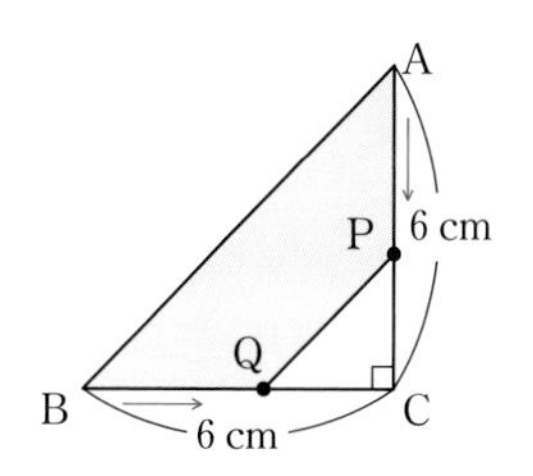

6 右の図で，点Pは関数$y=2x+4$のグラフ上の点で，点Pからx軸に引いた垂線とx軸との交点をQとします。△POQの面積が$24\mathrm{cm}^2$のときの点Pの座標を求めなさい。ただし，点Pのx座標は正とし，座標の1目盛りは1cmとします。

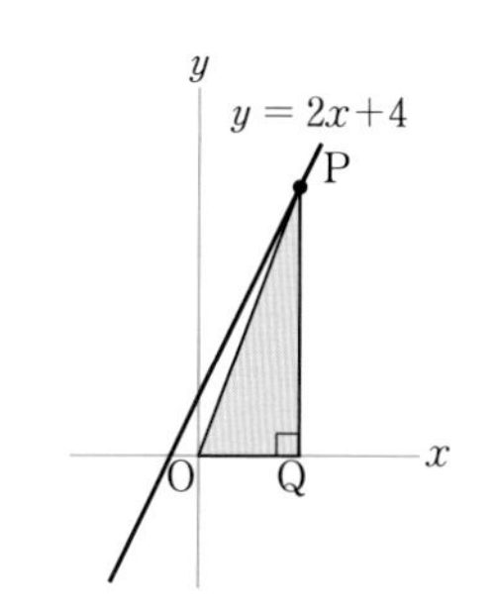

レベルUP **7** 右の図は，ある月のカレンダーです。このカレンダーのある数をxとし，xの右どなりの数と，xのすぐ下の数をかけると，xに17をかけて7を加えた数と等しくなります。xの値を求めなさい。

日	月	火	水	木	金	土
	1	2	3	4	5	6
7	8	9	10	11	12	13
14	15	16	17	18	19	20
21	22	23	24	25	26	27
28	29	30	31			

入試問題をやってみよう！

1 1辺の長さが$x$cmの正方形がある。この正方形の縦の長さを4cm長くし，横の長さを5cm長くして長方形をつくったところ，できた長方形の面積は$210\mathrm{cm}^2$であった。xの値を求めなさい。

〔大阪〕

2 ある素数xを2乗したものに52を加えた数は，xを17倍した数に等しい。このとき，素数xを求めなさい。

〔佐賀・改〕

3 縦8m，横12mの長方形の土地に，右の図のように，縦に2本，横に1本の同じ幅の道をつくり，残りの部分を花だんにします。花だんの面積と道の面積が同じになるようにするには，道の幅を何mにすればよいですか。

〔滋賀〕

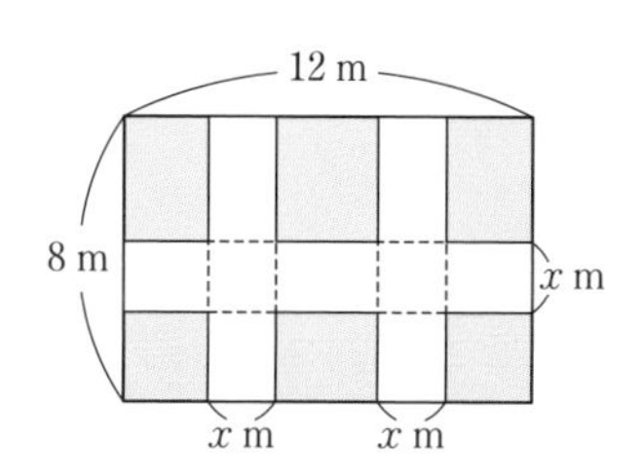

6 点Pのx座標をpとすると，P(p, $2p+4$)　OQとPQの長さをpで表して考える。

7 xの右どなりの数は$x+1$，xのすぐ下の数は$x+7$と表される。

3 道を長方形の端(はし)によせて，花だんを1つの長方形にまとめて考える。

解答 p.20

実力判定テスト ステージ3 2次方程式

40分 /100

1 次の方程式のうち，解の1つが -3 であるものはどれですか。すべて答えなさい。 （4点）

㋐ $(x-7)(x+3)=0$　　㋑ $x^2-3=0$

㋒ $x^2-x=2x^2-6$　　㋓ $(x+1)^2=x-1$

（　　）

よく出る **2** 次の方程式を解きなさい。 4点×10（40点）

(1) $x^2-8x+12=0$ （　　）

(2) $x^2-x-20=0$ （　　）

(3) $x^2+16x+64=0$ （　　）

(4) $x^2=9x$ （　　）

(5) $3x^2=60$ （　　）

(6) $4x^2-7=0$ （　　）

(7) $(x+5)^2=49$ （　　）

(8) $2x^2+x-4=0$ （　　）

(9) $x^2-6x-10=0$ （　　）

(10) $6x^2-7x+2=0$ （　　）

3 次の方程式を解きなさい。 4点×4（16点）

(1) $(x-3)^2=4x-7$ （　　）

(2) $(x+1)(x-4)=14$ （　　）

(3) $-2x^2-6x+4=0$ （　　）

(4) $\frac{3}{2}x^2=x-\frac{1}{6}$ （　　）

目標 因数分解，平方根の考え，解の公式のどの解き方にも十分慣れよう。文章題では，まず方程式がつくれるようになろう。

自分の得点まで色をぬろう!

がんばろう! もう一歩 合格!

0 60 80 100点

よくでる **4** 2 次方程式 $x^2-ax+8=0$ の解の 1 つが 2 のとき，a の値を求めなさい。
また，もう 1 つの解を求めなさい。 4点×2（8点）

a の値（　　　　），他の解（　　　　）

5 ある自然数を 2 乗するところを，誤って 2 倍してしまったため，答えが 63 小さくなりました。もとの自然数を求めなさい。 （6点）

（　　　　）

6 連続する 3 つの自然数があります。もっとも小さい数ともっとも大きい数の積から，中央の数の 3 倍をひいた差は 27 になります。この 3 つの自然数を求めなさい。 （6点）

（　　　　）

7 n 角形の対角線は，全部で $\frac{1}{2}n(n-3)$ 本引くことができます。対角線が 54 本引けるのは何角形ですか。 （6点）

（　　　　）

8 ある正方形の縦を 2 cm，横を 3 cm それぞれ長くして長方形をつくったところ，その面積がもとの正方形の面積の 2 倍になりました。もとの正方形の 1 辺の長さを求めなさい。 （7点）

（　　　　）

9 右の図のように，縦 12 m，横 5 m の長方形の土地の中に，周にそって幅(はば)が一定の道路をつけて，残りを花だんにします。
　花だんの面積と道路の面積が等しくなるようにするには，道路の幅を何 m にすればよいですか。 （7点）

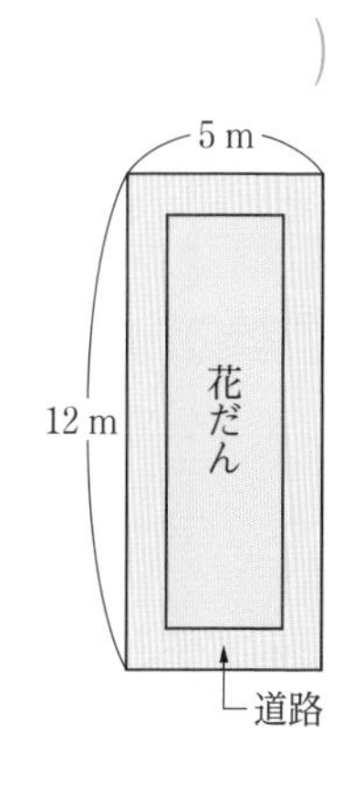

（　　　　）

アプリ【どこでもワーク計算編】をやって，さらに力をつけよう！

3章

確認のワーク ステージ1 1 関数 $y=ax^2$ ❶ 2乗に比例する関数

例1 2乗に比例する関数の式①

教 p.102〜103 → 基本問題 1 2

底面が1辺 x cm の正方形で，高さが 9 cm の正四角錐（せいしかくすい）の体積を y cm^3 とします。

(1) y を x の式で表しなさい。

(2) 下の表の㋐，㋑にあてはまる数を求めなさい。

x(cm)	1	2	3	4	5
y(cm^3)	3	12	㋐	㋑	75

(3) y は x の2乗に比例するといえますか。比例する場合は，比例定数も求めなさい。

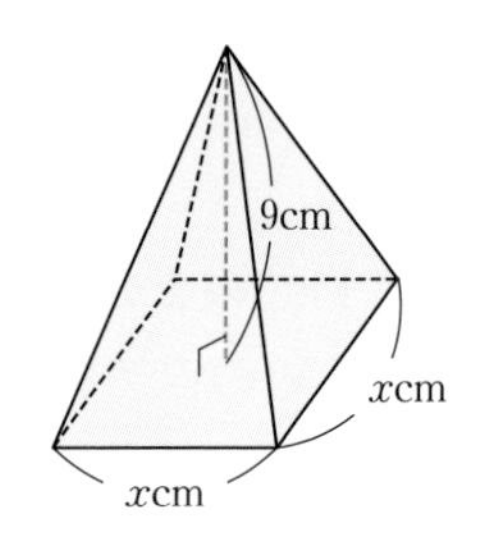

解き方 (1) (角錐の体積)$=\frac{1}{3}\times$(底面積)$\times$(高さ) だから，

$y=\frac{1}{3}\times x^2\times 9$ したがって，$y=$ ①

(2) (1)で求めた式 $y=3x^2$ に，$x=3$，$x=4$ を代入する。

㋐ $x=3$ のとき，$y=3\times3^2=$ ②

㋑ $x=4$ のとき，$y=3\times4^2=$ ③

(3) x の値が決まると y の値がただ1つ決まるから，y は x の ④ といえる。

求めた式 $y=3x^2$ は $y=ax^2$ の形だから，

※○をつけよう。

y は x の2乗に比例すると ⑤(いえる・いえない)。

また，この関数の比例定数は，⑥ である。

答 y は x の2乗に比例するといえる。比例定数は，3

たいせつ

2乗に比例する関数

y が x の関数で，$y=ax^2$ という式で表せるとき，y は x の2乗に比例するという。ただし，a は0でない定数で，この a を比例定数という。

例2 2乗に比例する関数の式②

教 p.104 → 基本問題 3 4

y は x の2乗に比例し，$x=3$ のとき $y=-18$ です。
y を x の式で表しなさい。
また，$x=-5$ のときの y の値を求めなさい。

考え方 求める式を $y=ax^2$ とおいて，まず a の値を求める。

解き方 y は x の2乗に比例するから，$y=ax^2$

$x=3$ のとき $y=-18$ であるから，これらを代入すると，

$-18=a\times$ ⑦ ^{2} $a=$ ⑧ したがって，$y=$ ⑨

この式に $x=-5$ を代入すると，$y=-2\times(-5)^2=$ ⑩

答 $y=-2x^2$，$y=-50$

ここがポイント

y が x の2乗に比例
↓
$y=ax^2$

基本問題

解答 p.21

1 2乗に比例する関数の式① 次の(1)〜(4)について，y を x の式で表しなさい。また，y が x の2乗に比例するものをすべて選び，番号で答えなさい。 教 p.103 問2

(1) 底面の1辺が x cm の正方形で，高さが 10 cm の正四角柱の体積を y cm^3 とする。

たいせつ
$y=ax^2$ の形
⇒ y は x の2乗に比例する

(2) 底面の半径が x cm，高さが 4 cm の円柱の体積を y cm^3 とする。

(3) 半径が x cm の円の円周の長さを y cm とする。

(4) 周の長さが x cm の正方形の面積を y cm^2 とする。

2 2乗に比例する関数の式① 1辺が x cm の立方体の表面積を y cm^2 とします。 教 p.103 問3

(1) y を x の式で表しなさい。また，y は x の2乗に比例するといえますか。

(2) (1)で求めた式から，次の表を完成させなさい。

x(cm)	0	1	2	3	4	…
y(cm^2)	□	□	□	□	□	…

(3) 1辺の長さが4倍になると，表面積は何倍になりますか。

覚えておこう
関数 $y=ax^2$ では，x の値が2倍，3倍，…になると，y の値は 2^2 倍，3^2 倍，…になる。

3 2乗に比例する関数の式② 次の問いに答えなさい。 教 p.104 問4

(1) y は x の2乗に比例し，$x=-2$ のとき $y=16$ です。y を x の式で表しなさい。また，$x=-3$ のときの y の値を求めなさい。

(2) y は x の2乗に比例し，$x=4$ のとき $y=-24$ です。y を x の式で表しなさい。また，$x=2$ のときの y の値を求めなさい。

4 2乗に比例する関数の式② ある斜面（しゃめん）をボールが転がり始めてから x 秒間に転がる距離（きょり）を y m とすると，y は x の2乗に比例します。下の表は，x と y の関係を表したものです。

(1) y を x の式で表しなさい。 教 p.104 問5

x(秒)	0	1	2	3	4	5	…
y(m)	0	2	8	18	32	50	…

(2) ボールが転がり始めてから8秒間に転がった距離を求めなさい。

左ページの例の答え ① $3x^2$ ② 27 ③ 48 ④関数 ⑤いえる ⑥ 3 ⑦ 3 ⑧ -2 ⑨ $-2x^2$ ⑩ -50

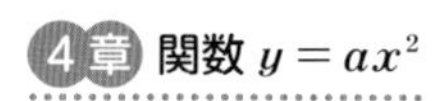

確認のワーク ステージ1 1 関数 $y=ax^2$
❷ 関数 $y=ax^2$ のグラフ

例1 関数 $y=ax^2$ のグラフ

教 p.105〜110 → 基本問題 1 2

関数 $y=\frac{1}{2}x^2$ について，次の問いに答えなさい。

(1) 右の表を完成させ，グラフをかきなさい。

x	…	-3	-2	-1	0	1	2	3	…
y	…	4.5		0.5	0	0.5	2		…

(2) (1)のグラフをもとにして，$y=-\frac{1}{2}x^2$ のグラフをかきなさい。

考え方 (2) $y=\frac{1}{2}x^2$ と $y=-\frac{1}{2}x^2$ では，それぞれの x の値に対応する y の値は，絶対値が等しく，符号（ふごう）が反対になることを利用する。

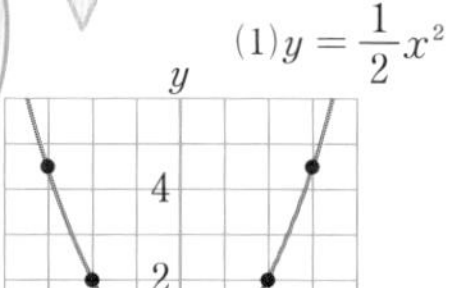

関数 $y=ax^2$ のグラフは，原点を通るなめらかな曲線になるよ。

解き方 (1) $x=-2$ のとき，$y=\frac{1}{2}\times(-2)^2=$ ①［　　］

$x=3$ のとき，$y=\frac{1}{2}\times3^2=$ ②［　　］

グラフは，表の対応する x，y の値の組を座標とする点をとり，それらの点を通るなめらかな ③［　　］ をかく。

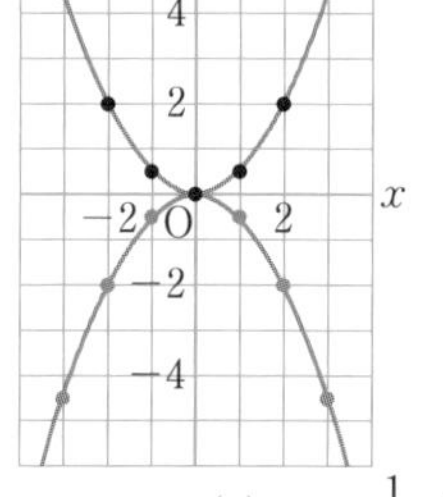

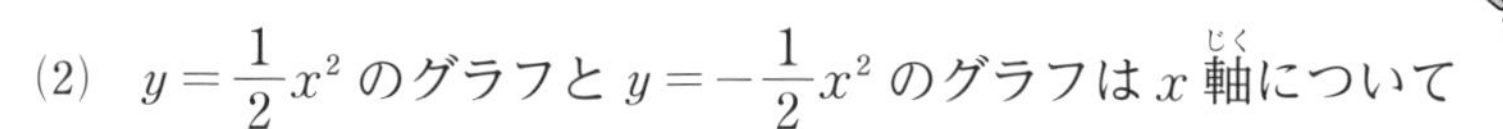
(2) $y=\frac{1}{2}x^2$ のグラフと $y=-\frac{1}{2}x^2$ のグラフは x 軸（じく）について ④［　　］ になるから，$y=\frac{1}{2}x^2$ のグラフを x 軸について折り返したグラフをかく。→上の図で，点とグラフをなぞろう。

点をとり，グラフをかこう。

例2 関数 $y=ax^2$ のグラフの特徴

教 p.111 → 基本問題 3 4

右の図の①〜③の放物線は，次の㋐〜㋒の関数のグラフです。①〜③は，それぞれどの関数のグラフですか。

㋐ $y=-4x^2$　　㋑ $y=2x^2$　　㋒ $y=-x^2$

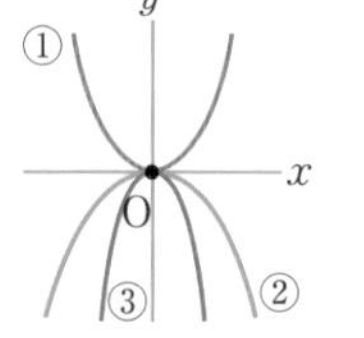

関数 $y=ax^2$ のグラフ

①原点を通り，y 軸について対称（たいしょう）な曲線（放物線（ほうぶつせん））である。

②$a>0$ のとき，上に開いている。
$a<0$ のとき，下に開いている。

③a の絶対値が大きいほど，グラフの開き方は小さい。

④$y=ax^2$ のグラフと $y=-ax^2$ のグラフは，x 軸について対称である。

考え方 $y=ax^2$ の a の値の符号と絶対値に注目して，グラフの特徴（とくちょう）から考える。

解き方 関数 $y=ax^2$ について，

- $a>0$ のとき，グラフは上に開くから，①は ⑤［　　］ とわかる。
- $a<0$ のときは，グラフは下に開き，a の絶対値は㋐の方が㋒より大きいから，②は ⑥［　　］，③は ⑦［　　］ とわかる。

基本問題

解答 p.21

1 関数 $y=ax^2$ のグラフ　次の問いに答えなさい。

教 p.105～110 問1，問2，問4

(1) 関数 $y=\frac{1}{4}x^2$ について，次の表を完成させ，グラフをかきなさい。

x	…	-6	-5	-4	-3	-2	-1
y	…						

0	1	2	3	4	5	6	…
							…

(2) 関数 $y=-\frac{1}{4}x^2$ のグラフをかきなさい。

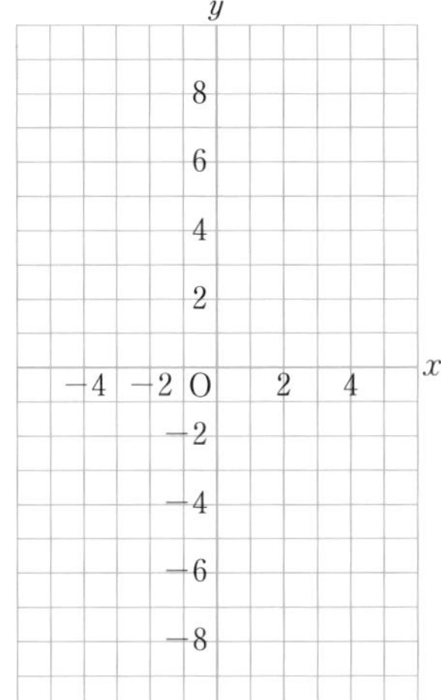

覚えておこう

関数 $y=ax^2$ のグラフの曲線は**放物線**（ほうぶつせん）と呼ばれる。放物線には**対称の軸**があり，放物線と対称の軸との交点を放物線の**頂点**という。

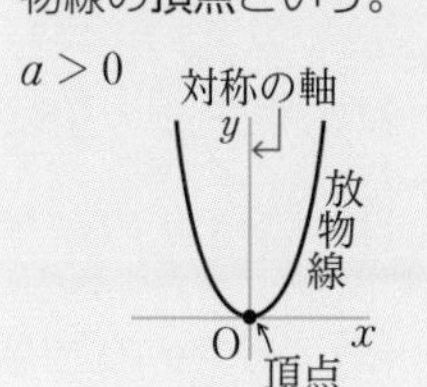

2 関数 $y=ax^2$ のグラフ　次の関数のグラフをかきなさい。

教 p.105～110

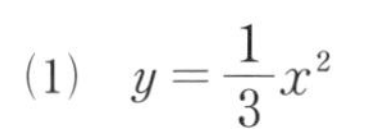

(1) $y=\frac{1}{3}x^2$

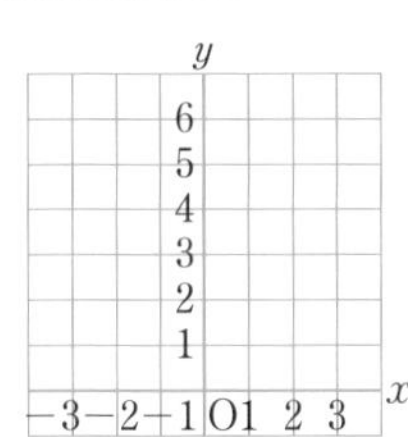

(2) $y=-x^2$

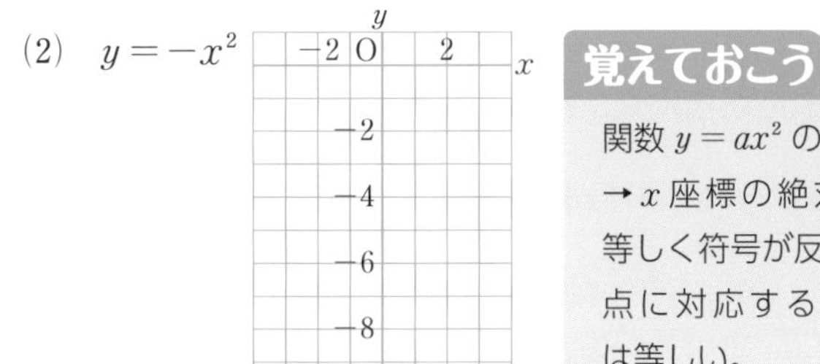

覚えておこう

関数 $y=ax^2$ のグラフ
→ x 座標の絶対値が等しく符号が反対の2点に対応する y 座標は等しい。

3 関数 $y=ax^2$ のグラフの特徴　右の図の①～④の放物線は，次の㋐～㋓の関数のグラフです。①～④は，それぞれどの関数のグラフですか。

教 p.111 問6

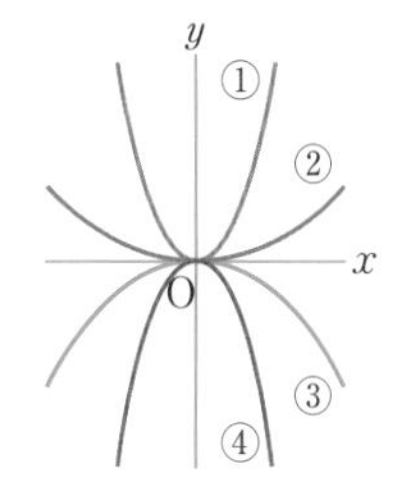

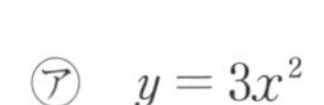

㋐ $y=3x^2$　　㋑ $y=-\frac{1}{2}x^2$　　㋒ $y=\frac{1}{3}x^2$

㋓ $y=-3x^2$

4 関数 $y=ax^2$ のグラフの特徴　次の㋐～㋕の関数について，あとの問いに答えなさい。

教 p.111

㋐ $y=3x^2$　　㋑ $y=-4x^2$　　㋒ $y=-2x^2$

㋓ $y=4x^2$　　㋔ $y=\frac{3}{2}x^2$　　㋕ $y=\frac{1}{4}x^2$

(1) グラフが下に開いているものをすべて答えなさい。

(2) グラフの開き方がもっとも大きいものはどれですか。

(3) グラフが x 軸について対称であるのはどれとどれですか。

(4) グラフが点(2，6)を通るものはどれですか。

(4)は，グラフの式に $x=2$，$y=6$ を代入すると，式が成り立つということだね。

左ページの例の答え　①2　②4.5 $\left(\frac{9}{2}\right)$　③曲線（放物線）　④対称（線対称）　⑤㋑　⑥㋒　⑦㋐

確認のワーク ステージ1　1 関数 $y=ax^2$
❸ 関数 $y=ax^2$ の値の変化(1)

例1 関数 $y=ax^2$ の値の変化

教 p.113 → 基本問題 1

関数 $y=2x^2$ について，次の問いに答えなさい。

(1) x の値が増加するにつれて，それに対応する y の値はどのように変化しますか。

(2) y の値が最小になるときの x の値と，y の最小値を求めなさい。

考え方 グラフをもとにして考える。

解き方 (1) $y=2x^2$ では，x の値が増加するにつれて，それに対応する y の値は次のように変化する。

〔1〕 $x<0$ のとき，y の値は ① する。

〔2〕 $x>0$ のとき，y の値は ② する。

〔3〕 $x=0$ のとき $y=0$ となり，y の値は減少から ③ に変わる。

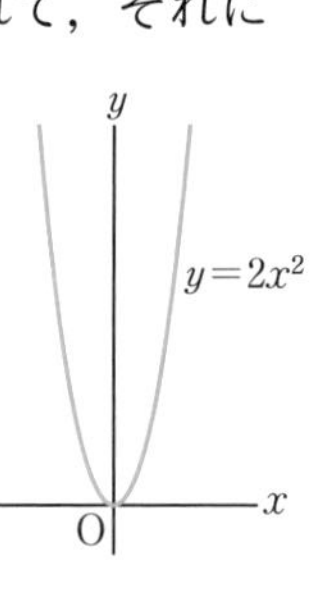

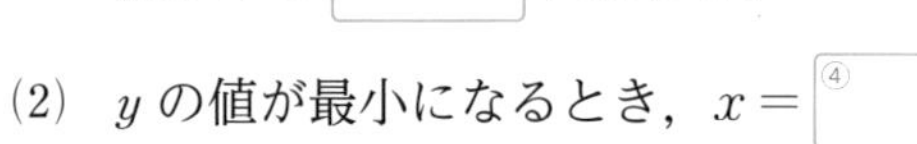

(2) y の値が最小になるとき，$x=$ ④

このときの y の最小値は，⑤ である。

たいせつ

関数 $y=ax^2$ の値の変化

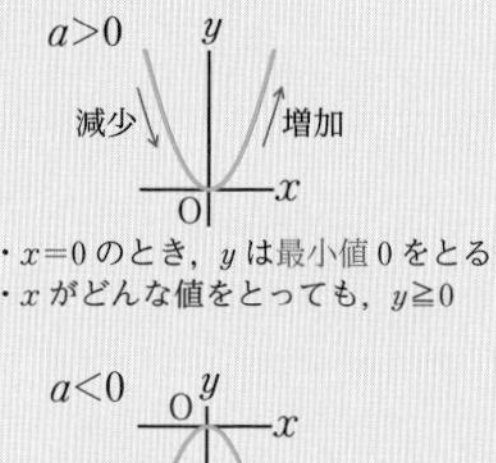

・$x=0$ のとき，y は最小値 0 をとる
・x がどんな値をとっても，$y \geqq 0$

$a<0$（増加／減少）

・$x=0$ のとき，y は最大値 0 をとる
・x がどんな値をとっても，$y \leqq 0$

例2 変域とグラフ

教 p.114 → 基本問題 2 3

関数 $y=\frac{1}{2}x^2$ で，x の変域が $-2 \leqq x \leqq 4$ のときの y の変域を求めなさい。

考え方 グラフをかいて，x の変域に対応する y の値の変化を調べる。

解き方 x の変域が $-2 \leqq x \leqq 4$ のとき，

グラフは右の図の実線の部分になる。

$-2 \leqq x \leqq 0$ のとき，

y の値は 2 から ⑥ まで減少する。

└ $y=\frac{1}{2}\times(-2)^2=2$

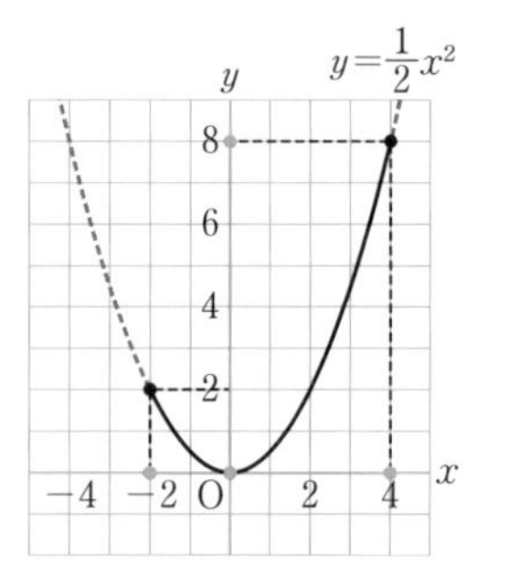

$0 \leqq x \leqq 4$ のとき，

y の値は 0 から ⑦ まで増加する。

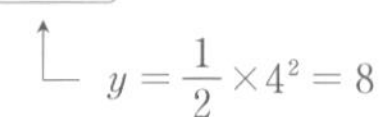

└ $y=\frac{1}{2}\times4^2=8$

したがって，y の変域は，

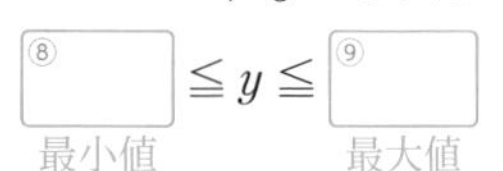

⑧ $\leqq y \leqq$ ⑨
最小値　　最大値

ここがポイント

x の変域に 0 をふくむかどうかに注意しよう。
関数 $y=ax^2$ で，x の変域に 0 をふくむ場合，原点（$x=0$）における $y=0$ が y の最小値または最大値になる。

x の変域に 0 をふくむ場合だね。

$x=-2$ のときに，y は最小値にならない。

基本問題

解答 p.22

1 関数 $y=ax^2$ の値の変化 次の関数について，あとの問いに答えなさい。(2)，(3)は，あてはまるものをすべて選び，記号で答えなさい。

教 p.113 問1，問2

㋐ $y=-3x^2$　㋑ $y=\frac{3}{2}x^2$　㋒ $y=\frac{1}{3}x^2$

㋓ $y=-\frac{1}{4}x^2$　㋔ $y=-x^2$　㋕ $y=-\frac{1}{3}x^2$

(1) ㋐の関数では，$x<0$ の範囲(はんい)と $x>0$ の範囲において，x の値が増加するにつれて，それに対応する y の値はそれぞれどのように変化しますか。

(2) ㋐～㋕の関数で，$x<0$ のとき，x の値が増加すると y の値が減少するものはどれですか。

(3) ㋐～㋕の関数で，$x=0$ のとき，y が最大値 0 をとるものはどれですか。

4章

2 変域とグラフ 次の問いに答えなさい。

教 p.114 問3，問4

(1) 関数 $y=\frac{1}{2}x^2$ で，x の変域が $-4\leqq x\leqq 2$ のとき，この範囲のグラフをかいて，y の変域を求めなさい。

(2) 関数 $y=-\frac{1}{4}x^2$ で，x の変域が次の①，②のとき，この範囲のグラフをかいて，y の変域を求めなさい。

① $-6\leqq x\leqq 2$　② $4\leqq x\leqq 6$

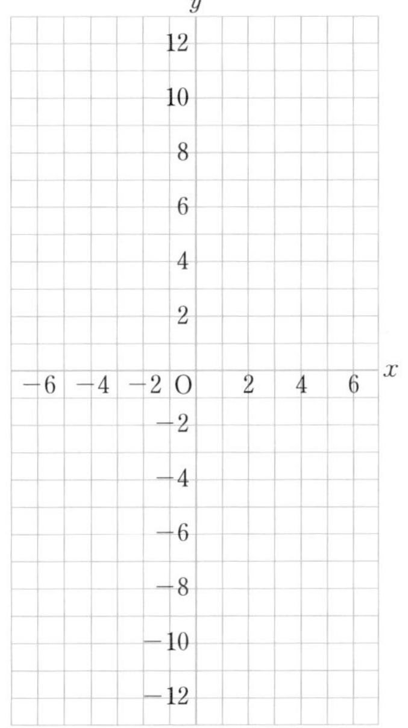

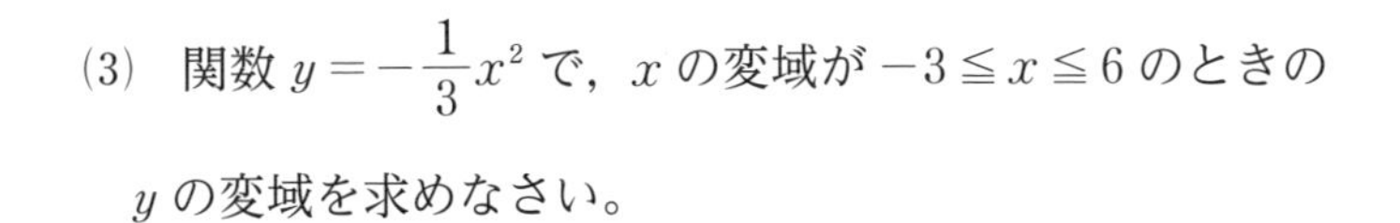

(3) 関数 $y=-\frac{1}{3}x^2$ で，x の変域が $-3\leqq x\leqq 6$ のときの y の変域を求めなさい。

3 変域とグラフ 次の関数で，x の変域が $-3\leqq x\leqq 2$ のときの y の変域を求めなさい。

教 p.114 問3，問4

(1) $y=2x^2$　(2) $y=\frac{1}{4}x^2$　(3) $y=-3x^2$

簡単なグラフをかいて考えよう。

左ページの例の答え　①減少　②増加　③増加　④0　⑤0　⑥0　⑦8　⑧0　⑨8

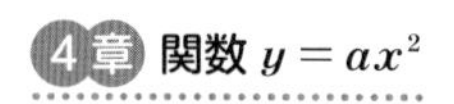

ステージ1 1 関数 $y=ax^2$ ❸ 関数 $y=ax^2$ の値の変化(2)

例1 変化の割合

教 p.115〜116 → 基本問題 1 2 3

関数 $y=x^2$ で，x の値が1から3まで増加するときの変化の割合を求めなさい。

考え方 x の値に対応する y の値を求め，x の増加量と y の増加量から変化の割合を求める。

解き方 $x=1$ のとき，$y=1^2=$ ①

$x=3$ のとき，$y=3^2=$ ②

したがって，変化の割合は，

$\dfrac{(y\text{の増加量})}{(x\text{の増加量})}=\dfrac{9-1}{3-1}=\dfrac{8}{2}=$ ③

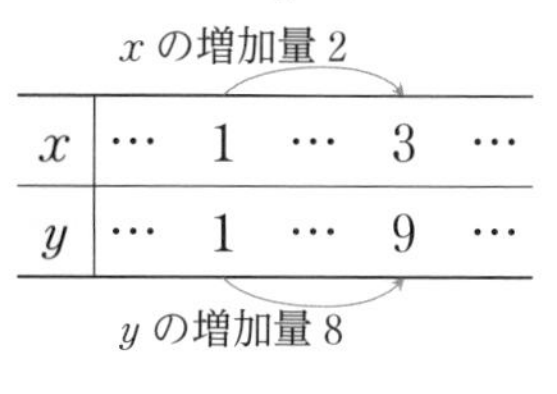

x	…	1	…	3	…
y	…	1	…	9	…

この変化の割合4は，右のグラフ上の2点A，Bを通る直線の傾(かたむ)きを表しているよ。

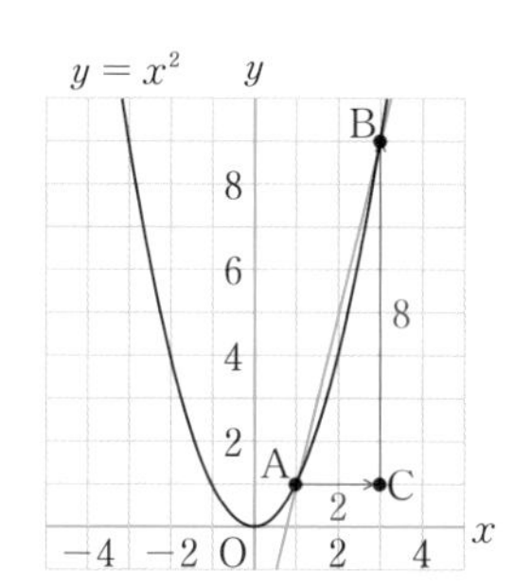

たいせつ

変化の割合は，
- 1次関数 $y=ax+b$
 →一定で a に等しい。
- 関数 $y=ax^2$
 →一定ではない。

例2 平均の速さ

教 p.117 → 基本問題 4

ボールがある斜面(しゃめん)を転がるとき，転がり始めてから x 秒間に転がる距離(きょり)を y m とすると，$y=3x^2$ の関係が成り立ちます。このとき，次の問いに答えなさい。

(1) 右の表を完成させなさい。

x(秒)	0	1	2	3	4	5	…
y(m)	0	3	12	27	㋐	㋑	…

(2) ボールが転がり始めてから次のときの平均の速さを求めなさい。

① 0秒後〜1秒後　　② 1秒後〜5秒後

解き方 (1) $y=3x^2$ に $x=4$，$x=5$ を代入して，

㋐ $x=4$ のとき，$y=3\times4^2=$ ④

㋑ $x=5$ のとき，$y=3\times$ ⑤ $=$ ⑥

(2)① 0秒後〜1秒後の平均の速さは，

$\dfrac{3-0}{1-0}=$ ⑦ (m/s)　　**答** 3 m/s

② 1秒後〜5秒後の平均の速さは，

$\dfrac{75-⑧}{5-1}=\dfrac{72}{4}=$ ⑨ (m/s)　　**答** 18 m/s

ここがポイント

ある物体が x 秒間に y m 進むとき，

(平均の速さ)

$=\dfrac{(\text{進んだ距離})}{(\text{進んだ時間})}$

$=\dfrac{(y\text{の増加量})}{(x\text{の増加量})}$

↓ y が x の関数のとき

平均の速さは変化の割合に等しくなる。

注 ○ m/s は，秒速○ m を表す。s は *second*(秒)の頭文字である。

基本問題

解答 p.23

1 変化の割合 関数 $y=2x^2$ で，x の値が次のようにに増加するときの変化の割合を求めなさい。 教 p.116 問7

(1) 1 から 3 まで　　(2) -5 から -2 まで

(3) 0 から 4 まで　　(4) -3 から 0 まで

たいせつ

$(\text{変化の割合})=\dfrac{(y\text{の増加量})}{(x\text{の増加量})}$

にあてはめる。
増加量は，(増加した後の値)$-$(増加する前の値) で計算する。

2 変化の割合 関数 $y=-\dfrac{1}{2}x^2$ で，x の値が次のように増加するときの変化の割合を求めなさい。

(1) 2 から 4 まで　　(2) -6 から -4 まで

(3) -4 から 0 まで　　(4) 0 から 8 まで

知ってると得

関数 $y=ax^2$ で，x の値が p から q まで増加するときの変化の割合は，

$\dfrac{aq^2-ap^2}{q-p}=\dfrac{a(q^2-p^2)}{q-p}$

$=\dfrac{a(q+p)(q-p)}{q-p}$

$=a(p+q)$ で求められる。

3 変化の割合 次の関数で，x の値が 3 から 6 まで増加するときの変化の割合を求めなさい。 教 p.115〜116, 118

(1) $y=\dfrac{1}{3}x+2$　　(2) $y=\dfrac{1}{3}x^2$

1 次関数 $y=ax+b$ の変化の割合は一定で a に等しい。

4 平均の速さ ジェットコースターがある斜面をおり始めてから x 秒間に進む距離を y m とすると，$y=4x^2$ の関係が成り立つそうです。このとき，次の問いに答えなさい。

(1) おり始めてから次のときの平均の速さを求めなさい。 教 p.117 問9

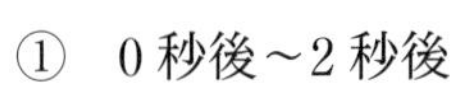
① 0 秒後～2 秒後　　② 1 秒後～3 秒後

$y=4x^2$ の変化の割合が平均の速さになるね。

発展 (2) おり始めてから 1 秒後の瞬間(しゅんかん)の速さを，次のように求めました。□ にあてはまる数を答えなさい。(電卓(でんたく)を使って計算しましょう。)

次のように時間の幅(はば)を短くして，平均の速さを求めていくと，

1 秒後～1.1 秒後　$(4\times1.1^2-4\times1^2)\div(1.1-1)=$ ㋐□ (m/s)

1 秒後～1.01 秒後　$(4\times1.01^2-4\times1^2)\div(1.01-1)=$ ㋑□ (m/s)

1 秒後～1.001 秒後　$(4\times1.001^2-4\times1^2)\div(1.001-1)=$ ㋒□ (m/s)　…

となり，平均の速さは 8 m/s に近づいていく。

したがって，1 秒後の瞬間の速さは，およそ ㋓□ m/s と考えられる。

左ページの例の答え　①1　②9　③4　④48　⑤$5^2$（または 25）　⑥75　⑦3　⑧3　⑨18

4章

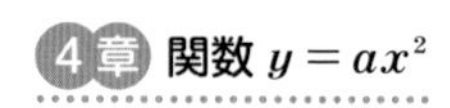

解答 p.24

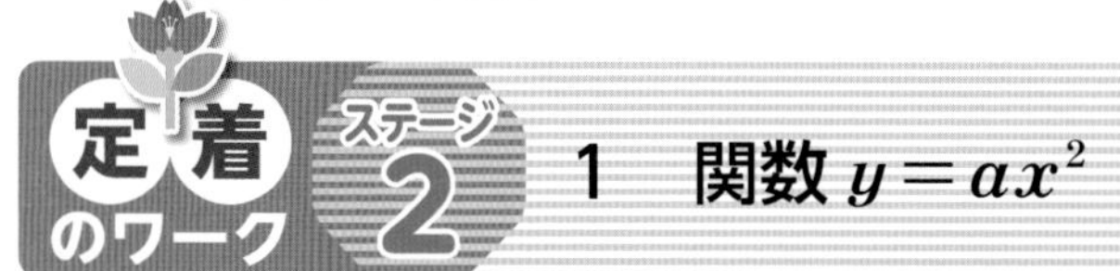

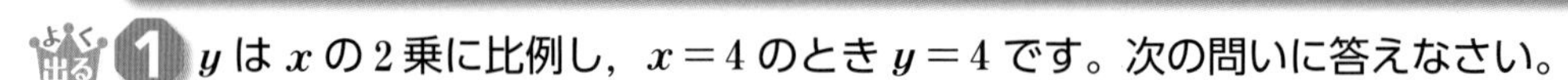

1 関数 $y=ax^2$

よく出る **1** y は x の 2 乗に比例し，$x=4$ のとき $y=4$ です。次の問いに答えなさい。

(1) y を x の式で表しなさい。

(2) $x=-6$ のときの y の値を求めなさい。

(3) この関数のグラフをかきなさい。

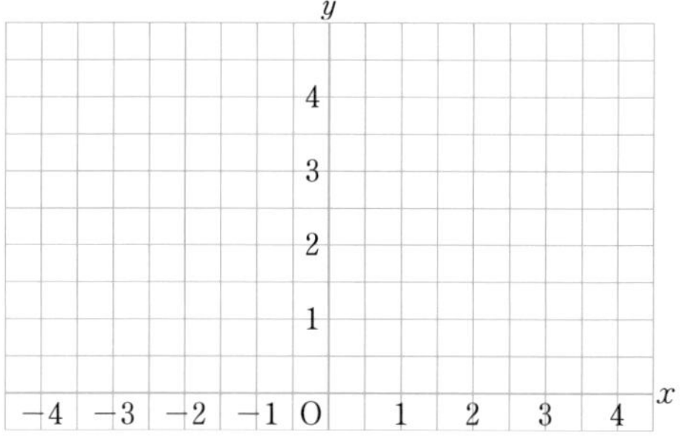

2 次の㋐～㋕の中から，下の(1)～(4)にあてはまる関数を，それぞれ選びなさい。

㋐ $y=3x$　　㋑ $y=3x^2$　　㋒ $y=-3x+1$

㋓ $y=-3x^2$　　㋔ $y=\dfrac{3}{x}$　　㋕ $y=\dfrac{1}{3}x^2$

(1) グラフが原点を通る。　　(2) グラフが y 軸（じく）について対称（たいしょう）となる。

(3) $x>0$ のとき，x の値が増加すると y の値が減少する。

(4) 変化の割合が一定ではない。

3 次の問いに答えなさい。

よく出る (1) 次の関数で，x の変域が $-4 \leqq x \leqq 3$ のときの y の変域を求めなさい。

① $y=-2x+1$　　② $y=\dfrac{3}{4}x^2$　　③ $y=-2x^2$

(2) 関数 $y=ax^2$ で，x の変域が $-4 \leqq x \leqq 2$ のとき，y の変域が $0 \leqq y \leqq 12$ です。このとき，a の値を求めなさい。

レベルUP (3) 2 つの関数 $y=ax^2$ と $y=-x+4$ について，x の変域が $-2 \leqq x \leqq 4$ のとき，y の変域が同じになります。a の値を求めなさい。

よく出る **4** 次の問いに答えなさい。

(1) 関数 $y=-3x^2$ で，x の値が 4 から 6 まで増加するときの変化の割合を求めなさい。

(2) 関数 $y=\dfrac{1}{4}x^2$ で，x の値が -6 から -2 まで増加するときの変化の割合を求めなさい。

2 (4) グラフが曲線になる関数である。

3 (2)(3) 簡単なグラフをかいて考えるとわかりやすい。(2) $x=-4$ と $x=2$ のどちらのときに $y=12$ になるか考える。(3) まず，$y=-x+4$ について y の変域を求める。

5 次の問いに答えなさい。

(1)　関数 $y=ax^2$ で，x の値が 1 から 3 まで増加するときの変化の割合が -12 であるとき，a の値を求めなさい。

(2)　関数 $y=ax^2$ と関数 $y=-3x+6$ で，x の値が 2 から 4 まで増加するときの変化の割合が等しくなります。このとき，a の値を求めなさい。

6 右の図は，関数① $y=\frac{1}{2}x^2$，関数② $y=-x^2$ のグラフで，A (2, 2) は関数①のグラフ上，点 B，C は関数②のグラフ上の点です。線分 AB は y 軸に平行，線分 BC は x 軸に平行とします。次の問いに答えなさい。

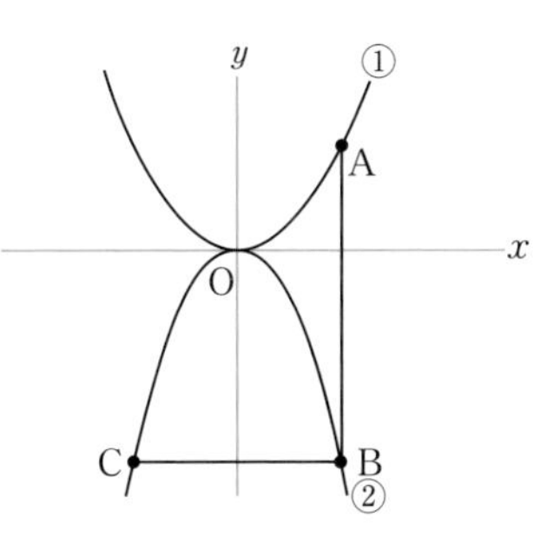

(1)　点 B の座標を求めなさい。

(2)　点 C の座標を求めなさい。

(3)　座標軸の 1 目盛りを 1 cm として，△ABC の面積を求めなさい。

入試問題をやってみよう！

1 右図において，m は $y=ax^2$（a は正の定数）のグラフを表す。A は x 軸上の点であり，A の x 座標は -5 である。B，C は m 上の点であり，B の x 座標は A の x 座標と等しく，C の y 座標は B の y 座標と等しい。ℓ は 2 点 A，C を通る直線であり，その傾きは $\frac{3}{5}$ である。a の値を求めなさい。〔大阪〕

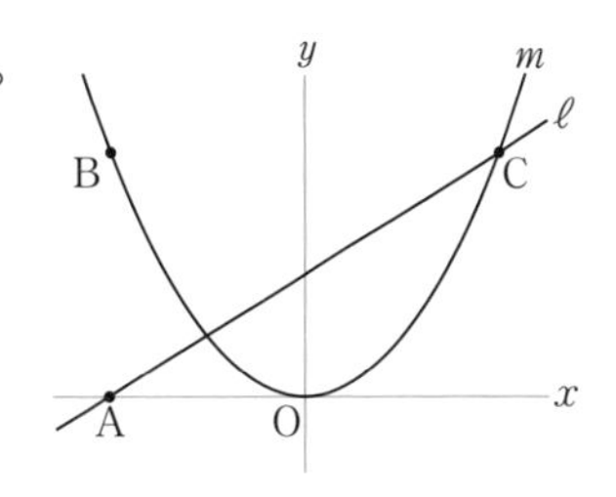

2 関数 $y=ax^2$……①について，(1)，(2)の問いに答えなさい。

(1)　関数①のグラフが点 (3, 18) を通るとき，a の値を求めなさい。

(2)　関数①について，x の値が 1 から 3 まで増加するときの変化の割合が -2 となるとき，a の値を求めなさい。〔佐賀〕

5 変化の割合を a の式で表して，a についての方程式をつくる。
6 (2)　グラフが y 軸について対称な形をしていることを利用して，点 C の座標を求める。
1 点 C の座標を a を使って表してから，直線 ℓ の傾きを考える。

確認のワーク
ステージ1
1 関数 $y=ax^2$
❹ 関数 $y=ax^2$ の利用

例1 関数 $y=ax^2$ の利用①(放物線と直線)

教 p.120 →基本問題 1 2 3

右の図のように，関数 $y=ax^2$ と関数 $y=bx+c$ のグラフが点 A，B で交わっています。点 A の座標が $(-2,\ -4)$，点 B の x 座標が 1 のとき，a，b，c の値を求めなさい。

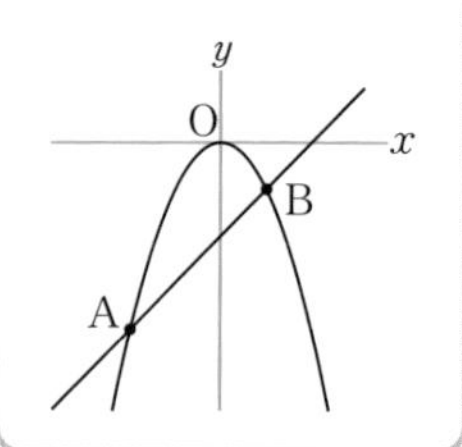

考え方 2 つのグラフの交点→両方のグラフ上の点。

解き方 点 $A(-2,\ -4)$ は関数 $y=ax^2$ のグラフ上の点だから，

$x=-2$，$y=-4$ を代入すると，$-4=a\times(-2)^2$ $a=$ ①____

点 B の x 座標は 1 だから，$x=1$ を $y=-x^2$ に代入すると，

$y=$ ②____ $y=bx+c$ のグラフが 2 点 $A(-2,\ -4)$，

$B(1,\ -1)$ を通るから，$b=\dfrac{-1-(-4)}{1-(-2)}=$ ③____ $y=x+c$ に $x=-2$，$y=-4$ を

代入すると，$-4=-2+c$ $c=$ ④____

答 $a=-1$，$b=1$，$c=-2$

知ってると得
発展 放物線と直線の交点
連立方程式を利用して求めることができる。

例2 関数 $y=ax^2$ の利用②(短距離走)

教 p.121～123 →基本問題 1

短距離走(たんきょりそう)では，スタート直後の数秒間は加速し，進む距離は時間の 2 乗にほぼ比例します。短距離走で，A さんはスタートしてから 3 秒間に 18 m 進みました。A さんがスタートしてから x 秒間に進んだ距離を y m として，次の問いに答えなさい。

(1) y は x の 2 乗に比例すると考えて，y を x の式で表し，そのグラフをかきなさい。

(2) B さんは，秒速 5 m の一定の速さで走っています。A さんがスタートするのと同時に，B さんが同じスタート地点を通過しました。A さんが B さんに追いつくのは，スタート地点から何 m 進んだ地点ですか。

考え方 (1) y は x の 2 乗に比例する→式は $y=ax^2$ (2) 2 人のグラフから読み取る。

解き方 (1) y は x の 2 乗に比例するから，$y=ax^2$ と表せる。

これに $x=3$，$y=18$ を代入すると，

$18=a\times3^2$ $a=$ ⑤____ したがって，$y=$ ⑥____ →グラフⒶ

(2) B さんがスタート地点を通過してから x 秒間に進んだ距離を y m とすると，式は，$y=$ ⑦____ →グラフⒷ

Ⓐ，Ⓑ 2 つのグラフの交点を読み取ると，$(2.5,$ ⑧____$)$ したがって，A さんが B さんに追いつくのは，スタートしてから 2.5 秒後で，スタート地点から ⑨____ m の地点である。

ここがポイント
「追いつく」→ 2 人のグラフの交点で表される。
(A さんが進んだ距離) ＝ (B さんが進んだ距離)

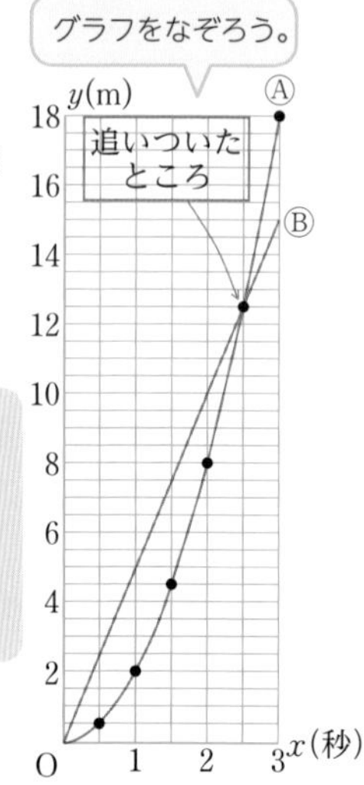

基本問題

解答 p.25

1 関数 $y=ax^2$ の利用 まっすぐな線路と，その線路に平行な道路があり，駅に止まっている電車の後方から，ジョギングをしている人が秒速 2 m の一定の速さで走ってきます。電車が駅を出発したのと同時に，ジョギングをしている人に追いこされました。

電車は駅を出発してから 60 秒後までは，x 秒間に $\frac{1}{4}x^2$ m 進みます。電車が駅を出発してから x 秒間に進む距離を y m とするとき，次の問いに答えなさい。 教 p.121～123

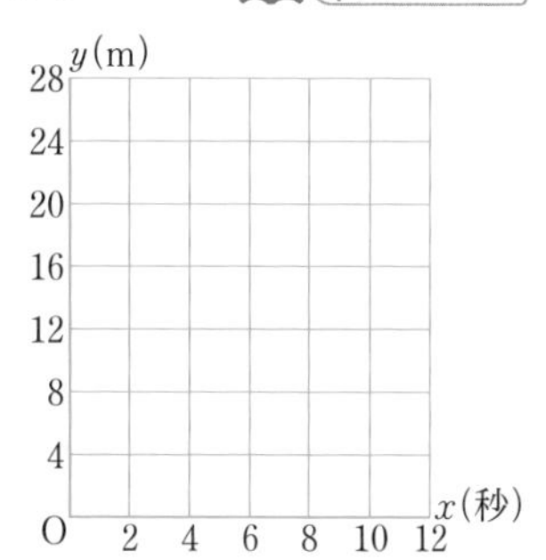

(1) 電車の進み方を示すグラフを，右の図にかき入れなさい。

(2) 電車がジョギングをしている人に追いつくのは，出発してから何秒後ですか。また，それは何 m 進んだ地点ですか。

右の図にジョギングをしている人の進み方を示すグラフをかき入れて，答えを求めなさい。

2 図形の中に現れる関数 右の図㋐のように，直線 ℓ 上に台形 ABCD と長方形 EFGH があり，点 C と点 F が重なっています。長方形を固定し，台形を図㋑のように，直線 ℓ にそって矢印の方向へ点 C が点 G に重なるまで移動します。FC $= x$ cm のときの 2 つの図形が重なる部分の面積を y cm^2 とするとき，次の問いに答えなさい。 教 p.120 問1，問2

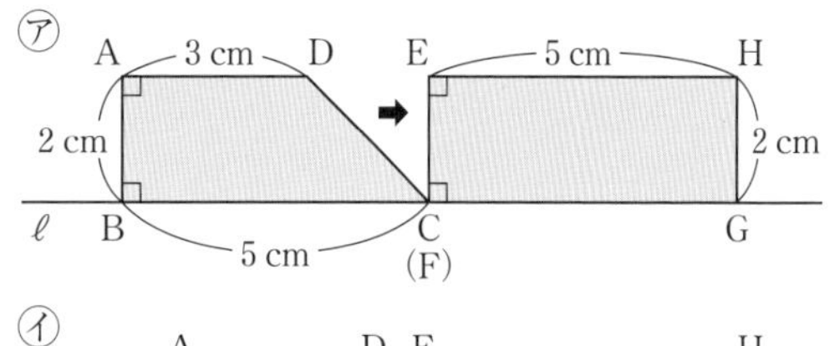

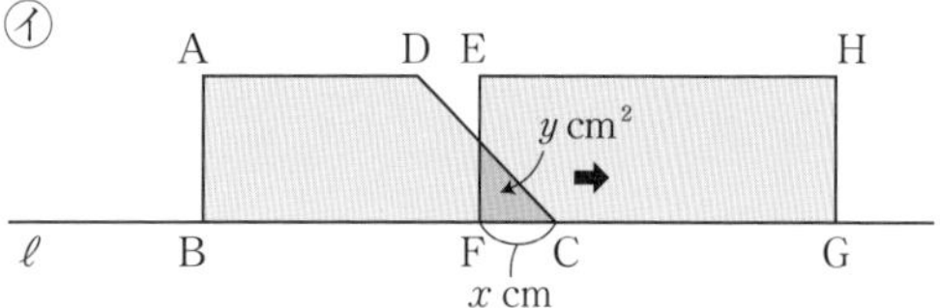

(1) x の変域が次のとき，y を x の式で表しなさい。

① $0 \leqq x \leqq 2$　　　② $2 \leqq x \leqq 5$

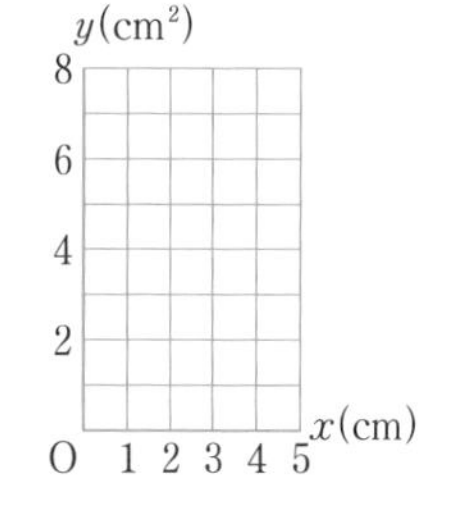

(2) x と y の関係をグラフに表しなさい。

(3) 重なってできる部分の面積が，台形 ABCD の面積の半分になるときの x の値を求めなさい。

3 関数 $y=ax^2$ の利用（風圧） 風速 x m/s の風が吹(ふ)くとき，建物の壁(かべ)にかかる風圧（風が物体にあたえる圧力）を y パスカルとすると，y は x の 2 乗に比例します。次の問いに答えなさい。 教 p.124

(1) 風速 3 m/s のとき，壁にかかる風圧は 4.5 パスカルでした。y を x の式で表しなさい。

(2) 風速が 16 m/s のとき，壁にかかる風圧を求めなさい。

左ページの 例 の答え　① -1　② -1　③ 1　④ -2　⑤ 2　⑥ $2x^2$　⑦ $5x$　⑧ 12.5 $\left(\text{または}\frac{25}{2}\right)$　⑨ 12.5 $\left(\text{または}\frac{25}{2}\right)$

確認のワーク ステージ1　2 いろいろな関数 ❶ 身のまわりの関数

例1 いろいろな関数(回転運動のグラフ)

教 p.126～127

直径 100 m の観覧車が 16 分で 1 回転の一定の速度で回転しています。図のように，午前 11 時に乗降口にあったゴンドラから順に A～P とします。グラフは午前 11 時から x 分後の高さを y m として，$0 \leqq x \leqq 16$ のときの，A の高さを表しています。次の問いに答えなさい。

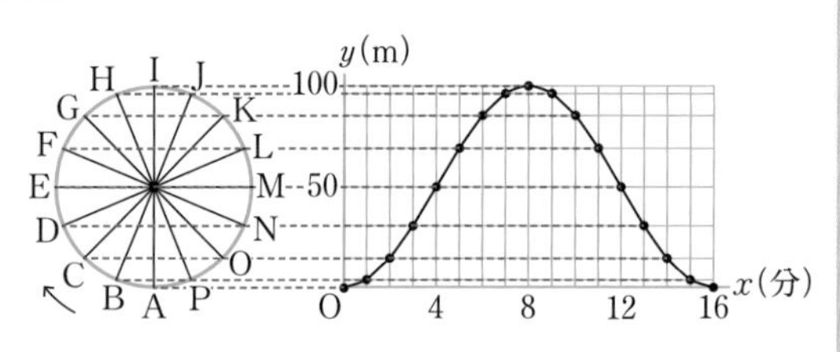

(1) $0 \leqq x \leqq 16$ のときのゴンドラ D の高さをグラフに表しなさい。

(2) 午前 11 時 10 分までの 10 分間に，A と D が同時に同じ高さになる回数を求めなさい。

解き方 (1) 図をもとにグラフをかく。

答 右の図

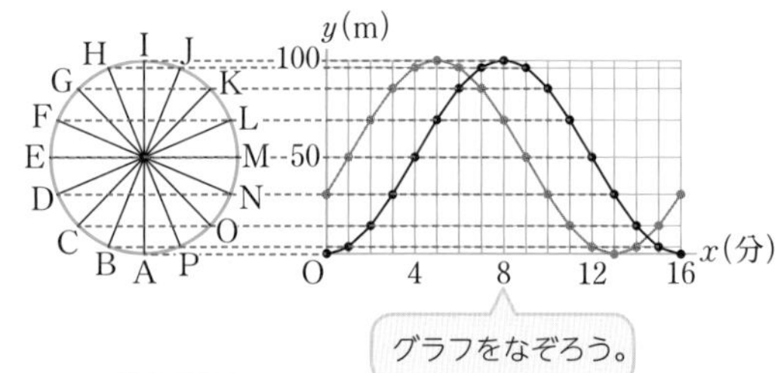

グラフをなぞろう。

(2) 同時に同じ高さにあるということは，グラフの x，y の値がそれぞれ等しいから，A と D のグラフは ① [　　]。

(1)より，$0 \leqq x \leqq 10$ のときの 2 つのグラフの交点は ② [　　] 箇所である。 **答** 1 回

例2 いろいろな関数(階段状のグラフ)

教 p.127 → 基本問題 1

ある運送会社の料金は，荷物の重さが 2 kg までは 700 円，5 kg までは 1000 円，その後 5 kg ごとに 200 円ずつ加算されます。下の表は，荷物の重さが x kg のときの料金を y 円として，x と y の関係をまとめたものです。次の問いに答えなさい。

重さ x(kg)	2 kg まで	5 kg まで	10 kg まで	15 kg まで	20 kg まで
料金 y (円)	700 円	1000 円	1200 円	1400 円	1600 円

$(0 < x \leqq 20)$

(1) x と y の関係をグラフに表しなさい。　(2) 8 kg の荷物の料金を求めなさい。

解き方 (1) 表をもとにグラフをかく。 **答** 右の図

注 端(はし)の点をふくむ場合は •，ふくまない場合は ◦ を使う。

(2) 8 kg は，表の「10 kg まで」に入るから，

料金は ③ [　　] 円である。

または，グラフから $5 < x \leqq 10$ の範囲(はんい)の y の値を読み取ると，$x=8$ のとき，$y=$ ④ [　　] **答** 1200 円

グラフをなぞろう。

y(円) 2000 1000 O 5 10 15 20 x(kg)

いろいろな関数

関数には，y がとびとびの値をとり，グラフが階段状になるものもある。

xの値を1つに決めると，yの値が1つに決まるね。

基本問題

解答 p.26

1 いろいろな関数（階段状のグラフ） ある運送会社の宅配便の料金は，荷物の縦，横，高さの合計によって決まり，長さの合計が 50 cm までは 700 円で，その後 30 cm ごとに 300 円ずつ加算されます。長さの合計を x cm，料金を y 円とするとき，次の問いに答えなさい。

教 p.127 問3, 問4

長さの合計 x(cm)	料金 y(円)
$0 < x \leqq 50$	700
$50 < x \leqq 80$	1000
$80 < x \leqq 110$	1300
$110 < x \leqq 140$	□
⋮	⋮

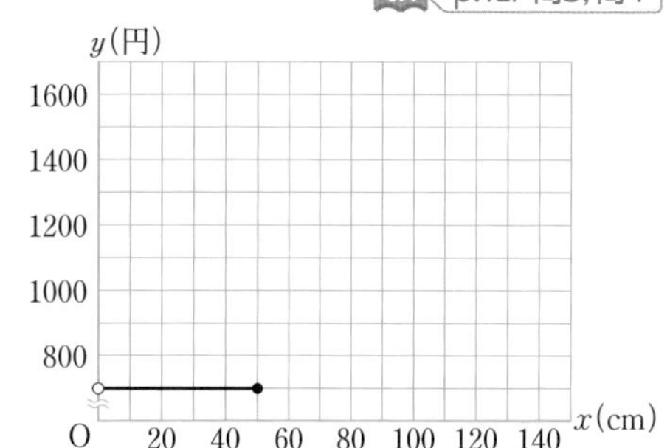

(1) x の変域を $0 < x \leqq 140$ として，x と y の関係をグラフに表しなさい。

(2) 長さの合計が次のときの料金を求めなさい。
① 60 cm　② 110 cm　③ 160 cm

(3) 2500 円で，長さの合計が最大何 cm の荷物を送ることができますか。

ミス注意
階段状のグラフでは，端の点がふくまれるかどうかに気をつける。
●…その点をふくむ。
○…その点をふくまない。

2 いろいろな関数（点状のグラフ） 1 本の縄を半分の長さに切ると 2 本になります。その 2 本をまとめて半分の長さに切ると 4 本になります。このように繰り返して x 回切ったときの縄の本数を y 本とします。次の問いに答えなさい。

教 p.128 トライ

(1) y は x の関数といえるかどうか理由とともに述べなさい。

(2) 右の表を完成させなさい。

x(回)	0	1	2	3	4
y(本)	1				

(3) (2)の表の x と y の値の組を座標とする点を，右の図にかき入れなさい。

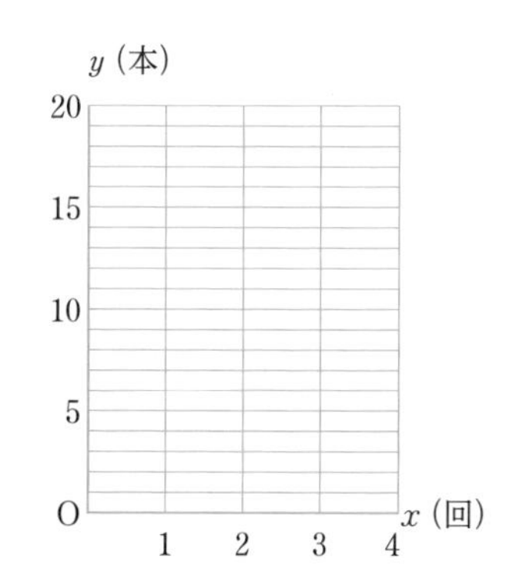

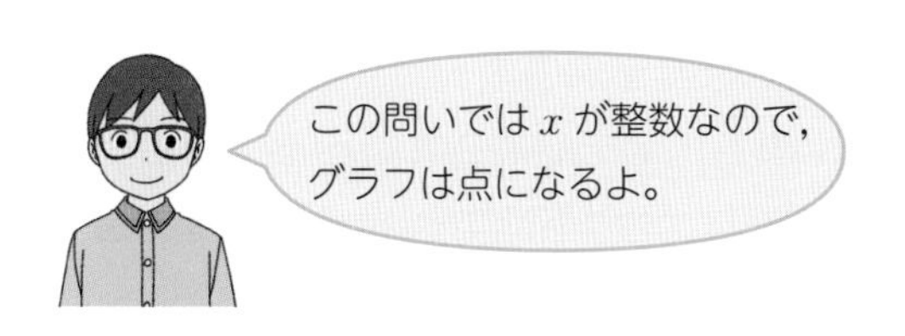

この問いでは x が整数なので，
グラフは点になるよ。

左ページの 例 の答え　①交わる　②1　③1200　④1200

解答 p.27

定着のワーク ステージ2

1 関数 $y=ax^2$　❹ 関数 $y=ax^2$ の利用
2 いろいろな関数　❶ 身のまわりの関数

1 1往復するのに x 秒かかる振(ふ)り子のひもの長さを y m とすると，およそ $y=\frac{1}{4}x^2$ という関係があります。次の問いに答えなさい。

(1) 1往復するのに4秒かかる振り子のひもの長さは約何 m ですか。

(2) 振り子のひもの長さが1 m のとき，1往復するのにかかる時間は約何秒ですか。

2 自転車でブレーキをかけたとき，ブレーキがきき始めてから止まるまでに走った距離(きょり)を制動距離といい，制動距離は自転車の速さの2乗に比例するといわれています。ある自転車が時速10 km で走っているときの制動距離が0.6 m であるとするとき，この自転車が時速20 km で走っているときの制動距離を求めなさい。

3 A さんはある坂の上からボールを転がし，ボールが転がり始めるのと同時に同じ地点から，秒速2 m で坂を下り始めました。また，ボールが転がり始めてから x 秒間に進む距離を y m として，ボールの転がるようすをグラフに表すと，右の図のような放物線になりました。次の問いに答えなさい。

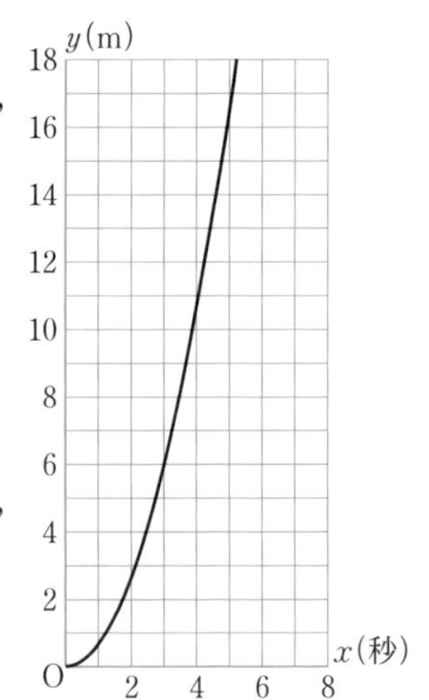

(1) ボールが転がるようすを表す式を求めなさい。

(2) A さんが坂を下り始めてから x 秒間に進む距離を y m として，A さんが坂を下りるようすを表すグラフを，右の図にかき入れなさい。

(3) A さんは坂を下り始めてから何秒後にボールに追いつかれますか。また，それは下り始めてから何 m の地点ですか。

4 ある市のタクシー料金は，2000 m までの料金は710円で，その後300 m ごとに90円ずつ高くなります。このタクシーに3000 m 乗ったときの料金を求めなさい。

2 速さが時速10 km から20 km と2倍になるとき，制動距離は何倍になるかを考える。
または，時速 x km の自転車の制動距離を y m として，$y=ax^2$ とおいて考える。

3 (3) 追いつかれるところは，2つのグラフの交点で表される。

くわしく **5** ある数 x について，x の値の小数第一位を四捨五入した数値を y とします。このとき，次の問いに答えなさい。

(1) x の値が次のときの y の値を求めなさい。

① $x = 0.2$　　② $x = 1.6$　　③ $x = 2.5$

(2) $0 \leqq x \leqq 6$ の数 x について，x と y の関係を右のグラフに表しなさい。

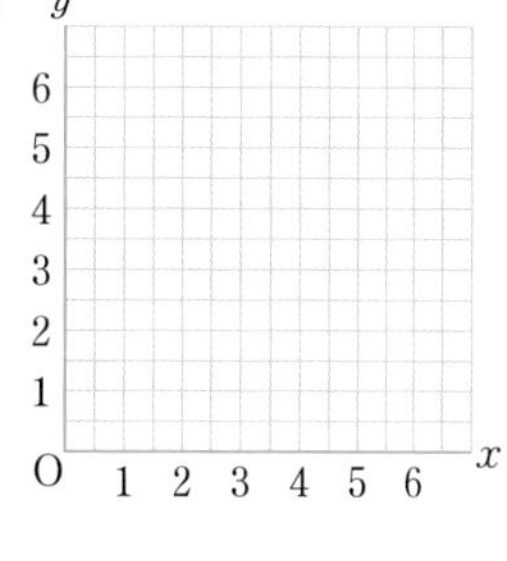

6 右の図のように，直角二等辺三角形 ABC と台形 PQRS が直線 ℓ 上で並んでいます。△ABC は，直線 ℓ にそって矢印の方向に秒速 1 cm で動いていきます。点 C が点 Q の位置にきたときから x 秒後の △ABC と台形 PQRS の重なった部分の面積を y cm² とします。点 C が点 Q から点 R まで動く場合について，次の問いに答えなさい。

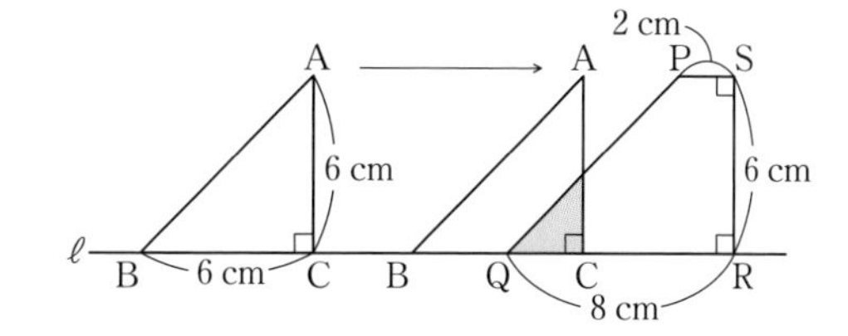

(1) x と y の関係を式に表しなさい。(x の変域も求めなさい。)

(2) (1)の x と y の関係をグラフに表しなさい。

(3) 重なった部分の面積が 10 cm² となるのは，点 C が点 Q の位置にきたときから何秒後ですか。

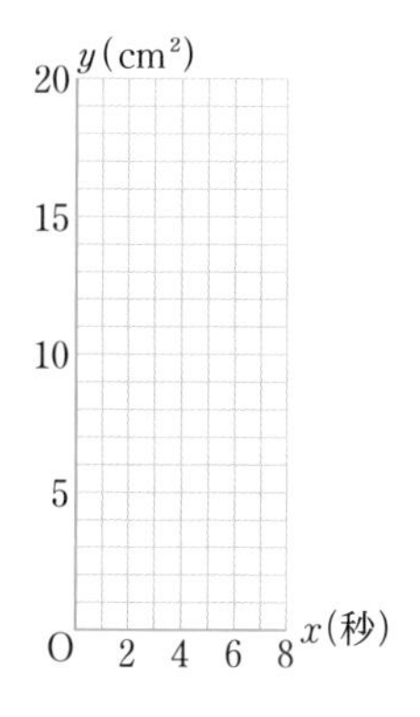

入試問題をやってみよう！

レベルUP **1** 図のように，関数 $y = ax^2$…㋐のグラフと関数 $y = -x + 6$…㋑のグラフとの交点 A，B があり，点 A の x 座標が 3，点 B の座標が $(-6,\ p)$ である。y 軸に平行な直線 ℓ を $x < 0$ の範囲にひき，㋑のグラフ，㋐のグラフ，x 軸との交点をそれぞれ E，F，G とする。このとき，次の問いに答えなさい。〔三重〕

(1) a，p の値を求めなさい。

(2) EF = 2FG となるとき，点 E の x 座標を求めなさい。

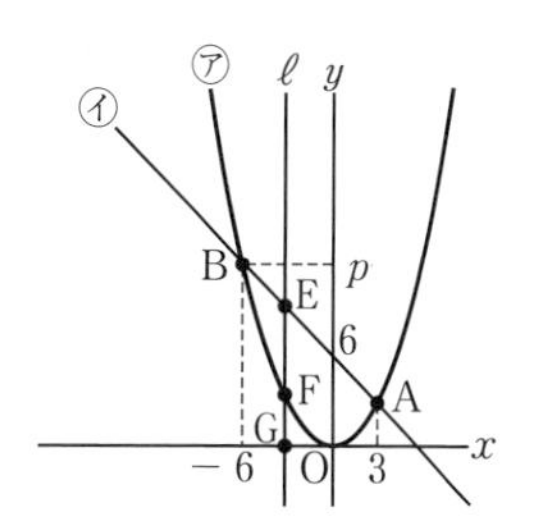

6 (1) x の変域を，$0 \leqq x \leqq 6$ と $6 \leqq x \leqq 8$ に分けて考える。

1 (2) 点 E の x 座標を文字でおき，EF = 2FG の関係を表す式をつくる。

関数 $y=ax^2$

解答 p.28

よく出る 1 次の問いに答えなさい。 5点×3(15点)

(1) 底面の1辺が x cm の正方形で，高さが 6 cm の正四角柱の体積を y cm³ とします。y を x の式で表しなさい。また，x の値が 5 倍になると，y の値は何倍になりますか。

式（　　　　　）　何倍（　　　　　）

(2) y は x の 2 乗に比例し，$x=2$ のとき $y=-16$ です。$x=-3$ のときの y の値を求めなさい。

（　　　　　）

2 関数 $y=\frac{1}{2}x^2$ について，次の問いに答えなさい。 5点×2(10点)

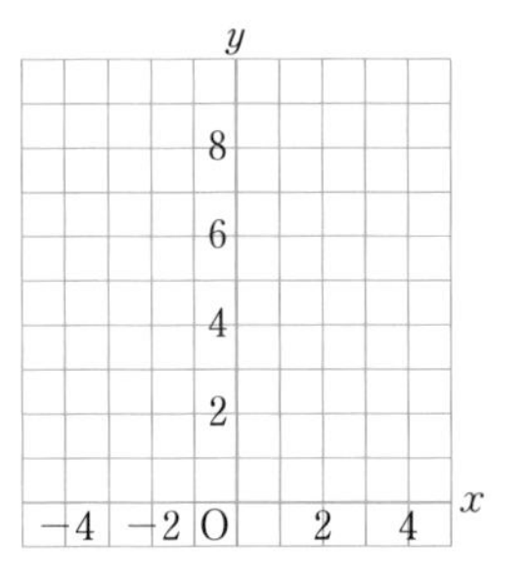

(1) この関数のグラフを右の図にかき入れなさい。

(2) 関数 $y=\frac{1}{2}x^2$ のグラフと，x 軸（じく）について対称（たいしょう）なグラフを表す関数の式を答えなさい。

（　　　　　）

よく出る 3 次の問いに答えなさい。 5点×2(10点)

(1) 関数 $y=-3x^2$ で，x の変域が $-2 \leqq x \leqq 1$ のときの y の変域を求めなさい。

（　　　　　）

(2) 関数 $y=ax^2$ で，x の変域が $-3 \leqq x \leqq 4$ のとき，y の変域が $0 \leqq y \leqq 8$ です。このとき，a の値を求めなさい。

（　　　　　）

よく出る 4 次の問いに答えなさい。 5点×3(15点)

(1) 関数 $y=2x^2$ で，x の値が -6 から -3 まで増加するときの変化の割合を求めなさい。

（　　　　　）

(2) 関数 $y=ax^2$ と関数 $y=-2x+3$ で，x の値が 4 から 6 まで増加するときの変化の割合は等しくなります。このとき，a の値を求めなさい。

（　　　　　）

(3) ボールがある斜面（しゃめん）を転がるとき，転がり始めてから x 秒間に転がる距離（きょり）を y m とすると，$y=x^2$ の関係が成り立つとします。ボールが転がり始めて 1 秒後から 7 秒後までの間の平均の速さを求めなさい。

（　　　　　）

目標 関数 $y=ax^2$ を式やグラフで表し，グラフの特徴（とくちょう）を理解し，変域や変化の割合が求められるようになろう。

自分の得点まで色をぬろう！

がんばろう！ もう一歩 合格！

0 60 80 100点

5 次のグラフは，ある運送会社の料金を表したものの一部で，箱の縦，横，高さの合計を x cm，そのときの料金を y 円としています。x の値が次の(1)，(2)のときの y の値を答えなさい。 5点×2（10点）

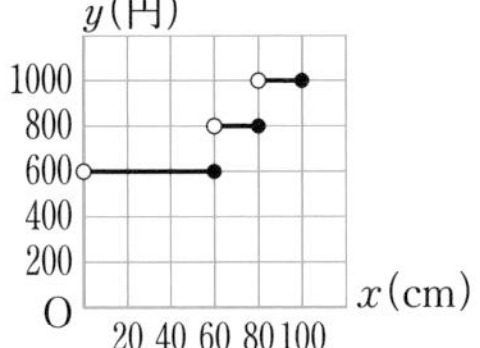

(1) $x=50$ （　　　）

(2) $x=80$ （　　　）

6 AB＝4 cm，BC＝12 cm の長方形 ABCD があります。点 P は辺 AB 上を秒速 1 cm で A から B まで動き，点 Q は辺 AD，DC 上を秒速 4 cm で A から D を通って C まで動きます。点 P，Q が同時に A を出発してから x 秒後の△APQ の面積を y cm^2 とするとき，次の問いに答えなさい。 6点×3（18点）

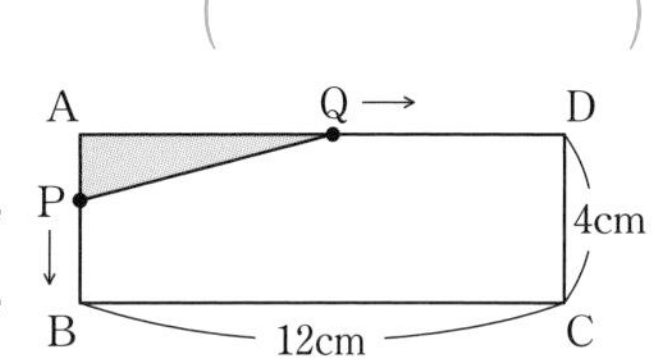

(1) $0 \leqq x \leqq 3$ のとき，y を x の式で表しなさい。 （　　　）

(2) $3 \leqq x \leqq 4$ のとき，y を x の式で表しなさい。 （　　　）

(3) △APQ の面積が 12 cm^2 になるのは，点 P が A を出発してから何秒後ですか。 （　　　）

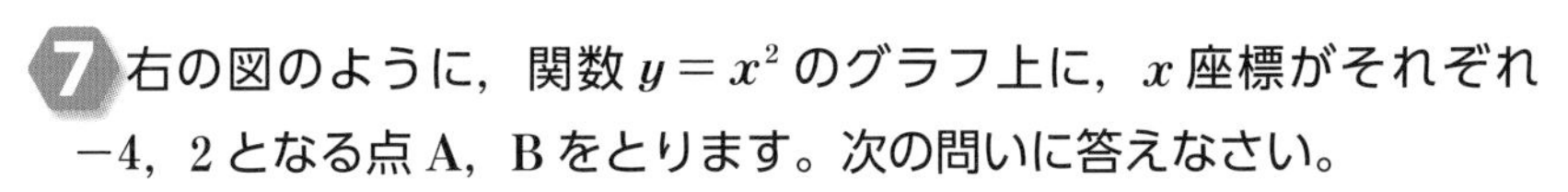

7 右の図のように，関数 $y=x^2$ のグラフ上に，x 座標がそれぞれ -4，2 となる点 A，B をとります。次の問いに答えなさい。 5点×2（10点）

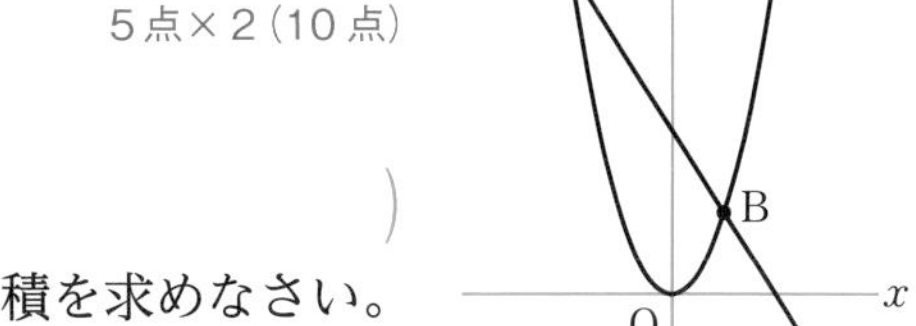

y　$y=x^2$　A　B　O　x

(1) 直線 AB の式を求めなさい。 （　　　）

(2) 座標軸の 1 目盛りを 1 cm として，△AOB の面積を求めなさい。 （　　　）

8 右の図で，放物線は関数 $y=ax^2$ のグラフです。放物線上に 2 点 A，B があり，点 A の座標は $(-4,\ 12)$ で，点 B の x 座標は正です。点 B を通り x 軸に平行な直線と放物線との交点のうち，点 B と異なる点を P とします。点 P，B を通り x 軸に垂直な直線と x 軸との交点をそれぞれ Q，R とするとき，次の問いに答えなさい。 6点×2（12点）

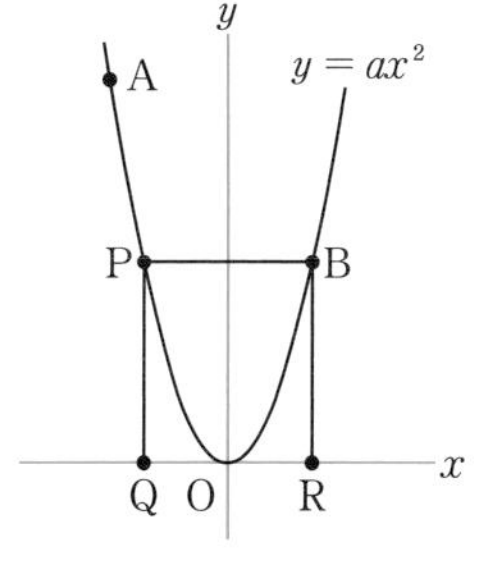

(1) a の値を求めなさい。 （　　　）

(2) 四角形 BPQR が正方形になるときの点 B の座標を求めなさい。 （　　　）

アプリ【どこでもワーク計算編・図形編】をやって，さらに力をつけよう！

4章

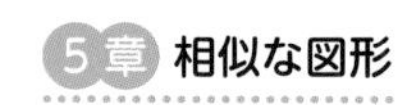

確認のワーク ステージ1

1 相似な図形
❶ 相似な図形

例1 拡大・縮小と相似

教 p.140〜141 → 基本問題 1

右の図で，四角形 **A′B′C′D′** は適当な点 **O** を決め，**OA′＝2OA** となるように点 **A′** をとり，同じように各点をとってかきました。次の問いに答えなさい。

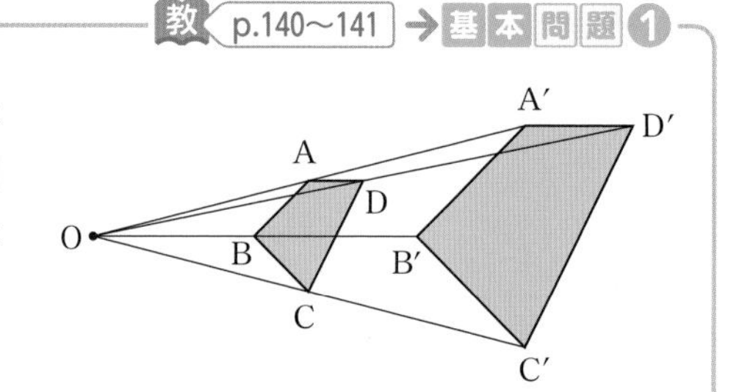

(1) 四角形 ABCD と四角形 A′B′C′D′ のように拡大図，縮図になっている 2 つの図形の関係を記号を使って表しなさい。

(2) ∠C に対応する角はどの角ですか。

解き方 (1) 四角形 ABCD と四角形 A′B′C′D′ は ① ＿＿ である。これを記号を使って表すと，

四角形 ABCD ② ＿＿ 四角形 A′B′C′D′

注 相似の記号 ∽ を使うときは，対応する点が同じ順序になるように表す。

(2) ∠C に対応する角は，∠ ③ ＿＿

たいせつ

相似…拡大図や縮図の関係になっている 2 つの図形は**相似**(そうじ)であるという。

△ABC と △A′B′C′ が相似であることを，記号 ∽ を使って，

△ABC ∽ △A′B′C′ と表す。

例2 相似の位置・相似の中心

教 p.140〜141 → 基本問題 2 3

右の図で，点 O を相似の中心として，△ABC を 3 倍に拡大した △A′B′C′ を完成させなさい。

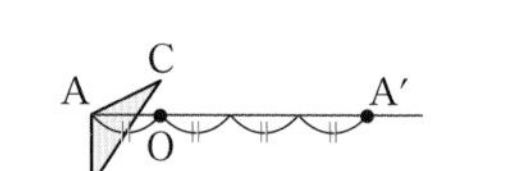

考え方 △ABC の 3 倍の拡大図をかくので，OA′＝3OA，OB′＝3OB，OC′＝3OC となるように 3 点 A′，B′，C′ をとる。(点 A′ は与えられている。)

解き方 次の手順で △A′B′C′ を完成させる。

① 直線 OB を引き，OB′＝3OB となる点 B′ をとる。

② ①と同様にして，OC′＝3 ④ ＿＿ となる点 C′ をとる。

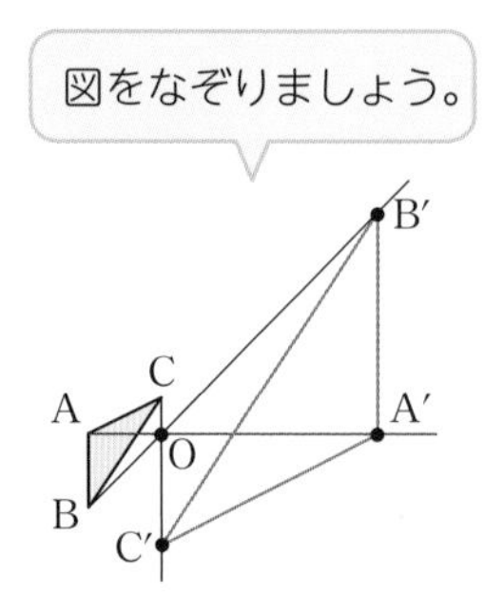

たいせつ

相似の位置…2 つの図形の対応する点を通る直線がすべて 1 点 O を通り，点 O から対応する点までの距離(きょり)の比がすべて等しいとき，この 2 つの図形は**相似の位置**にあるといい，点 O を**相似の中心**という。

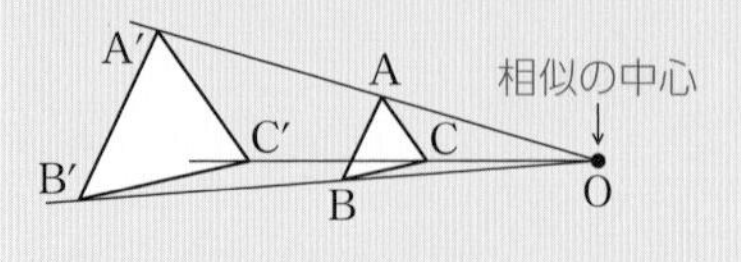

上の図で，△A′B′C′ ∽ △ABC

基本問題

解答 p.30

1 拡大・縮小と相似　右の四角形 ABCD を $\frac{1}{3}$ に縮小した四角形 EFGH をかくとき，次の問いに答えなさい。 教 p.141 問1

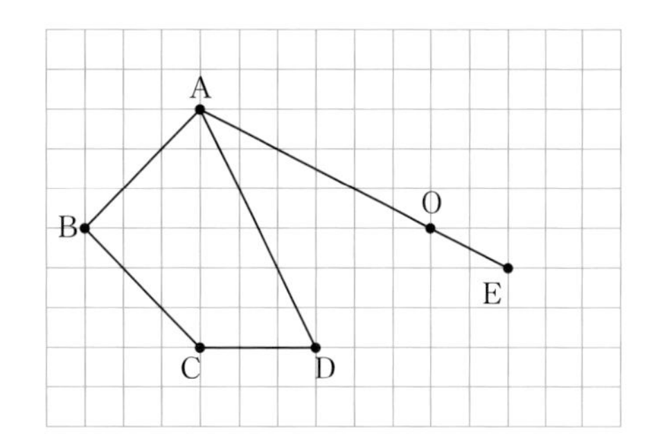

(1)　右の図に，点 O を使って四角形 EFGH をかきなさい。

(2)　2 つの四角形の関係を記号を使って表しなさい。

(3)　辺 CD に対応する辺は，どの辺ですか。

たいせつ

△ABC ∽ △A′B′C′ のとき
点 A と点 A′ などを**対応する点**，
辺 AB と辺 A′B′ などを**対応する辺**，
∠A と ∠A′ などを**対応する角**という。

2 相似の位置・相似の中心　右の図で，OA＝AD，OB＝BE，OC＝CF です。
次の □ にあてはまるものを答えなさい。 
教 p.140〜141

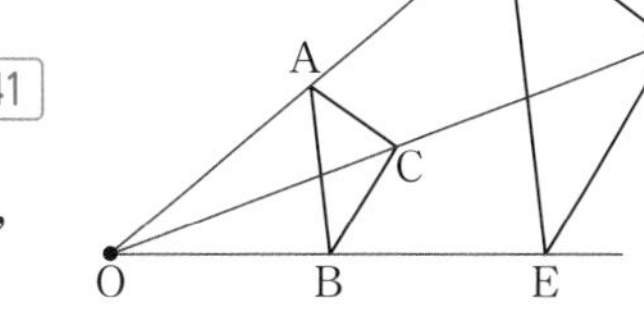

(1)　△ABC と △DEF は，点 O を ① □ として，相似の ② □ にある。

(2)　△DEF は △ABC の ③ □ 倍の ④ □ である。

(3)　2 つの三角形の関係を記号を使って表すと，⑤ □ である。

3 相似の位置・相似の中心　右の図で，点 O を相似の中心として，四角形 ABCD を 2 倍に拡大した四角形 EFGH をかきなさい。
　また，点 O′ を相似の中心として，四角形 ABCD を $\frac{1}{2}$ に縮小した四角形 IJKL をかきなさい。 教 p.141 問1，問2

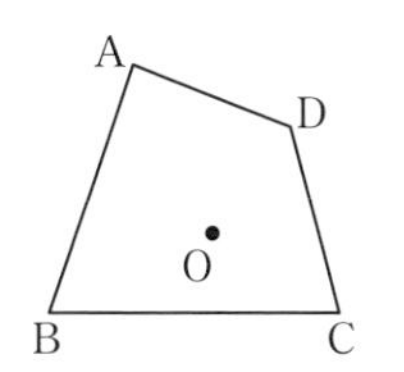

O′

左ページの例の答え　①相似　②∽　③C′　④OC

確認のワーク ステージ1　1 相似な図形　❷ 相似な図形の性質

例1 相似な図形の性質

教 p.142～144 → 基本問題 1 2 3 4

△ABC を 2 倍に拡大した △A′B′C′ をかきます。右の図のように点 A′ をとりました。次の問いに答えなさい。

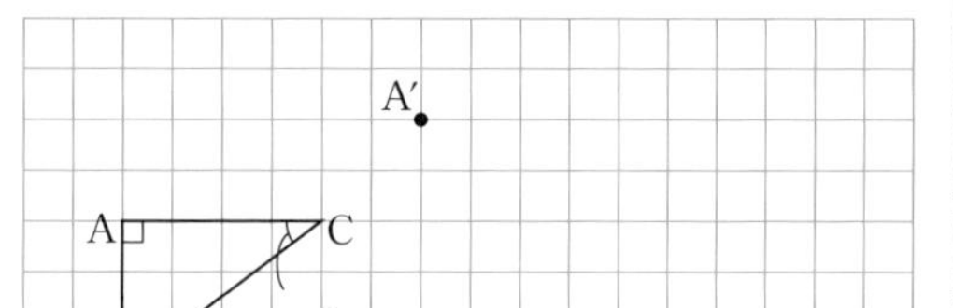
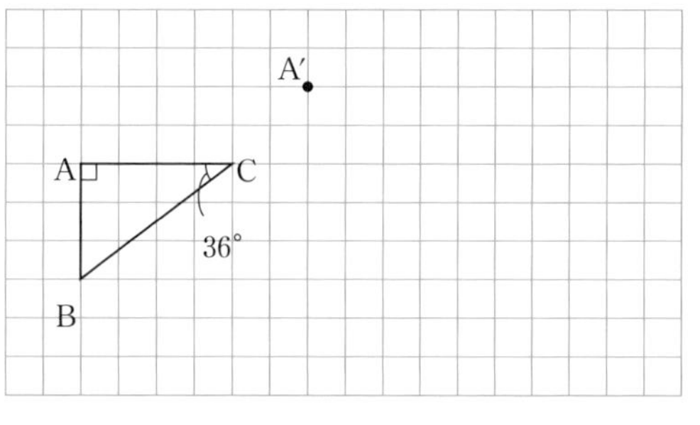

(1)　右の図に，△A′B′C′ をかきなさい。

(2)　辺 CA に対応する辺はどの辺ですか。

(3)　(2)の辺の長さは辺 CA の長さの何倍になっていますか。

(4)　△ABC と △A′B′C′ の相似比を求めなさい。

(5)　∠B′ の大きさを求めなさい。

解き方 (1)　右の図

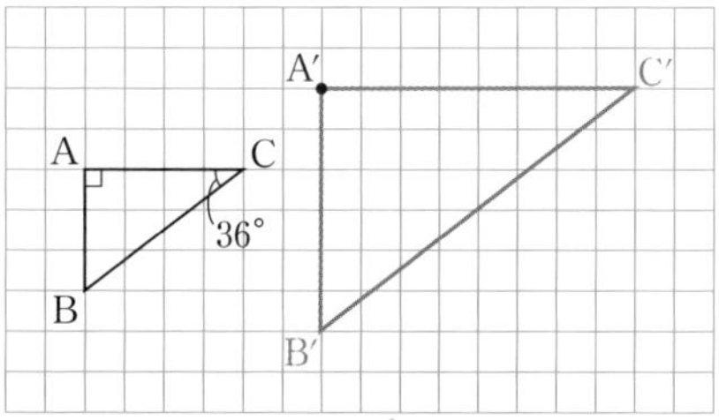

(2)　辺 CA に対応する辺は，辺 ①［　　］

(3)　図のマス目の数を調べると，

CA = ②［　　］，C′A′ = ③［　　］だから，④［　　］倍

(4)　対応する辺の長さの比を調べると，

AB : A′B′ = BC : B′C′ = CA : C′A′ = 1 : ⑤［　　］

よって，相似比は 1 : ⑥［　　］

(5)　△ABC と △A′B′C′ では，対応する角の大きさはそれぞれ等しいから，∠B′ = ∠ ⑦［　　］

よって，△ABC の内角の和より，

∠B′ = ∠B = 180° −(90° + ⑧［　　］°) = ⑨［　　］°

なぞろう。

たいせつ

相似な図形の性質…相似な図形では，
①対応する線分の長さの比はすべて等しい。
②対応する角の大きさはそれぞれ等しい。
相似比…相似な図形で，対応する線分の長さの比を，相似比という。

例2 相似な図形の性質の利用

教 p.145 → 基本問題 3 5

右の図で，△ABC ∽ △DEF であるとき，辺 DF の長さを求めなさい。

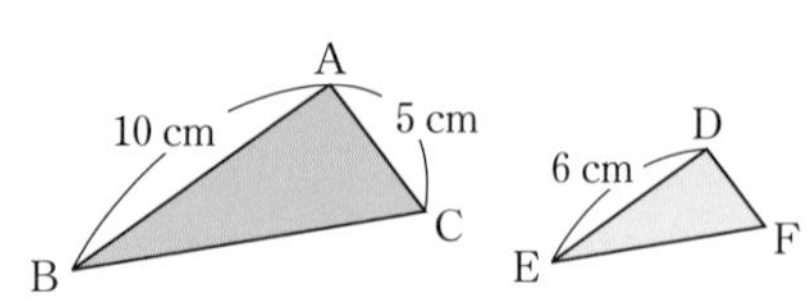

考え方 相似な図形の対応する線分の長さの比は等しいことから，比例式をつくる。

解き方 DF = x cm とすると，AC : DF = AB : DE より，

5 : x = 10 : 6

10x = ⑩［　　］　（$a:b=c:d$ ならば，$ad=bc$）

x = ⑪［　　］　したがって，DF = ⑫［　　］cm

別解　それぞれの図形を構成する辺の長さの比は等しいから，
AB : AC = DE : DF
10 : 5 = 6 : x より，x = 3

基本問題

解答 p.31

1 相似な図形の性質 次の図で，四角形①と四角形②は相似です。このとき，次の問いに答えなさい。 教 p.143 問3

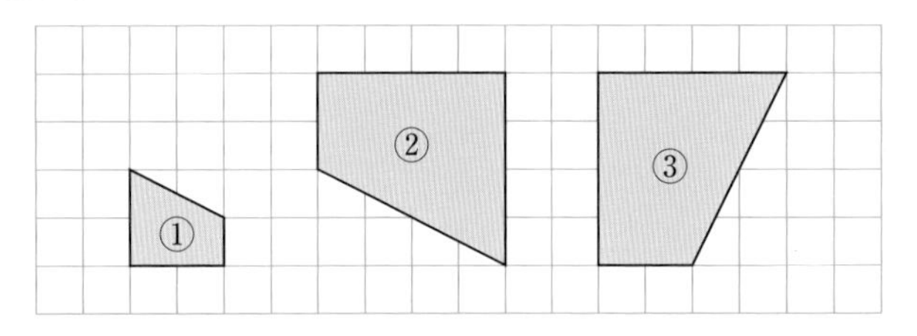

(1) 四角形②と四角形③の関係を記号を使って表しなさい。

(2) 四角形①と四角形③の関係を記号を使って表しなさい。

2 相似な図形の性質 次の各組の図形は，つねに相似であるといえますか。 教 p.143 問4

(1) 2つの二等辺三角形　　(2) 2つの正方形

(3) 2つの六角形　　(4) 2つの円

3 相似な図形の性質 右の図で，四角形 ABCD ∽ 四角形 EHGF であるとき，次の問いに答えなさい。 教 p.142〜144, p.145 問8

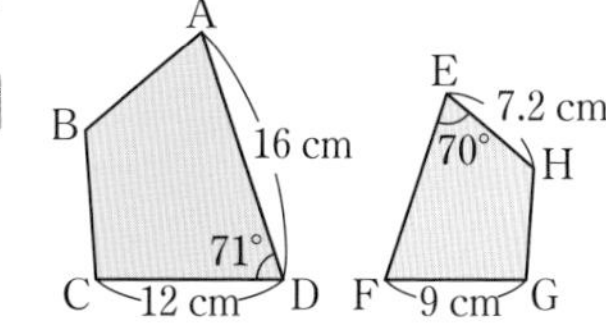

(1) ∠F の大きさを求めなさい。

(2) 四角形 ABCD と四角形 EHGF の相似比を求めなさい。

(3) 辺 AB，EF の長さを求めなさい。

4 相似比 右の図で，△ABC ∽ △DEF であるとき，△ABC と △DEF の相似比を求めなさい。 教 p.144 問5

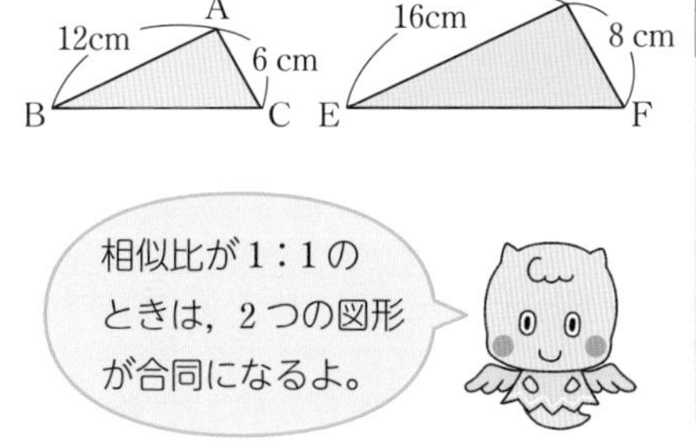

覚えておこう

相似な図形では，それぞれの図形を構成する辺の長さの比も等しい。

(例) 左の図で，となり合う辺の長さの比は，

$12:6=16:8(=2:1)$

5 相似な図形の性質の利用 次の図で，△ABC ∽ △DEF であるとき，x の値を求めなさい。 教 p.145 問7

(1)

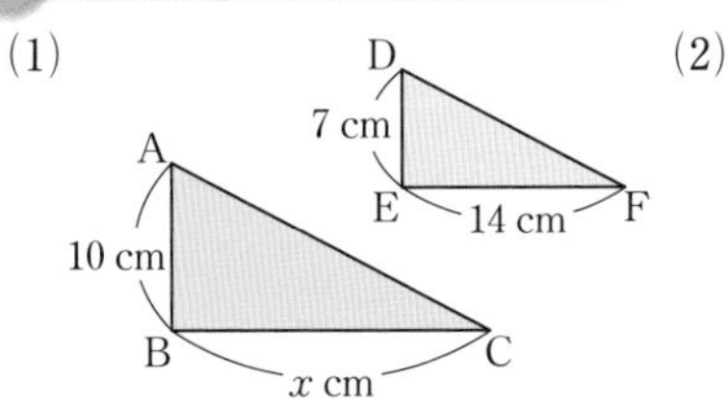

(2)

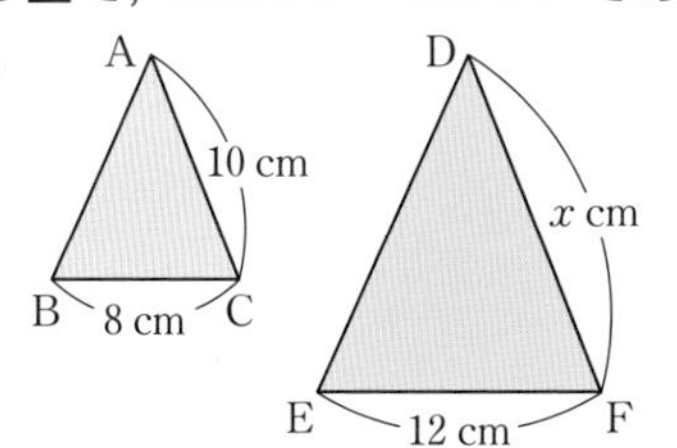

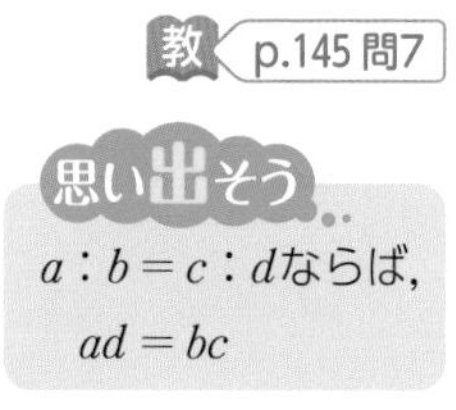

思い出そう
a：b＝c：dならば，
ad＝bc

左ページの例の答え　①C′A′　②4　③8　④2　⑤2　⑥2　⑦B　⑧36　⑨54　⑩30　⑪3　⑫3

5章

確認のワーク ステージ1　1 相似な図形　❸ 三角形の相似条件

例1 三角形の相似条件

教 p.146～148 → 基本問題 1 2

右の図で，相似な三角形を記号 ∽ を使って表しなさい。また，そのときの相似条件をいいなさい。

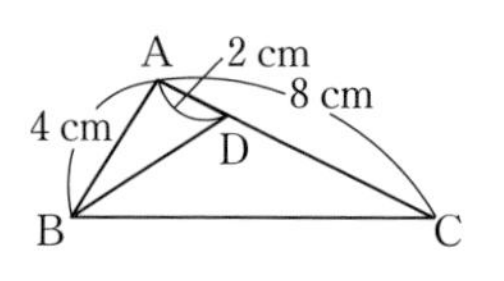

考え方 2 組の辺の長さが与えられている △ABD と △ACB に着目して，相似条件を考える。

解き方 右の図で，△ABD と △ACB は，

AB：AC＝4：8＝1：2

AD：AB＝2：4＝ ①[　　]：②[　　]

よって，AB：AC＝AD：③[　　]

また，∠A は共通

したがって，④[　　　　　　] がそれぞれ等しいから，△ABD∽ ⑤[　　　　]　←注 対応する点の順に書く。

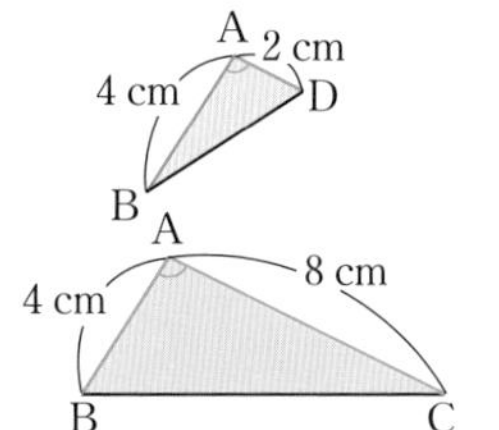

三角形の相似条件

① 3 組の辺の比がすべて等しい。

② 2 組の辺の比とその間の角がそれぞれ等しい。

③ 2 組の角がそれぞれ等しい。

例2 三角形の相似条件を使った図形の証明

教 p.148～150 → 基本問題 3 4

右の図で，2 つの線分 AB と CD は点 O で交わっています。∠ODA＝∠OBC のとき，次の問いに答えなさい。

(1) △AOD∽△COB であることを証明しなさい。

(2) AD＝4 cm，AO＝5 cm，CO＝12 cm であるとき，辺 CB の長さを求めなさい。

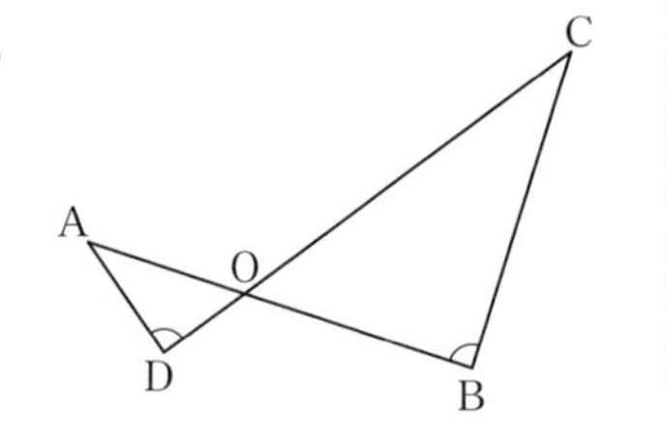

考え方 (1) 角の大きさの条件があるので，2 組の角が等しくならないか，調べる。

解き方 (1) **証明** △AOD と △COB において，

仮定から，　　　　∠ODA＝ ⑥[　　　　]　①

対頂角は等しいから，∠AOD＝ ⑦[　　　　]　②

①，②より，⑧[　　　　　] がそれぞれ等しいから，

△AOD∽△COB

(2) △AOD∽△COB より，

AD：CB＝AO：CO　（相似な図形では，対応する線分の長さの比はすべて等しい。）

CB＝x cm とすると，4：x＝ ⑨[　　]：⑩[　　]　←$a:b=c:d$ ならば，$ad=bc$

$5x=48$　　$x=$ ⑪[　　　]　　**答** 9.6 cm

たいせつ

三角形の相似条件や相似な図形の性質も，証明の根拠（こんきょ）として使うことができる。

相似の証明は，合同の証明と同じようにすればいいね。

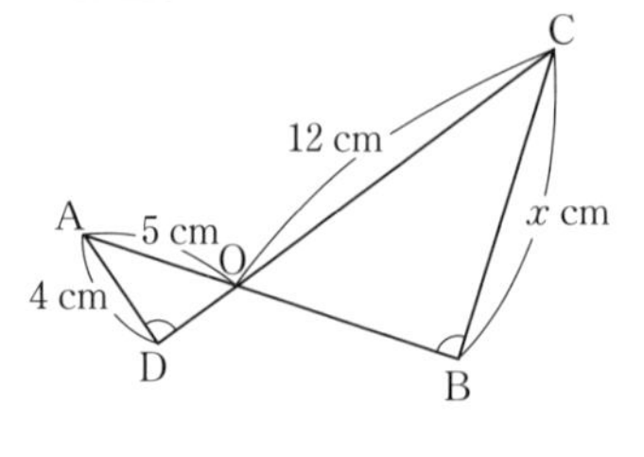

基本問題

解答 p.31

1 三角形の相似条件 次の図で，相似な三角形はどれとどれですか。すべて選び，記号で答えなさい。また，そのときの相似条件をいいなさい。

教 p.147 問3

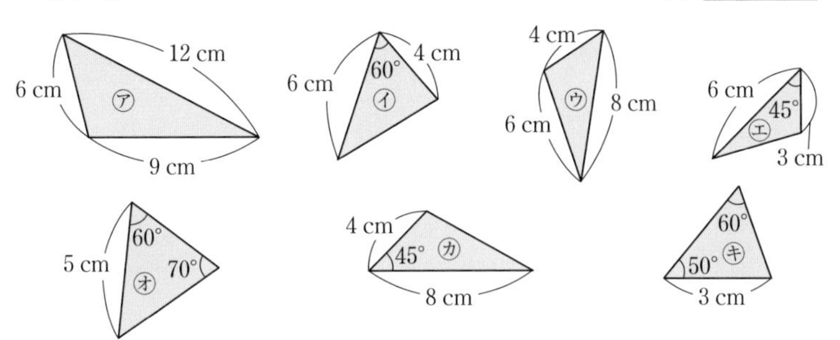

2 三角形の相似条件 次の図で，相似な三角形を記号 ∽ を使って表しなさい。また，そのときの相似条件をいいなさい。

教 p.148 問4

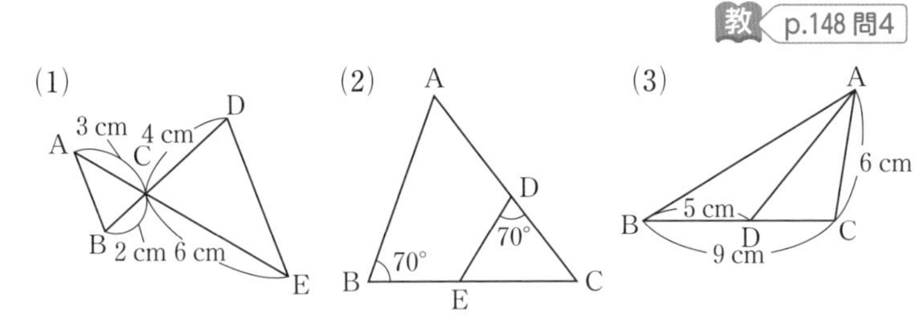

3 三角形の相似条件を使った図形の証明 右の図の △ABC で，頂点 B，C から辺 AC，AB にそれぞれ垂線 BD，CE を引くとき，△ABD ∽ △ACE であることを証明しなさい。

教 p.149 問6

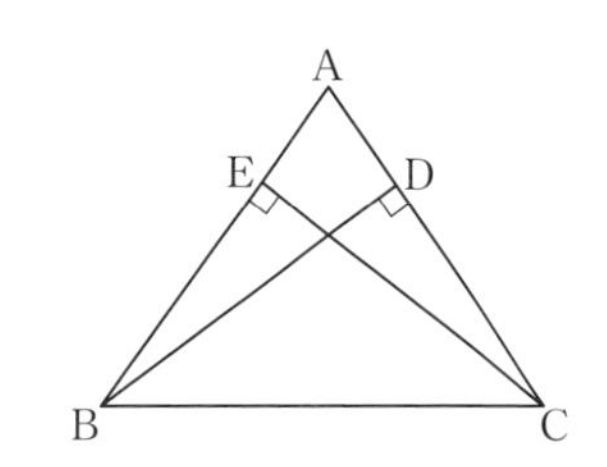

4 三角形の相似条件を使った図形の証明 右の図のように，**△ABC の辺 BC 上に点 D をとるとき，次の問いに答えなさい。**

教 p.149 問7, 問8

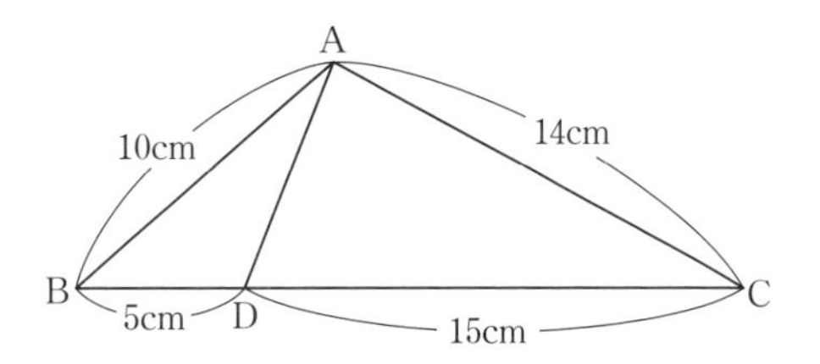

(1) △ABC ∽ △DBA であることを証明しなさい。

(2) 辺 AD の長さを求めなさい。

たいせつ

三角形の相似条件

❶ 3 組の辺の比がすべて等しい。

$a : a' = b : b' = c : c'$

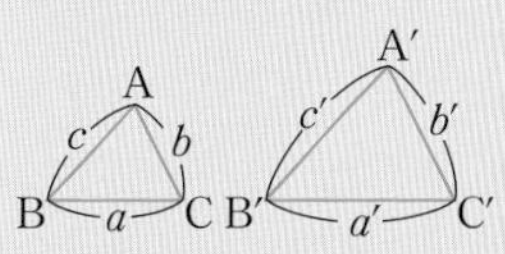

❷ 2 組の辺の比とその間の角がそれぞれ等しい。

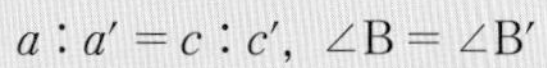

$a : a' = c : c'$, $\angle B = \angle B'$

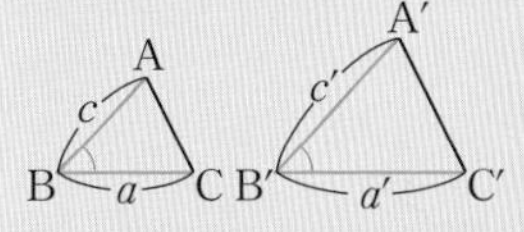

❸ 2 組の角がそれぞれ等しい。

$\angle B = \angle B'$, $\angle C = \angle C'$

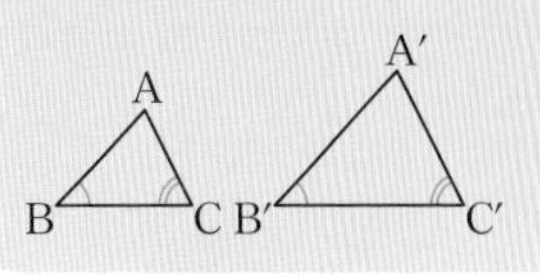

記号 ∽ を使うときは，対応する点を間違えないように注意しよう。

左ページの例の答え ① 1　② 2　③ AB　④ 2 組の辺の比とその間の角　⑤ △ACB　⑥ ∠OBC　⑦ ∠COB　⑧ 2 組の角　⑨ 5　⑩ 12　⑪ 9.6 $\left(\frac{48}{5}\right)$

確認のワーク ステージ1
1 相似な図形
❹ 相似の利用

例1 相似の利用①

教 p.151 → 基本問題 1

ある時刻に影(かげ)の長さを測定したところ，電柱の影の長さは 7.5 m，高さ 0.8 m のガードレールの影の長さは 0.5 m でした。この電柱の高さを求めなさい。

解き方 電柱と影を 2 辺とする三角形を △ABC，ガードレールのほうを △DEF とする。△ABC と △DEF において，

∠B＝∠E＝90°，∠C＝∠F

太陽の光は平行と考えられるので
∠C と ∠F は平行線の同位角

① [　　] がそれぞれ等しいから，△ABC∽△DEF

電柱の高さを x m とすると，$x：0.8＝7.5：0.5$

$0.5x＝6$　　$x＝$ ② [　　]

答 12 m

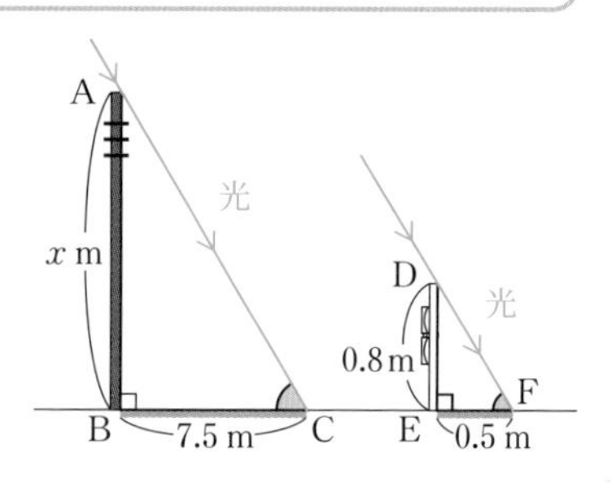

例2 相似の利用②

教 p.152 → 基本問題 2 3

川をはさむ 2 地点 A，B 間の距離を求めるために，A 地点から 19 m 離(はな)れた P 地点を決め，∠BAP と ∠BPA の大きさを測ったところ，∠BAP＝90°，∠BPA＝30° でした。

A，B 間の距離を求めなさい。

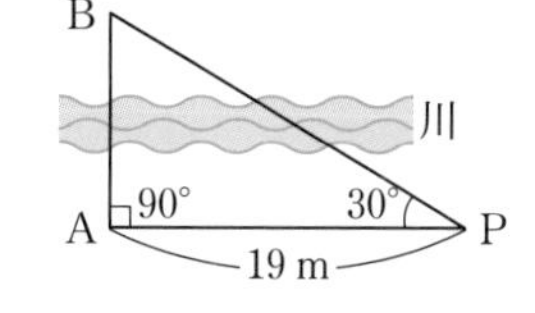

考え方 縮尺を決めて縮図をかく。縮図上の長さを測り，実際の長さを縮尺から求める。

解き方 縮尺を $\frac{1}{500}$ として，△APB の縮図 △A′P′B′ をかくと，A′P′＝1900÷500＝ ③ [　　] (cm)

（19 m＝1900 cm）

△A′P′B′ は右の図のようになる。縮図上で辺 A′B′ の長さを測ると，約 2.2 cm　したがって，実際の A，B 間の距離は，

2.2×500＝ ④ [　　] (cm) ⟶ **答** 約 ⑤ [　　] m

（実際の長さ）＝（縮図上の長さ）×（縮尺の逆数）　単位を m に直す

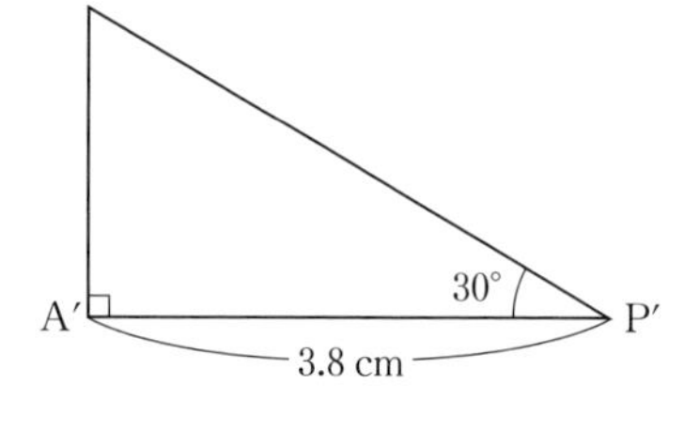

例3 誤差

教 p.153〜154 → 基本問題 4

製品の重さを計測していたところ，四捨五入によって，10.5 kg という近似値(きんじち)を得ました。真の値を a kg として，a の範囲(はんい)を不等号を使って表しなさい。

また，誤差(ごさ)の絶対値は何 kg 以下となりますか。

解き方 測定結果の 10.5 kg は小数第二位を四捨五入して得られた近似値と考えられるから， ⑥ [　　] $\leqq a <$ ⑦ [　　]

このとき，10.5− ⑥ [　　] ＝ ⑧ [　　]

より，誤差の絶対値は， ⑧ [　　] kg 以下となる。

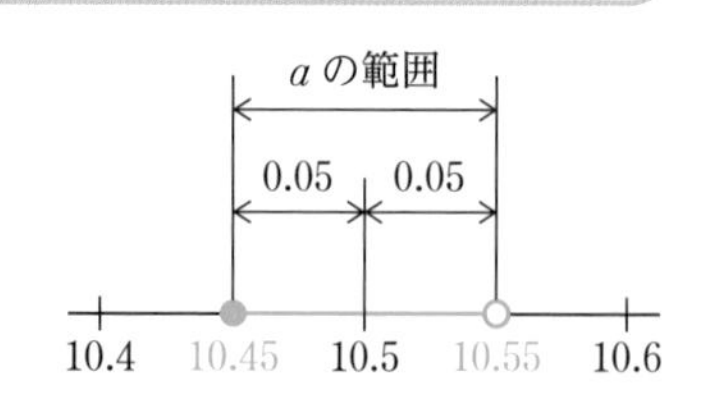

基本問題

解答 p.32

1 相似の利用① ある時刻に影の長さを測定したところ，高さ1 m の棒 AB の影 CB の長さは 0.8 m，木 DE の影 FE の長さは 4 m でした。この木の高さを求めなさい。 教 p.151 問1

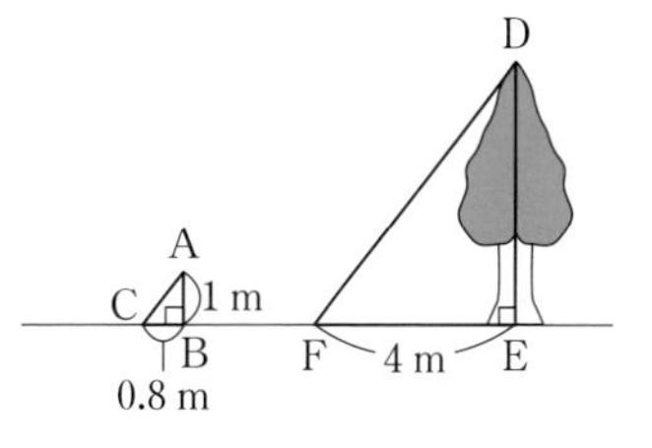

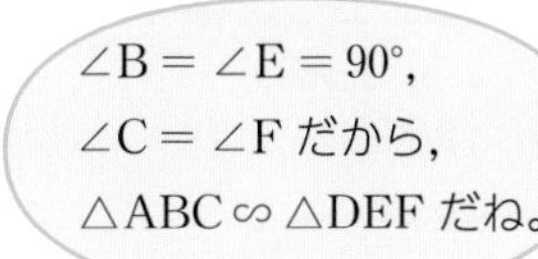

2 相似の利用② 池をはさむ 2 地点 A，B 間の距離を求めるために，2 地点を見渡(みわた)せる C 地点を決め，CA，CB の距離と ∠C の大きさを測ったところ，右の図のようになりました。$\frac{1}{400}$ の縮図をかいて，A，B 間の距離を求めなさい。

教 p.152 例2

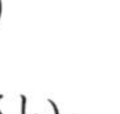

▶縮図をかこう。

3 相似の利用② 木から 25 m 離れた地点 P から木の先端(せんたん) A を見上げたところ，水平方向に対して 30° 上に見えました。目の高さを 1.5 m として縮図をかき，木の高さを求めなさい。 教 p.152 問2

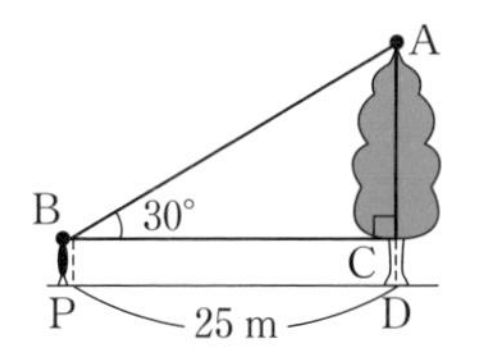

▶縮図をかこう。

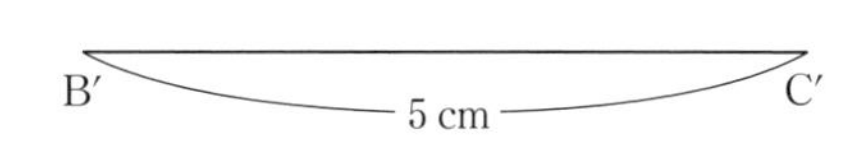

4 誤差と有効数字 $\frac{5}{7}$ について，次の問いに答えなさい。 教 p.154 問6, 7

(1) この数の近似値を小数第四位を四捨五入して，有効数字(ゆうこうすうじ)がはっきりわかる形で表しなさい。

(2) この数の真の値と近似値との誤差の絶対値は，いくつ以下となりますか。

たいせつ

(誤差)＝(近似値)−(真の値)

有効数字の表し方

(整数部分が 1 桁(けた)の小数)×(10 の累乗(るいじょう))

(整数部分が 1 桁の小数)×$\frac{1}{10の累乗}$

左ページの例の答え　①2 組の角　②12　③3.8　④1100　⑤11　⑥10.45　⑦10.55　⑧0.05

定着のワーク ステージ2　1　相似な図形

解答 p.32

よく出る **1** 次の図で，相似な三角形を記号 ∽ を使って表しなさい。また，そのときの相似条件をいいなさい。

(1)

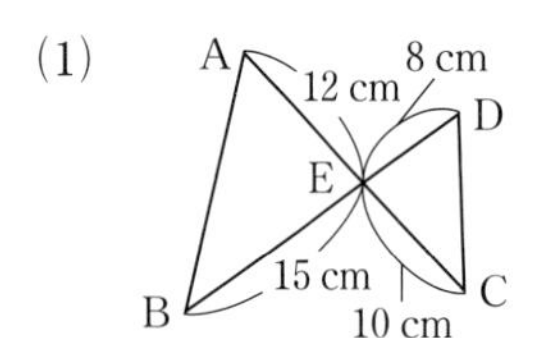

(2) AB // CD

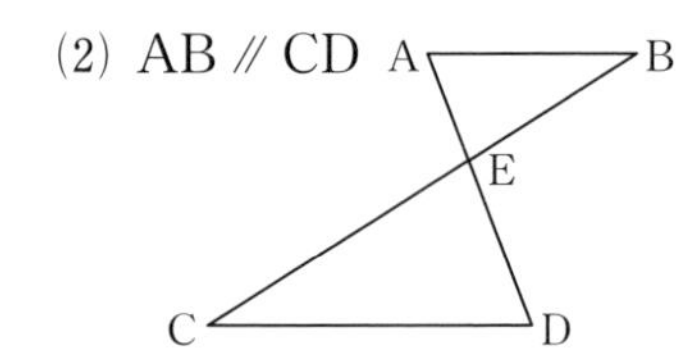

(3)

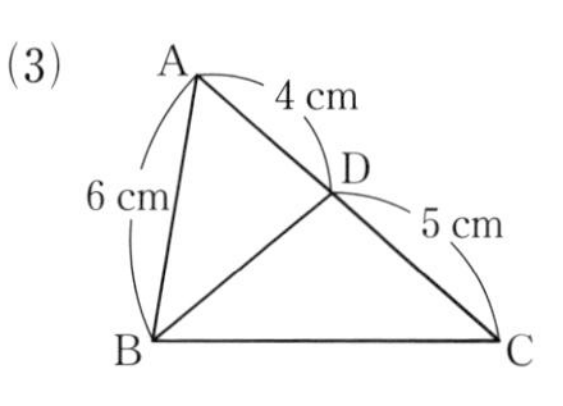

よく出る **2** 右の図のように，∠B＝90° の直角三角形 ABC で，頂点 B から辺 AC に垂線 BD を引くとき，次の問いに答えなさい。

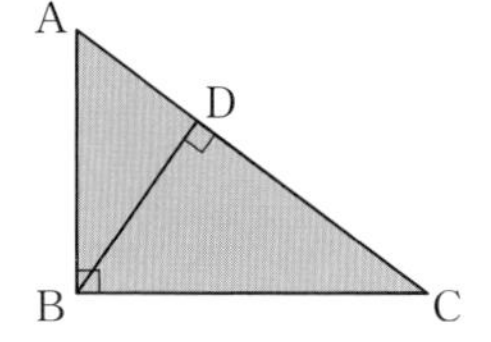

(1) △ABC∽△ADB であることを証明しなさい。

(2) AB＝3 cm，BC＝4 cm，CA＝5 cm のとき，線分 BD の長さを求めなさい。

3 ある生徒の身長を測定したところ 160.3 cm でした。この測定値を有効数字がはっきりわかる形で表しなさい。また，誤差の絶対値は何 cm 以下と考えられますか。

4 右の図について，次の問いに答えなさい。

(1) △ABC∽△AED であることを証明しなさい。

(2) 辺 DE の長さを求めなさい。

A
21 cm
12 cm
14 cm
18 cm
D
E
B
C
24 cm

5 次の図で，x の値を求めなさい。

(1)

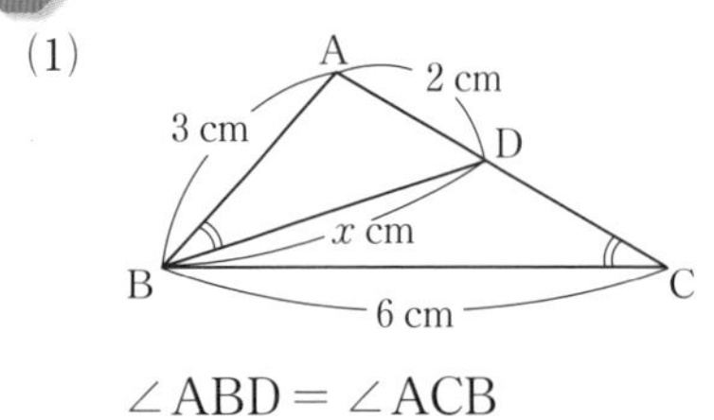

∠ABD＝∠ACB

(2)

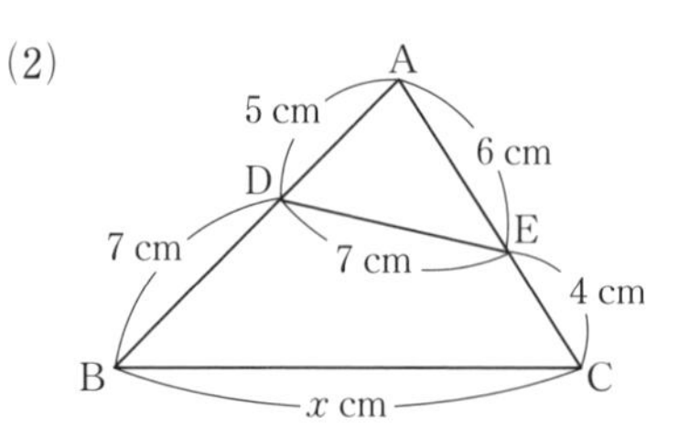

1 (2) 辺の長さが与えられていないので，角に注目する。AB // CD より，平行線の錯角や対頂角が等しいことを利用する。

5 (2) △ADE と △ACB において，AD：AC＝AE：AB＝1：2 である。

6 次の図で，四角形 **ABCD** と四角形 **EBFG** は相似の位置にあります。次の問いに答えなさい。

(1) 相似の中心をいいなさい。

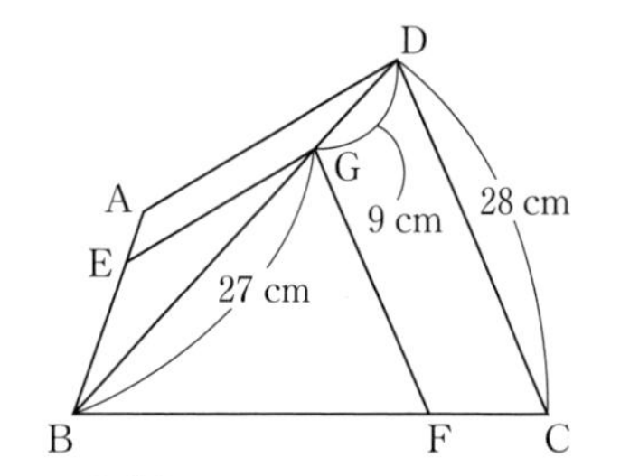

(2) 四角形 ABCD と四角形 EBFG の相似比を求めなさい。

(3) 辺 GF の長さを求めなさい。

7 下の図のように，A 地点から見て，川をはさんで東の B 地点に鉄塔が立っています。A，B 間の距離を知るために，A 地点から北に 10 m 離れた C 地点で ∠BCA の大きさを測ったら，∠BCA ＝ 58° になりました。縮図をかいて，A，B 間のおよその距離を求めなさい。

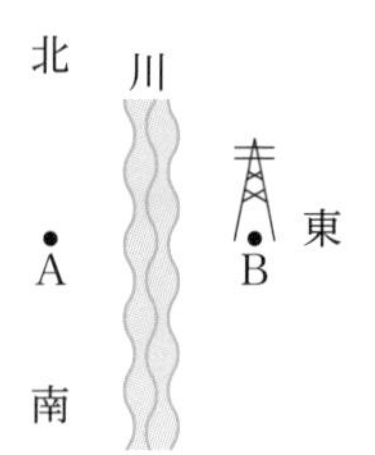

1 右図において，△ABC は AB ＝ AC ＝ 11 cm の二等辺三角形であり，頂角 ∠BAC は鋭角である。D は，A から辺 BC にひいた垂線と辺 BC との交点である。E は辺 AB 上にあって A，B と異なる点であり，AE＞EB である。F は，E から辺 AC にひいた垂線と辺 AC との交点である。G は，E を通り辺 AC に平行な直線と C を通り線分 EF に平行な直線との交点である。このとき，四角形 EGCF は長方形である。H は，線分 EG と辺 BC との交点である。このとき，4 点 B，H，D，C はこの順に一直線上にある。次の問いに答えなさい。〔大阪〕

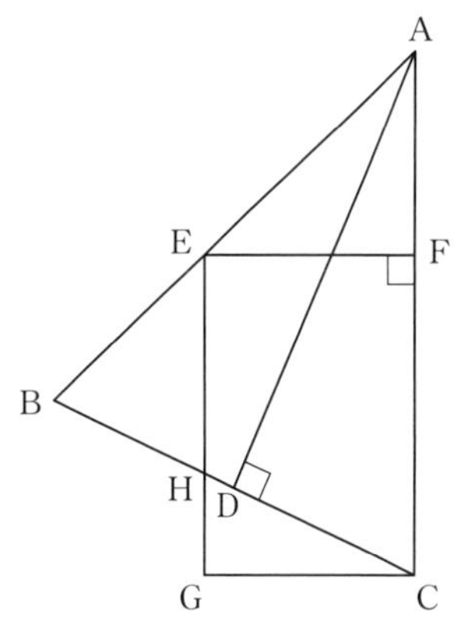

(1) △AEF の内角 ∠AEF の大きさを a° とするとき，△AEF の内角 ∠EAF の大きさを a を用いて表しなさい。

(2) △ABD ∽ △CHG であることを証明しなさい。

(3) HG ＝ 2 cm，HC ＝ 5 cm であるとき，線分 BD の長さを求めなさい。

7 A 地点から見て，東と北のつくる角 ∠BAC は 90° であることも利用する。

1 (2) 三角形の相似条件「2 組の角がそれぞれ等しい」を使う。

(3) 相似な図形の対応する線分の長さの比がすべて等しいことを利用する。

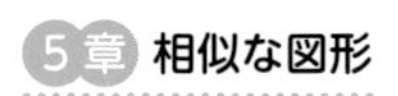

ステージ1　2　平行線と相似
❶ 平行線と線分の比(1)

例1 平行線と線分の比

教 p.157～159 → 基本問題 1 2

右の図で，PQ∥BC のとき，x，y の値を求めなさい。

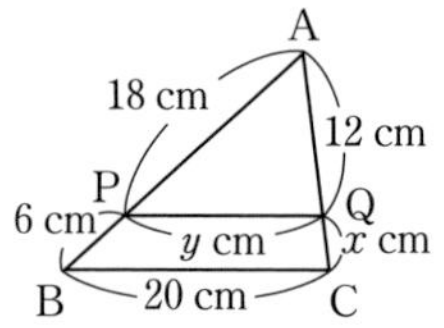

考え方 平行線と線分の比の定理を利用して，比例式をつくる。

解き方 PQ∥BC であるから，

AP：PB＝AQ：QC より，　（平行線と線分の比の定理②）

$18：6＝12：x$

$18x＝72$　（a:b=c:d ならば，ad=bc）

$x＝$ ①［　　］

同様に，PQ∥BC であるから，

AP：AB＝PQ：BC より，　（平行線と線分の比の定理①）

$18：24＝y：$ ②［　　］
（18＋6）

$24y＝360$

$y＝$ ③［　　］

ミス注意
18：6＝y：20
定理①，②の使い分けに注意しよう。

△ABC の辺 AB，AC 上の点をそれぞれ P，Q とするとき，PQ∥BC ならば，次のことが成り立つ。

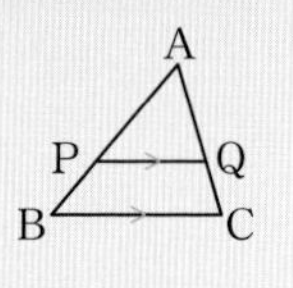

① AP：AB＝AQ：AC＝PQ：BC

② AP：PB＝AQ：QC

上の定理は，次の場合にも成り立つよ。

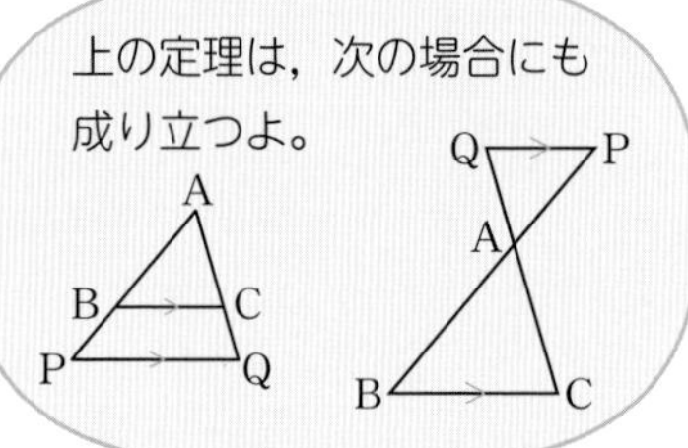

例2 平行線で区切られた線分の比

教 p.160～161 → 基本問題 3

次の問いに答えなさい。

(1) 右の図1で，ℓ∥m∥n です。点 A を通り直線 q に平行な直線 r を引き，AB：BC＝A′B′：B′C′ であることを証明しなさい。

(2) 右の図2で，ℓ∥m∥n のとき，x の値を求めなさい。

図1

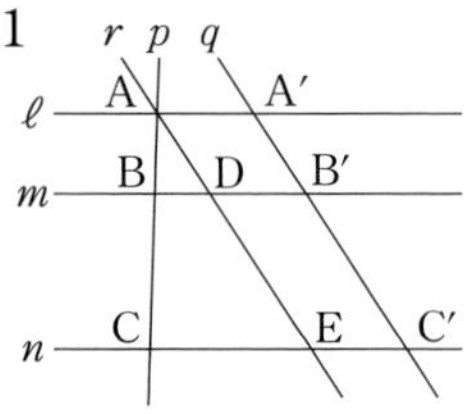

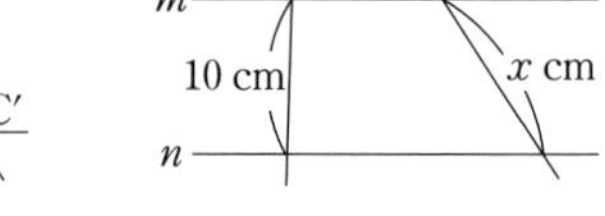

図2

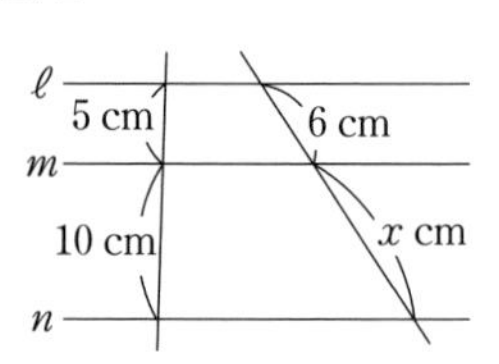

解き方 (1) **証明** △ACE において，BD∥CE

であるから，AB：BC＝AD：④［　　］　①

四角形 ADB′A′ と四角形 DEC′B′ はともに

平行四辺形であるから，←2組の対辺がそれぞれ平行である

AD＝A′B′，DE＝⑤［　　］　②

①，②から，AB：BC＝A′B′：B′C′　（右の定理が証明できたね。）

(2) ℓ∥m∥n であるから，$5：10＝$ ⑥［　　］$：x$

↑平行線で区切られた線分の比の定理を利用する

$5x＝60$　　$x＝$ ⑦［　　］

平行線で区切られた線分の比

平行な3つの直線 ℓ，m，n に，2つの直線 p，q が交わっているとき，次のことが成り立つ。

$a：b＝a'：b'$

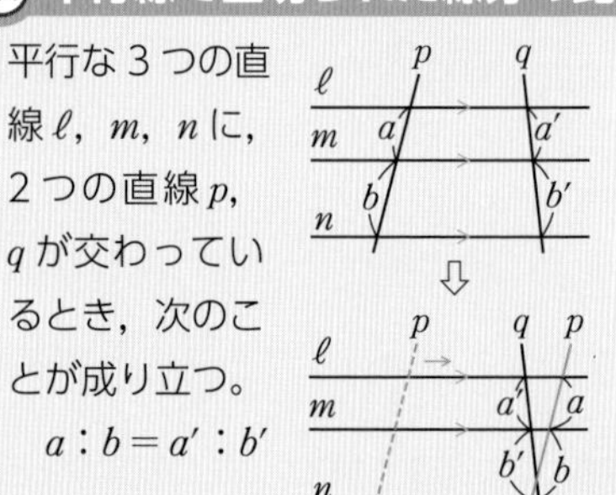

基本問題

解答 p.34

1 平行線と線分の比　右の図で，PQ // BC のとき，
AP : PB = AQ : QC であることを次のように証明しました。
［　］にあてはまるものを答えなさい。　教 p.157 問2

証明　点 Q を通って辺 AB に平行な直線を引き，辺 BC との交点を R とする。△APQ と △QRC において，
平行線の同位角は等しいから，PQ // BC より，∠AQP = ［①　　］　①

AB // QR より，∠PAQ = ［②　　］　②

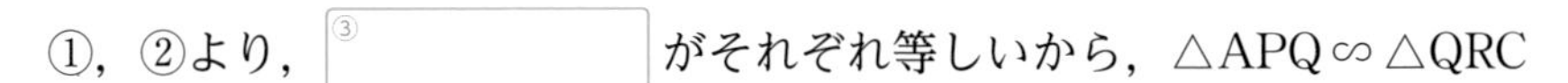
①，②より，［③　　］がそれぞれ等しいから，△APQ ∽ △QRC

よって，相似な三角形の対応する辺の比は等しいから，AP : QR = AQ : ［④　　］　③

また，四角形 PBRQ は，2 組の対辺がそれぞれ平行であるから，［⑤　　］である。

したがって，QR = ［⑥　　］　④　　　③，④より，AP : PB = AQ : ［⑦　　］

2 平行線と線分の比　次の図で，PQ // BC のとき，x，y の値を求めなさい。
教 p.159 問6

(1)
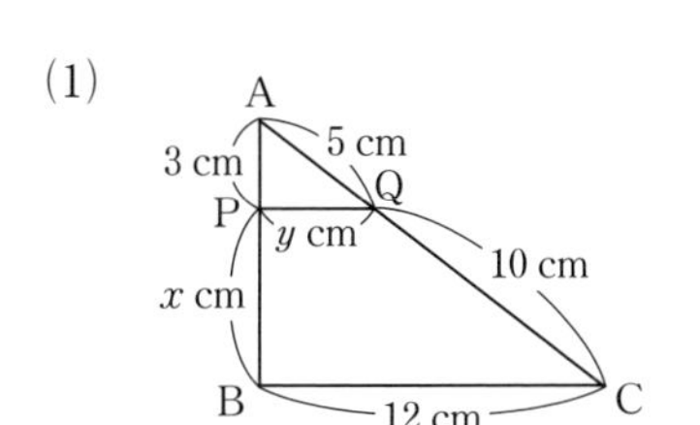

(2)
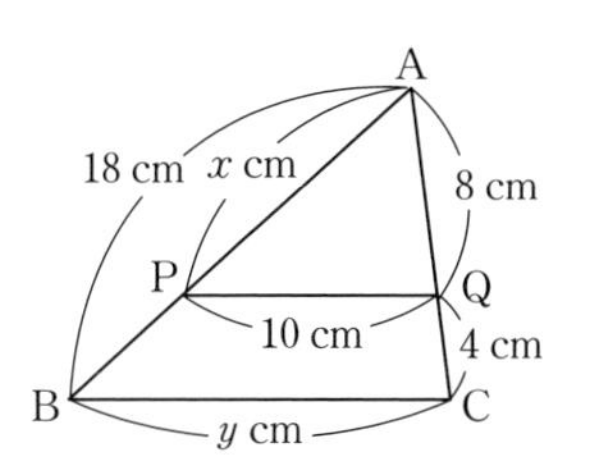

(3)
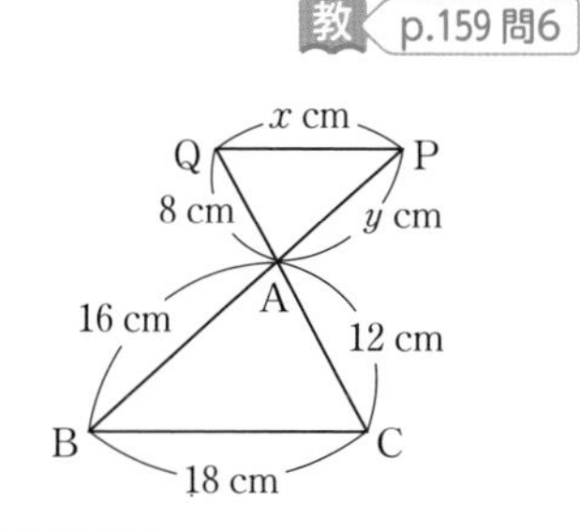

(4)
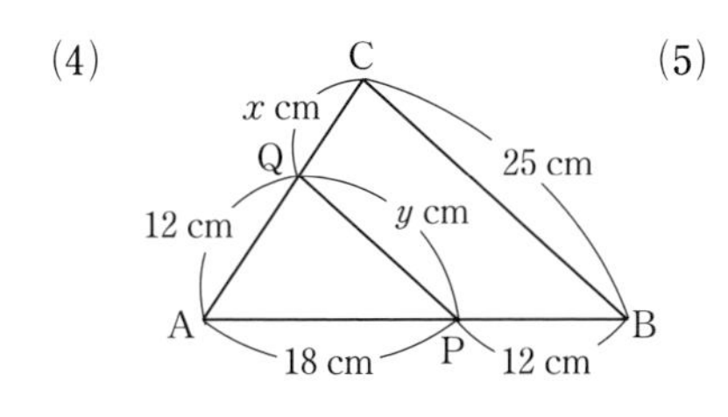

(5)
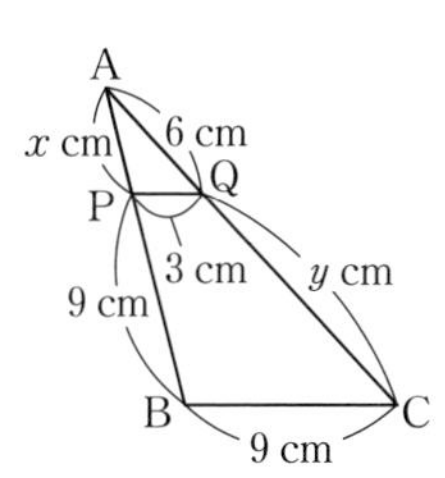

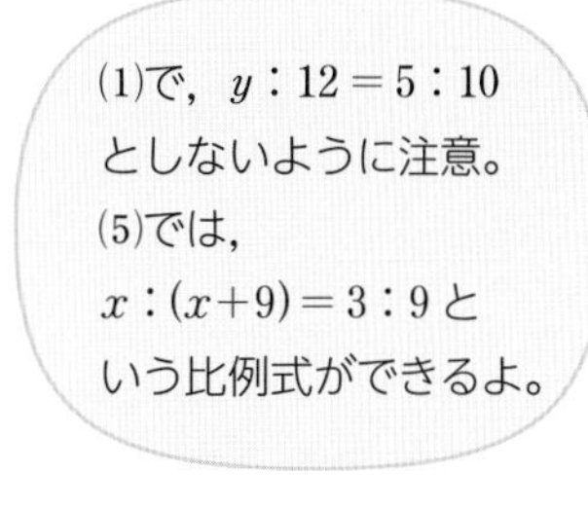

3 平行線で区切られた線分の比　次の図で，ℓ // m // n のとき，x，y の値を求めなさい。
教 p.161 問7

(1)
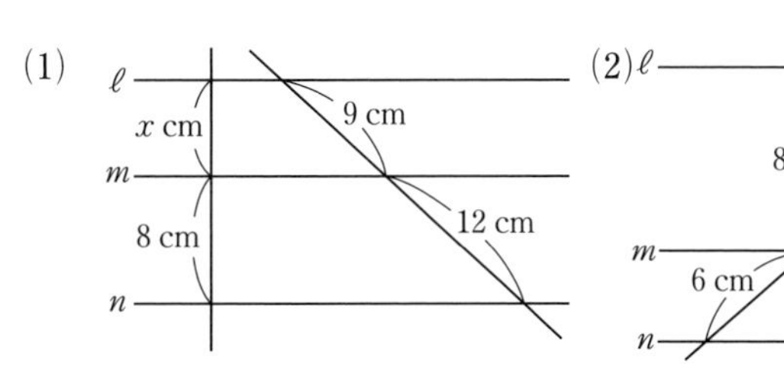

(2)
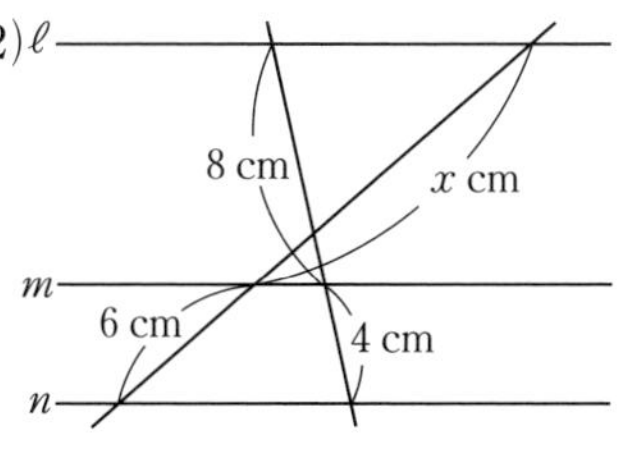

(3)
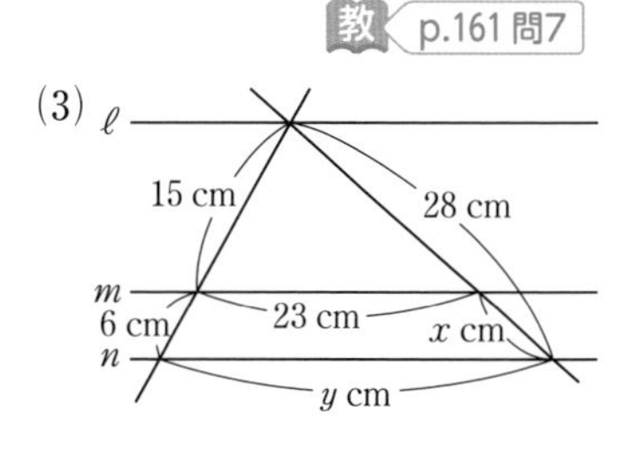

左ページの例の答え　①4　②20　③15　④DE　⑤B′C′　⑥6　⑦12

確認のワーク ステージ1　2　平行線と相似
❶ 平行線と線分の比(2)　❷ 線分の比と平行線(1)

例1 平行線と線分の比の定理の活用

教 p.161 → 基本問題 1

右の線分 AB を 3：1 の比に分ける点 C を求めなさい。　A ―――― B

考え方 3：1 となる線分の比（4 等分した別の線分）をつくり，その比を平行線を使って線分 AB 上に移す。

解き方 次の手順で点 C を求める。

① 適当な半直線 AX を引く。

② 半直線 AX 上に，点 A から等しい長さで，順に点 P，Q，R，S をとり，点 S と点 B を結ぶ。

③ 点 R から SB に [①　　] な直線を引き，AB との交点を C とする。

定規とコンパスを使って，作図をなぞりましょう。

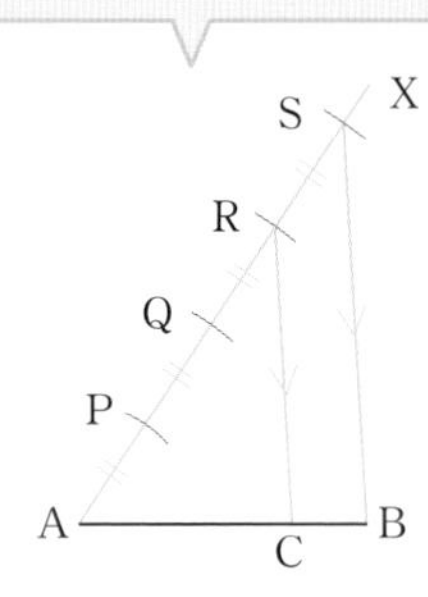

△ABS で
CR // BS だから，
AR：RS
= AC：CB だね。

例2 線分の比と平行線

教 p.162〜163 → 基本問題 2 3 4

右の図のように，△ABC の辺 AB，AC 上に，AP：PB = AQ：QC = 2：1 となるようにそれぞれ点 P，Q をとります。このとき，PQ // BC であることを証明しなさい。

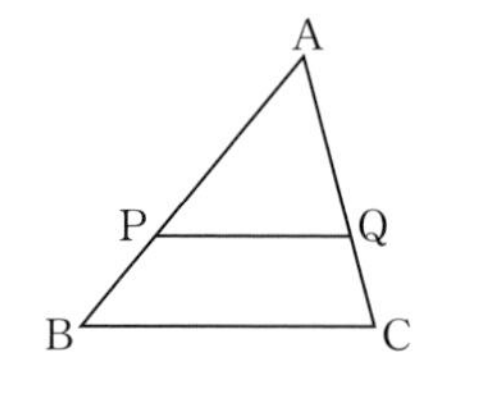

考え方 相似な三角形の対応する角の大きさは等しいことから，同位角が等しいことを導く。

解き方 **証明** △APQ と △ABC において，

仮定から，AP：AB = 2：3

AQ：AC = 2：[②　　]

よって，AP：AB = AQ：[③　　]　①

また，[④　　] は共通　②

①，②より，[⑤　　　　] がそれぞれ等しいから，

△APQ ∽ △ABC

したがって，∠APQ = ∠ABC

[⑥　　] が等しいから，PQ // BC

相似な図形の対応する角の大きさは等しい。

線分の比と平行線

△ABC の辺 AB，AC 上の点をそれぞれ P，Q とするとき，

① AP：AB = AQ：AC ならば，PQ // BC

② AP：PB = AQ：QC ならば，PQ // BC

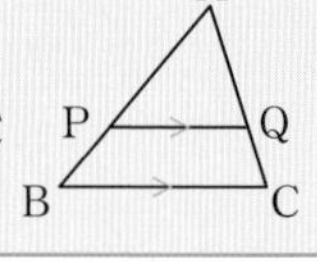

上の定理は，次の場合にも成り立つ。

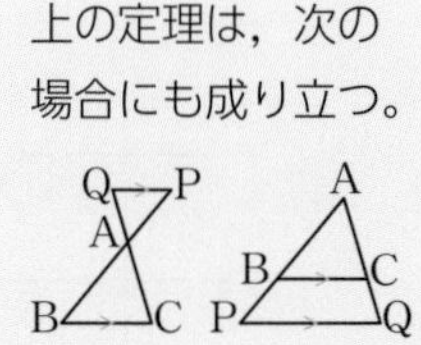

平行線と線分の比の定理の逆が成り立つことが証明できたね。

基本問題

解答 p.34

1 平行線と線分の比の定理の活用 次の問いに答えなさい。 教 p.161 問8, 問9

(1) 線分 AB 上にあり，AB を 2：3 の比に分ける点 P を，下の図にかき入れなさい。

A ―――――――――――――――――― B

(2) 下の図のメモ帳の罫線（けいせん）を使って，長さ 4 cm の線分 AB を 4：3 の比に分ける点 P を，図に線分 AB をかき込んで求めなさい。

2 線分の比と平行線の定理の証明 右の図のように，△ABC の辺 BA，CA の延長上に，AP：AB＝AQ：AC となるようにそれぞれ点 P，Q をとるとき，PQ∥BC であることを次のように証明しました。次の □ にあてはまるものを答えなさい。 教 p.163 問3

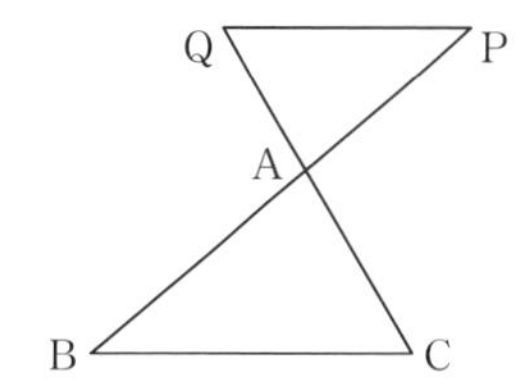

証明 △APQ と △ABC において，

仮定から，AP：AB＝AQ：[①　　] ……①

対頂角は等しいから，∠PAQ＝[②　　] ……②

①，②より，[③　　] がそれぞれ等しいから，

△APQ∽△ABC

相似な図形の対応する角の大きさは等しいから，∠APQ＝[④　　]

[⑤　　] が等しいから，PQ∥[⑥　　]

3 線分の比と平行線の定理 右の図で，線分 AB と PQ は平行ですか。また，その理由もいいなさい。 教 p.163 問2

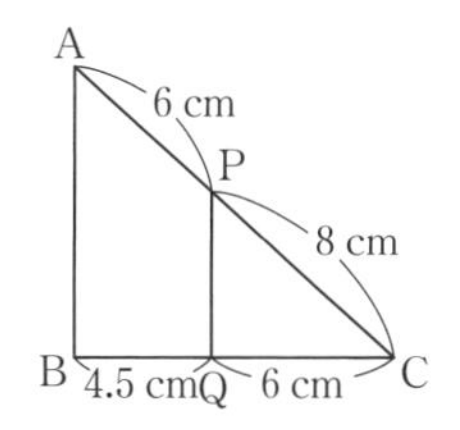

ここがポイント
線分の比をもっとも簡単な整数の比で表して，線分の比と平行線の定理を使って考える。

4 線分の比と平行線の定理 次の図で，平行な線分の組を答えなさい。 教 p.163 問2

(1)

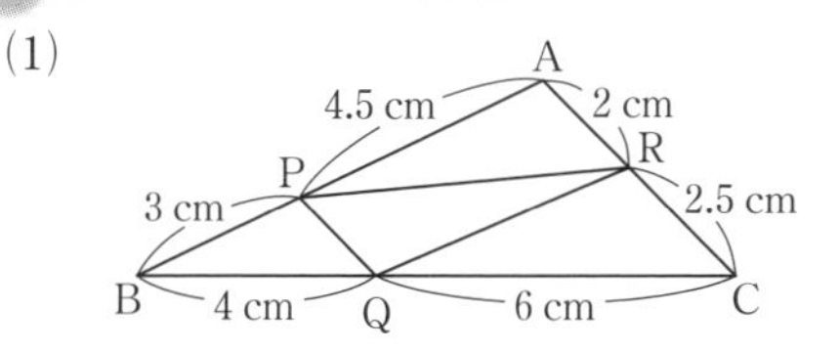

(2)

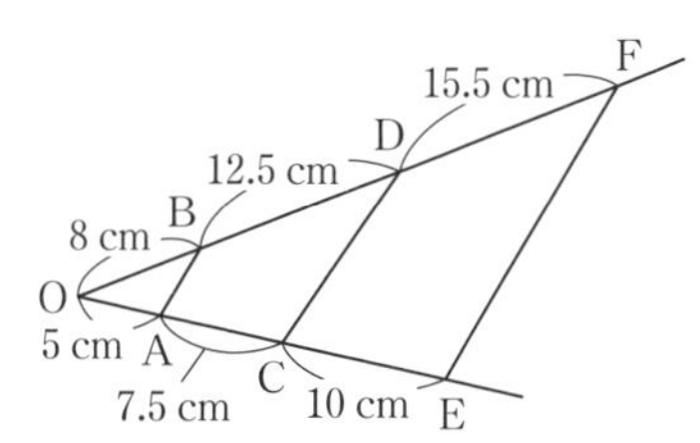

左ページの例の答え ①平行 ②3 ③AC ④∠A ⑤2組の辺の比とその間の角 ⑥同位角

確認のワーク ステージ1

2 平行線と相似
❷ 線分の比と平行線(2)

例1 中点連結定理

教 p.164 → 基本問題 1 2

右の図の四角形 ABCD は，AD // BC の台形です。辺 AB，対角線 AC の中点をそれぞれ E，F とし，直線 EF と辺 CD の交点を G とします。このとき，次の問いに答えなさい。

(1) CG：GD を求めなさい。

(2) 線分 EG の長さを求めなさい。

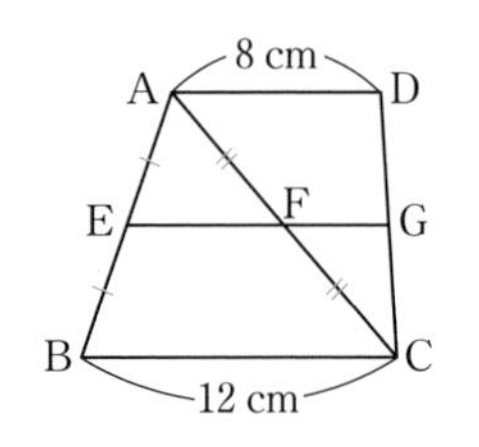

考え方 (2) EG＝EF＋FG → △ABC と △CDA で，それぞれ中点連結定理を利用する。

解き方 (1) △ABC で，点 E，F はそれぞれ辺 AB，AC の中点だから，中点連結定理より，EF // ①[　　]

これと，条件の AD // BC より，EF // AD

したがって，△CDA で，FG // AD だから，

CG：GD＝CF：FA＝1：②[　　] ←「平行線と線分の比」の定理

(よって，点 G は辺 CD の中点である。)

(2) △ABC で，中点連結定理より，EF＝$\frac{1}{2}$BC＝③[　　] cm

△CDA で，点 F，G はそれぞれ辺 CA，CD の中点だから，

同様に，FG＝$\frac{1}{2}$AD＝④[　　] cm

したがって，EG＝EF＋FG＝⑤[　　] cm

中点連結定理

△ABC の辺 AB，AC の中点をそれぞれ M，N とするとき，

MN // BC

MN＝$\frac{1}{2}$BC

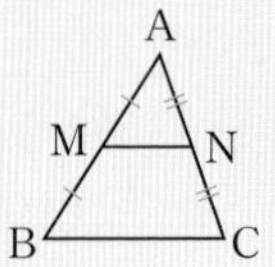

覚えておこう

中点連結定理は，ワーク p.82 の「平行線と線分の比」の定理で，AP：PB＝1：1 となる特別な場合である。

例2 中点連結定理の利用

教 p.165 → 基本問題 3

右の図の四角形 ABCD で，辺 AB，CD，対角線 AC，BD の中点をそれぞれ P，Q，R，S とするとき，四角形 PSQR が平行四辺形になることを証明しなさい。

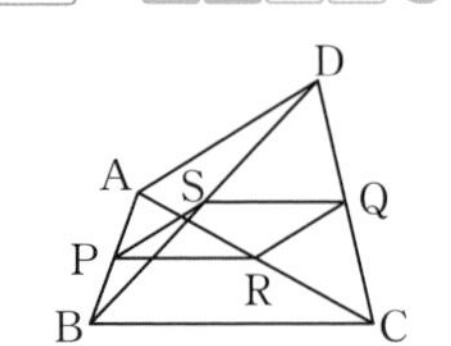

考え方 三角形に着目し，中点連結定理を利用する。

解き方 証明 △ABC において，点 P，R はそれぞれ辺 AB，AC の中点だから，PR // BC，PR＝$\frac{1}{2}$⑥[　　] ①

△DBC において，同様にして，SQ // ⑦[　　]，SQ＝$\frac{1}{2}$BC ②

①，②から，PR // SQ，PR＝⑧[　　]

1 組の対辺が⑨[　　]で等しいから，四角形 PSQR は平行四辺形である。

△BDA と △CDA に着目して証明することもできるよ。

基本問題

解答 p.35

1 中点連結定理 **△ABC の辺 AB，BC，CA の中点をそれぞれ D，E，F とするとき，次の問いに答えなさい。**

教 p.164 問4

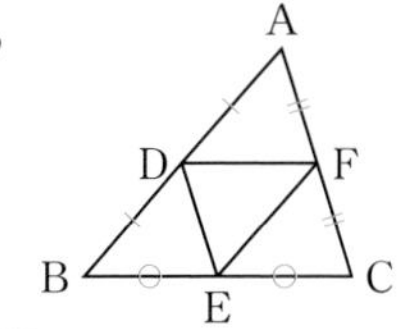

(1) △ABC ∽ △EFD であることを証明しなさい。

(2) △ABC の面積は，△EFD の面積の何倍ですか。

(2)は，△EFD と他の小さな三角形との関係を考えてみよう。3 組の辺がそれぞれ等しいから…。

2 中点連結定理 **右の図の四角形 ABCD は，AD // BC の台形です。辺 AB の中点を E とし，点 E から辺 BC に平行な直線を引き，対角線 AC，辺 DC との交点をそれぞれ F，G とします。このとき，次の問いに答えなさい。**

教 p.164 問5

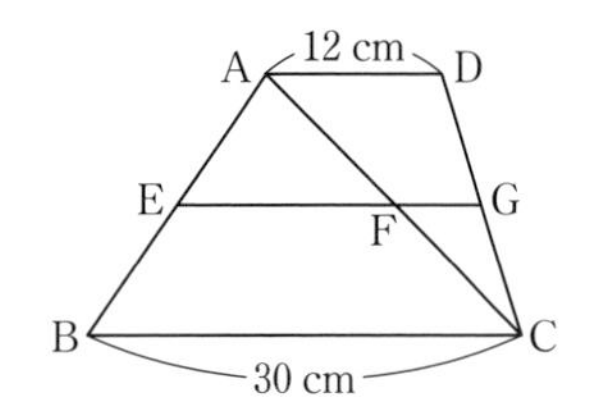

(1) 点 F，G はそれぞれ対角線 AC，辺 DC の中点になります。その理由を説明しなさい。

(2) 線分 EF，EG の長さをそれぞれ求めなさい。

覚えておこう

三角形の 1 辺の中点を通り他の 1 辺に平行な直線は，残りの辺の中点を通る。

3 中点連結定理の利用 **右の図の四角形 ABCD で，辺 AB，BC，CD，DA の中点をそれぞれ P，Q，R，S とするとき，次の問いに答えなさい。**

教 p.165〜166

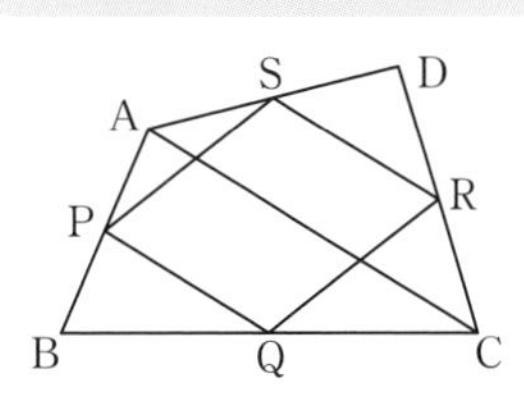

(1) 四角形 PQRS が平行四辺形であることの証明を次のように書き始めました。続きを書いて，証明を完成させなさい。

証明 四角形 ABCD の対角線 AC を引く。
△BAC において，

(2) 対角線 AC と BD について次の①，②の条件があるとき，四角形 PQRS はどんな四角形になりますか。

① AC＝BD　　② AC ⊥ BD

思い出そう

平行四辺形になるための条件
① 2 組の対辺がそれぞれ平行である。
② 2 組の対辺がそれぞれ等しい。
③ 2 組の対角がそれぞれ等しい。
④ 2 つの対角線がそれぞれの中点で交わる。
⑤ 1 組の対辺が平行で等しい。

特別な平行四辺形
・4 つの辺が等しい→ひし形
・4 つの角が等しい→長方形
・4 つの角が等しく，4 つの辺が等しい→正方形

左ページの例の答え　①BC　②1　③6　④4　⑤10　⑥BC　⑦BC　⑧SQ　⑨平行

5章

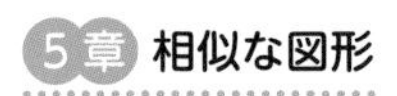

解答 p.36

2 平行線と相似

よく出る **1** 次の図で，x，y の値を求めなさい。

(1) DE ∥ BC

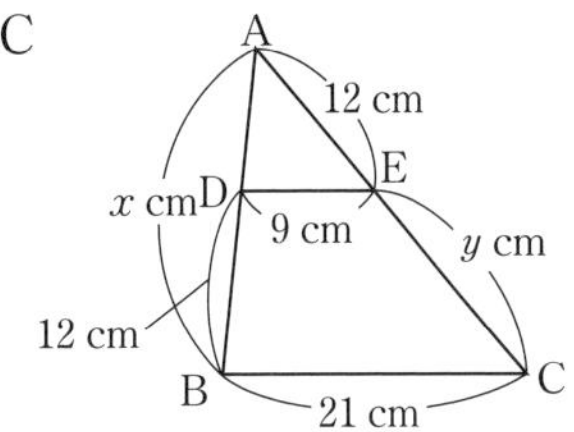

(2) 四角形 ABCD は平行四辺形

(3) AB ∥ CD ∥ EF

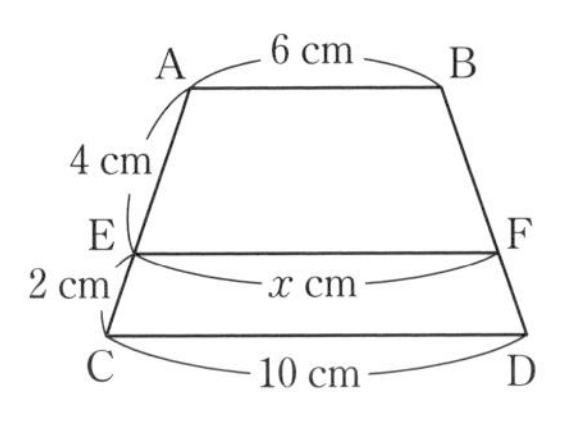

(4) k ∥ ℓ ∥ m ∥ n

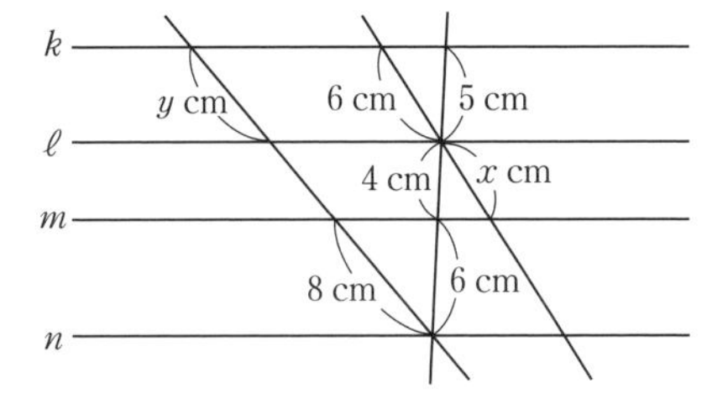

よく出る **2** 右の図で，AB ∥ EF ∥ CD です。AB = 10 cm，CD = 15 cm のとき，次の問いに答えなさい。

(1) BF：FD を求めなさい。

(2) 線分 EF の長さを求めなさい。

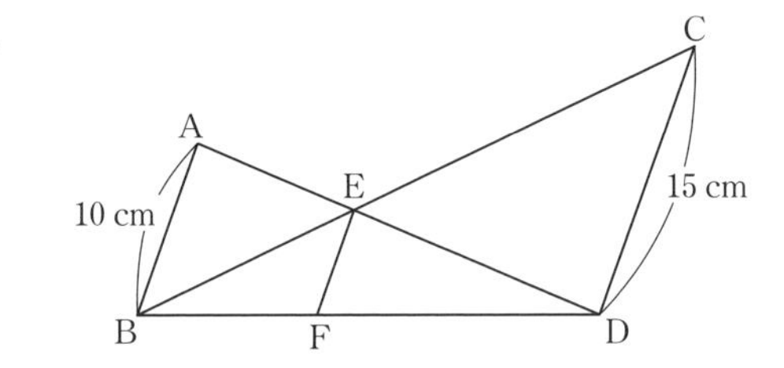

3 右の図の △ABC で，∠A の二等分線と辺 BC との交点を D，点 C を通り DA に平行な直線と BA の延長との交点を E とします。

(1) △ACE はどんな三角形ですか。

(2) (1)のことがらを証明し，さらに AB：AC = BD：DC であることを証明しなさい。

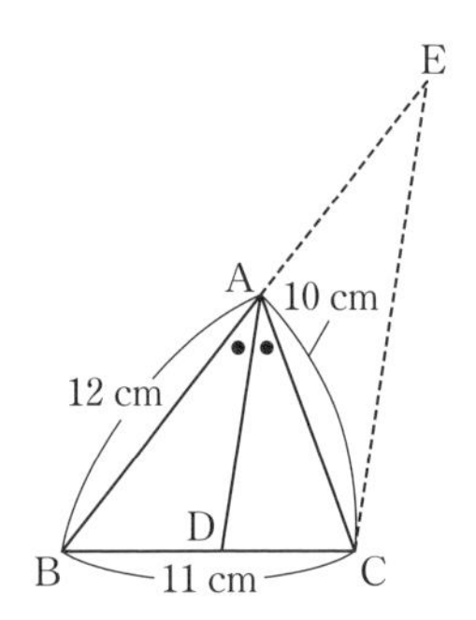

(3) 線分 DC の長さを求めなさい。

1 (3) 平行線と線分の比の定理が使えるように補助線を引く。

2 (1) まず △ABE と △DCE に着目して，BE：CE を求める。

3 (3) (2)より BD：DC を求める。(2)で証明した「AB：AC = BD：DC」は重要だから覚えておこう。

4 右の図の △ABC で，点 D，E は辺 AB を 3 等分した点で，点 F は辺 AC の中点です。直線 DF と辺 BC の延長との交点を G とし，点 C と E を結びます。

BC＝5 cm，EC＝4 cm のとき，次の線分の長さを求めなさい。

(1)　線分 DF　　(2)　線分 CG　　(3)　線分 FG

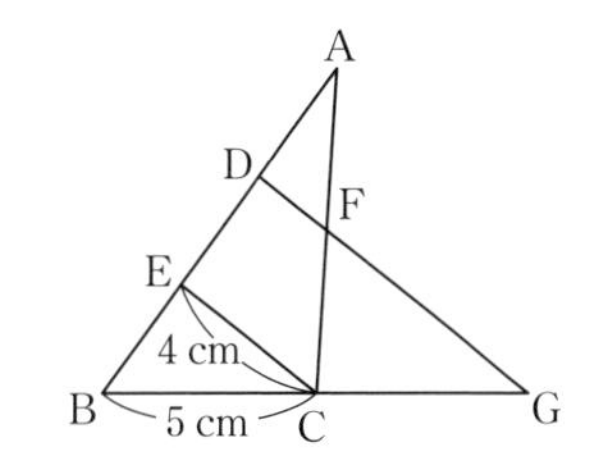

5 AB＝CD である四角形 ABCD で，辺 AD，BC，対角線 BD の中点をそれぞれ P，Q，R とします。∠ABD＝30°，∠BDC＝78° のとき，∠PRQ，∠RPQ の大きさを求めなさい。

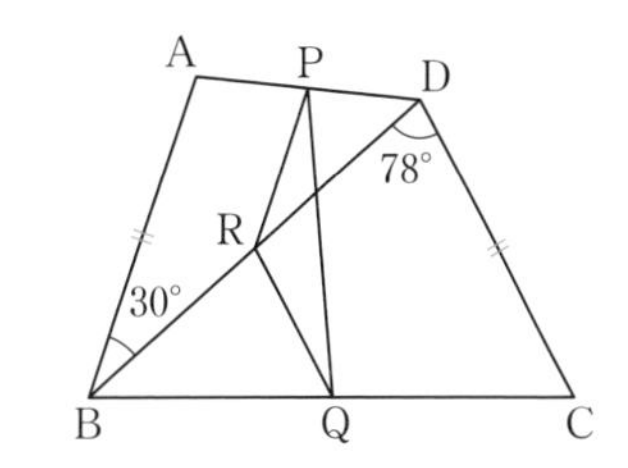

6 右の図の四角形 ABCD は平行四辺形です。点 E は辺 BC の中点，点 F は辺 AB を 3 等分した点のうち，頂点 B に近いほうの点で，点 G は AE と CF の交点です。次の問いに答えなさい。

(1)　辺 DA と CF を延長した直線の交点を H とするとき，AH：BC を求めなさい。

(2)　AG：GE を求めなさい。

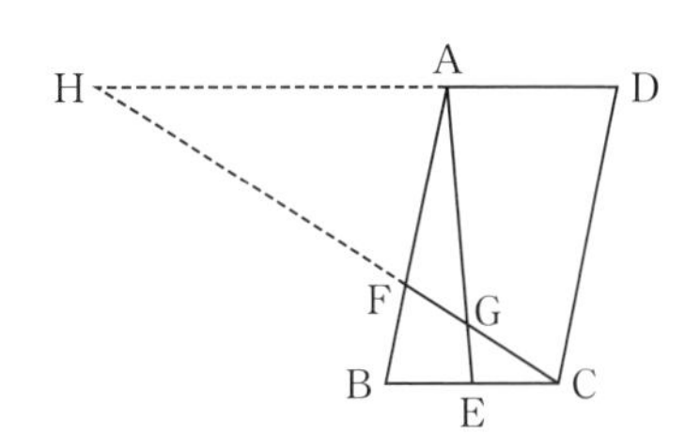

入試問題をやってみよう！

1 右の図において，立体 A-BCD は三角すいである。△BCD は 1 辺の長さが 6 cm の正三角形であり，AB＝AC＝AD＝9 cm である。E は辺 AD 上の点であり，AE：ED＝2：3 である。F は，E を通り辺 CD に平行な直線と辺 AC との交点である。G は，F を通り辺 AB に平行な直線と辺 BC との交点である。次の問いに答えなさい。〔大阪〕

(1)　△ACD の内角 ∠CAD の大きさを $a°$ とするとき，△ACD の内角 ∠ACD の大きさを a を用いて表しなさい。

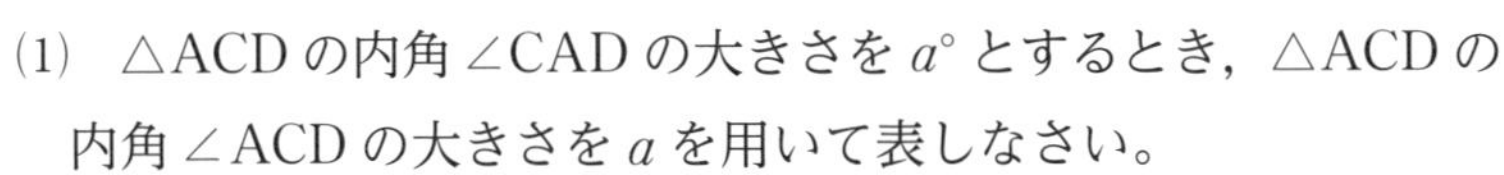

(2)　線分 GC の長さを求めなさい。

4 (1)　△AEC で中点連結定理を利用する。　(2)，(3)　△BDG に着目して考える。

6 HD // BC より，平行線と線分の比の定理を利用する。(1)は △AHF と △BCF に着目する。(2)は △AHG と △ECG に着目し，AH と EC の長さを BC をもとにして考える。

確認のワーク ステージ1 3 相似と計量
❶ 相似な図形の面積比 ❷ 相似な立体の表面積比と体積比

例1 相似な図形の面積比

教 p.168〜170 →基本問題 1 2 3

相似比が 3：4 の △ABC と △DEF があります。
次の問いに答えなさい。

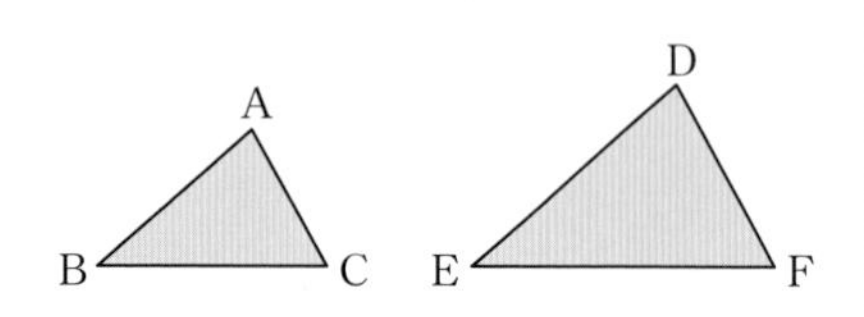

(1) 2 つの三角形の周の長さの比を求めなさい。

(2) 2 つの三角形の面積比を求めなさい。

(3) △ABC の面積が 18 cm² のとき，△DEF の面積を求めなさい。

考え方 相似比が $m：n$ →周の長さの比…$m：n$，面積比…$m^2：n^2$ (3)は，(2)より比例式をつくる。

解き方 (1) △ABC と △DEF の相似比は 3：4 で，

周の長さの比は相似比に等しいから，3：①□

(2) 相似比が 3：4 だから，面積比は，3^2：②□ ＝ 9：16

(3) △DEF の面積を x cm² とすると，(2)より面積比は 9：16

だから，18：x ＝ 9：16

x ＝ ③□

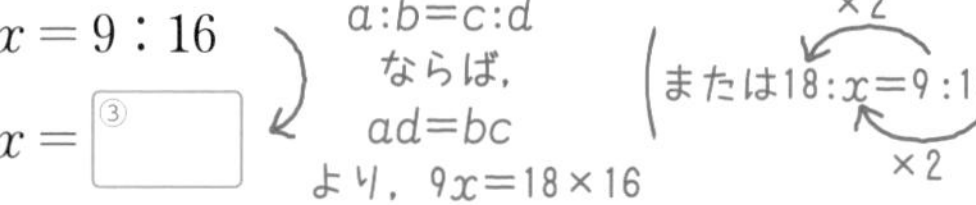

答 32 cm²

相似な図形の面積比

相似な図形の面積比は，
相似比の 2 乗に等しい。
↓すなわち
相似比が $m：n$ ならば，
面積比は $m^2：n^2$ となる。

例2 相似な立体の表面積比と体積比

教 p.171〜173 →基本問題 4 5

2 つの相似な円錐(えんすい)㋐と㋑があり，その高さの比は 2：3 です。
次の問いに答えなさい。

(1) ㋐の表面積が 36π cm² のとき，㋑の表面積を求めなさい。

(2) ㋑の体積が 54π cm³ のとき，㋐の体積を求めなさい。

考え方 相似な立体で相似比が $m：n$ →表面積比…$m^2：n^2$，体積比…$m^3：n^3$ より比例式をつくる。

解き方 (1) ㋐と㋑の高さの比が 2：3 だから，

相似比は，2：④□ ←相似な立体の相似比は，対応する線分の長さの比に等しい。

㋑の表面積を x cm² とすると，表面積比は相似比の 2 乗に等しいから，$36\pi：x＝2^2$：⑤□

これを解くと，x＝⑥□

答 81π cm²

(2) ㋐の体積を y cm³ とすると，
体積比は相似比の 3 乗に等しいから，$y：54\pi＝2^3$：⑦□

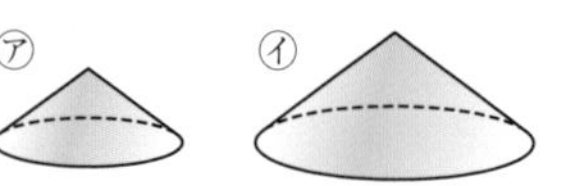

これを解くと，y＝⑧□

答 16π cm³

たいせつ

相似な立体…対応する線分の長さの比はすべて等しく，この比を**相似比**という。
また，対応する角の大きさも，それぞれ等しい。

相似な立体の表面積比と体積比

①相似な立体の表面積比は，
相似比の 2 乗に等しい。
②相似な立体の体積比は，
相似比の 3 乗に等しい。
相似比が $m：n$ → **表面積比は $m^2：n^2$**、**体積比は $m^3：n^3$**

基本問題

解答 p.37

1 相似な図形の面積比　2つの円P，Qがあり，その直径はそれぞれ4cm，14cmです。円PとQの相似比，円周の長さの比，面積比を求めなさい。

教 p.170 問2

2 相似な図形の面積比　相似比が3：2の△ABCと△DEFがあります。△ABCの面積が63cm^2のとき，△DEFの面積を求めなさい。

教 p.170 例2

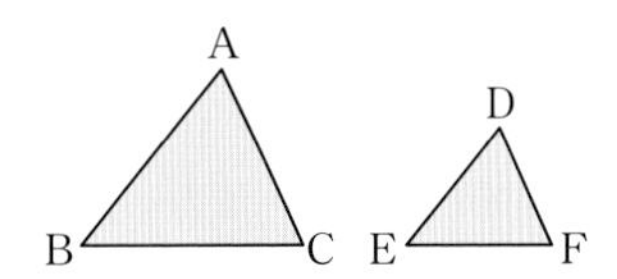

3 相似な図形の面積比　**右の図の△ABCで，DE∥BC，AD：DB＝3：1です。このとき，次の問いに答えなさい。**

教 p.170 問3，問4

(1)　△ADEと△ABCの面積比を求めなさい。

(2)　△ADEと四角形DBCEの面積比を求めなさい。

(3)　△ABCの面積が80cm^2のとき，四角形DBCEの面積を求めなさい。

ここがポイント

△ADE∽△ABC（2組の角がそれぞれ等しい）で，相似比は，
AD：AB＝3：(3＋1)
(2)　面積比を使って考える。
(四角形DBCE)＝△ABC－△ADE

4 相似な立体の表面積比と体積比　**次の問いに答えなさい。**

教 p.172 問2，p.173 問3

(1)　2つの立方体の1辺がそれぞれ12cm，9cmのとき，相似比，表面積比，体積比を求めなさい。

(2)　相似比が3：5の正四角錐㋐と正四角錐㋑について，次の①，②に答えなさい。

①　㋐の表面積が144cm^2のとき，㋑の表面積を求めなさい。

②　㋑の体積が250cm^3のとき，㋐の体積を求めなさい。

たいせつ

相似な立体…立体においても，平面図形と同じように，1つの立体を一定の割合で拡大または縮小して得られる立体は，もとの立体と相似であるという。つねに相似である立体には，立方体，球，正四面体，正八面体などがある。

5 相似な立体の表面積比と体積比　右の図のように，三角錐OABCの底面ABCに平行な平面Lが，辺OAと点Pで交わり，OP：PA＝2：1です。このとき，平面Lで分けられる2つの部分㋐，㋑の体積比を求めなさい。

教 p.173 問4

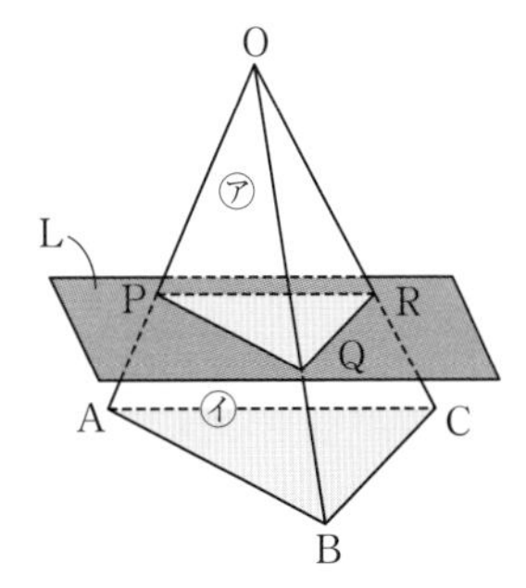

三角錐OPQRと三角錐OABCは相似だね。

左ページの例の答え　①4　②$4^2$　③32　④3　⑤$3^2$　⑥$81\pi$　⑦$3^3$　⑧$16\pi$

5章

解答 p.38

3 相似と計量

よく出る **1** 次の問いに答えなさい。

(1) △ABC∽△DEF で，その相似比は 5：4 です。△DEF の面積が 48 cm^2 のとき，△ABC の面積を求めなさい。

(2) 2 つの円 P，Q があり，円 P の円周の長さは 4 cm，円 Q の円周の長さは 12 cm です。円 Q の面積は円 P の面積の何倍ですか。

2 右の図で，点 D，E，F，G は辺 AB を 5 等分する点で，それらを通る線分は，いずれも辺 BC に平行です。次の問いに答えなさい。

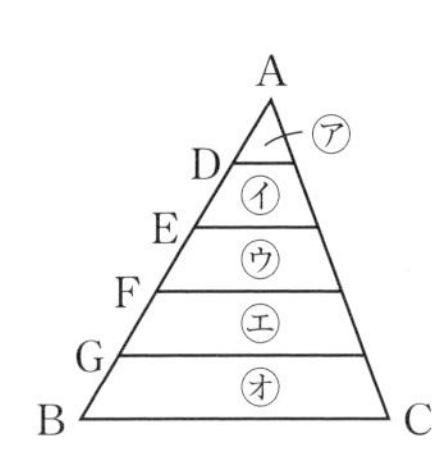

(1) ㋐の面積が a のとき，㋒の面積を a を使って表しなさい。

(2) ㋓の部分と㋔の部分の面積比を求めなさい。

3 右の図の平行四辺形 ABCD で，点 M，N はそれぞれ辺 AD，BC を 3：2 に分ける点です。対角線 AC と MN との交点を P とするとき，次の問いに答えなさい。

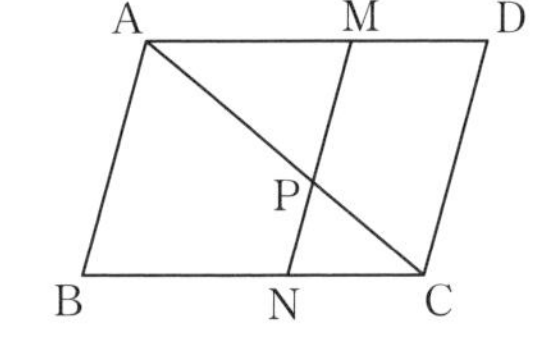

(1) △APM と △CPN の面積比を求めなさい。

(2) △APM と △ACD の面積比を求めなさい。

(3) 台形 PCDM の面積は，平行四辺形 ABCD の面積の何倍ですか。

よく出る **4** 右の図のような AD∥BC の台形 ABCD で，対角線 AC と BD の交点を O とします。次の問いに答えなさい。

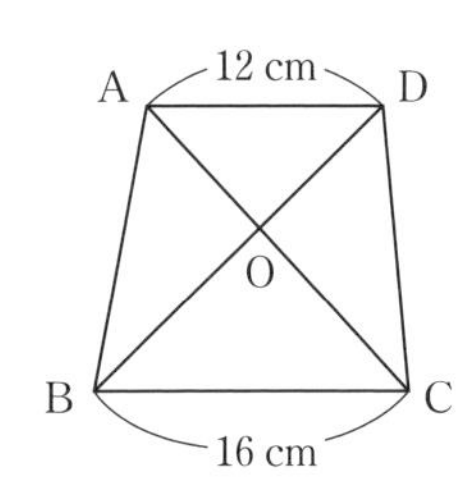

(1) △AOD と △COB の面積比を求めなさい。

(2) △AOD と △AOB の面積比を求めなさい。

(3) △AOD の面積が 36 cm^2 のとき，台形 ABCD の面積を求めなさい。

2 (2) ㋓と㋔の部分の面積を a を使って表し，面積比を求める。
3 (2) 四角形 MNCD は平行四辺形になるから，MN∥DC より，△APM∽△ACD である。
4 (2) △AOD と △AOB の面積比は，OD：OB に等しい。

5 次の問いに答えなさい。

(1) 球の半径を 4 倍にすると，表面積は何倍になりますか。また，体積は何倍になりますか。

(2) 2 つの相似な立体 P，Q があり，表面積比は 25：4 です。P と Q の相似比を求めなさい。また，Q の体積が 16 cm^3 のとき，P の体積を求めなさい。

6 **右の図のような円錐(えんすい)の形をした容器に水を 200 cm^3 入れたら，容器のちょうど半分の深さまで水が入りました。このとき，次の問いに答えなさい。**

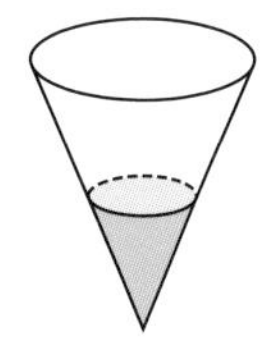

(1) 水面と容器の口の円の面積比を求めなさい。

(2) この容器をいっぱいにするには，水をあと何 cm^3 入れればよいですか。

7 右の図のように，円錐を，その高さを 3 等分する点を通り，底面に平行な平面で切って，3 つの立体 P，Q，R に分けました。

P の体積を a とするとき，Q，R の体積を a を使って表しなさい。

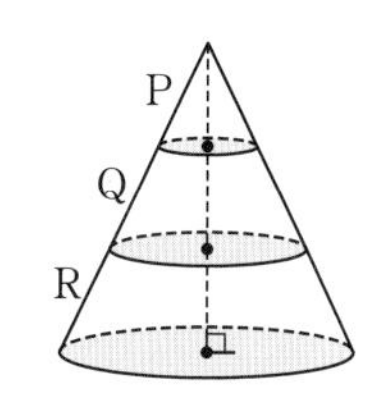

8 **AD // BC である台形 ABCD の辺 BC の中点を M とし，線分 AM，BD の交点を E，線分 DM，CE の交点を F とします。AD＝2 cm, BC＝6 cm のとき, 次の問いに答えなさい。**

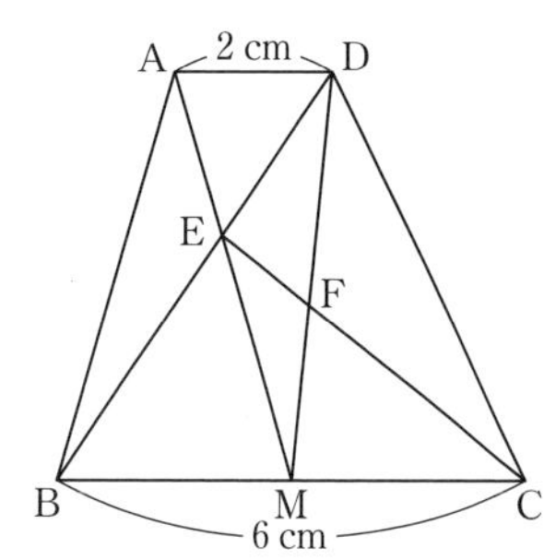

(1) EF：CF を求めなさい。

(2) △AED の面積が 4 cm^2 のとき，△EMF の面積を求めなさい。

入試問題をやってみよう！

1 右の図のように，▱ABCD の辺 BC を 2：1 に分ける点を E とし，対角線 BD と，対角線 AC，線分 AE との交点を，それぞれ，O，F とします。△BEF の面積が 6 cm^2 のとき，△AFO の面積を求めなさい。 〔鳥取〕

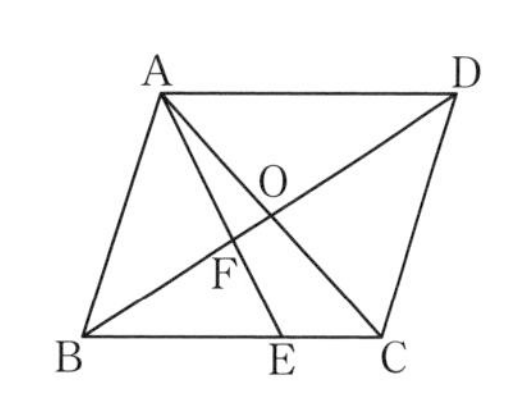

2 右の図のように，1 辺の長さが 4 cm の立方体があり，辺 AB の中点を M, 辺 BC の中点を N とします。この立方体を 4 点 M, E, G, N を通る平面で 2 つの立体に切ります。2 つの立体のうち，頂点 B を含む立体の体積を求めなさい。 〔佐賀〕

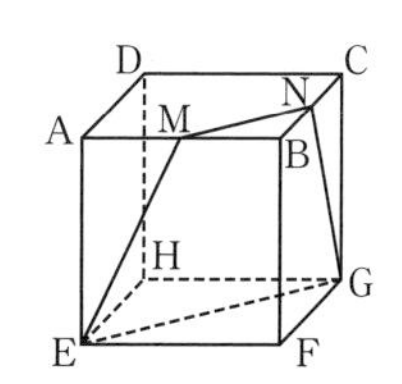

5 (2) 「相似比が $m：n$ →表面積比は $m^2：n^2$」より，表面積比の 25：4 から相似比を求める。
6 水が入っている部分と容器は相似になっているので，まず相似比を求める。
8 (1) 三角形の相似や定理が使えるように補助線を引く。点 E を通り辺 BC に平行な直線を引く。

解答 p.40

相似な図形

/100

1 次の図で，相似な三角形の組を1つ見つけて記号 ∽ を使って表し，そのときの相似条件をいいなさい。また，x の値を求めなさい。 4点×6（24点）

(1)

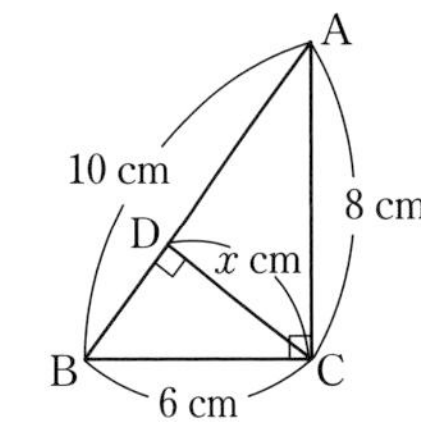

$\angle ACB = 90°$

$AB \perp CD$

相似な三角形（　　）

相似条件（　　）

x（　　）

(2)

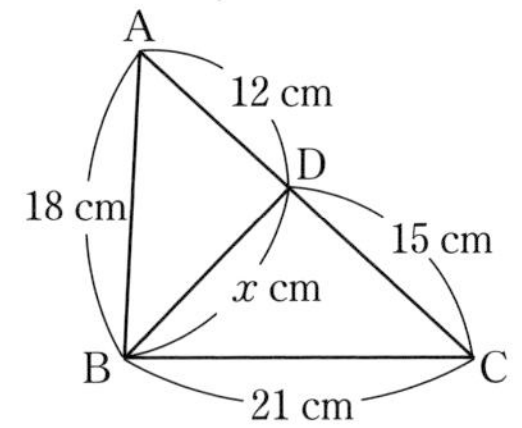

相似な三角形（　　）

相似条件（　　）

x（　　）

2 右の図のように，△ABC の ∠A の二等分線と辺 BC との交点を D とすると，∠DAC = ∠C となりました。AB = 12 cm，BC = 16 cm のとき，次の問いに答えなさい。 4点×3（12点）

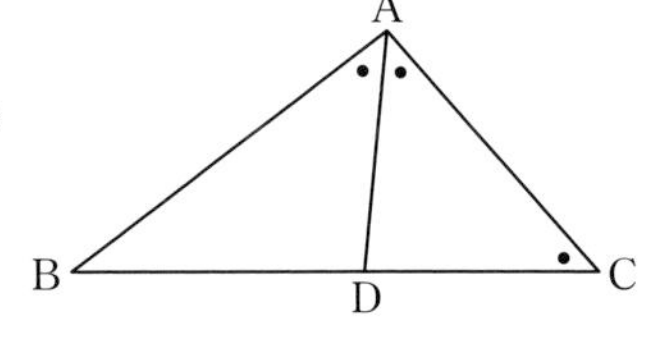

(1) △ABC と相似な三角形を答えなさい。

（　　）

(2) 線分 DC の長さを求めなさい。

（　　）

(3) 線分 AC の長さを求めなさい。

（　　）

3 次の図で，x，y の値を求めなさい。 4点×5（20点）

(1) $\ell \parallel m \parallel n$

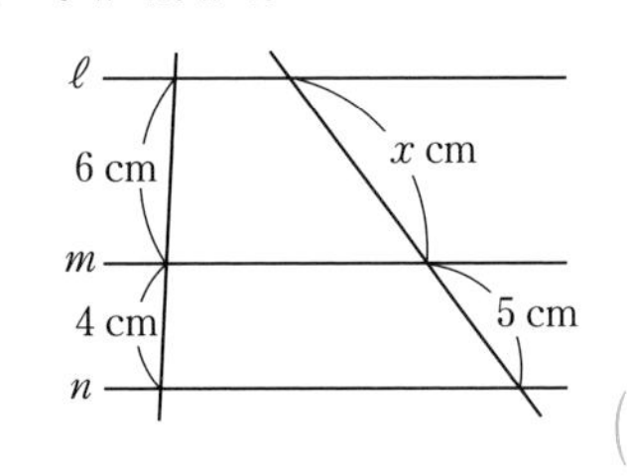

（　　）

(2) BC ∥ ED

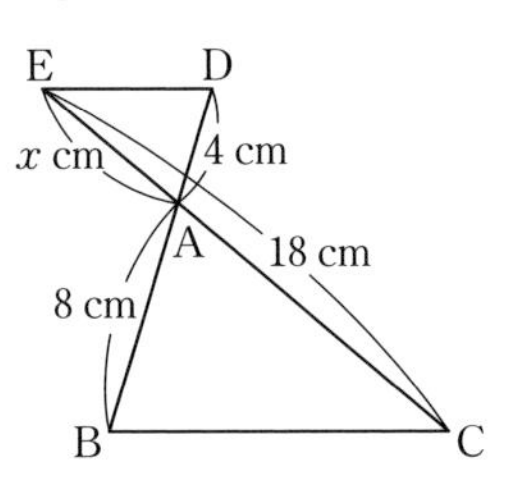

（　　）

(3) AB ∥ CD ∥ EF

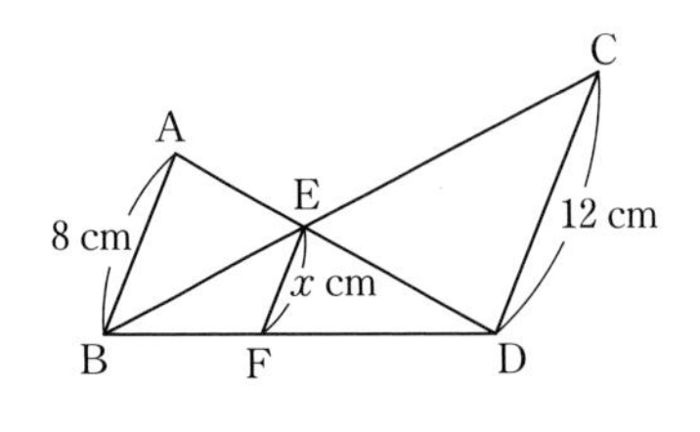

（　　）

(4) AD ∥ LN ∥ BC，AL = BL

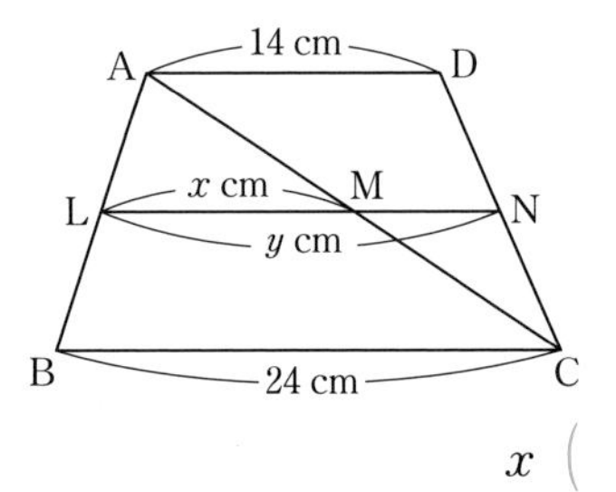

x（　　）

y（　　）

目標 三角形の相似条件，平行線と線分の比の定理，中点連結定理，相似な図形の面積比・体積比などが利用できるようになろう。

自分の得点まで色をぬろう!

がんばろう! もう一歩 合格!

0 60 80 100点

4 右の図のように，AD // BC である台形 ABCD で，対角線 AC と BD の交点を O とし，点 O を通り辺 BC に平行な直線と辺 AB，DC との交点をそれぞれ E，F とします。AD = 10 cm，BC = 15 cm のとき，次の問いに答えなさい。 (1)7点，(2)(3)5点×3（22点）

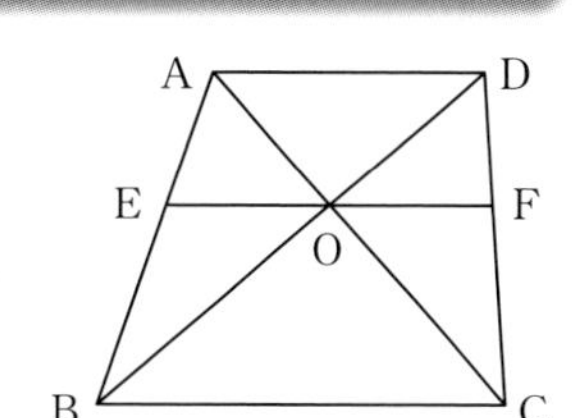

(1) △AOD ∽ △COB であることを証明しなさい。

( )

(2) 線分 EO，EF の長さをそれぞれ求めなさい。

EO ( )，EF ( )

(3) 台形 ABCD の面積は，△AOD の面積の何倍ですか。

( )

5 右の図の四角形 ABCD で，辺 AD，BC，対角線 AC，BD の中点をそれぞれ E，F，G，H とするとき，次の問いに答えなさい。 4点×3（12点）

(1) 四角形 EHFG はどんな四角形になりますか。

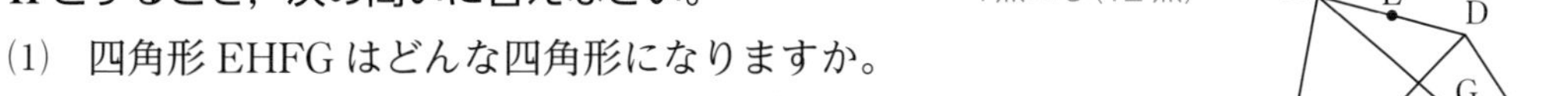

( )

(2) AB = DC のとき，次の①，②に答えなさい。

① △EHF はどんな三角形になりますか。

( )

② AB = 8 cm のとき，四角形 EHFG の周の長さを求めなさい。

( )

6 右の図のように，三角錐（さんかくすい）OABC を，3 点 D，E，F を通り底面 ABC に平行な平面で，2 つに分けました。△DEF の面積は 12 cm²，三角錐 OABC の高さは 10 cm で，OD：DA = 2：3 です。このとき，次の問いに答えなさい。 5点×2（10点）

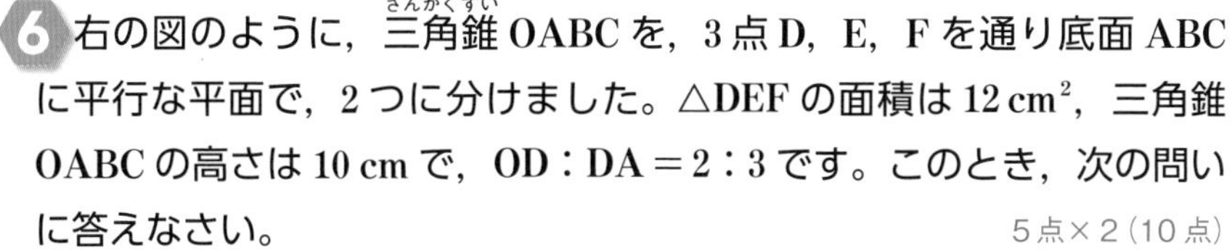

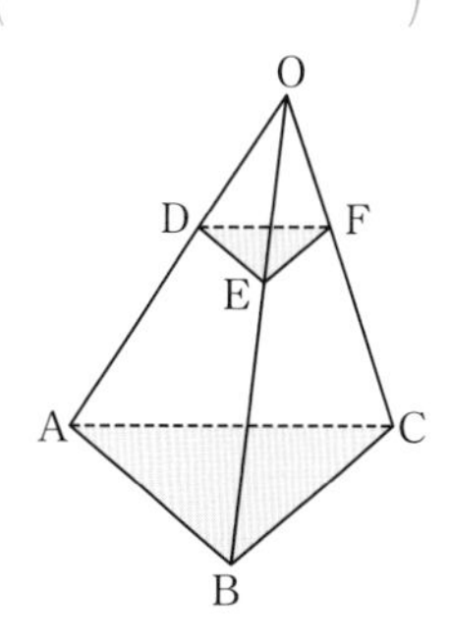

(1) △ABC の面積を求めなさい。

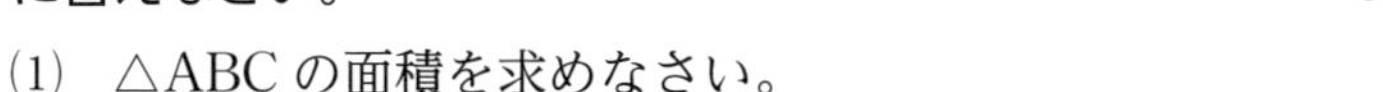

( )

(2) 三角錐 OABC から，三角錐 ODEF をとりのぞいてできる立体の体積を求めなさい。

( )

5章

1 円周角と中心角
❶ 円周角の定理(1)

例1 円周角の定理の証明

教 p.182～184 → 基本問題1

右の図で，$\angle APB = \frac{1}{2}\angle AOB$ であることを証明しなさい。

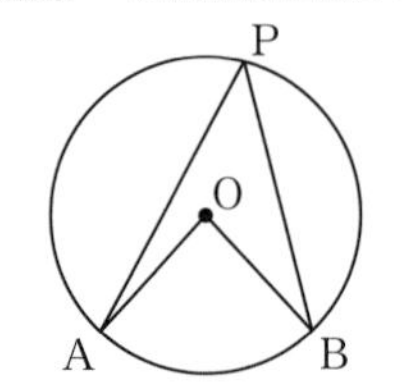

解き方 証明 点Pを通る直径PQを引き，$\angle APQ = \angle a$，$\angle BPQ = \angle b$ とする。

円Oの半径だから，OP＝OA

△OPAは二等辺三角形であるから，$\angle OPA = \angle OAP = \angle a$

$\angle AOQ$ は△OPAの外角であるから，

$\angle AOQ = \angle OPA + \angle OAP = 2\angle a$ ①

同様にして，∠［①］$= 2\angle b$ ② ←∠BOQ＝∠OPB＋∠OBP

①，②から，$\angle AOB = \angle AOQ + \angle BOQ$

$= 2\angle a + 2\angle b = 2(\angle a + \angle b)$

$= 2\angle APB$

したがって，$\angle APB = \frac{1}{2}$∠［②］

① 1つの弧に対する円周角は，その弧に対する中心角の半分である。

$\angle APB = \frac{1}{2}\angle AOB$

② 1つの弧に対する円周角はすべて等しい。

$\angle APB = \angle AQB$

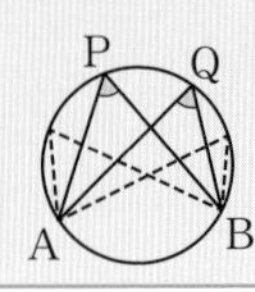

例2 円周角の定理

教 p.185 → 基本問題2

次の図で，$\angle x$，$\angle y$ の大きさを求めなさい。

(1)

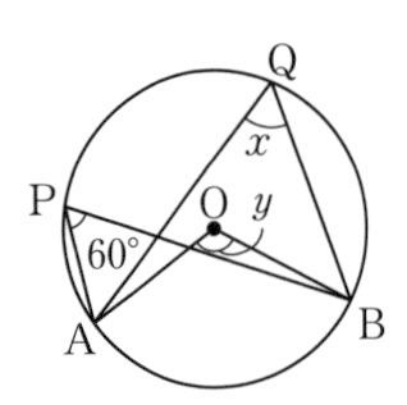

(2)

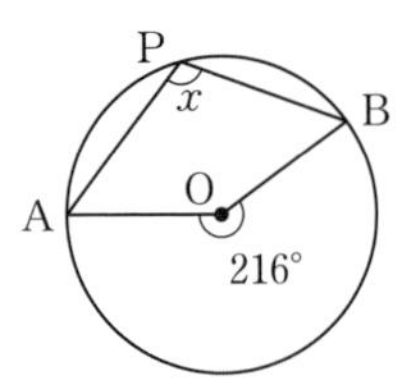

(3)

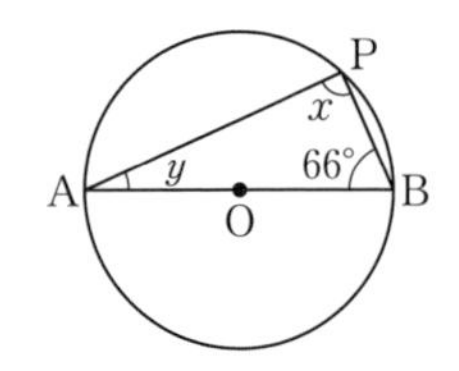

解き方 (1) $\angle x$，$\angle APB$ は $\overset{\frown}{AB}$ に対する円周角だから，$\angle x = \angle APB =$［③］°

$\angle APB = \frac{1}{2}\angle AOB$ より，$60° = \frac{1}{2}\angle y$，　$\angle y = 60° \times 2 =$［④］°

(2) 中心角が180°より大きくても円周角の定理は成り立つので，$\angle x = \frac{1}{2} \times 216° =$［⑤］°

(3) $\angle x = \frac{1}{2}\angle AOB = \frac{1}{2} \times 180° =$［⑥］° ←半円の弧に対する円周角

△ABPの内角の和より，

$\angle y = 180° - (90° + 66°) =$［⑦］° ←$\angle y + 90° + 66° = 180°$

たいせつ

半円の弧に対する円周角は90°である。

$\angle APB = 90°$

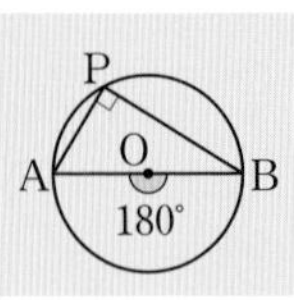

基本問題

解答 p.41

1 円周角の定理の証明　次の問いに答えなさい。

教 p.183 問2, p.184 問3

(1)　図1で，∠BPQ＝□∠BOQ です。□にあてはまる数を答えなさい。

図1

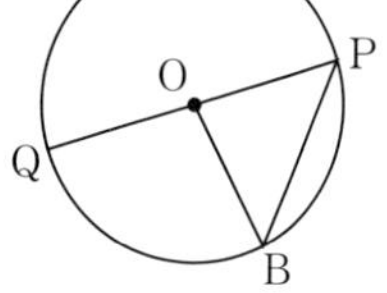

(2)　図2で，∠APB＝$\frac{1}{2}$∠AOB であることを，次のように証明しました。□をうめて，証明を完成させなさい。

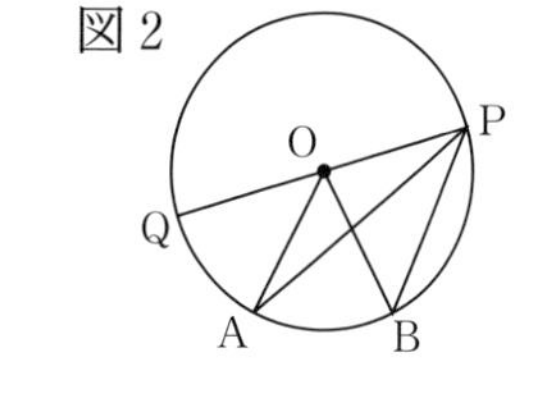

証明　∠APQ＝∠a，∠BPQ＝∠b とする。

△OAP は二等辺三角形であるから，

∠OPA＝∠㋐□＝∠a

∠AOQ は △OAP の外角であるから，

∠AOQ＝∠OPA＋∠㋑□＝2∠a　①

同様にして，∠㋒□＝2∠b　②

①，②から，∠AOB＝∠BOQ−∠AOQ＝2∠b−2∠a

＝2(∠b−∠a)＝2∠㋓□

したがって，∠APB＝$\frac{1}{2}$∠AOB

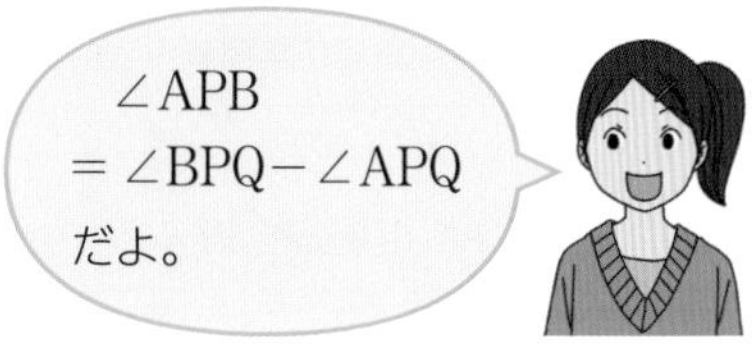

∠APB
＝∠BPQ−∠APQ
だよ。

2 円周角の定理　次の図で，∠x，∠y の大きさを求めなさい。

(1)

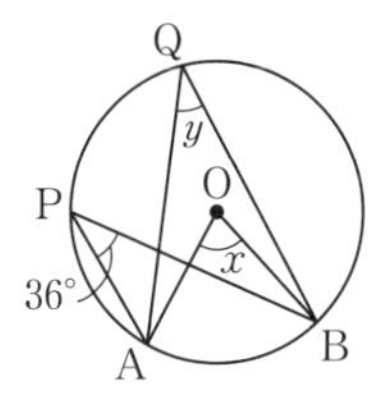

(2)

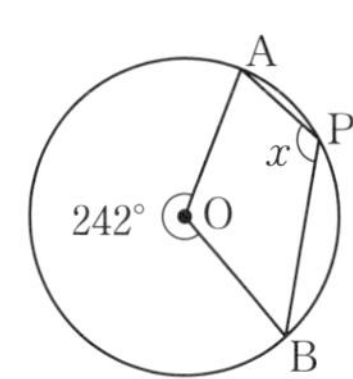

(3)

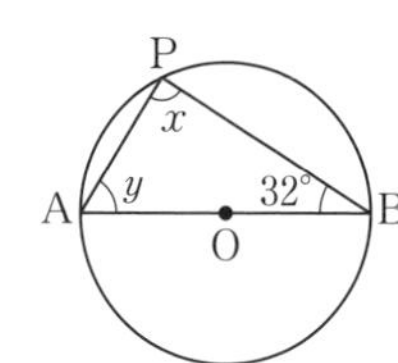

(4)

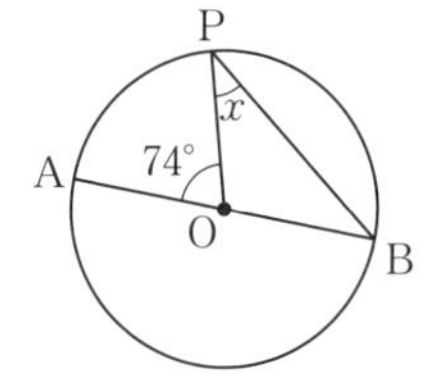

(5)

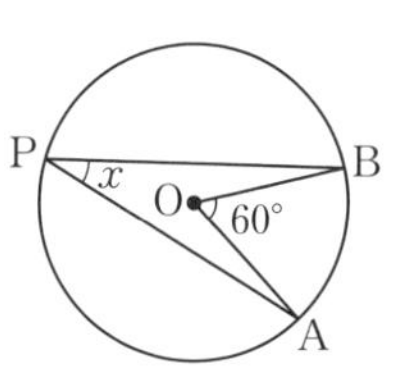

(6)

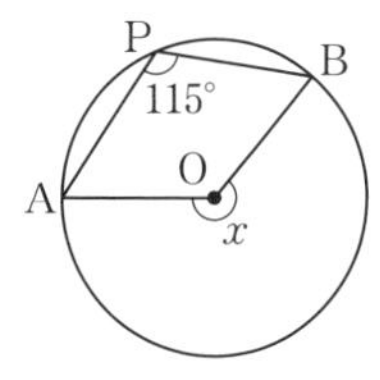

(7)

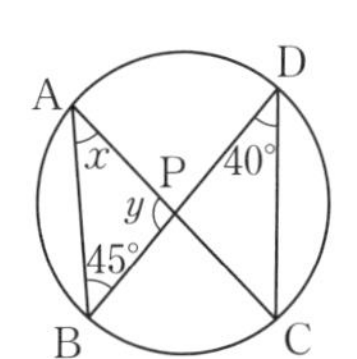

(8)

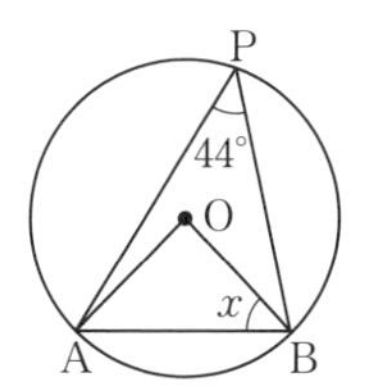

(9)

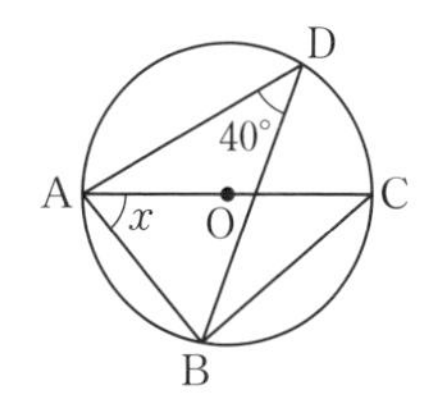

左ページの例の答え　① BOQ　② AOB　③ 60　④ 120　⑤ 108　⑥ 90　⑦ 24

6章

1 円周角と中心角
❶ 円周角の定理(2)　❷ 円周角の定理の逆

例1 弧と円周角

教 p.186〜188 → 基本問題 ❶❷❸

次の図で，x の値を求めなさい。

(1)

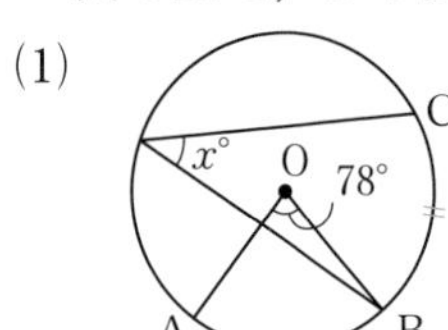

$\overset{\frown}{AB}=\overset{\frown}{BC}$

(2)

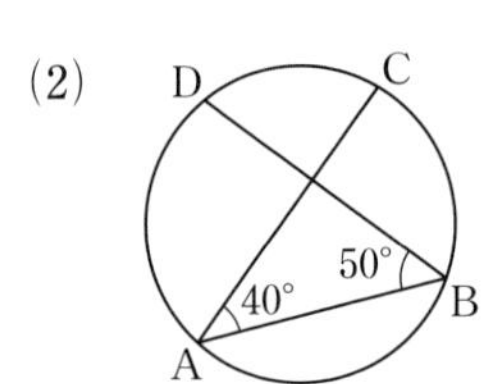

$\overset{\frown}{AD}=10$ cm
$\overset{\frown}{BC}=x$ cm

考え方 (2) 円周角の大きさと弧の長さが比例することから，比例式をつくる。

解き方 (1) $\overset{\frown}{AB}$ の円周角は，$\dfrac{1}{2}\times78°=$ ① 。

$\overset{\frown}{AB}=\overset{\frown}{BC}$ より，1 つの円において，等しい弧に対する円周角は等しいから，$x=$ ②

(2) 円周角の大きさと弧の長さは比例するから，

$\overset{\frown}{AD}:\overset{\frown}{BC}=50:40=5:4$

よって，$10:x=5:4$ 　$x\times5=10\times4$

$5x=40$

$x=$ ③

定理　弧と円周角

1 つの円において，
①等しい弧に対する円周角は等しい。
②等しい円周角に対する弧は等しい。

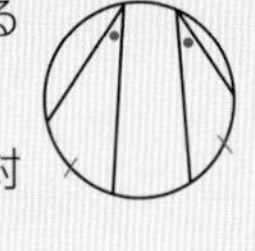

弧の長さは，中心角や円周角に比例するんだよ。

覚えておこう

$\overset{\frown}{AB}$と書いて，弧 AB の長さを表すことがある。

例2 円周角の定理の逆

教 p.189〜190 → 基本問題 ❹❺

次の図で，4 点 A，B，C，D が 1 つの円周上にあるのはどれですか。

㋐

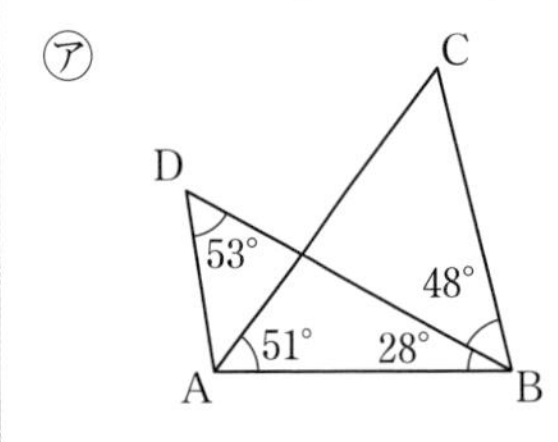

㋑

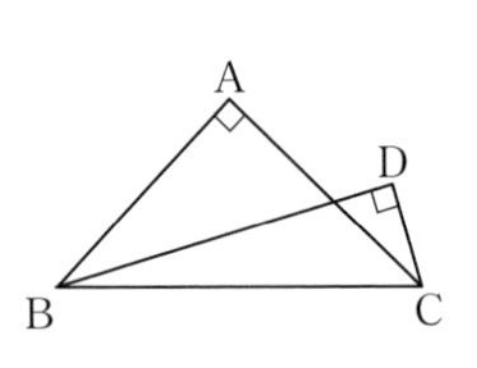

㋒

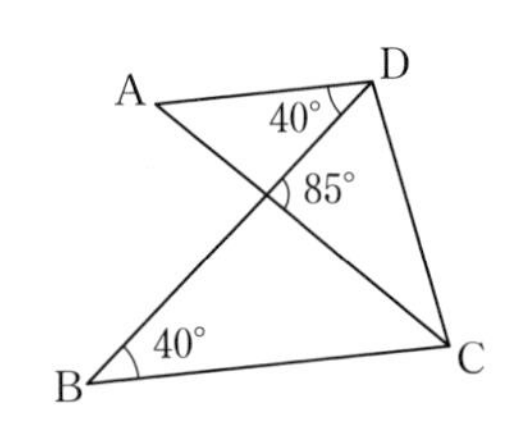

考え方 「円周角の定理の逆」の条件が成り立っているかどうかを調べる。

解き方 ㋐ $\angle ACB=180°-(51°+28°+48°)$ ←△ABCの内角の和より

$=$ ④ 。

よって，$\angle ADB=\angle ACB$ だから，4 点 A，B，C，D は 1 つの円周上に ⑤ 。

㋑ $\angle BAC=\angle BDC$ $(=90°)$

㋒ $\angle CAD=85°-40°=$ ⑥ ° ←三角形の外角の性質

よって，$\angle CAD=\angle CBD$ ではない。

定理　円周角の定理の逆

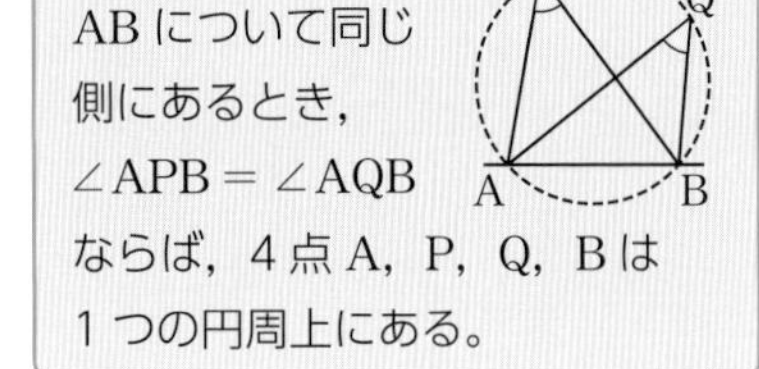

2 点 P，Q が直線 AB について同じ側にあるとき，$\angle APB=\angle AQB$ ならば，4 点 A，P，Q，B は 1 つの円周上にある。

基本問題

解答 p.41

1 弧と円周角 右の図で，$\angle \mathrm{APB}=\angle \mathrm{CQD}$ ならば，$\overset{\frown}{\mathrm{AB}}=\overset{\frown}{\mathrm{CD}}$ であることを，次のように証明しました。□をうめなさい。 教 p.187 問7

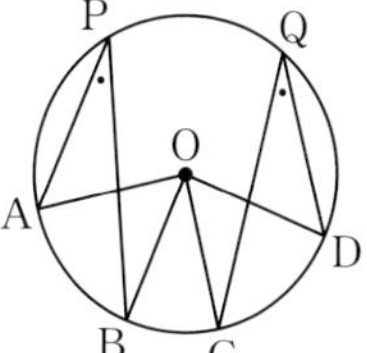
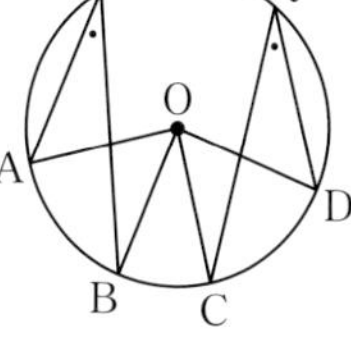

証明　1つの弧に対する中心角は，その弧に対する円周角の2倍だから，

$\angle \mathrm{AOB}=2\angle$ ㋐□　①　　$\angle \mathrm{COD}=2\angle$ ㋑□　②

仮定より，$\angle \mathrm{APB}=\angle \mathrm{CQD}$　③

①，②，③から，$\angle \mathrm{AOB}=\angle$ ㋒□　　中心角が等しいので，$\overset{\frown}{\mathrm{AB}}=$ ㋓□

2 弧と円周角 次の図で，$\angle x$ の大きさを求めなさい。 教 p.188 問8

(1) $\overset{\frown}{\mathrm{AB}}=\overset{\frown}{\mathrm{CD}}$　(2) $\overset{\frown}{\mathrm{AB}}=\overset{\frown}{\mathrm{BC}}$　(3) $\overset{\frown}{\mathrm{AB}}=2\overset{\frown}{\mathrm{CD}}$

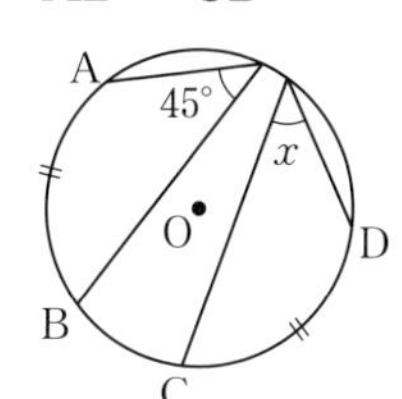

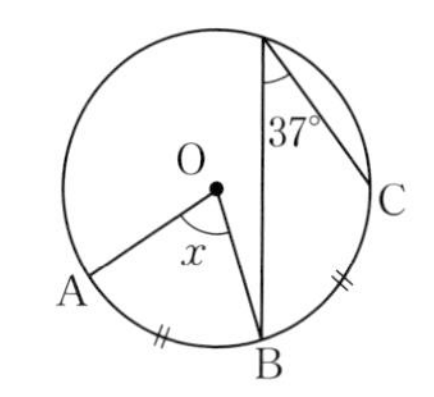

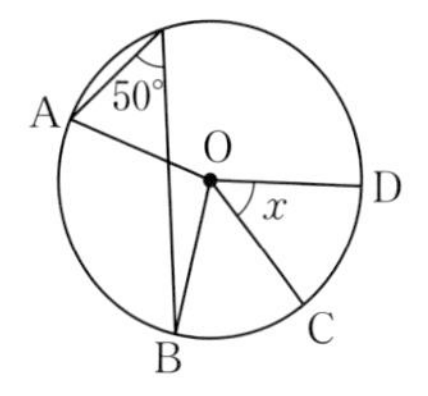

3 弧と円周角 次の図で，x の値を求めなさい。 教 p.188 問9

(1) $\overset{\frown}{\mathrm{AB}}=x$ cm，$\overset{\frown}{\mathrm{CD}}=4$ cm　(2) $\overset{\frown}{\mathrm{BC}}=5$ cm，$\overset{\frown}{\mathrm{CA}}=2$ cm　(3) $\overset{\frown}{\mathrm{AB}}=4$ cm，$\overset{\frown}{\mathrm{BC}}=3$ cm

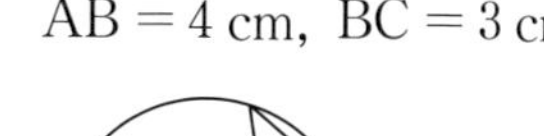

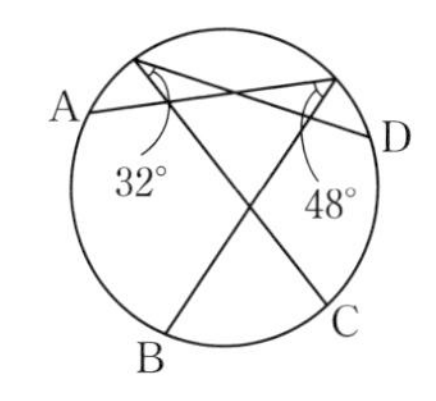

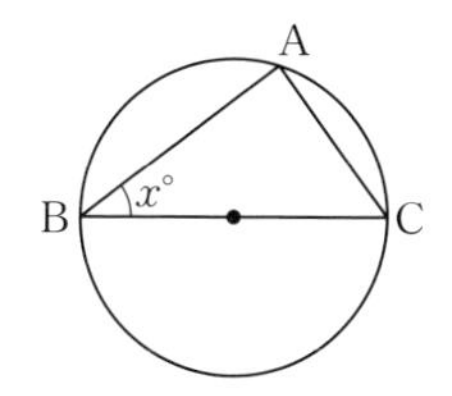

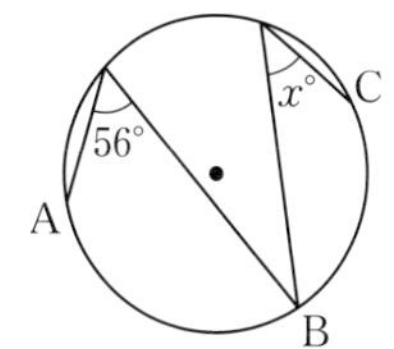

4 円周角の定理の逆 右の図で，$\angle \mathrm{APB}>\angle \mathrm{AQB}$ であることを，次のように証明しました。□をうめなさい。 教 p.190 問1

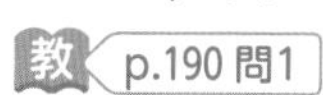

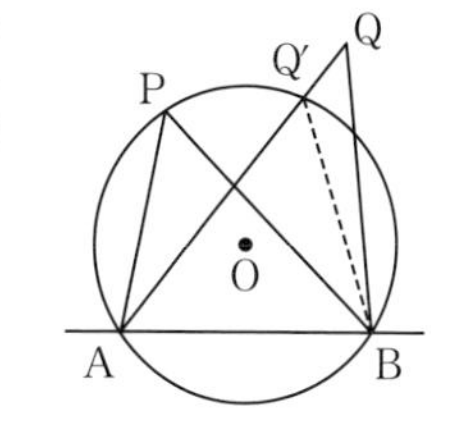

証明　AQ と円 O との交点を Q′ とする。∠AQ′B は △BQQ′ の外角

であるから，$\angle \mathrm{AQ'B}=\angle \mathrm{AQB}+\angle$ ㋐□

したがって，$\angle \mathrm{AQ'B}$ ㋑□ $\angle \mathrm{AQB}$　①

$\overset{\frown}{\mathrm{AB}}$ に対する円周角は等しいから，$\angle \mathrm{AQ'B}=\angle$ ㋒□　②

①，②から，$\angle \mathrm{APB}>\angle \mathrm{AQB}$

5 円周角の定理の逆 次の図で，4点 A，B，C，D が1つの円周上にあるのはどれですか。 教 p.190 問2

㋐

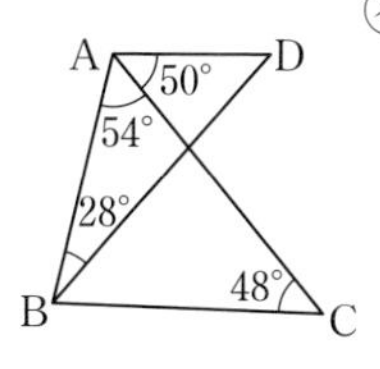

㋑

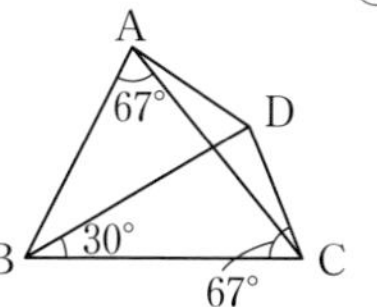

㋒

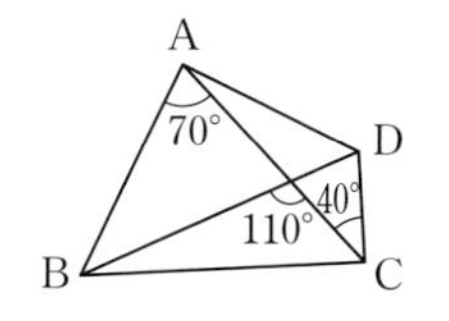

ここがポイント
図の中の ⋀⋀ の形に注目し，印のついた角が等しいかどうか調べる。

左ページの例の答え　①39　②39　③8　④53　⑤ある　⑥45　⑦，⑧㋐，㋑

解答 p.42

定着のワーク ステージ2 1 円周角と中心角

よく出る **1** 次の図で，$\angle x$ の大きさを求めなさい。

(1)

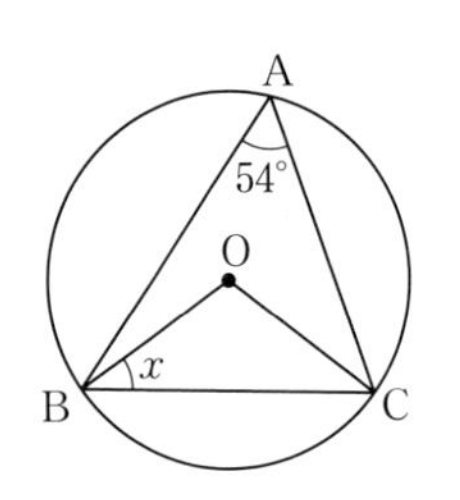

(2)

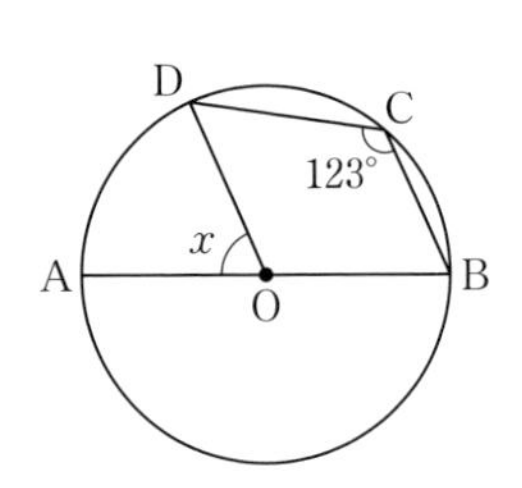

(3)

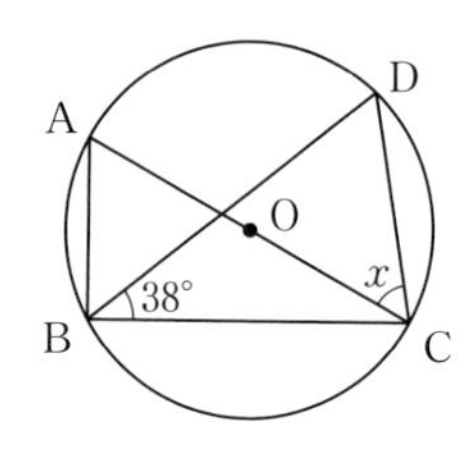

(4)

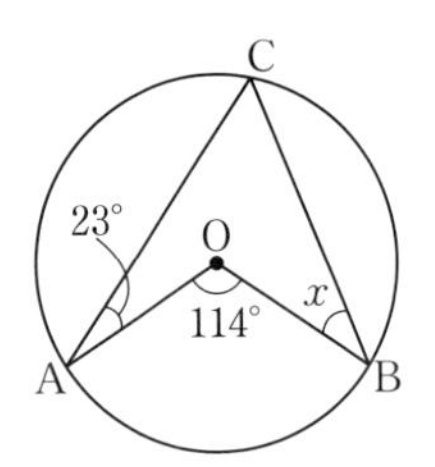

(5)

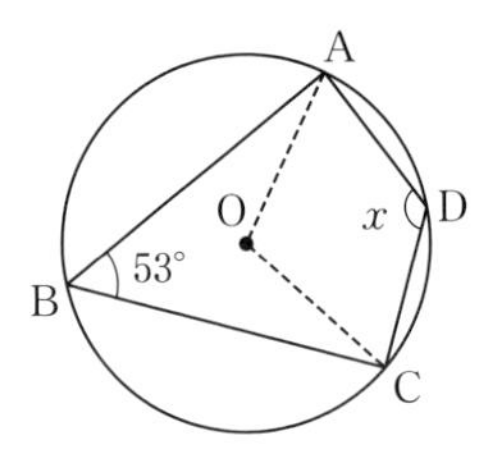

(6)

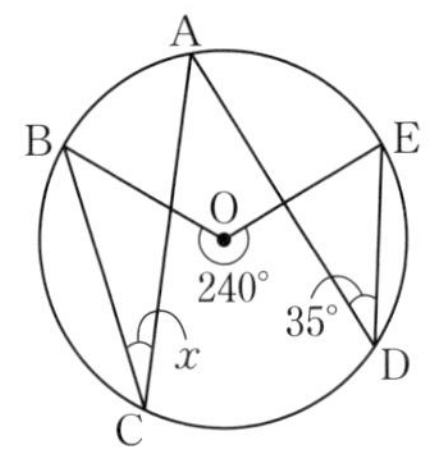

(7)

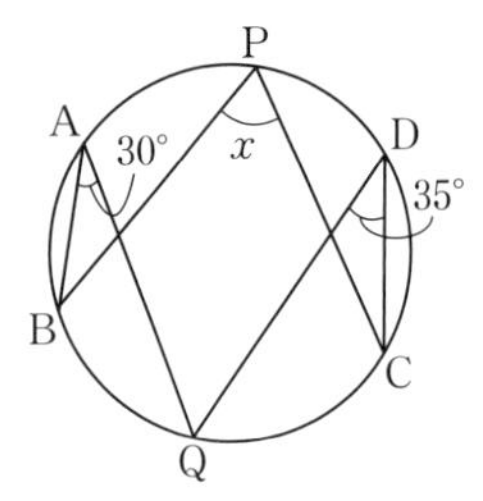

(8)

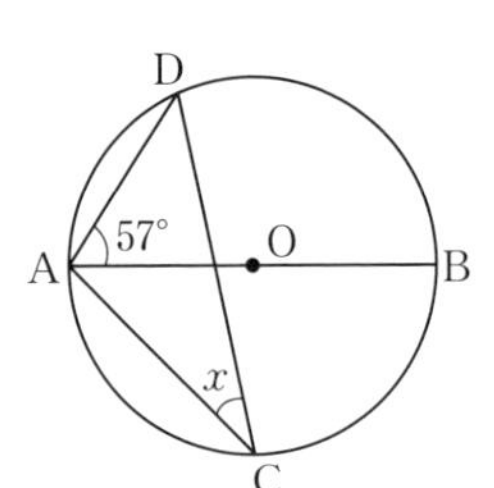

(9)

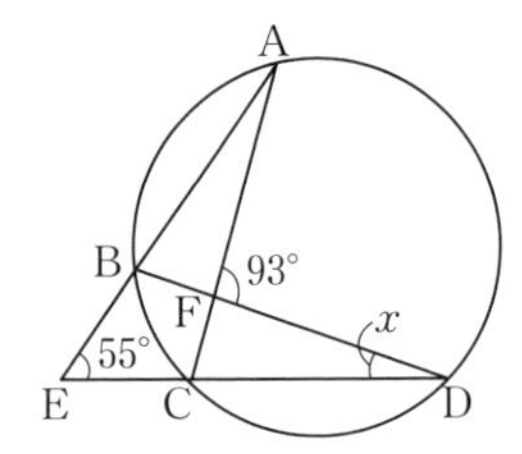

2 次の図で，$\angle x$，$\angle y$ の大きさを求めなさい。

(1) $\overset{\frown}{AD}=2\overset{\frown}{BC}$

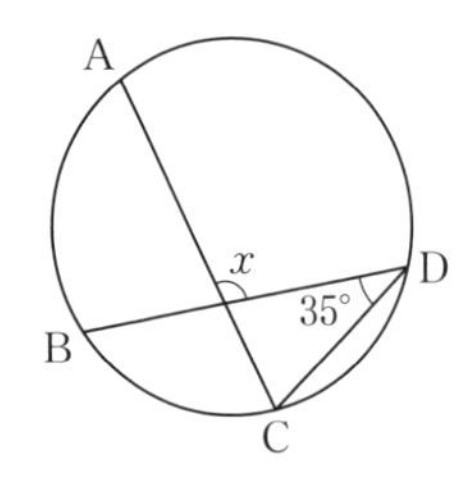

(2) A〜E は円周を 5 等分する点

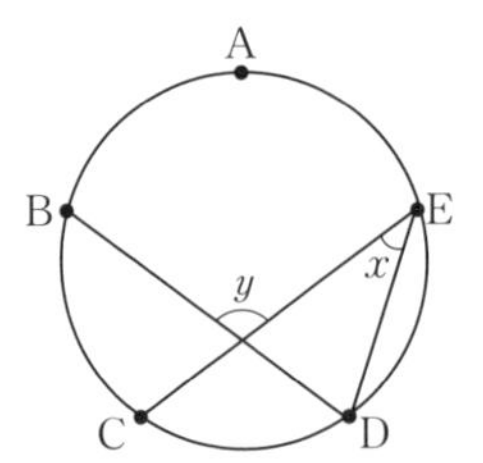

ヒントの森

1 (8) 補助線を引いて，半円の弧に対する円周角をつくる。

(9) 三角形の外角の性質を使って角の大きさを x の式で表し，方程式をつくる。

2 (2) A〜E は円周を 5 等分する点であることから，まず $\overset{\frown}{CD}$ の中心角を求めてみる。

レベルUP **3** 右の図で，△ABC は AB＝AC の二等辺三角形で，∠BAC＝40° です。BC の延長上に ∠ADC＝40° となるように点 D をとり，線分 AD と 3 点 A，B，C を通る円 O との交点を E とします。このとき，$\overset{\frown}{AE}$ と $\overset{\frown}{EC}$ の長さの比を求めなさい。

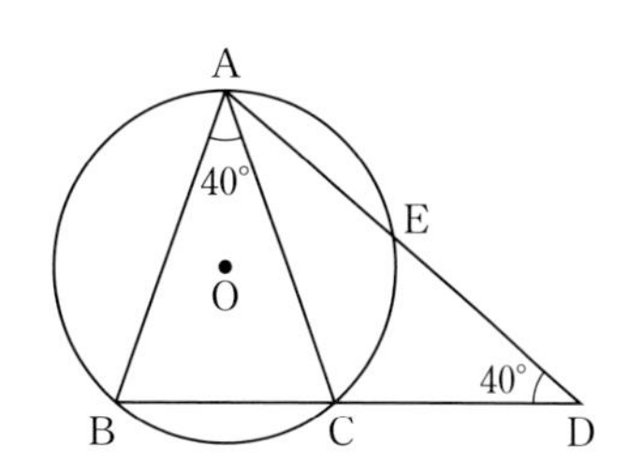

4 **次の図で，∠x の大きさを求めなさい。**

(1)

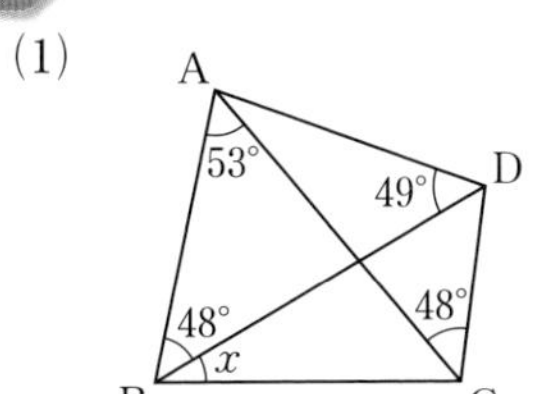

(2)

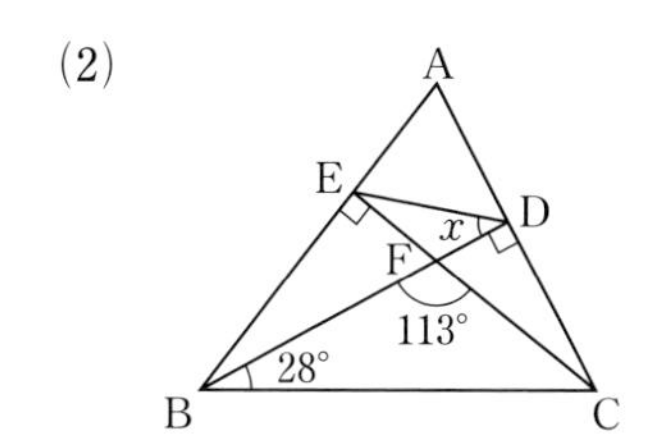

5 **右の図のように，∠C＝90° の直角三角形 ABC と点 P があり，∠APB＝90° です。次の問いに答えなさい。**

(1)　4 点 A，B，C，P は 1 つの円周上にあるといえますか。

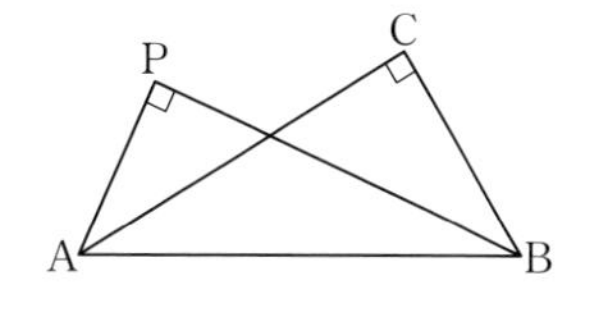

レベルUP (2)　点 P が ∠APB＝90° という条件を満たしながら動くとき，点 P はどんな線をえがきますか。ただし，点 P は直線 AB について点 C と同じ側にあるものとします。

入試問題をやってみよう！

1 右の図で C，D は AB を直径とする半円 O の周上の点であり，E は直線 AC と BD の交点である。半円 O の半径が 5 cm，弧 CD の長さが 2π cm のとき，∠CED の大きさは何度か，求めなさい。

〔愛知〕

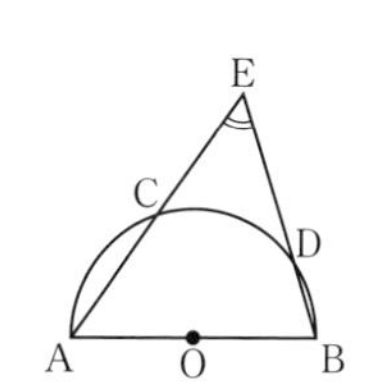

レベルUP **2** 右の図で A，B，C，D は円周上の点，E は線分 AC と DB との交点で，AB＝AD，EB＝EC である。∠BEC＝106° のとき，∠BAE の大きさは何度か，求めなさい。

〔愛知〕

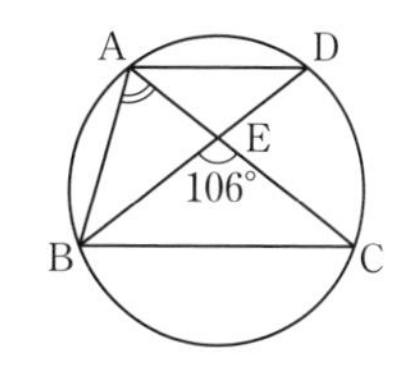

3 円周角 ∠ABE と ∠EAC の大きさの比を考える。

1 弧 CD の長さから，∠COD の大きさを求め，円周角と中心角の関係を考える。

2 二等辺三角形の底角や，同じ弧に対する円周角などの等しい角に印をつけて考える。

確認のワーク ステージ1 2 円周角の定理の利用 ❶ 円周角と図形の証明 深めよう！ 発展 動かして考えよう

例1 円周角に関する定理を使った証明

教 p.192〜193 → 基本問題 1 2 3

右の図のように，円Oの2つの弦(げん) AC と BD の交点を P とするとき，次の問いに答えなさい。

(1) △ABP ∽ △DCP であることを証明しなさい。

(2) AP＝16 cm, BP＝12 cm, CP＝9 cm のとき, DP の長さを求めなさい。

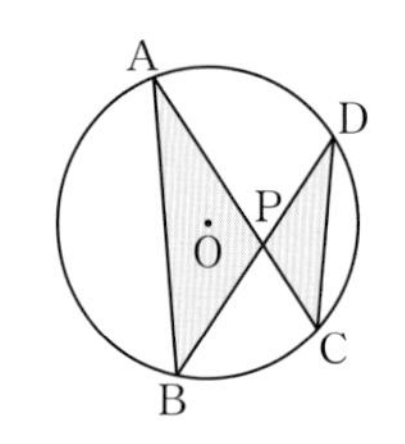

考え方 (1) 円周角の定理を利用して，角が等しいことを示す。

(2) (1)より，相似な図形の対応する辺の長さの比が等しいことから，比例式をつくる。

解き方 (1) **証明** △ABP と △DCP において，

$\overset{\frown}{BC}$ に対する円周角は等しいから，∠A＝［①　　］ ①

同様にして，∠B＝［②　　］ ② ←「対頂角は等しいから，∠APB＝∠DPC」でもよい。

①，②より，2組の角がそれぞれ等しいから，

△ABP ∽ △DCP

(2) (1)より，AP：DP＝BP：［③　　］

DP＝x cm とすると，16：x＝12：9

x＝［④　　］　($12x=16\times9$)

12 cm

思い出そう

三角形の相似条件

① 3組の辺の比がすべて等しい。

② 2組の辺の比とその間の角がそれぞれ等しい。

③ 2組の角がそれぞれ等しい。

※よく使うのは③

発展 例2 円周角を動かして見つかる性質

教 p.201 → 基本問題 4

円の接線CDと，その接点Bを一端(いったん)とする弦BAのつくる角は，その角の内部にある $\overset{\frown}{AB}$ に対する円周角に等しくなります。つまり，右の図で，直線CDが円Oの接線であるとき，∠ABC＝∠P となります。このことを証明しなさい。

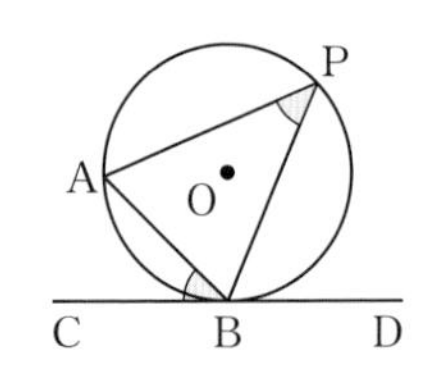

考え方 右の図のように，点Bを通る直径BP′を引くと，∠P＝∠P′ になるから，∠P′＝∠ABC を証明すればよい。

解き方 **証明** 点Bを通る直径BP′を引く。

接線は接点を通る半径に垂直だから，∠P′BC＝90°

∠ABC＝∠P′BC－∠ABP′＝90°－∠ABP′ ①

半円の弧(こ)に対する円周角だから，∠P′AB＝［⑤　　］°

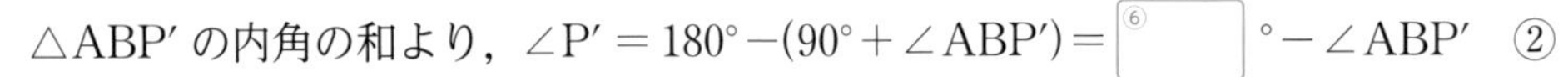
△ABP′ の内角の和より，∠P′＝180°－(90°＋∠ABP′)＝［⑥　　］°－∠ABP′ ②

①，②より，∠ABC＝∠P′

また，$\overset{\frown}{AB}$ に対する円周角は等しいから，∠P＝∠P′

したがって，∠ABC＝∠P

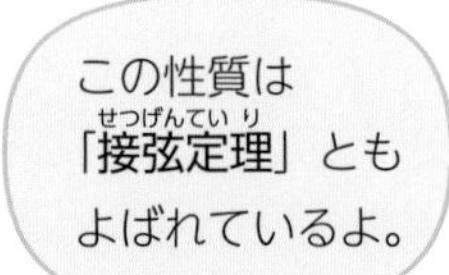

基本問題

解答 p.43

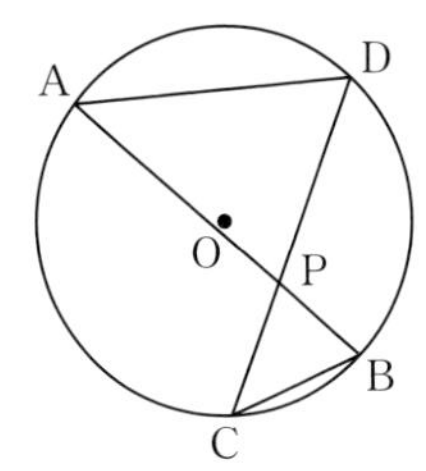

1 円周角に関する定理を使った証明 右の図のように，円 O の 2 つの弦 AB，CD の交点を P とするとき，次の問いに答えなさい。教 p.192 問1

(1) △ADP ∽ △CBP であることを証明しなさい。

(2) AP = 10 cm，BP = 4 cm，CP = 5 cm のとき，DP の長さを求めなさい。

2 円周角に関する定理を使った証明 右の図のように，円 O の 2 つの弦 AB，CD を延長し，その交点を P とするとき，次の問いに答えなさい。

教 p.192 問2

(1) △ADP ∽ △CBP であることを証明しなさい。

(2) AP = 15 cm，BP = 6 cm，DP = 5 cm のとき，CP の長さを求めなさい。

発展 **知ってると得**

1，2 の図で，

AP×BP = CP×DP

が成り立つ。この性質を「方(ほう)べきの定理」という。

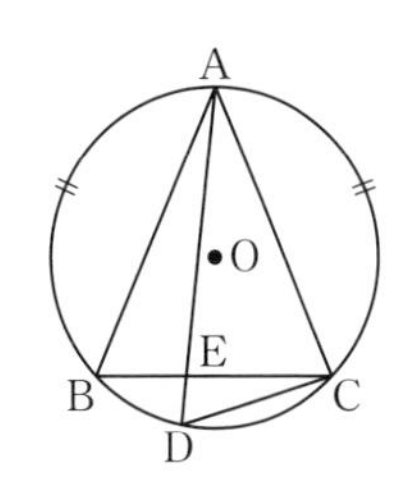

3 円周角に関する定理を使った証明 右の図で，4 点 A，B，C，D は円 O の円周上の点で，$\overset{\frown}{AB} = \overset{\frown}{AC}$ です。また，弦 AD，BC の交点を E とします。このとき，△ADC ∽ △ACE であることを証明しなさい。教 p.193 問4

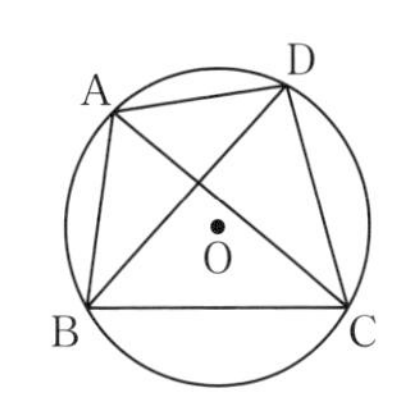

発展 **4 円周角を動かして見つかる性質** 円に内接する四角形の対角の和は 180° です。つまり，右の図で，4 点 A，B，C，D が円 O の円周上の点であるとき，∠BAD + ∠BCD = 180° であることを次のように証明しました。□ をうめなさい。教 p.201 3

証明 $\overset{\frown}{BC}$ に対する円周角は等しいから，∠BAC = ㋐□ ①

$\overset{\frown}{DC}$ に対する円周角は等しいから，∠DAC = ㋑□ ②

△BCD の内角の和は 180° だから，

∠BDC + ∠DBC + ㋒□ = 180° ③

①，②，③より，∠BAD + ∠BCD

= (∠BAC + ㋓□) + ∠BCD

= ∠BDC + ∠DBC + ∠BCD

= ㋔□

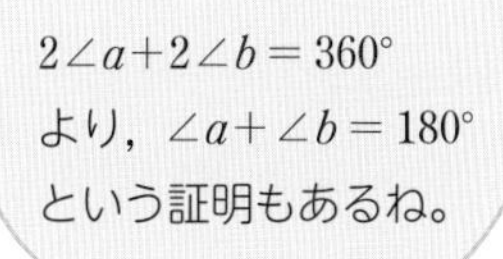

2∠a+2∠b = 360°
より，∠a+∠b = 180°
という証明もあるね。

左ページの例の答え ① ∠D ② ∠C ③ CP ④ 12 ⑤ 90 ⑥ 90

ステージ1

2 円周角の定理の利用
❷ 円周角と円の接線

例1 円の外部にある1点を通る円の接線の作図

教 p.194～196 →基本問題 1 2

右の図で，円Oの外部の点Pを通る円Oの接線PA，PBを作図しなさい。
また，その方法で接線が作図できる理由を説明しなさい。

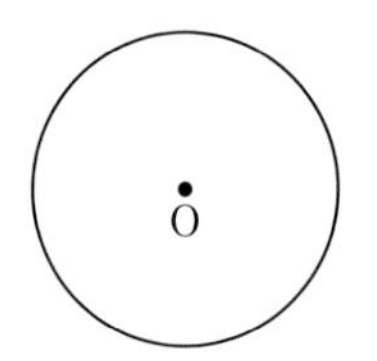

考え方 接線は接点を通る半径に垂直だから，90°の角をつくることを考える。

解き方〔作図〕 手順 ① 点P，Oを結び，線分POの中点O′を求める。⇐線分POの ①[　　] を作図し，POとの交点をO′とする。

② O′を中心として半径 ②[　　] の円をかき，円Oとの交点をそれぞれA，Bとする。

③ 直線PA，PBを引く。

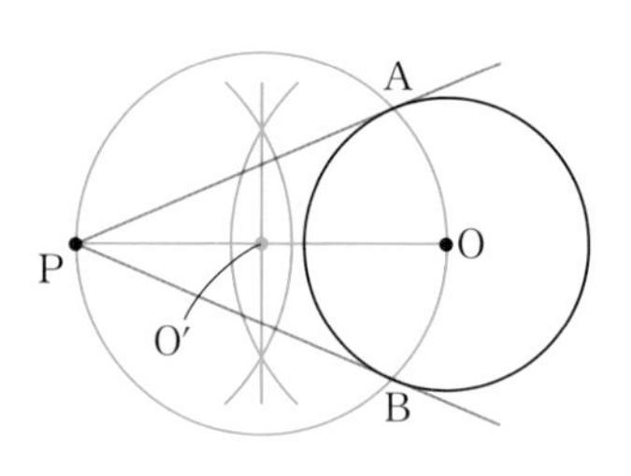

〔理由〕 円O′で，∠PAO，∠PBOは ③[　　] の弧(こ)に対する円周角だから，∠PAO＝∠PBO＝④[　　]°　→PA⊥OA，PB⊥OB

PA，PBは，円Oの半径と円周上で垂直に交わるから，円Oの接線になる。

覚えておこう
上の図で，線分PA，PBの長さのことを，接線の長さという。

例2 接線の長さ

教 p.196 →基本問題 3 4

右の図で，円Oは△ABCの3辺に点D，E，Fで接しています。$AB=9$ cm，$BC=10$ cm，$CA=7$ cmのとき，ADの長さを求めなさい。

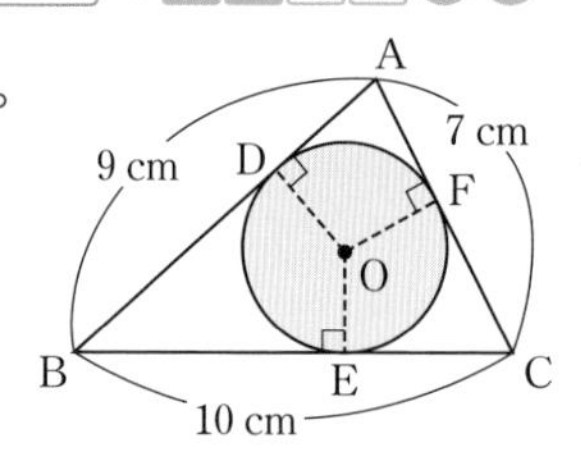

考え方 $AD=x$ cmとして，接線の長さが等しいことから，方程式をつくる。

解き方 $AD=x$ cmとする。

接線の長さは等しいから，$AF=AD=x$ cm
↑△ADO≡△AFOより

$BD=AB-AD=(9-x)$ cm

接線の長さは等しいから，$BE=BD=(9-x)$ cm

同様に，$CE=CF=($ ⑤[　　] $)$ cm

$BE+CE=BC$ だから，$(9-x)+(7-x)=10$　↩ $16-2x=10$

これを解いて，$x=$ ⑥[　　]

たいせつ
円の外部にある1点から，この円に引いた2本の接線の長さは等しい。

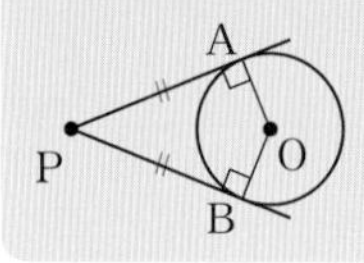

左の図で，$PA=PB$

⑦[　　]

基本問題

解答 p.44

1 円の外部にある 1 点を通る円の接線の作図 下の図で，円 O の外部の点 P を通る円 O の接線 PA，PB を作図しなさい。

教 p.195 2

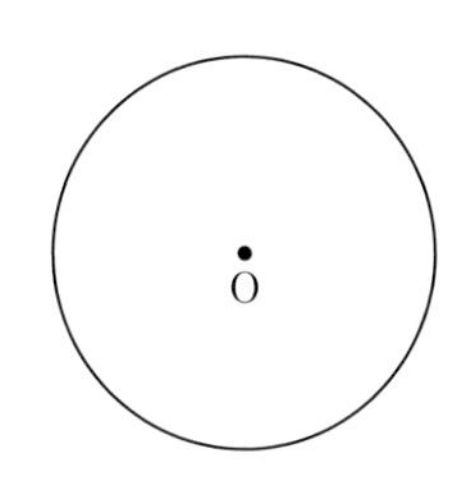

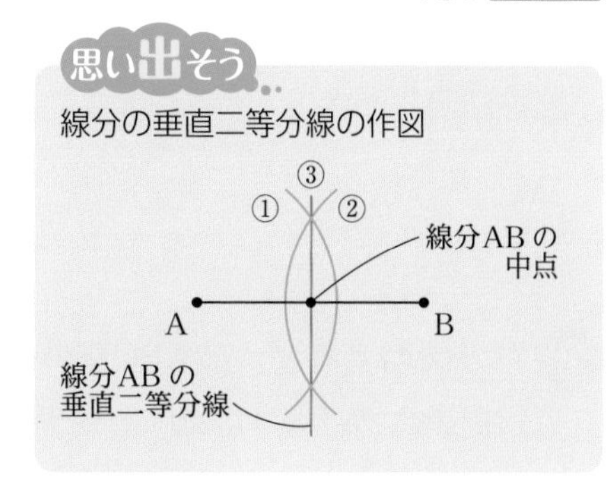

2 円周角の定理の利用 右の図で，点 A，B，C，D，E，F は円周上の点で，∠AEB＝90°，∠CFD＝90° です。弦（げん）AB と弦 CD の交点は何になりますか。また，そうなる理由を説明しなさい。

教 p.196 確かめよう2

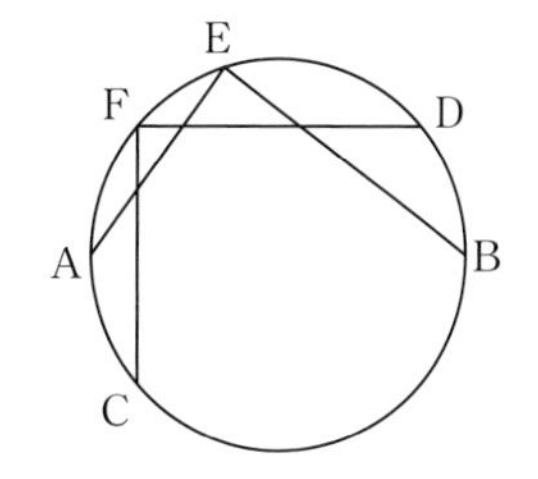

3 接線の長さ 右の図のように，円 O の外部の点 P から円 O に接線 PA，PB を引くとき，PA＝PB であることを次のように証明しました。□ をうめて，証明を完成させなさい。

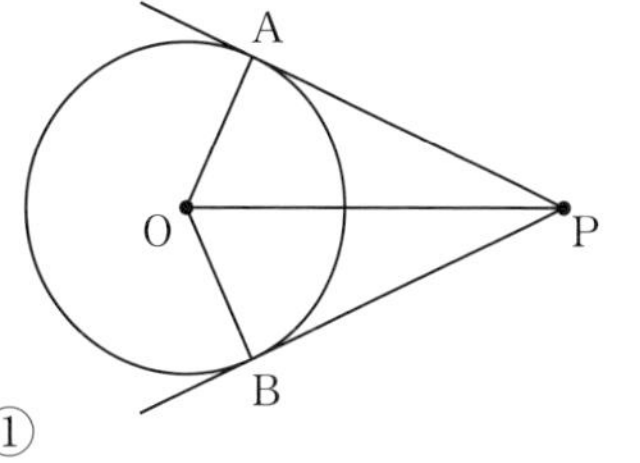

証明　△OPA と △OPB において，

PA，PB は円 O の接線だから，∠OAP＝㋐□＝90°　①

OP は共通　②

半径は等しいから，OA＝㋑□　③

①，②，③より，直角三角形の㋒□がそれぞれ等しいから，

△OPA≡△OPB　　したがって，PA＝㋓□

展 **4 接線の長さ** 右の図で，円 O は △ABC の 3 辺に点 D，E，F で接しています。∠C＝90°，AB＝15 cm，BC＝12 cm，CA＝9 cm のとき，円 O の半径を次の(1)〜(4)に従って求めなさい。

教 p.196 トライ

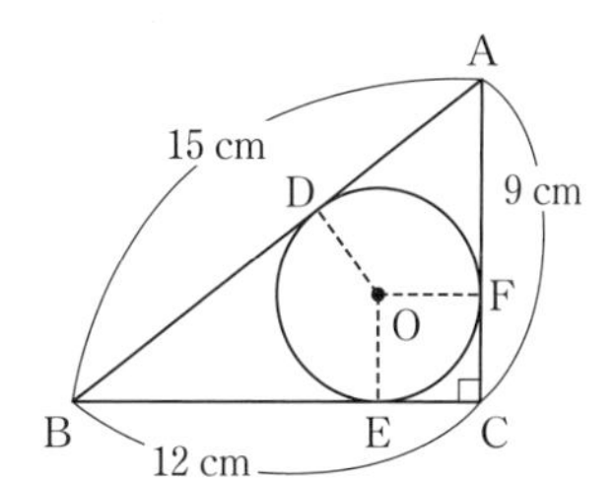

(1)　CE の長さを x cm として，x の方程式をつくりなさい。

(2)　x の値を求めなさい。

(3)　四角形 OECF はどんな四角形ですか。

(4)　円 O の半径を求めなさい。

左ページの例の答え　①垂直二等分線　②O′P（O′O）　③半円　④90　⑤$7-x$　⑥3　⑦3

解答 p.44

2 円周角の定理の利用

1 右の図のように，円Oの円周上に4点A，B，C，Dがあります。円Oの$\overset{\frown}{AB}$，$\overset{\frown}{CD}$について，$\overset{\frown}{AB}=\overset{\frown}{CD}$ならば，AD // BCであることを証明しなさい。

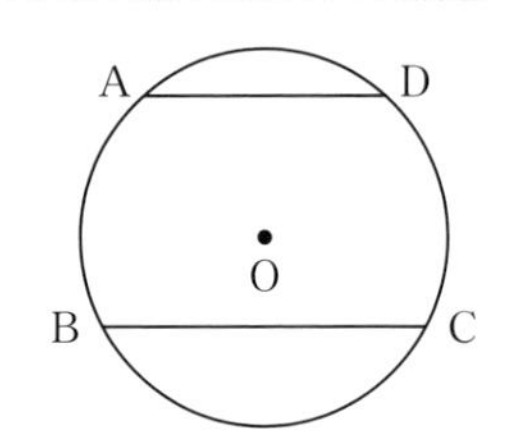

2 右の図のように，▱ABCDの3つの頂点A，B，Dは，円Oの円周上にあります。辺CBを延長し，円Oとの交点をEとし，DとEを結ぶとき，△DECは二等辺三角形であることを証明しなさい。

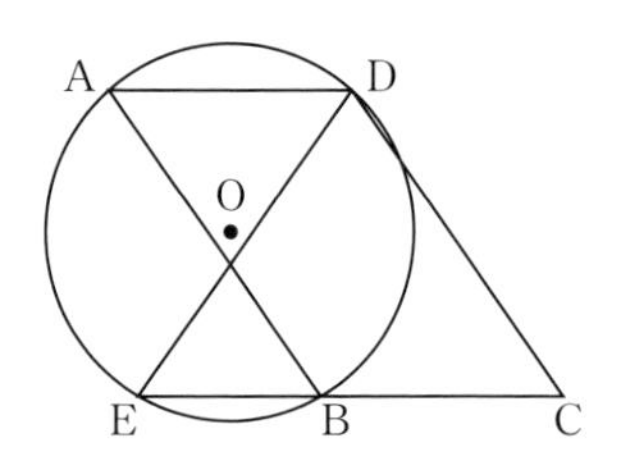

3 右の図で，線分ABは円Oの直径で，直線BCは円Oの接線，点Dは線分ACと円Oとの交点です。次の問いに答えなさい。

(1) △ABD∽△ACBであることを証明しなさい。

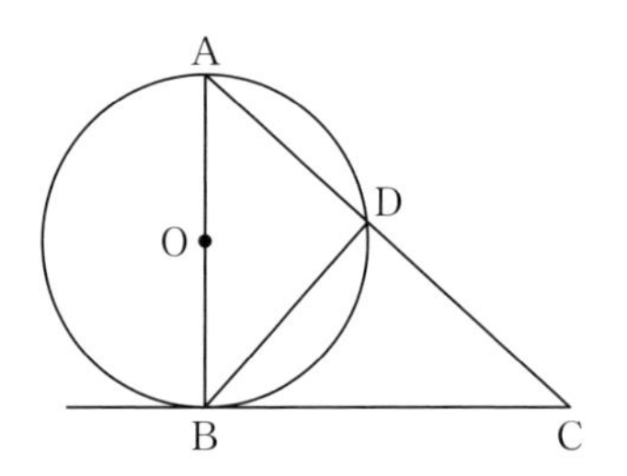

(2) AC＝18 cm，AD＝8 cmのとき，円Oの半径の長さを求めなさい。

4 右の図で，△ABCはAB＝ACの二等辺三角形です。辺AB，AC上に∠DCB＝∠EBCとなるように点D，Eをとるとき，次の問いに答えなさい。

(1) 4点D，B，C，Eが1つの円周上にあることを証明しなさい。

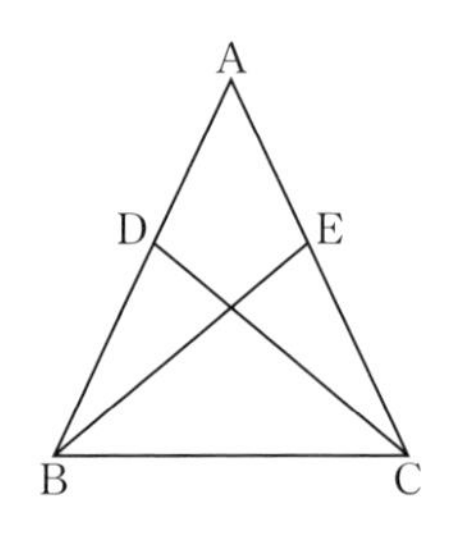

(2) 2点D，Eを結ぶとき，DE // BCであることを証明しなさい。

3 (2) 直径ABの長さがわかればよい。(1)より，AB：AC＝AD：AB

4 (1) 二等辺三角形の底角が等しいことと仮定より，∠DBE＝∠DCEを導く。

(2) (1)より，円周角の定理を利用する。

5 右の図のように，長方形 ABCD の紙を対角線 AC で折ります。点 B が移った点を B′ とするとき，4 点 A，C，D，B′ が 1 つの円周上にあることを証明しなさい。

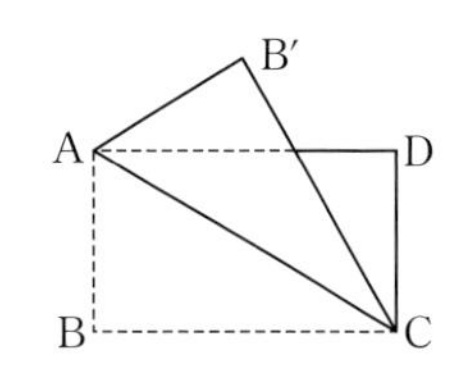

6 右の図のように，△ABC の 3 つの頂点が円 O の円周上にあります。頂点 A を通る直径を AD とし，A から辺 BC に垂線 AH を引くとき，△ABH∽△ADC であることを証明しなさい。

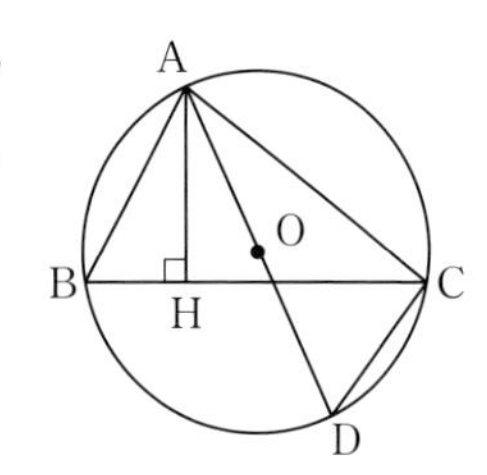

7 右の図のように，円 O の円周上に 3 点 A，B，C をとり，$\overset{\frown}{AC}$ 上に，$\overset{\frown}{BC}=\overset{\frown}{CD}=\overset{\frown}{DE}$ となるように 2 点 D，E をとります。弦（げん） AD と BE の交点を F とするとき，△ACE∽△EDF であることを証明しなさい。

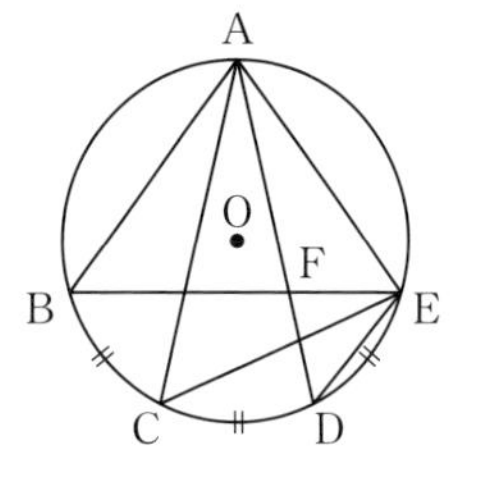

8 **右の図のように，AD // BC である台形 ABCD と，辺 CD 上に中心をもつ円 O が，点 C，D と辺 AB 上の点 P で接しています。**
CD = 10 cm，AB = 12 cm のとき，次の問いに答えなさい。

(1) AD = a cm として，BC の長さを a の式で表しなさい。

(2) 台形 ABCD の面積を求めなさい。

(3) ∠PBC = b° とするとき，∠PCD の大きさを b の式で表しなさい。

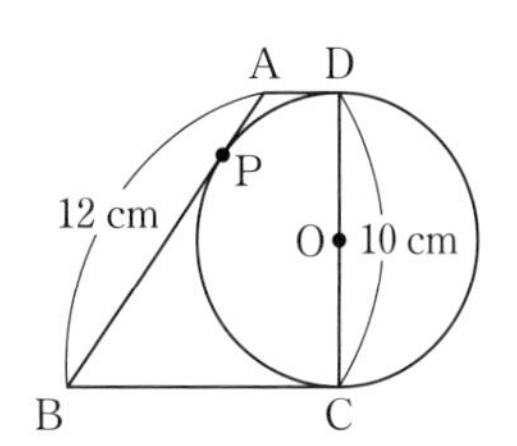

入試問題をやってみよう！

1 右の図において，3 点 A，B，C は円 O の円周上の点であり，BC は円 O の直径である。$\overset{\frown}{AC}$ 上に点 D をとり，点 D を通り AC に垂直な直線と円 O との交点を E とする。また，DE と AC，BC との交点をそれぞれ F，G とする。このとき，△DAC∽△GEC であることを証明しなさい。〔静岡〕

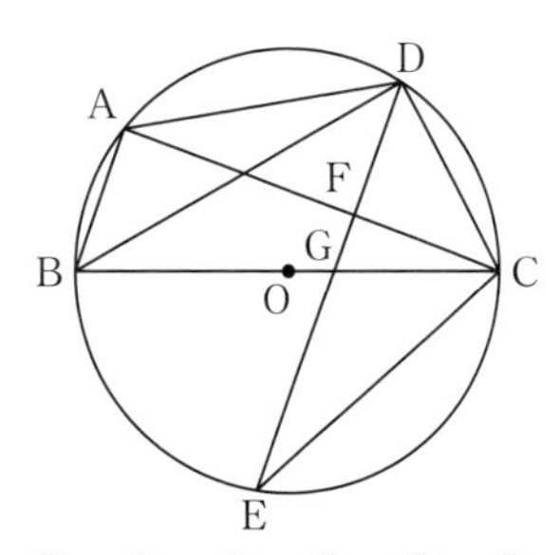

5 折り返したから，∠B = ∠B′ となることを利用する。
7 仮定より，$\overset{\frown}{CE}=\overset{\frown}{BD}$ となることを利用する。
8 (1) 円の外部にある 1 点から引いた 2 本の接線の長さは等しいから，AD = AP，BC = BP

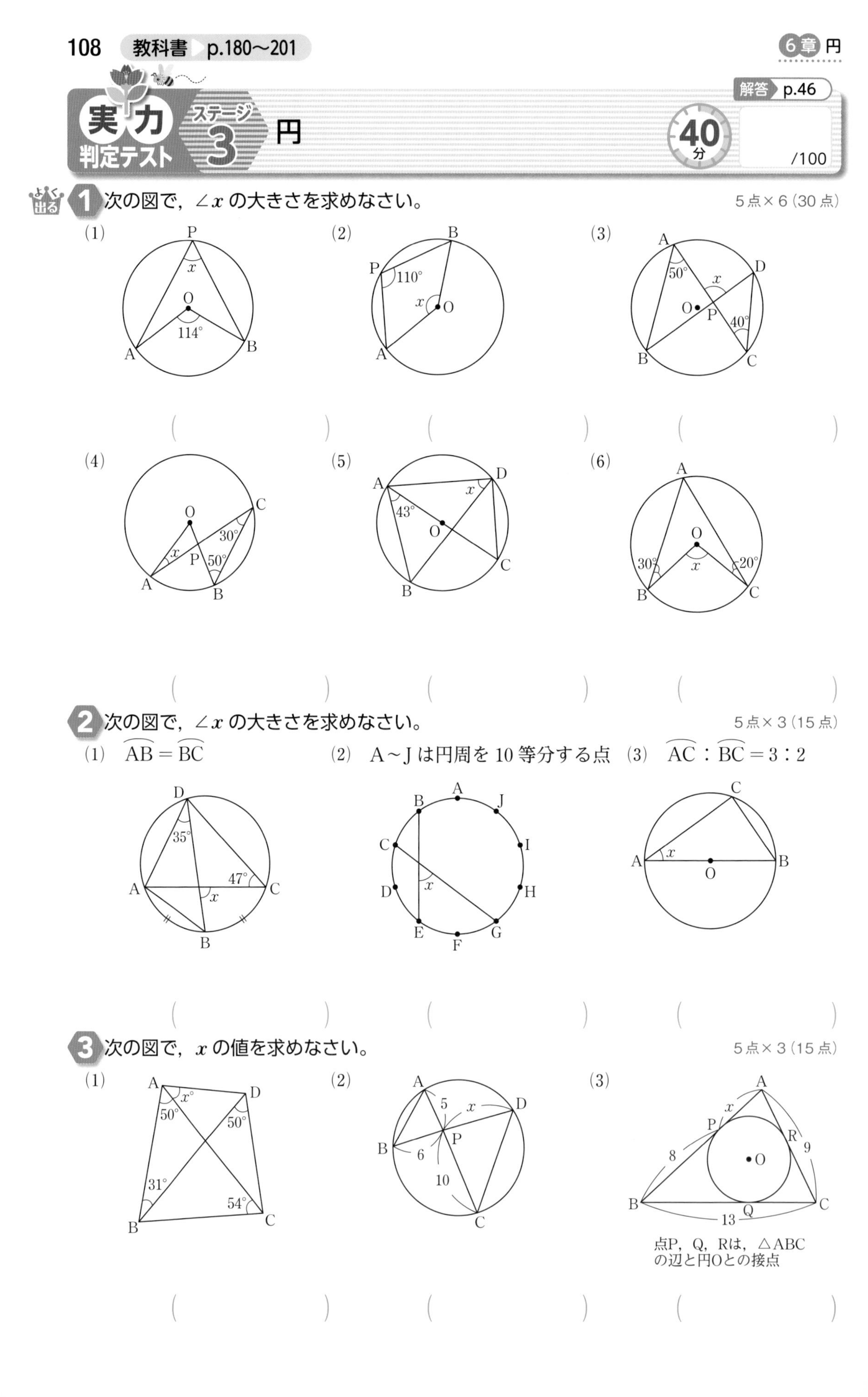

解答 p.46

実力判定テスト ステージ3 円

40分　　/100

よく出る

1 次の図で，$\angle x$ の大きさを求めなさい。　5点×6（30点）

(1)

(2)

(3)

（　　　）（　　　）（　　　）

(4)

(5)

(6)

（　　　）（　　　）（　　　）

2 次の図で，$\angle x$ の大きさを求めなさい。　5点×3（15点）

(1) $\overset{\frown}{AB} = \overset{\frown}{BC}$

(2) A〜J は円周を 10 等分する点

(3) $\overset{\frown}{AC} : \overset{\frown}{BC} = 3 : 2$

（　　　）（　　　）（　　　）

3 次の図で，x の値を求めなさい。　5点×3（15点）

(1)

(2)

(3)

点P，Q，Rは，△ABC の辺と円Oとの接点

（　　　）（　　　）（　　　）

目標 円周角の定理やそれに関連する定理を理解し，角の大きさの問題や図形の性質の証明に利用できるようになろう。

自分の得点まで色をぬろう！
がんばろう！ もう一歩 合格！
0 60 80 100点

4 右の図のように，円 O の 2 つの直径を AB，CD とする。このとき，四角形 ACBD はどのような四角形になりますか。 （5点）

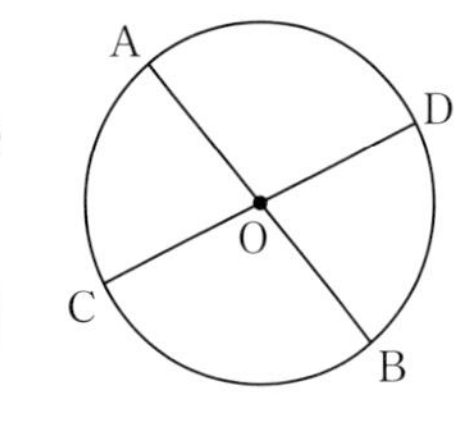

（　　　　　）

5 右の図で，円 O の外部の点 A を通る円 O の接線を作図しなさい。 （7点）

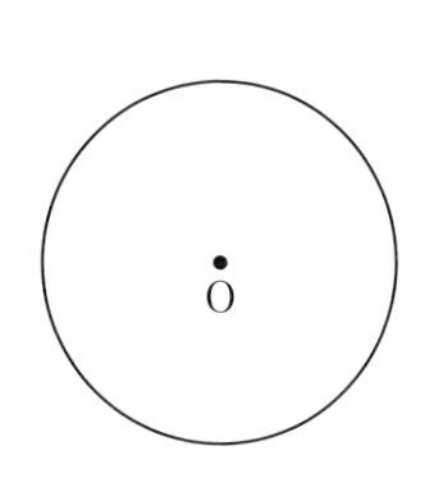

A

6 **AB＝AC の二等辺三角形 ABC の紙があり，辺 BC 上に点 D を BD＞DC となるようにとります。右の図のように，その二等辺三角形 ABC の紙を直線 AD で折り，点 B が移った点を B′ とします。次の問いに答えなさい。** 7点×2（14点）

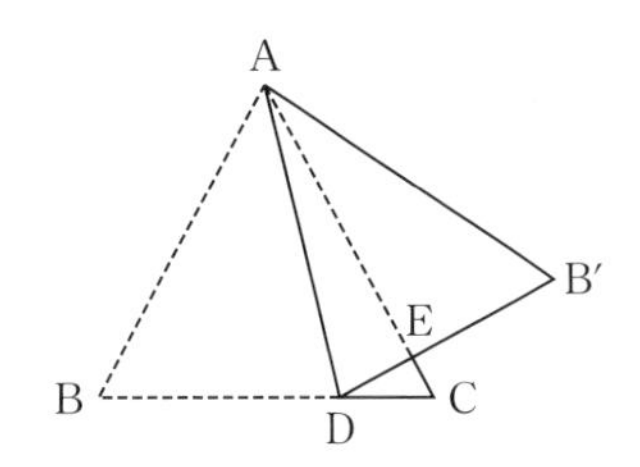

(1) 4 点 A，D，C，B′ は 1 つの円周上にあることを証明しなさい。

(2) AC と DB′ の交点を E とします。△ADE ∽ △B′CE であることを証明しなさい。

7 **右の図のように，△ABC の 3 つの頂点 A，B，C が円 O の円周上にあり，∠ACB の二等分線と辺 AB，円 O との交点をそれぞれ D，E とします。次の問いに答えなさい。** 7点×2（14点）

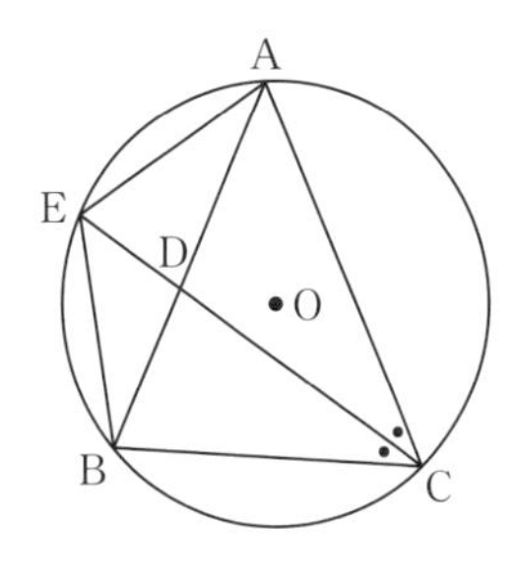

(1) △AEC ∽ △DEA であることを証明しなさい。

(2) AC＝5 cm，AE＝3 cm，EC＝7 cm のとき，線分 AD の長さを求めなさい。

（　　　　　）

アプリ【どこでもワーク計算編・図形編】をやって，さらに力をつけよう！

6章

確認のワーク ステージ1
1 三平方の定理
❶ 三平方の定理 ❷ 三平方の定理の逆

例1 三平方の定理

教 p.204～206 →基本問題❶❷

次の直角三角形で，x の値を求めなさい。

(1)

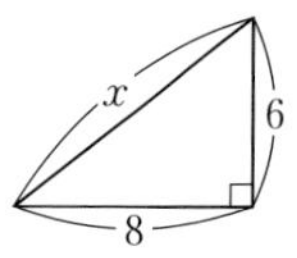

(2)

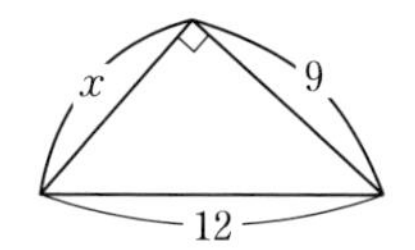

考え方 斜辺（しゃへん）c を確認して，三平方（さんへいほう）の定理 $a^2+b^2=c^2$ にあてはめる。

解き方 (1) 斜辺が x であるから，$8^2+6^2=x^2$ （$64+36=x^2$）

$x^2=100$

$x>0$ であるから，$x=$ ①□

(2) 斜辺が 12 であるから，$9^2+x^2=12^2$ （$x^2=12^2-9^2$）

$x^2=63$

$x>0$ であるから，$x=$ ②□ ←$\sqrt{63}=3\sqrt{7}$

直角三角形の直角をはさむ2辺の長さを a，b，斜辺の長さを c とすると，$a^2+b^2=c^2$

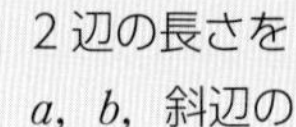

使われる直角三角形の3辺の長さには，次のようなものがあるよ。

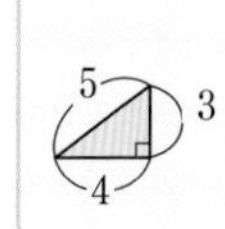

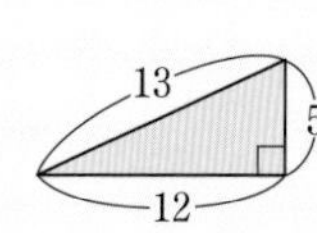

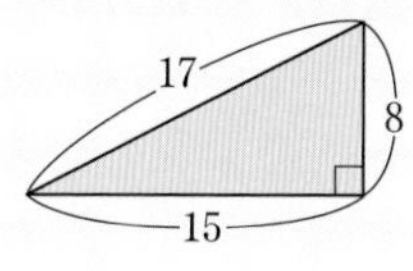

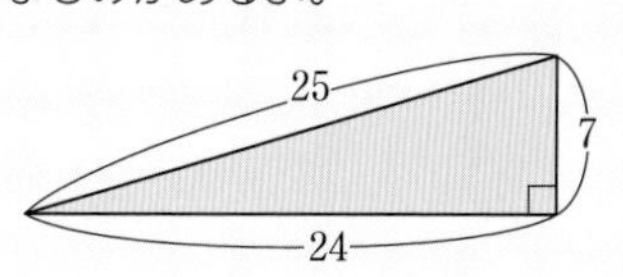

例2 三平方の定理の逆

教 p.207～208 →基本問題❸

次の長さを3辺とする三角形㋐，㋑のうち，直角三角形はどちらですか。

㋐ 4 cm，5 cm，7 cm　　　㋑ 5 cm，12 cm，13 cm

考え方 もっとも長い辺の長さを c，他の2辺の長さを a，b として，$a^2+b^2=c^2$ の関係が成り立つかどうかを調べる。

解き方 ㋐はもっとも長い辺が 7 cm だから，

$a=4$，$b=5$，$c=7$ とすると，←$a=5$，$b=4$，$c=7$ でもよい。

$a^2+b^2=4^2+5^2=41$

$c^2=7^2=49$

したがって，$a^2+b^2=c^2$ が成り立 ③□ 。

㋑はもっとも長い辺が 13 cm だから，

$a=5$，$b=12$，$c=13$ とすると，

$a^2+b^2=5^2+12^2=169$

$c^2=13^2=169$

したがって，$a^2+b^2=c^2$ が成り立 ④□ 。　　答 ⑤□

△ABC の3辺の長さ a，b，c の間に，

$a^2+b^2=c^2$

の関係が成り立てば，∠C＝90° である。

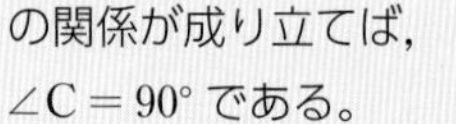

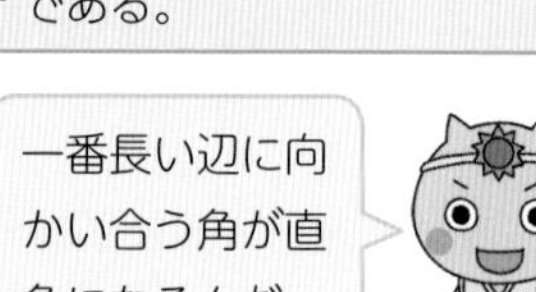
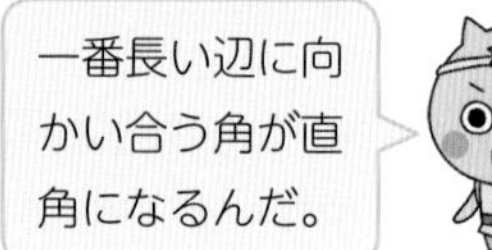
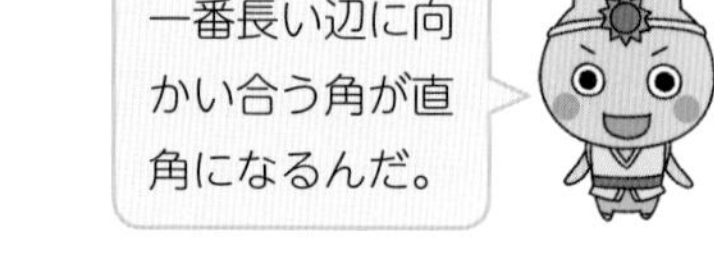

一番長い辺に向かい合う角が直角になるんだ。

基本問題

1 三平方の定理 次の直角三角形で，x の値を求めなさい。 教 p.206 問1

(1)

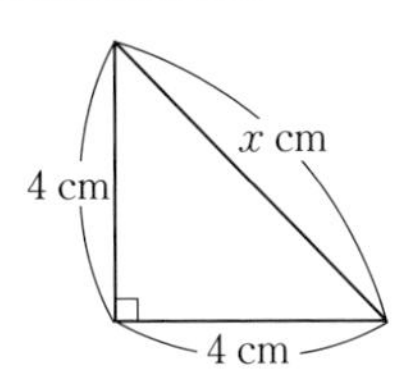

(2)

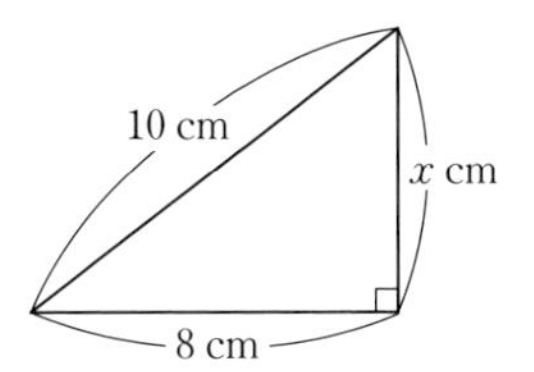

(3)

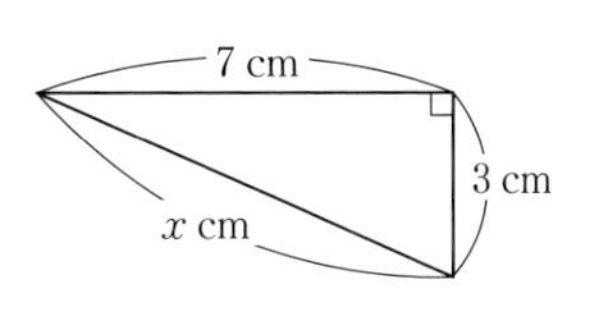

(4)

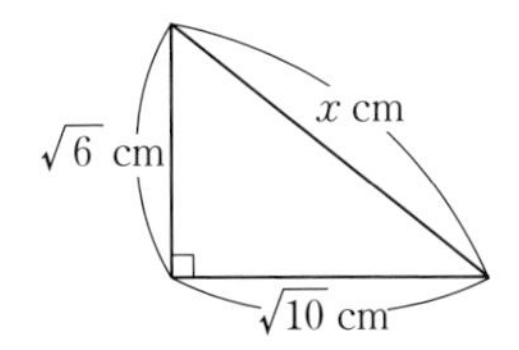

(5)

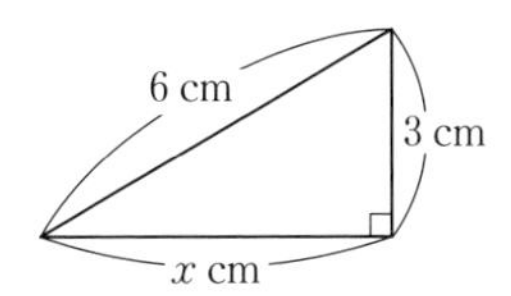

(6)

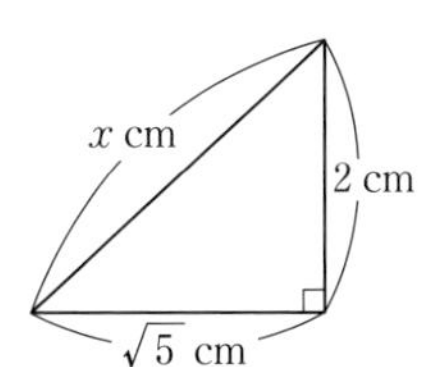

(7)

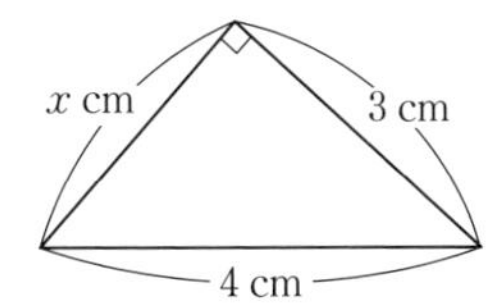

(8)

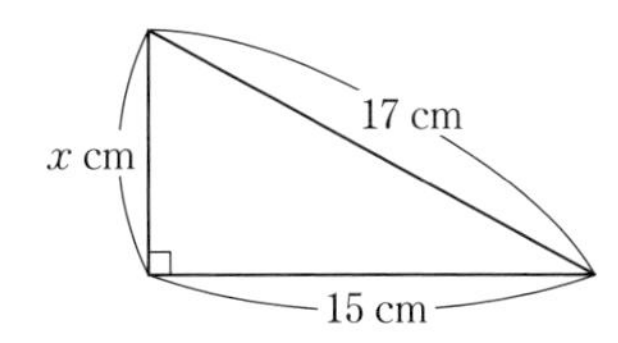

2 三平方の定理 直角三角形の斜辺の長さを c，他の 2 辺の長さを a，b として，次の表を完成させなさい。 教 p.206 問2

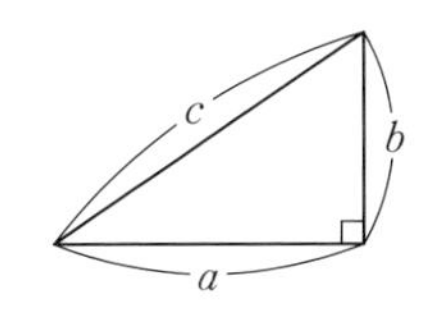

	①	②	③	④	⑤
a	4	24	6		5
b	3		6	$\sqrt{5}$	$2\sqrt{6}$
c		26		4	

3 三平方の定理の逆 次の長さを 3 辺とする三角形は，直角三角形といえますか。いえるものには○，いえないものには×で答えなさい。 教 p.208 問1

(1) 3 cm，4 cm，6 cm

(2) 9 cm，12 cm，15 cm

(3) 7 cm，24 cm，25 cm

(4) 2 cm，$\sqrt{5}$ cm，3 cm

(5) 4 cm，6 cm，$\sqrt{10}$ cm

(6) $\sqrt{21}$ cm，5 cm，2 cm

根号が入っているものは，まず各辺の長さを 2 乗してから，一番大きいものを c^2 にすればいいね。

左ページの例の答え ① 10 ② $3\sqrt{7}$ ③たない ④つ ⑤㋑

解答 p.48

1 三平方の定理

1 右の図のように，直角三角形 ABC と合同な直角三角形を，AB を1辺とする正方形のまわりにかき，外側に1辺が $a+b$ の正方形をつくります。このとき，$a^2+b^2=c^2$ が成り立つことを証明しなさい。

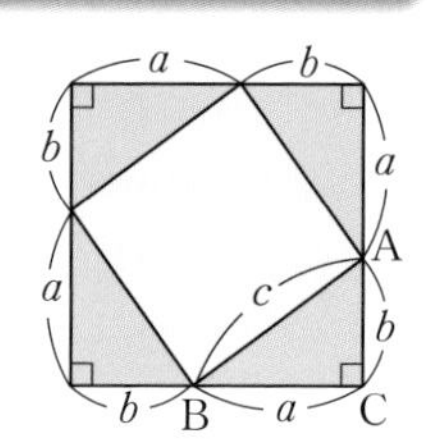

2 次の直角三角形で，x の値を求めなさい。

(1)
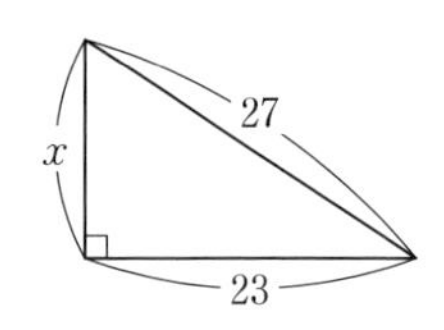

(2)
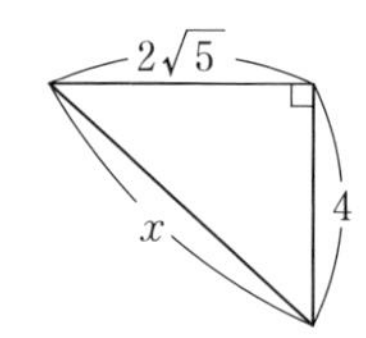

(3)
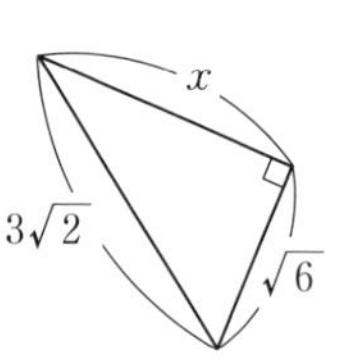

よく出る **3** 次の長さを3辺とする三角形㋐～㋓のうち，直角三角形はどれですか。

㋐　5 cm，17 cm，18 cm　　　　㋑　20 cm，21 cm，29 cm

㋒　$2\sqrt{3}$ cm，$\sqrt{15}$ cm，$3\sqrt{3}$ cm　　　　㋓　2 cm，$\dfrac{8}{3}$ cm，$\dfrac{10}{3}$ cm

4 次の図で，x，y の値を求めなさい。

(1)
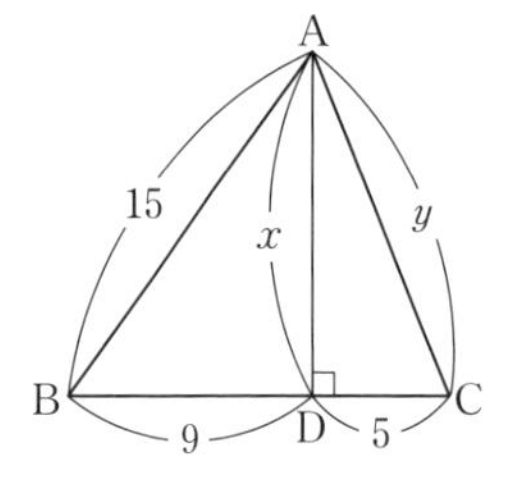

(2)
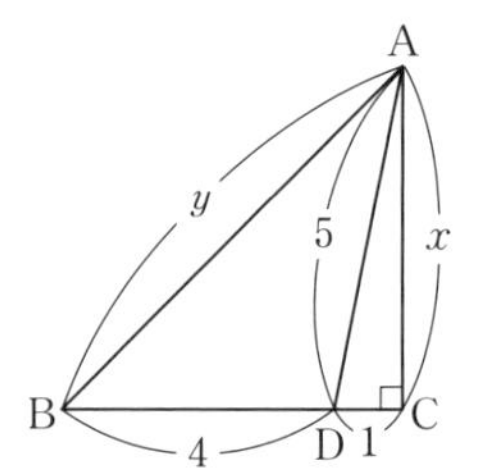

(3)
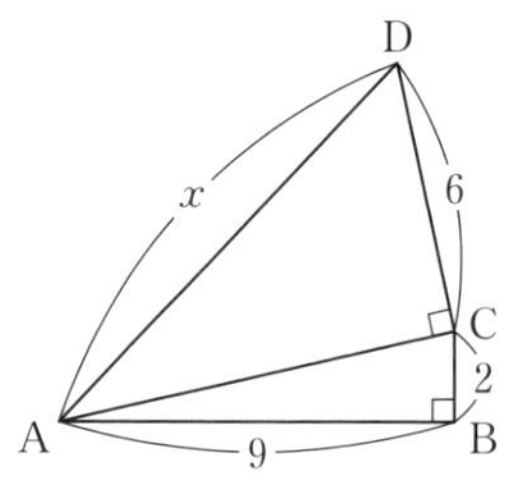

(4)
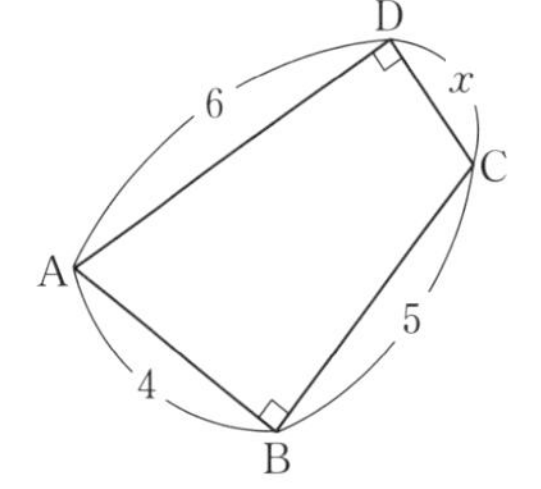

(5)
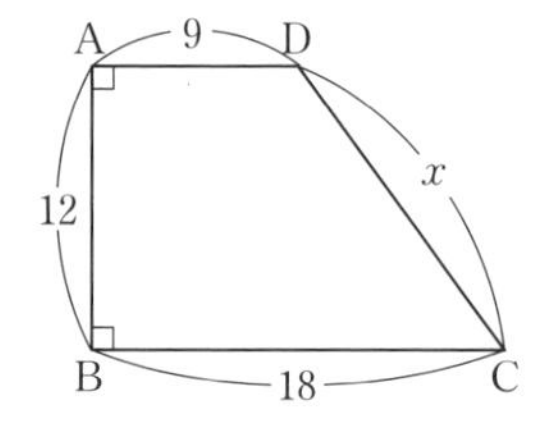

(6)
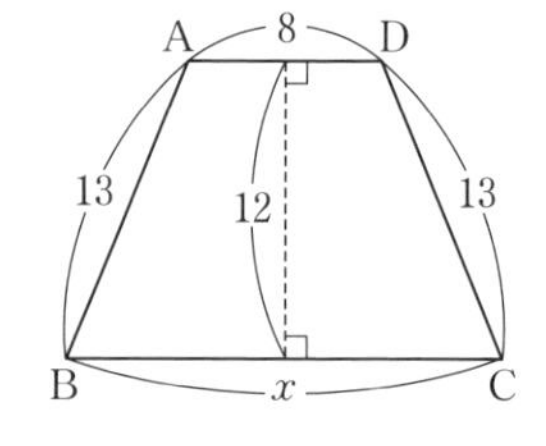

4 (1) まず直角三角形 ABD で x を求め，次に直角三角形 ADC で y を求める。
(4) 対角線 AC を引く。　(5) 点 D から辺 BC に垂線を引き，長方形をつくる。
(6) 点 A, D から辺 BC に垂線を引き，長方形をつくる。線対称（せんたいしょう）な形であることにも注目する。

5 右の図は，直角三角形の各辺を直径とする半円をかいたものです。3 つの半円の面積 P，Q，R の間には，どんな関係が成り立ちますか。式で答えなさい。

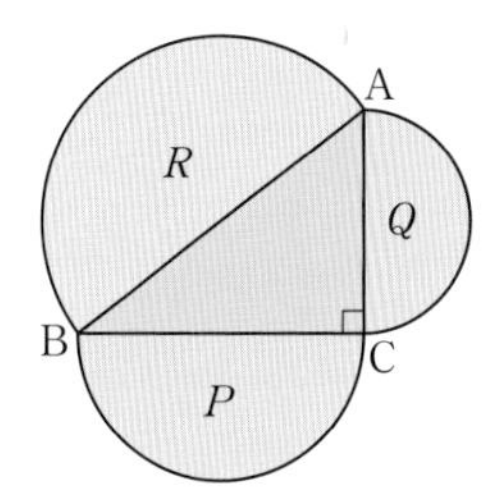

6 右の図で，5 つのおうぎ形の中心はすべて O で，PY // OX，直線 PO，A′A，B′B，C′C，D′D はすべて直線 OX に垂直です。OP＝OA＝1 のとき，線分 OB，OE の長さを求めなさい。

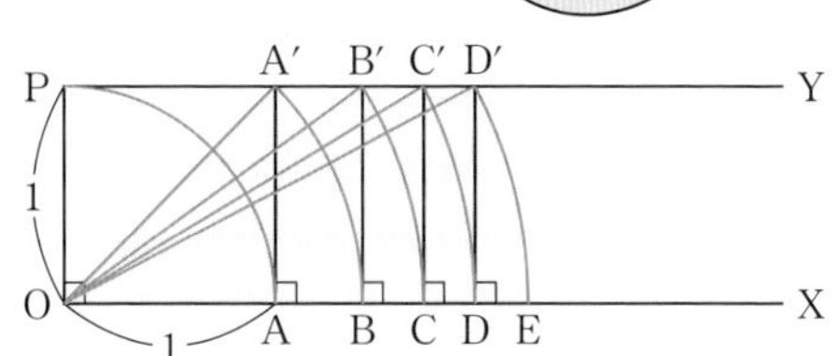

7 周の長さが 40 cm の直角三角形があります。斜辺（しゃへん）の長さが 17 cm であるとき，他の 2 辺の長さを求めなさい。

8 **右下の図のような，3 辺の長さが 13，21，20 の △ABC があります。点 A から辺 BC に垂線を引き，BC との交点を H とします。BH＝x として，次の問いに答えなさい。**

(1) 直角三角形 ABH において，AH^2 を x の式で表しなさい。

(2) 直角三角形 ACH において，AH^2 を x の式で表しなさい。

(3) (1)，(2)より x についての方程式をつくり，x の値を求めなさい。

(4) AH の長さを求めなさい。また，△ABC の面積を求めなさい。

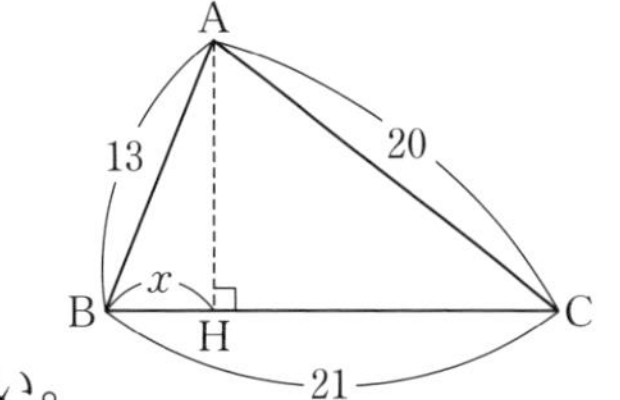

入試問題をやってみよう！

1 右の図で，△ABC は正三角形であり，D は辺 BC 上の点で，BD：DC＝1：2 である。AB＝6 cm のとき，線分 AD の長さは何 cm か，求めなさい。〔愛知〕

2 右の図のような，∠ABC＝90° である直角三角形 ABC について，AB＝5 cm，AC＝7 cm のとき，△ABC の面積を求めなさい。〔佐賀〕

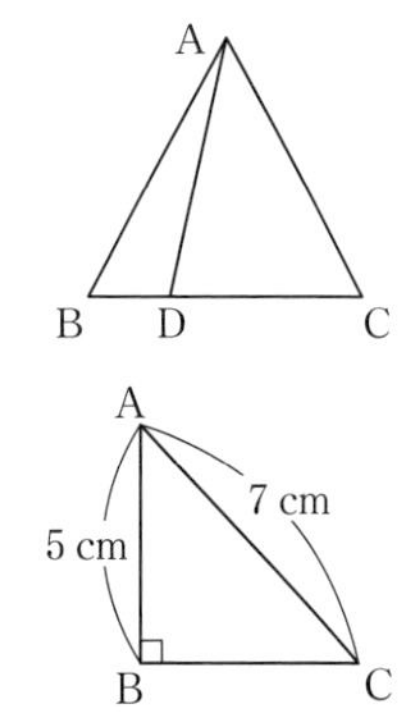

5 BC＝a，CA＝b，AB＝c とすると，$a^2+b^2=c^2$ が成り立つことを利用する。
7 求める 2 辺の長さのうち，1 辺の長さを x cm として，方程式をつくる。
1 点 A から辺 BC に垂線 AH を引き，直角三角形をつくって考える。

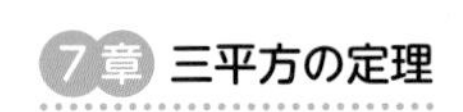

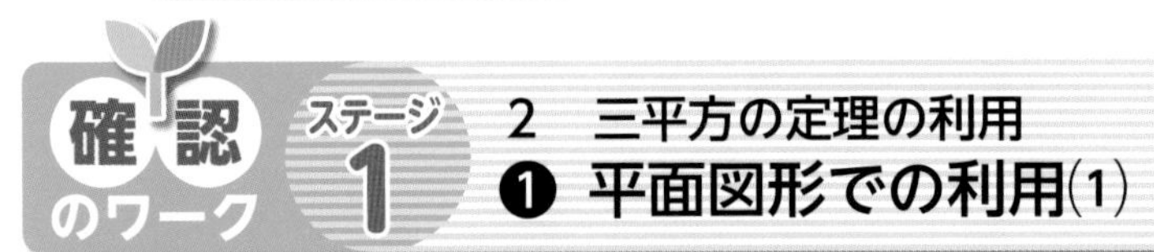

2 三平方の定理の利用

❶ 平面図形での利用(1)

例1 対角線の長さや三角形の高さ

教 p.210〜212 → 基本問題 1 2

次の問いに答えなさい。

(1) 1辺3 cmの正方形の対角線の長さを求めなさい。

(2) 1辺4 cmの正三角形ABCの高さを求めなさい。

考え方 対角線や高さを1辺とする直角三角形で，三平方の定理を利用する。

解き方 (1) 対角線の長さをx cmとすると，

三平方の定理により，$x^2=3^2+3^2=18$

$x>0$であるから，$x=$ ① 　答 ② cm

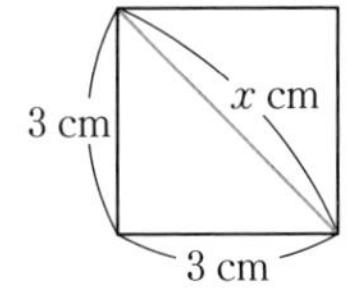

別解 対角線でできる三角形は直角二等辺三角形だから，3辺の長さの比は$1:1:\sqrt{2}$

よって，$3:x=1:\sqrt{2}$　　$x=$ ③

(2) 右の図で，高さを$\mathrm{AH}=h$ cmとする。

Hは辺BCの中点になるから，BH＝2 cm

三平方の定理により，$h^2+2^2=4^2$

↑直角三角形ABHで

$h^2=12$

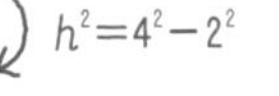

$h>0$であるから，$h=$ ④ 　答 ⑤ cm

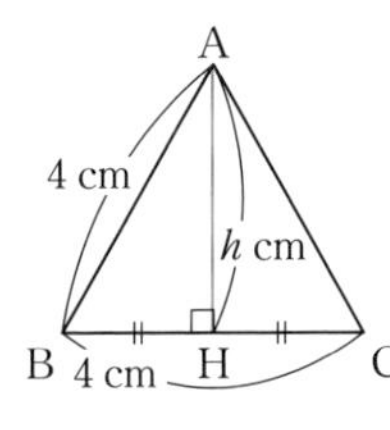

別解 △ABHは60°の角をもつ直角三角形だから，3辺の長さの比は$1:\sqrt{3}:2$

すなわち，$\mathrm{AB}:\mathrm{AH}=2:\sqrt{3}$　　$4:h=2:\sqrt{3}$　　$h=$ ⑥

たいせつ

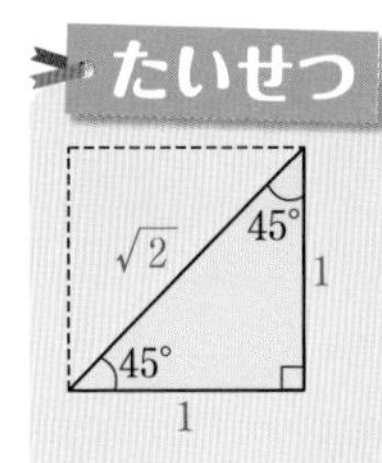

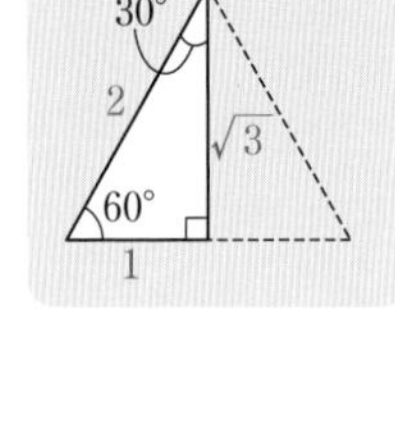

例2 弦や接線の長さ

教 p.213 → 基本問題 3 4

半径8 cmの円Oで，中心からの距離（きょり）が6 cmである弦（げん）ABの長さを求めなさい。

考え方 円の中心Oから弦ABに垂線OHを引くと，Hは ABの中点になるから，直角三角形OAHで，AHの長さを求める。

↑OHはABの垂直二等分線

解き方 右の図で，中心Oから弦ABに垂線OHを引くと，Hは弦ABの中点である。

$\mathrm{AH}=x$ cmとすると，

△OAHで，$x^2+6^2=8^2$

$x^2=28$　（$x^2=8^2-6^2$）

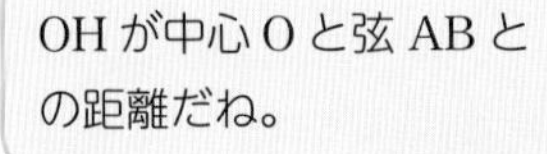

OHが中心Oと弦ABとの距離だね。

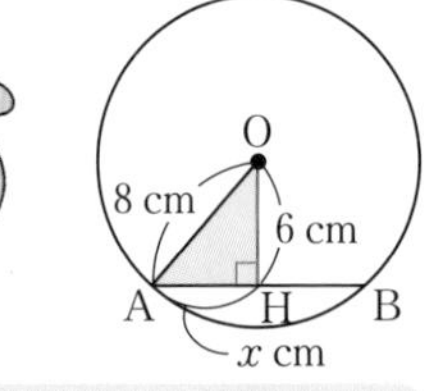

$x>0$であるから，$x=$ ⑦

$\mathrm{AB}=2\mathrm{AH}=$ ⑧ cm　答 ⑨ cm

思い出そう

中心Oから弦ABに垂線OHを引くと，OHはABの垂直二等分線になる。

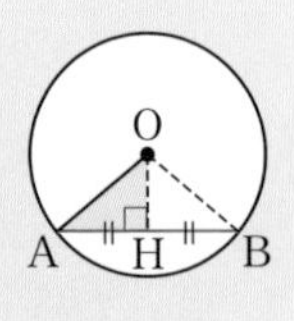

基本問題

解答 p.49

1 対角線の長さや三角形の高さ　次の問いに答えなさい。

教 p.210 問1 p.211 問2, 4

(1)　1辺 4 cm の正方形の対角線の長さを求めなさい。

(2)　1辺 6 cm の正三角形の高さと面積を求めなさい。

(3)　対角線の長さが 12 cm の正方形の1辺の長さを求めなさい。また，$\sqrt{2}=1.414$ として，その近似値(きんじち)を小数第一位まで求めなさい。

2 対角線の長さや三角形の高さ　次の図で，x，y の値を求めなさい。

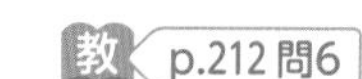

(1)

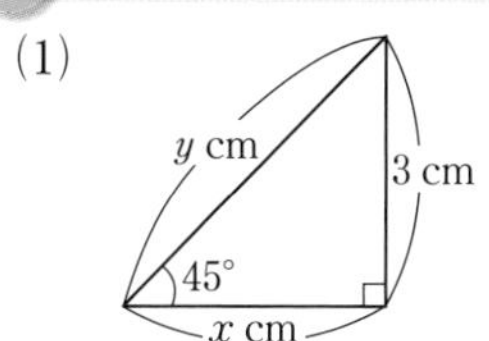

(2)

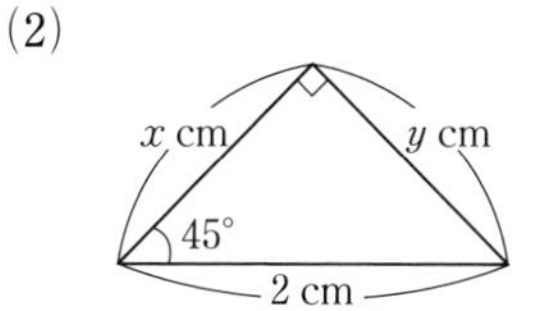

(3)

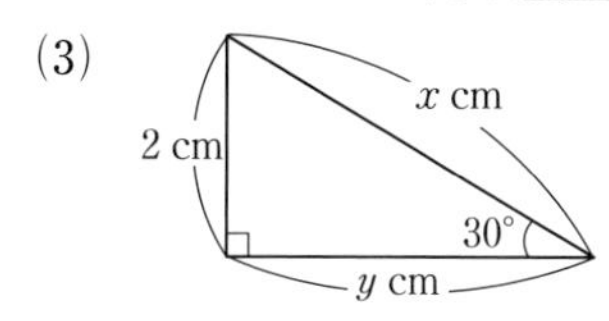

(4)

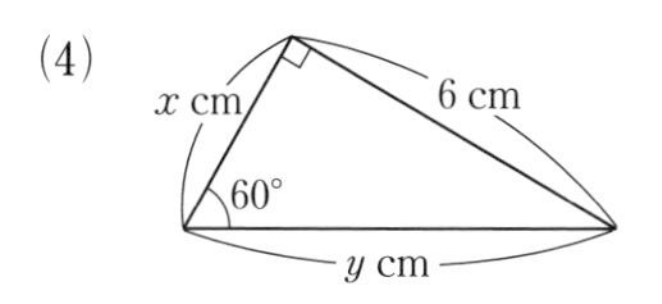

(5)

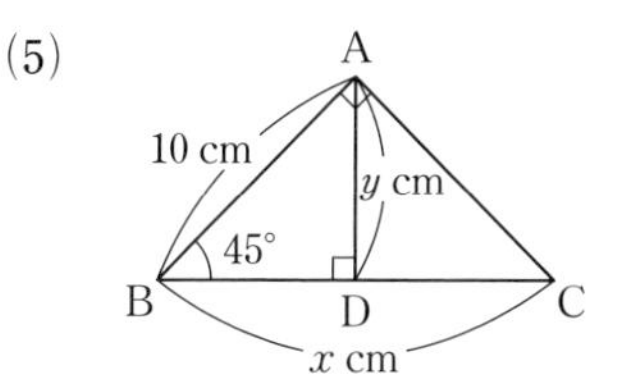

(6)

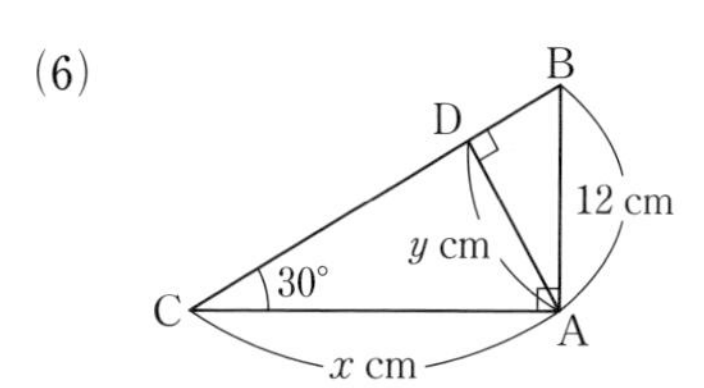

3 弦や接線の長さ　半径 6 cm の円 O について，次の問いに答えなさい。

教 p.213 問7

(1)　中心 O との距離が 3 cm である弦 AB の長さを求めなさい。

(2)　弦 CD の長さが 8 cm のとき，中心 O と弦 CD との距離を求めなさい。

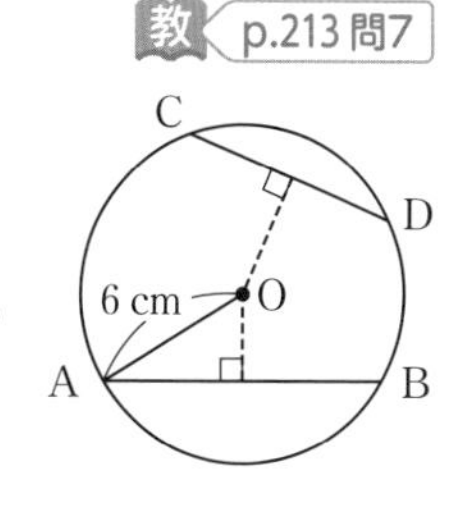

4 弦や接線の長さ　次の図で，直線 AB は点 B を接点とする円 O の接線です。x の値を求めなさい。

教 p.213 問8

(1)

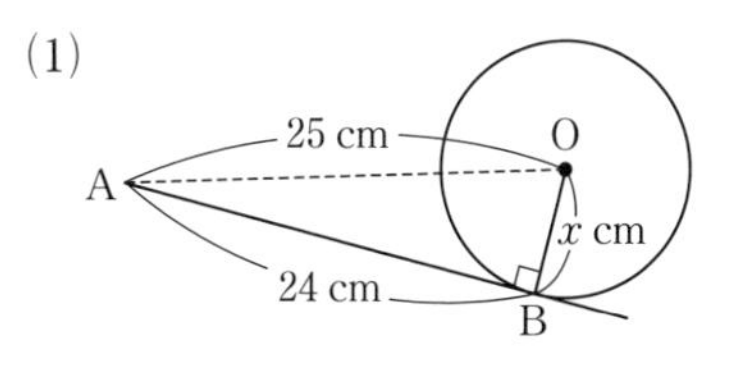

(2)

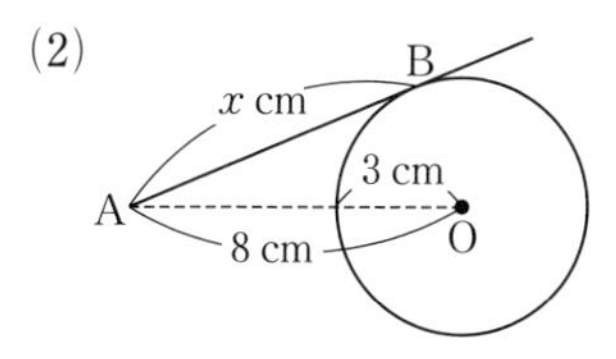

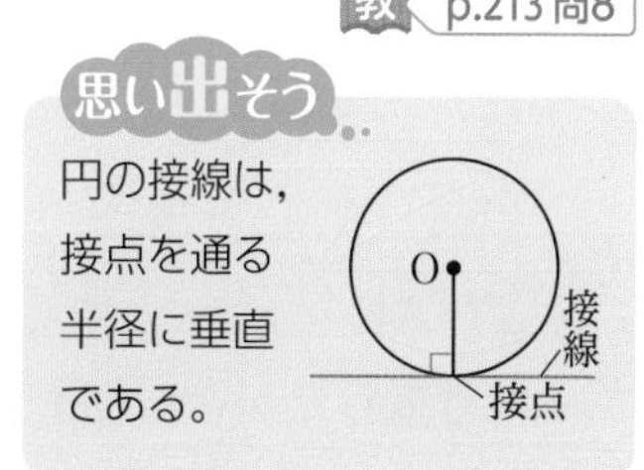

左ページの例の答え　① $3\sqrt{2}$　② $3\sqrt{2}$　③ $3\sqrt{2}$　④ $2\sqrt{3}$　⑤ $2\sqrt{3}$　⑥ $2\sqrt{3}$　⑦ $2\sqrt{7}$　⑧ $4\sqrt{7}$　⑨ $4\sqrt{7}$

7章

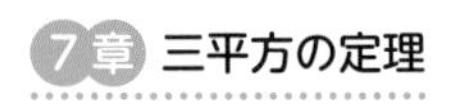

確認のワーク ステージ1　2 三平方の定理の利用　❶ 平面図形での利用(2)

例1 2点間の距離

教 p.214 →基本問題1

2点A(−2, 5), B(6, 1)間の距離(きょり)を求めなさい。

考え方 2点A, Bを結ぶ線分を斜辺(しゃへん)とし，他の2辺がx軸(じく)，y軸にそれぞれ平行な直角三角形ABCをつくり，三平方の定理を利用する。

解き方 点Aからy軸に平行に引いた直線と，点Bからx軸に平行に引いた直線との交点(−2, 1)をCとする。

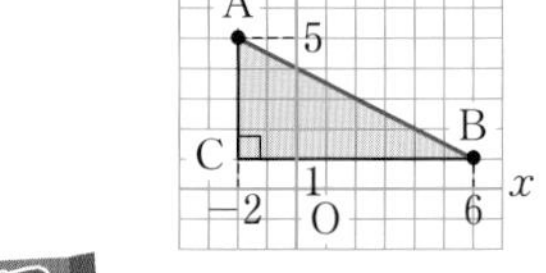

△ABCは∠C＝90°の直角三角形であるから，

BC＝6−(−2)＝① ←x座標の差の絶対値

AC＝5−1＝4 ←y座標の差の絶対値

$AB^2=8^2+4^2=80$

AB＞0であるから，AB＝②

知ってると得
2点A(x_1, y_1), B(x_2, y_2)間の距離は，
$AB=\sqrt{(x_2-x_1)^2+(y_2-y_1)^2}$

例2 相似(そうじ)な図形への利用

教 p.215 →基本問題2 3

右の図のように，縦6 cm，横10 cmの長方形ABCDの紙を，点Aと点Cが重なるように折りました。辺AD上で折った点をE，頂点Dが移った点をD′，折り目の線と対角線ACとの交点をOとするとき，線分AEの長さを求めなさい。

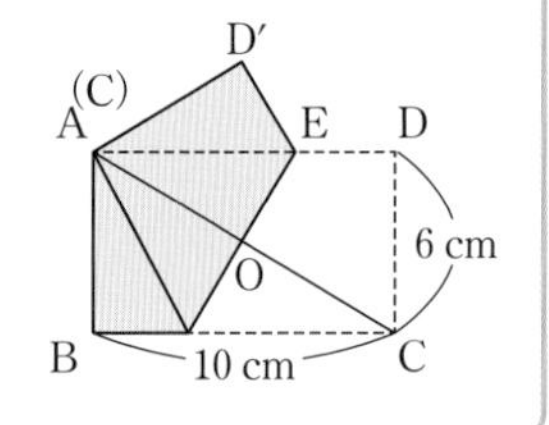

考え方 三平方の定理を利用して線分ACの長さを求め，△AOE∽△ADCであることより，比例式をつくってAEの長さを求める。

解き方 直角三角形ADCで，三平方の定理より，$AC^2=6^2+10^2=136$

AC＞0であるから，AC＝③ cm

また，∠AOE＝∠ADC＝90°，∠OAE＝∠DAC（共通）より，
↑折り返したから，∠AOE＝∠COE＝180°÷2＝90°

△AOE∽△ADCであるから，AE：AC＝AO：AD

AO＝COより，AO＝$\frac{1}{2}$AC＝④ cm

AE＝x cmとすると，$x:2\sqrt{34}=\sqrt{34}:10$　　$10x=68$

x＝⑤　　 答 ⑥ cm

ここがポイント
折り返した図形は，もとの位置にあった図形と合同である（重なる）から，対応する辺の長さや角の大きさが等しくなる。

別解 AE＝x cmとすると，ED＝$(10-x)$ cm

折り返したから，ED′＝ED＝$(10-x)$ cm，AD′＝CD＝6 cm

直角三角形AED′で，三平方の定理より，$(10-x)^2+6^2=x^2$　　x＝⑦

基本問題

解答 p.50

1 2点間の距離　次の2点間の距離を，それぞれ求めなさい。 教 p.214 問10

(1)　右の図の2点A，B

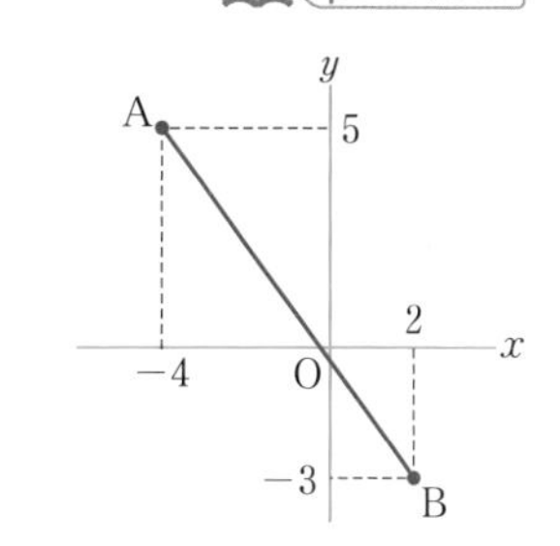

(2)　C(3，2)，D(−5，−1)

(3)　E(−1，−3)，F(−4，3)

2 相似な図形への利用　右の図で，△ABCは，AB＝12 cm，BC＝15 cm，CA＝9 cm で，AD は頂点Aから辺BCに引いた垂線です。このとき，次の問いに答えなさい。 教 p.215 問11

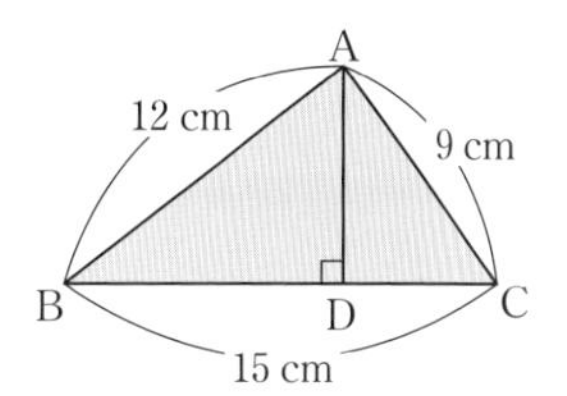

(1)　$\angle BAC = 90^\circ$ であることを示しなさい。

(2)　△ABC∽△DBA であることを証明しなさい。

(3)　(2)を利用して，垂線ADの長さを求めなさい。途中の式も書きなさい。

(4)　△ABC の面積を利用して，垂線ADの長さを求めなさい。途中の式も書きなさい。

△ABCの面積は，
$\frac{1}{2} \times AB \times AC = \frac{1}{2} \times BC \times AD$

3 相似な図形への利用　右の図のように，縦8 cm，横16 cm の長方形ABCDの紙を，点Aと点Cが重なるように折りました。辺AD上で折った点をE，頂点Dが移った点をD′，折り目の線と対角線ACとの交点をOとするとき，次の問いに答えなさい。 教 p.215 問12，問13

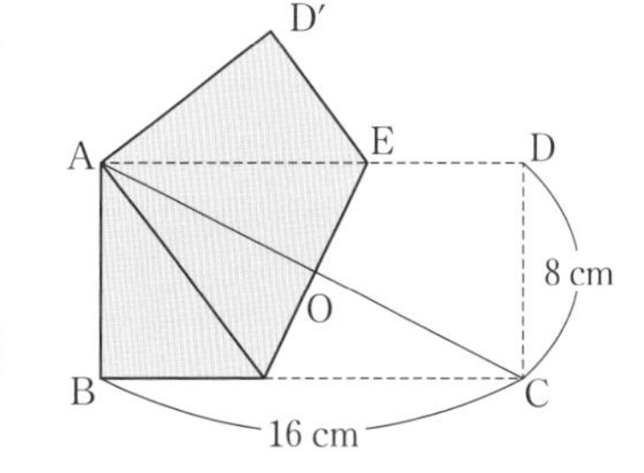

(1)　△AOE∽△ADC であることを証明しなさい。

(2)　△ADC の斜辺ACの長さを求めなさい。

(3)　線分AEの長さを求めなさい。

左ページの例の答え　①8　②$4\sqrt{5}$　③$2\sqrt{34}$　④$\sqrt{34}$　⑤$\frac{34}{5}$ (6.8)　⑥$\frac{34}{5}$ (6.8)　⑦$\frac{34}{5}$ (6.8)

7章

ステージ1 2 三平方の定理の利用 ❷ 空間図形での利用

例1 立体の表面上の最短の長さ

教 p.216 → 基本問題 1

右の図の直方体に，頂点 A から辺 CD 上の点 P を通って頂点 G までひもをかけます。ひもの長さがもっとも短くなるときの，その長さを求めなさい。

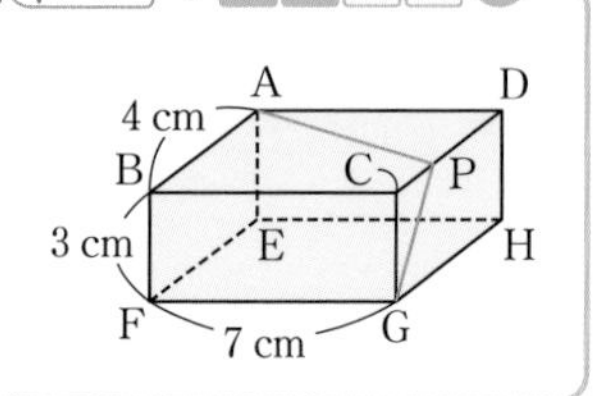

考え方 展開図上で，もっとも短くなるときを考える。

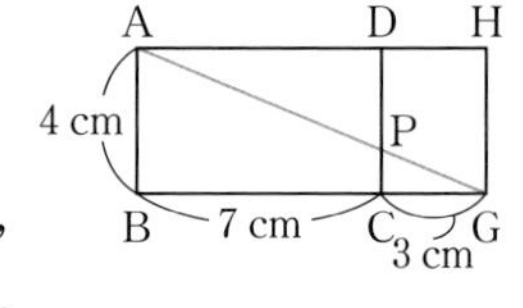

解き方 右の図のように，面 CGHD を開いて ABGH が 1 つの長方形になるようにしたものを考える。ひもがもっとも短くなるのは，3 点 A, P, G が一直線上にあるときだから，求める長さは線分 AG の長さである。

△ABG で，三平方の定理より，$AG^2 = 4^2 + (7 + ①\square)^2 = 116$

AG > 0 であるから，AG = ②□ cm　 答  ③□ cm

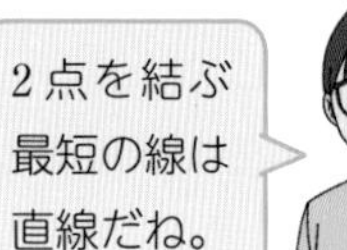

例2 直方体の対角線の長さ

教 p.217 → 基本問題 2

縦 5 cm，横 8 cm，高さ 4 cm の直方体の対角線の長さを求めなさい。

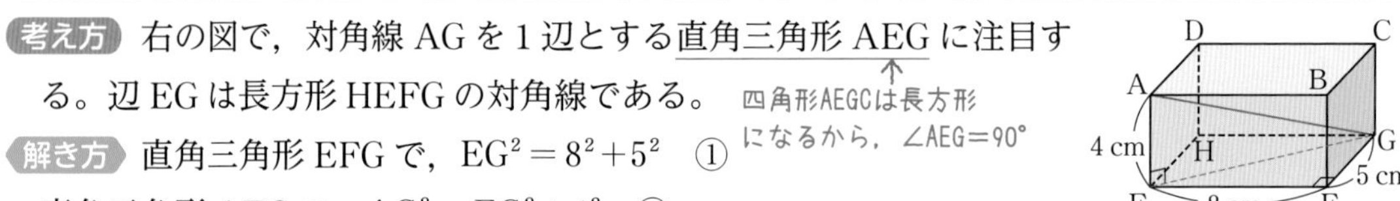

考え方 右の図で，対角線 AG を 1 辺とする直角三角形 AEG に注目する。辺 EG は長方形 HEFG の対角線である。（四角形AEGCは長方形になるから，∠AEG = 90°）

解き方 直角三角形 EFG で，$EG^2 = 8^2 + 5^2$　①

直角三角形 AEG で，$AG^2 = EG^2 + 4^2$　②

①，②から，$AG^2 = (8^2 + 5^2) + 4^2 = 105$

AG > 0 であるから，AG = ④□ cm　 答 ⑤□ cm

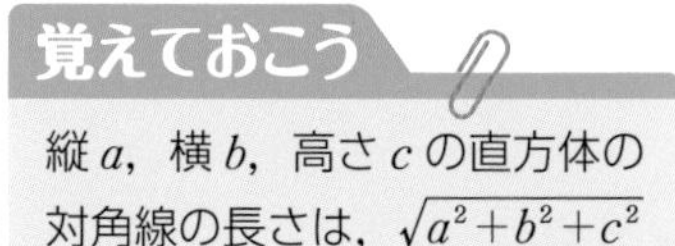

例3 角錐・円錐の高さ

教 p.218 → 基本問題 3

底面の 1 辺が 4 cm，他の辺が 6 cm の正四角錐（せいしかくすい）の高さを求めなさい。

考え方 右の図で，底面の対角線 AC，BD の交点を H とすると，OH が高さになる。OH を 1 辺とする直角三角形で，三平方の定理を使う。

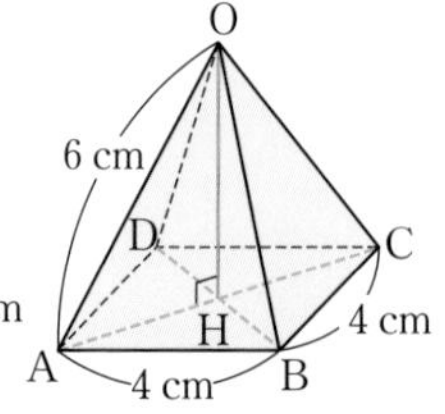

解き方 △ABC で，$AB : AC = 1 : \sqrt{2}$ より，$AC = 4\sqrt{2}$ cm（△ABCは直角二等辺三角形）

$AH = \frac{1}{2}AC =$ ⑥□ cm

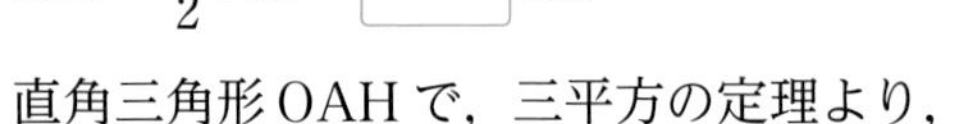

直角三角形 OAH で，三平方の定理より，

$OH^2 = OA^2 - AH^2 = ⑦\square^2 - (2\sqrt{2})^2 = 28$

OH > 0 であるから，OH = ⑧□ cm　 答 ⑨□ cm

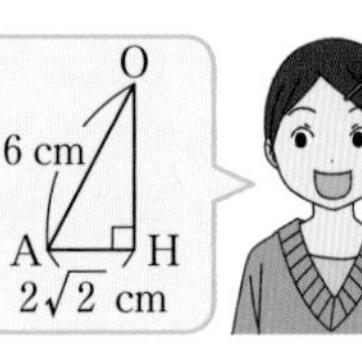

基本問題

解答 p.51

1 立体の表面上の最短の長さ 右の図の直方体（例 1 と同じ）に，頂点 A から辺 BC 上の点 Q を通って頂点 G までひもをかけます。ひもをその長さがもっとも短くなるようにかけるとき，次の問いに答えなさい。

教 p.216 問1

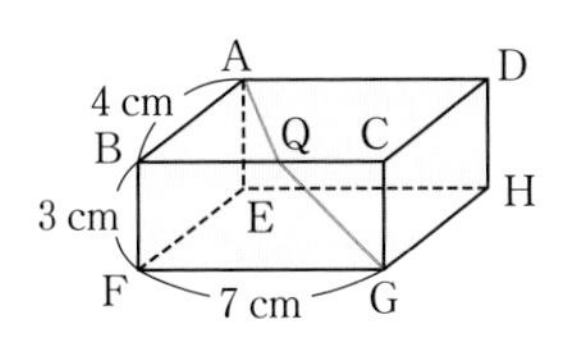

(1) ひもの長さを求めなさい。

(2) 線分 BQ の長さを求めなさい。

2 直方体の対角線の長さ 次の直方体や立方体の対角線の長さを求めなさい。

(1) 右の図の直方体

(2) 1 辺が 4 cm の立方体

(3) 1 辺が x cm の立方体

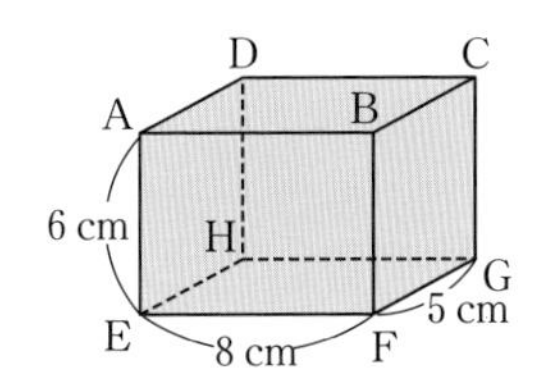

3 角錐・円錐の高さと体積 右下の図のような，底面の 1 辺が 4 cm，他の辺が 8 cm の正四角錐 OABCD について，次の問いに答えなさい。

教 p.218 問5, 6

(1) 底面の対角線 AC，BD の交点を H とするとき，AH の長さを求めなさい。

(2) 高さ OH を求めなさい。

(3) この正四角錐の体積を求めなさい。

(4) 辺 AB の中点を M として，OM の長さを求めなさい。

(5) この正四角錐の表面積を求めなさい。

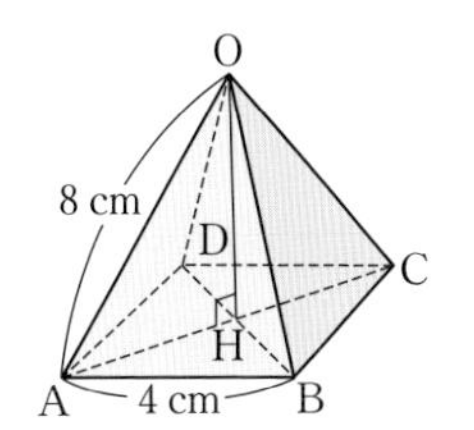

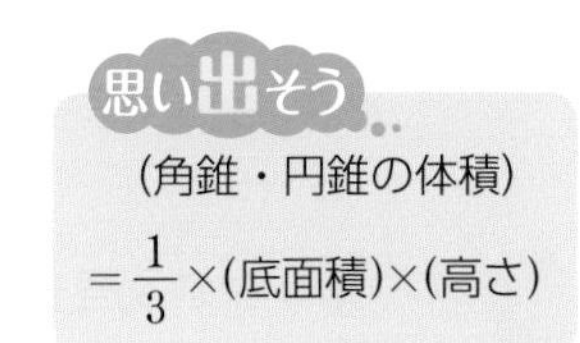

4 見える範囲 地球の半径を 6378 km，超高層タワーの高さを 600 m とします。次の問いに答えなさい。

教 p.219〜220

(1) タワーから半径 90 km の範囲（はんい）で，このタワーを見られるかどうか答えなさい。

(2) タワーから半径 85 km の範囲で，このタワーを見られるかどうか答えなさい。

左ページの例の答え　① 3　② $2\sqrt{29}$　③ $2\sqrt{29}$　④ $\sqrt{105}$　⑤ $\sqrt{105}$　⑥ $2\sqrt{2}$　⑦ 6　⑧ $2\sqrt{7}$　⑨ $2\sqrt{7}$

7章

解答 p.51

2　三平方の定理の利用

よく出る **1** 次の図で，x，y の値を求めなさい。

(1)

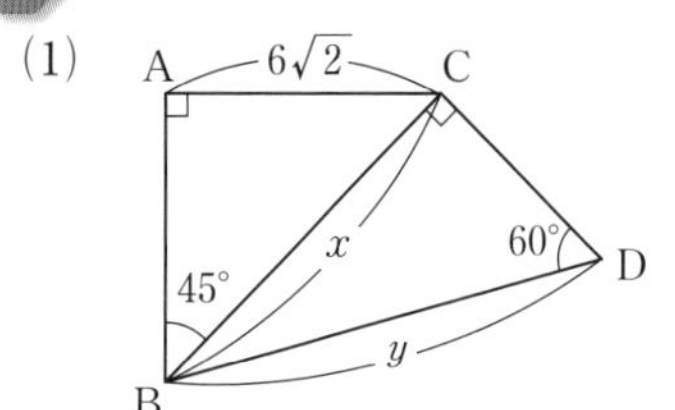

(2)

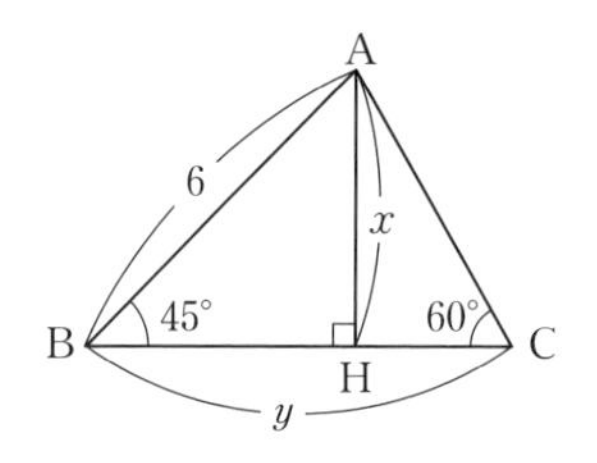

(3)

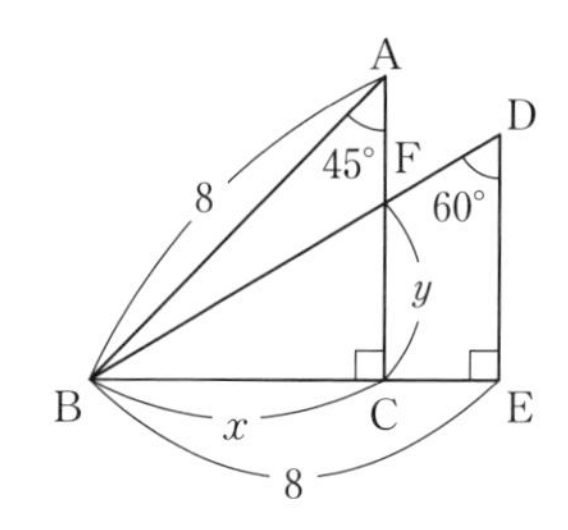

(4)

(5)

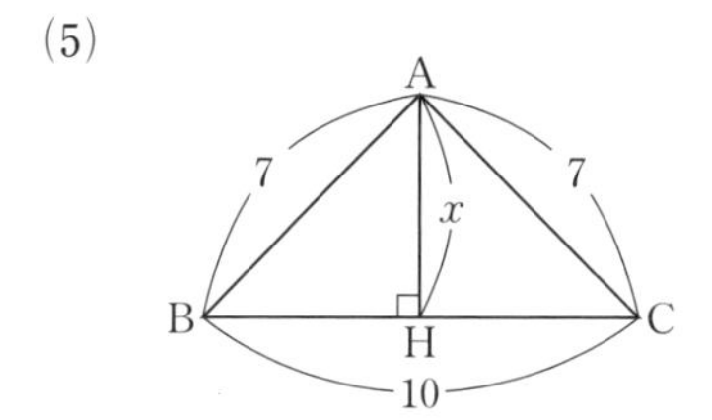

(6)

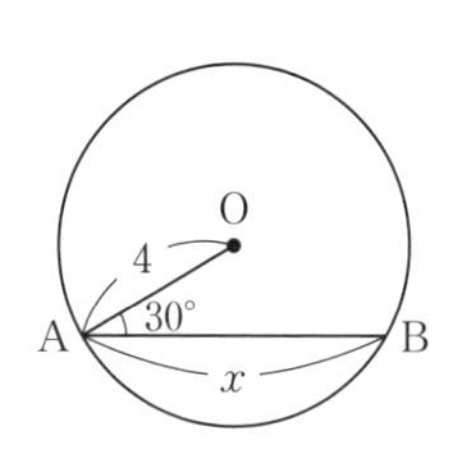

2 3 点 A$(-2,\ 8)$，B$(-3,\ 1)$，C$(1,\ 4)$ があります。次の問いに答えなさい。

(1)　線分 AB，BC，CA の長さを求めなさい。

(2)　△ABC はどんな三角形ですか。

3 右の図のように，点 A，B は関数 $y=x^2$ のグラフ上の点で，x 座標はそれぞれ -1，3 です。このとき，線分 AB の長さを求めなさい。

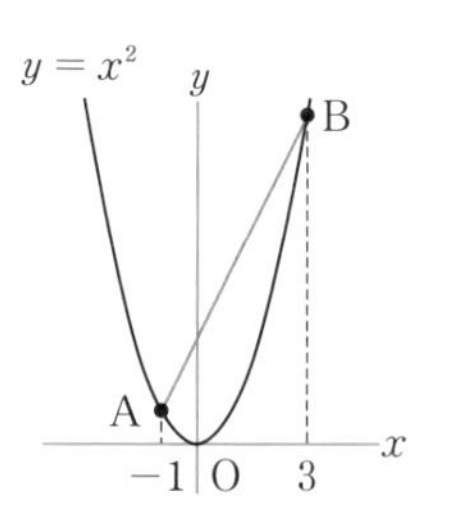

4 縮尺が 1 万分の 1 の地図があります。地図上の 2 点 A，B を結ぶ線分 AB の長さを測ると 2.4 cm ありました。また，地図から A と B の間の標高の差は 100 m あることもわかりました。実際の 2 地点 A，B の間をロープで一直線に結ぶと，ロープの長さは何 m になりますか。

2 (2)　三平方の定理の逆が成り立つかなどについて調べる。
3 まず，2 点 A，B の座標を求める。
4 まず，1 万分の 1 の縮尺と AB = 2.4 cm から，A，B 間の水平距離(きょり)を求める。

5 右の図のように，円 O の円周上に 3 つの頂点がある △ABC で，点 A から辺 BC に垂線を引き，BC との交点を H とします。AH = 6 cm，BH = 3 cm，CH = 8 cm のとき，次の問いに答えなさい。

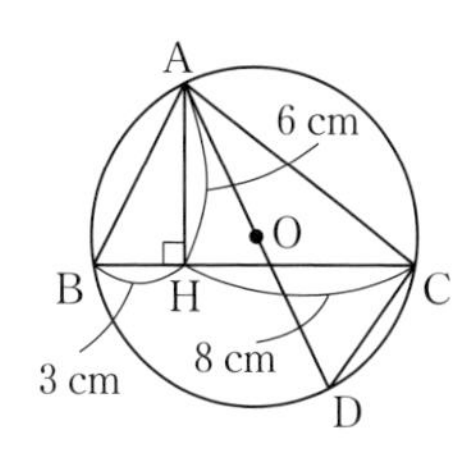

(1) 点 A を通る直径 AD を引くとき，△ABH ∽ △ADC であることを証明しなさい。

(2) 線分 AB，AC の長さと円 O の半径を求めなさい。

6 底面の円周の長さが 30 cm，高さが 10 cm の円柱があり，AB は母線です。右の図のように，点 A からひもをかけて，点 B まで 1 周させます。このとき，ひもの最短の長さを求めなさい。

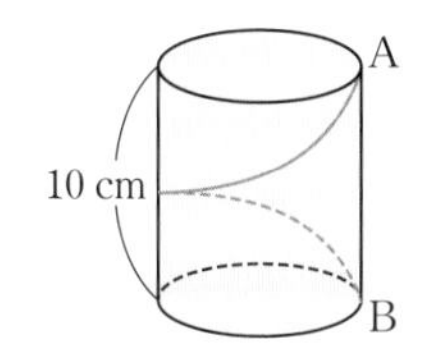

7 底面の 1 辺が 6 cm，他の辺が 7 cm の正四角錐（せいしかくすい） OABCD があります。次の問いに答えなさい。

(1) 高さと体積を求めなさい。

(2) 表面積を求めなさい。

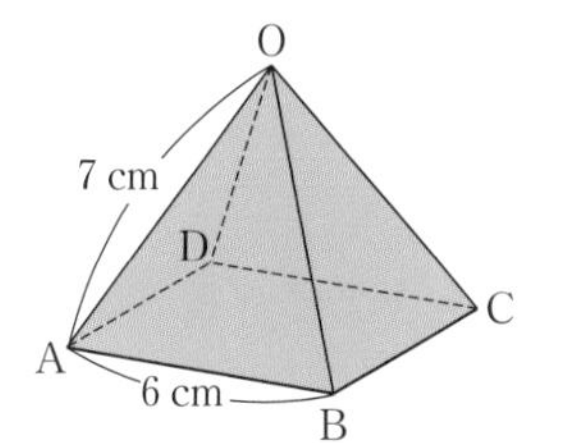

8 右の図のような，底面の半径が 3 cm，母線の長さが 9 cm の円錐があります。次の問いに答えなさい。

(1) この円錐の高さと体積を求めなさい。

レベルUP (2) 図のように，底面の円周上の点 A からひもをかけて，点 A まで 1 周させます。このとき，ひもの最短の長さを求めなさい。

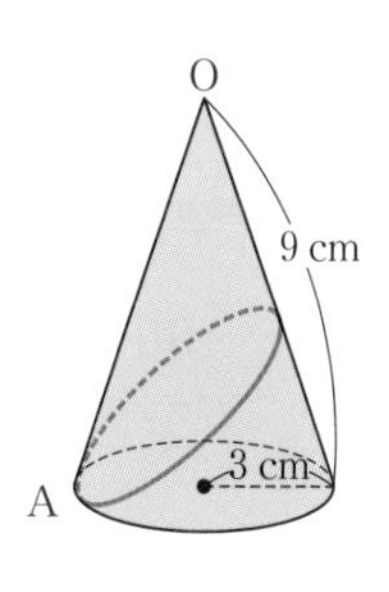

7章

入試問題をやってみよう！

1 図で，A，B，C，D，E，F を頂点とする立体は底面の △ABC，△DEF が正三角形の正三角柱である。また，球 O は正三角柱 ABCDEF にちょうどはいっている。球 O の半径が 2 cm のとき，正三角柱 ABCDEF の体積は何 cm^3 か求めなさい。〔愛知〕

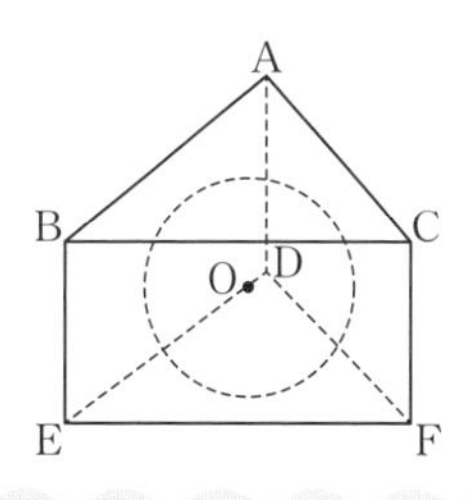

5 (2) 円 O の半径は，まず直径 AD の長さを求める。(1)より，AB : AD = AH : AC
8 (2) 側面の展開図はおうぎ形で，ひもは，側面のおうぎ形の弧（こ）の両端（りょうたん） A を結ぶ弦（げん）になる。
1 底面の △ABC と球 O を真上から見た図をかいて，△ABC の辺の長さを考える。

解答 p.54

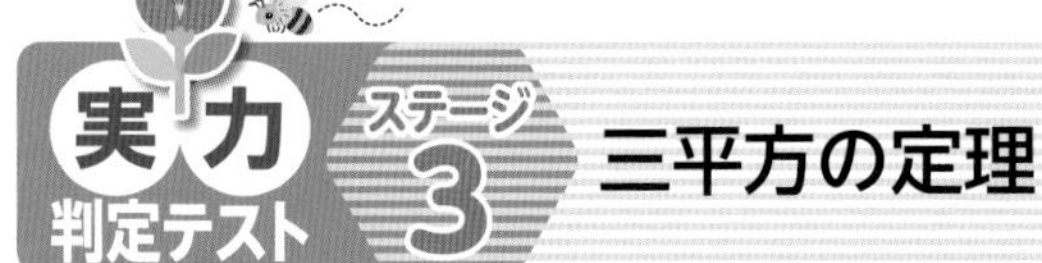

三平方の定理

よく出る 1 次の図で，x の値を求めなさい。　5点×6（30点）

(1)

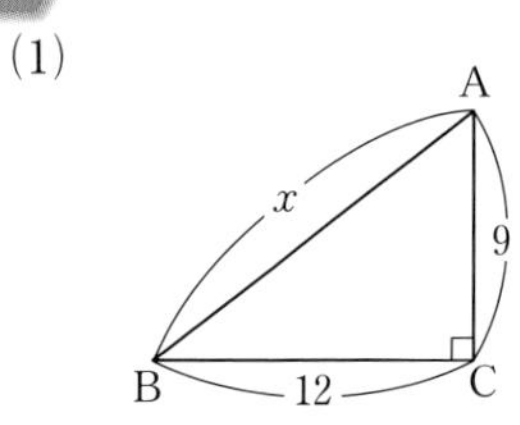

(　　)

(2)

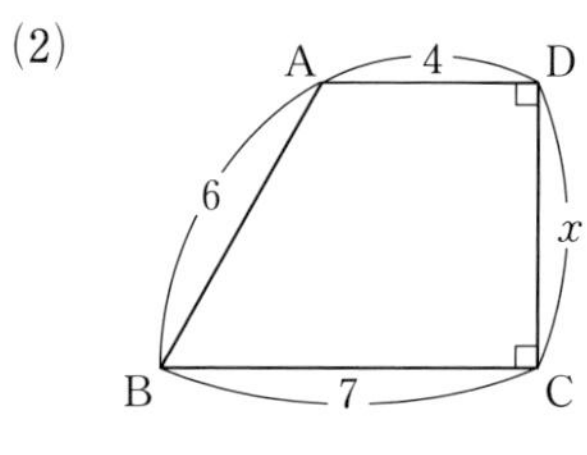

(　　)

(3)

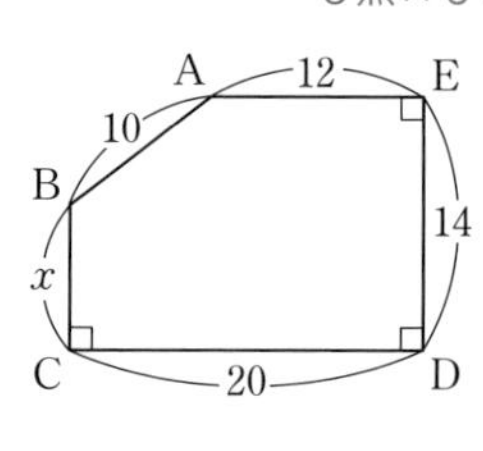

(　　)

(4)

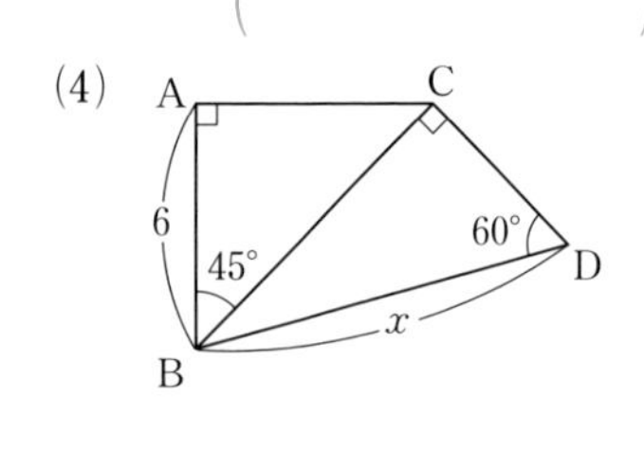

(　　)

(5)

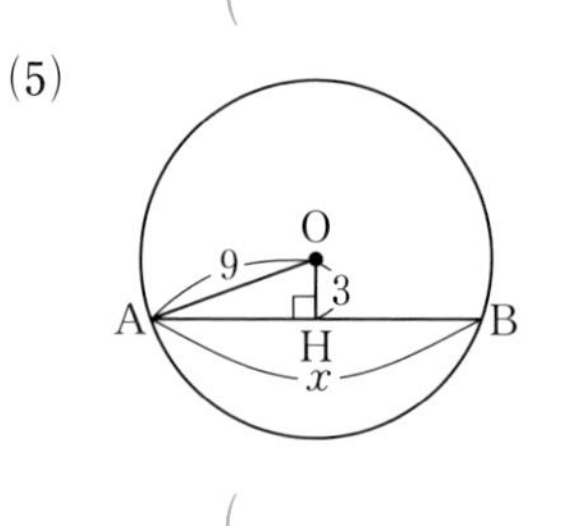

(　　)

(6)

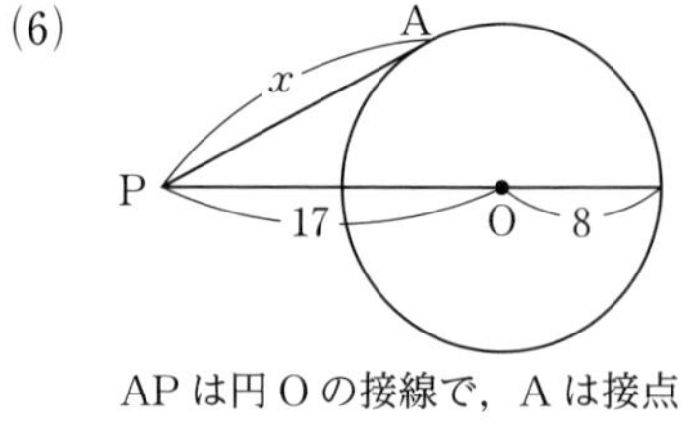

AP は円 O の接線で，A は接点

(　　)

よく出る 2 次の長さを 3 辺とする三角形㋐〜㋔のうち，直角三角形をすべて答えなさい。　（5点）

㋐ 2 cm，3 cm，4 cm　　㋑ 2 cm，3 cm，$\sqrt{5}$ cm　　㋒ 6 cm，7 cm，$\sqrt{13}$ cm

㋓ 5 cm，$\sqrt{6}$ cm，$\sqrt{30}$ cm　　㋔ $2\sqrt{3}$ cm，$4\sqrt{3}$ cm，6 cm

(　　)

3 次の問いに答えなさい。　5点×5（25点）

(1) 1 辺 4 cm の正三角形の面積を求めなさい。

(　　)

(2) 2 点 A$(-3,\ -4)$，B$(7,\ 2)$ 間の距離（きょり）を求めなさい。

(　　)

(3) 縦，横，高さがそれぞれ 3 cm，4 cm，5 cm の直方体の対角線の長さを求めなさい。

(　　)

(4) すべての辺の長さが 6 cm の正四角錐（せいしかくすい）の高さを求めなさい。

(　　)

(5) 底面の半径が $\sqrt{7}$ cm，母線の長さが 4 cm の円錐の体積を求めなさい。

(　　)

目標 三平方の定理を理解し，いろいろな場面で，必要な直角三角形を見い出し，定理が使えるようになろう。

自分の得点まで色をぬろう!

がんばろう! もう一歩 合格!

0 60 80 100点

4 右の図で，△ABC は ∠ABC＝90°，AB＝3 cm，AC＝5 cm の直角三角形で，BD は頂点 B から辺 AC に引いた垂線です。次の問いに答えなさい。 5点×2（10点）

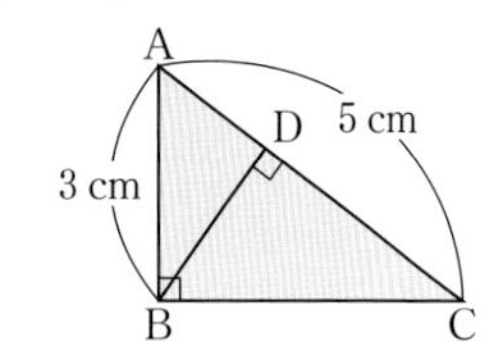

(1) 辺 BC の長さを求めなさい。

（　　　　　　）

(2) 垂線 BD の長さを求めなさい。

（　　　　　　）

5 右の図のように，∠C＝90°，BC＝8 cm，AC＝4 cm の直角三角形 ABC を，頂点 B が頂点 A に重なるように折りました。このとき，線分 CD の長さを求めなさい。 （5点）

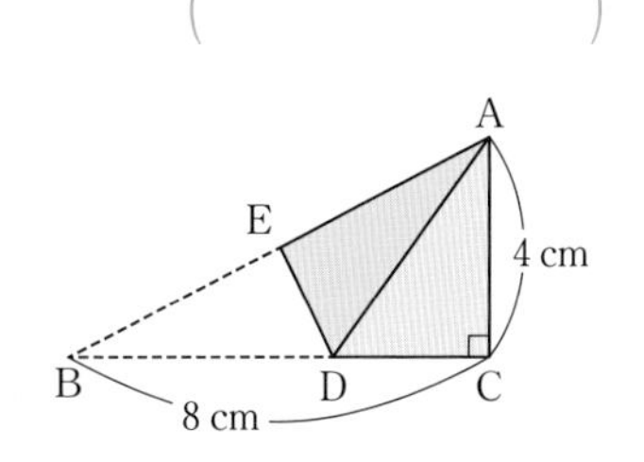

（　　　　　　）

6 右の図のような，底面が ∠C＝90°，AB＝10 cm の直角二等辺三角形で，高さが 10 cm の三角柱があります。次の問いに答えなさい。 5点×2（10点）

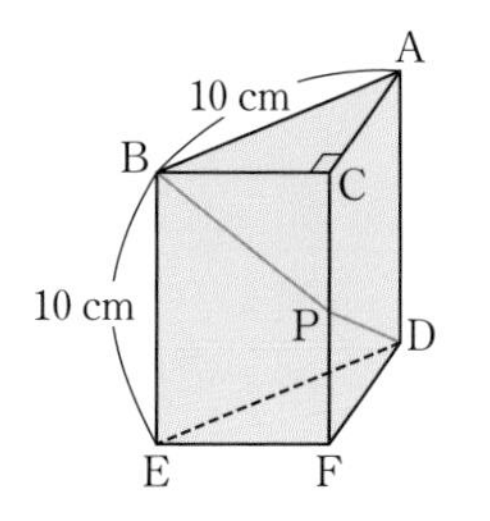

(1) 辺 BC の長さを求めなさい。

（　　　　　　）

(2) 辺 CF 上に点 P をとり，BP＋PD が最小になるようにするとき，BP＋PD の長さを求めなさい。

（　　　　　　）

7 右の図は，1 辺の長さが 4 cm の立方体で，点 M は辺 BC の中点です。3 点 A，F，M を通る平面でこの立方体を切るとき，次の問いに答えなさい。

5点×3（15点）

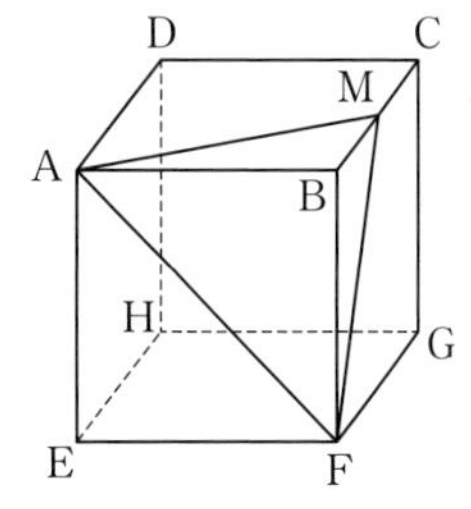

(1) 線分 AM の長さを求めなさい。

（　　　　　　）

(2) △AFM の面積を求めなさい。

（　　　　　　）

(3) 三角錐 BAFM で，△AFM を底面としたときの高さを求めなさい。

（　　　　　　）

7章

アプリ【どこでもワーク計算編・図形編】をやって，さらに力をつけよう！

ステージ1

1 標本調査
❶ 全数調査と標本調査 ❷ 標本調査による推定
❸ 標本調査の利用

例1 全数調査と標本調査

教 p.230〜231 → 基本問題 1

次の調査では，全数調査と標本調査のどちらが適していると考えられますか。

(1) 学校で行う健康診断 (2) 国勢調査の速報 (3) ある湖の魚の数の調査

考え方 全数調査ができない場合や，大変すぎる場合などに，標本調査が用いられる。

解き方 (1) 個々の生徒の健康状態をきちんと知る必要があるから，①

(2) 結果を早く利用するため，国勢調査の一部を集計したものだから，②

(3) 湖の魚をすべて数えるのは難しく，およその数がわかればよいので，③

たいせつ

全数調査…対象となる集団のすべてのものについて行う調査。
標本調査…対象となる集団の中から一部を取り出して調べ，集団全体の傾向を推測する調査。
母集団…標本調査を行うとき，調査する対象となるもとの集団。
標本・サンプル…母集団から取り出した一部分。
標本の抽出…母集団から標本を取り出すこと。
推定…標本から母集団の性質を推測すること。

例2 標本調査による推定

教 p.231〜235 → 基本問題 2 3 4

次の文章の中で，正しいものを答えなさい。

㋐ 標本を無作為抽出すれば，標本平均は母平均に完全に等しくなる。
㋑ 標本の大きさが大きいほど，標本平均は母平均に近い値をとることが多くなる。
㋒ 標本平均と母平均には，誤差があるのがふつうである。

解き方 標本調査は一部分の調査だから，一般に，標本の性質と母集団の性質が一致することはないが，調査する数が多いほど，誤差は小さくなる。

答 ④ と ⑤

覚えておこう

無作為抽出…母集団から標本をかたよりなく取り出すこと。
標本平均…標本の平均値。
母平均…母集団の平均値。
標本の大きさ…標本として抽出したデータの個数のこと。

例3 標本調査の利用

教 p.236〜237 → 基本問題 5

ある池の中にいる鯉の総数を調べるために，池にいる鯉を 40 匹捕まえて印をつけ，池にもどしました。数日後に，80 匹の鯉を捕まえて調べたところ，そのうちの 16 匹に印がついていました。池に鯉は約何匹いると推定できますか。

考え方 (鯉の総数)：40＝(改めて捕まえた数)：(そのうちの印のついた数) と考える。

解き方 鯉の総数を x 匹とすると，

$x：40＝80：16$ （$16x＝40\times80$）

$x＝$ ⑥

答 約 ⑦ 匹

数日後と間を空けることで，印をつけてもどした鯉が池全体の鯉の中に均一に散らばったと考えているんだね。

基本問題

解答 p.55

1 全数調査と標本調査 次の調査では，全数調査と標本調査のどちらが適していると考えられますか。 教 p.230 問1

(1) 店で売る果物の糖度検査　(2) 国勢調査　(3) 新聞の世論調査

(4) 入学希望者に行う学力検査　(5) 倉庫に貯蔵(ちょぞう)された米の品質検査

2 標本調査による推定 ある中学校の3年生男子200人の中から無作為抽出した20人のハンドボール投げの記録を調査しました。この調査の母集団，標本（サンプル）をそれぞれ答えなさい。 教 p.231 問1

3 標本調査による推定 ある農家から送られてきた200個のみかんの中から，標本として10個を無作為抽出して重さを測ったら，下のようになりました。

109，124，102，117，106，122，114，103，96，107 （単位：g）

次の問いに答えなさい。 教 p.233 問2，問3

(1) みかん1個の重さの標本平均を求めなさい。

(2) 次の㋐～㋓のうち，正しいと考えられるものをすべて選びなさい。

㋐ 送られてきた200個のみかんの1個の重さの平均値は110 g である。

㋑ 標本の大きさを20個にすれば，標本平均が母平均に近づきやすい。

㋒ 200個のみかん全体の重さは20 kg より軽い可能性が大きい。

㋓ 標本を無作為抽出するには，乱数表(らんすうひょう)を利用する方法がある。

注：0～9までが等しい確率で不規則に出てくる数字の並びを乱数といい，それを表にまとめたものが乱数表である。

標本は無作為に選ぶことが大事だね。

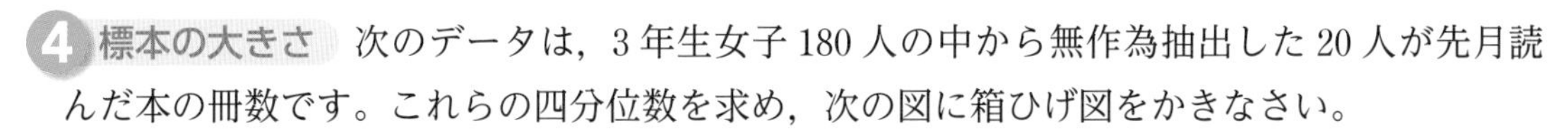

4 標本の大きさ 次のデータは，3年生女子180人の中から無作為抽出した20人が先月読んだ本の冊数です。これらの四分位数を求め，次の図に箱ひげ図をかきなさい。 教 p.234 問4

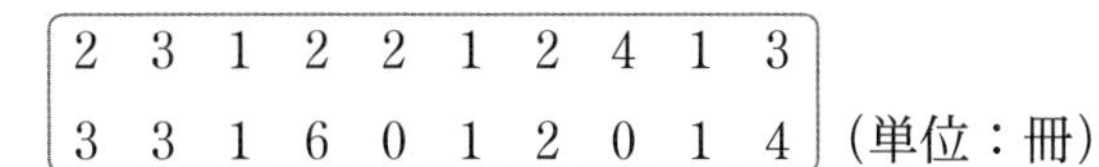

2	3	1	2	2	1	2	4	1	3
3	3	1	6	0	1	2	0	1	4

（単位：冊）

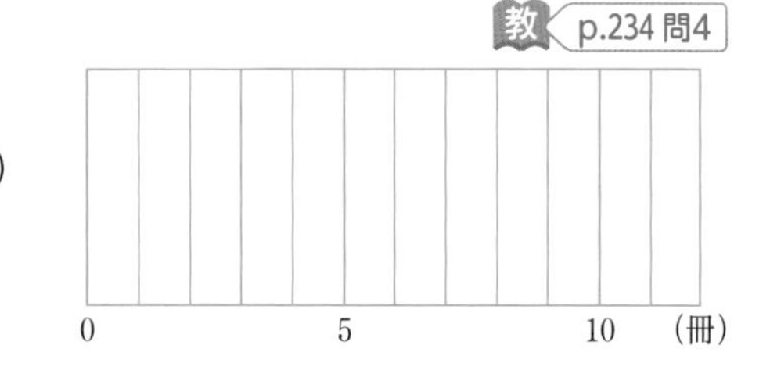

5 標本調査の利用 ある会社が外国から輸入した商品600個の中から，80個を無作為抽出して調べたところ，その中に不良品が2個ありました。輸入した商品600個の中に，不良品は約何個ふくまれていると推定できますか。 教 p.237 問1

左ページの例の答え　①全数調査　②標本調査　③標本調査　④，⑤㋑，㋒　⑥200　⑦200

解答 p.56

1　標本調査

1 次の□にあてはまることばを答えなさい。

ある集団の傾向(けいこう)を調査するとき，集団の中から一部を取り出して調べ，もとの集団全体の傾向を推測するような調査を ① といい，調査する対象となるもとの集団を ② ，調査のために取り出した一部分を ③ という。

2 標本調査について，次の(1)〜(4)が適切であれば○，適切でないならば×を答えなさい。

(1) 標本調査では，標本が母集団の性質をよく表すように，標本をかたよりなく選び出す。

(2) 母集団から標本を選び出すとき，どのように標本を選んでも，正確な推測が得られる。

(3) 1000 人の人を選んで世論調査をするのに，調査員が適当に自分の気に入った人を 1000 人選んで調査した。

(4) 標本を無作為抽出(むさくいちゅうしゅつ)すれば，母集団の性質と標本の性質に違いはまったくない。

よく出る **3** ある池のふなの総数を調べるために，網(あみ)で 20 匹(ぴき)のふなを捕(つか)まえて印をつけ，池にもどしました。数日後，再び同じ網を使うと 27 匹のふなが捕まり，そのうちの 5 匹に印がついていました。この池にいるふなの総数を推定しなさい。ただし，十の位までの概数(がいすう)で答えなさい。

よく出る **4** ある工場で製造された製品から，76 個を無作為抽出して調査したところ，その中に不良品が 2 個ありました。この工場で 10000 個の製品を製造したとき，不良品は約何個発生すると推定できますか。十の位までの概数で答えなさい。

5 青玉と白玉が合わせて 600 個入っている袋(ふくろ)があります。この袋の中から，20 個の玉を無作為抽出し，青玉と白玉の個数を調べた後，玉を袋にもどします。右の表は，この実験を 6 回くり返した結果を表したものです。この袋の中の白玉の数は，約何個と推定できますか。

回	1	2	3	4	5	6
青玉の個数	14	15	15	13	14	13
白玉の個数	6	5	5	7	6	7

2 文章をしっかり読みとる。(2)は「どのように標本を選んでも」，(4)は「まったく」に注目する。
3 比例式をつくる。答えは十の位までの概数だから，一の位を四捨五入する。
5 6 回の結果を集計し，青玉と白玉を合わせた個数のうちの，白玉の個数の割合を考える。

6 1200ページの辞典があります。この辞典に記載(きさい)されている見出し語の総数を調べるために，8ページを無作為抽出し，そのページに記載されている見出し語の数を調べると，次のようになりました。　22，18，35，27，19，23，31，29　（単位：語）

この辞典に記載されている見出し語の総数は，約何語と推定できますか。千の位までの概数で答えなさい。

7 次の表は，ある中学校の3年生男子80人のハンドボール投げの記録です。

ハンドボール投げの記録　（単位：m）

番号	記録	番号	記録	番号	記録	番号	記録	番号	記録	番号	記録	番号	記録	番号	記録
1	23	11	31	21	27	31	25	41	25	51	26	61	25	71	24
2	22	12	20	22	27	32	24	42	21	52	25	62	23	72	25
3	28	13	30	23	23	33	25	43	28	53	22	63	29	73	26
4	25	14	25	24	28	34	24	44	24	54	24	64	34	74	24
5	26	15	27	25	24	35	25	45	24	55	26	65	24	75	25
6	26	16	22	26	23	36	26	46	26	56	21	66	27	76	26
7	20	17	29	27	29	37	24	47	16	57	20	67	24	77	24
8	26	18	23	28	21	38	25	48	17	58	28	68	26	78	25
9	25	19	22	29	24	39	26	49	26	59	21	69	27	79	27
10	23	20	31	30	26	40	30	50	32	60	27	70	28	80	22

この資料から，乱数表を利用して，番号9，31，54，1，69，46，13，65，32，11の10人の記録を，標本として無作為抽出しました。

この10人の記録の標本平均を，小数第一位を四捨五入して概数で求め，3年生男子80人の平均値を推定しなさい。

入試問題をやってみよう！

1 空き缶を4800個回収したところ，アルミ缶とスチール缶が混在していた。この中から120個の空き缶を無作為に抽出したところ，アルミ缶が75個ふくまれていた。回収した空き缶のうち，アルミ缶はおよそ何個ふくまれていると考えられるか。ただし，答えだけでなく，答えを求める過程がわかるように，途中の式なども書くこと。〔長崎〕

6 抽出した8ページの平均値（標本平均）は，辞典の全ページの平均値（母平均）にほぼ等しいと考える。
7 抽出した10人の記録を確認して，(合計)÷(人数) で標本平均を求める。
1 4800個の母集団と120個の標本においてアルミ缶の割合がほぼ等しいと考える。

解答 p.56

標本調査

20分　/100

1 次の調査では，全数調査と標本調査のどちらが適しているると考えられますか。 4点×4（16点）

(1) 電池の寿命の検査 （　　　）

(2) あるクラスでの出欠の調査 （　　　）

(3) 3年1組の進路希望の調査 （　　　）

(4) 全国の中学生の学習時間の調査 （　　　）

2 次の資料は，ある中学校の3年生男子の50 m走の記録の平均値を推定するために，3年生男子全員の中から10人を無作為抽出して，記録を調べたものです。この資料をもとにして，次の問いに答えなさい。 8点×2（16点）

6.8	7.8	7.6	7.3	7.5	7.1	7.0	8.1	7.5	8.3

（単位：秒）

(1) 3年生男子全員の50 m走の記録の平均値を推定しなさい。 （　　　）

(2) 右の図にこの資料の箱ひげ図をかきなさい。

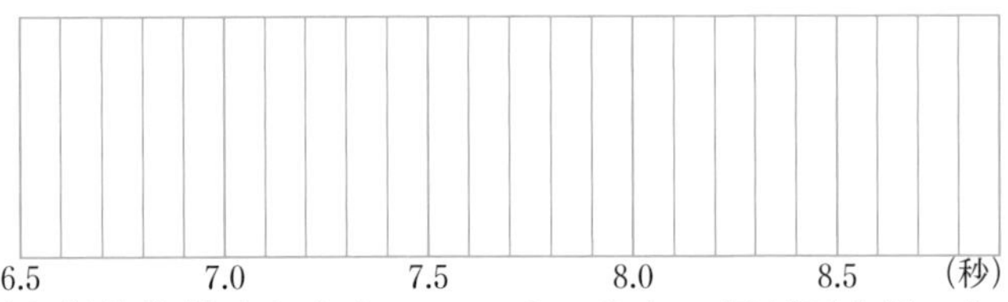

3 ある工場で作った製品から，300個を無作為抽出したところ，そのうち5個が不良品でした。この工場で作った製品60000個の中には，約何個の不良品があると推定できますか。 （16点）

（　　　）

4 ある池の魚の総数を調べるために，50匹の魚を捕まえ，その全部に印をつけて池にもどしました。数日後，再び魚を捕まえると，印のついた魚が4匹，ついていない魚が36匹いました。この池にいる魚の総数を推定しなさい。 （16点）

（　　　）

5 袋の中に赤玉と白玉が合わせて600個入っています。これをよくかき混ぜてから，20個を取り出し，それぞれの色の玉の数を数えてもとにもどします。この実験を5回くり返したところ，取り出した赤玉の数は，それぞれ7個，10個，8個，7個，8個でした。袋の中の赤玉の総数を推定しなさい。 （16点）

（　　　）

6 1400ページの辞書に記載されている見出し語の総数を調べるために，10ページを無作為抽出し，見出し語の数を調べると，27，16，29，18，21，42，23，15，30，22でした。次の問いに答えなさい。 10点×2（20点）

(1) 標本のページで，1ページあたりの見出し語の数の標本平均は，何語ですか。

（　　　）

(2) この辞書に記載されている見出し語の総数は，約何万何千語と推定できますか。

（　　　）

多項式の計算

多項式と単項式の乗除

①単項式 × 多項式 ➡ $a(b+c)=ab+ac$

②多項式 ÷ 単項式 ➡ $(a+b)\div c=\frac{a}{c}+\frac{b}{c}$

③多項式どうしの乗法(式の展開)

➡ $(a+b)(c+d)=ac+ad+bc+bd$

乗法公式

① $(x+a)(x+b)=x^2+(a+b)x+ab$

② $(x+a)^2=x^2+2ax+a^2$　〔和の平方〕

③ $(x-a)^2=x^2-2ax+a^2$　〔差の平方〕

④ $(x+a)(x-a)=x^2-a^2$　〔和と差の積〕

因数分解

共通な因数 → $ma+mb+mc=m(a+b+c)$

因数分解の公式

①′ $x^2+(a+b)x+ab=(x+a)(x+b)$

②′ $x^2+2ax+a^2=(x+a)^2$

③′ $x^2-2ax+a^2=(x-a)^2$

④′ $x^2-a^2=(x+a)(x-a)$

平方根

平方根

① $(\sqrt{a})^2=a$

$(-\sqrt{a})^2=a$

$\sqrt{a}$, $-\sqrt{a}$ →（2乗(平方)）→ a
a →（平方根）→ $\sqrt{a}$, $-\sqrt{a}$

② a, b が正の数で, $a<b$ ならば, $\sqrt{a}<\sqrt{b}$

根号をふくむ式の計算

a, b を正の数とするとき

① $\sqrt{a}\times\sqrt{b}=\sqrt{ab}$　② $\frac{\sqrt{a}}{\sqrt{b}}=\sqrt{\frac{a}{b}}$

③ $a\sqrt{b}=\sqrt{a^2b}$, $\sqrt{a^2b}=a\sqrt{b}$　($\sqrt{a^2}=a$)

④ $\frac{a}{\sqrt{b}}=\frac{a\times\sqrt{b}}{\sqrt{b}\times\sqrt{b}}=\frac{a\sqrt{b}}{b}$　(分母の有理化)

⑤ $m\sqrt{a}+n\sqrt{a}=(m+n)\sqrt{a}$

⑥ $m\sqrt{a}-n\sqrt{a}=(m-n)\sqrt{a}$

2次方程式

平方根の考えを使った解き方

① $x^2-a=0$ ➡ $x=\pm\sqrt{a}$

② $ax^2=b$ ➡ $x=\pm\sqrt{\frac{b}{a}}$

③ $(x+m)^2=n$ ➡ $x=-m\pm\sqrt{n}$

2次方程式の解の公式

2次方程式 $ax^2+bx+c=0$ の解は,

$$x=\frac{-b\pm\sqrt{b^2-4ac}}{2a}$$

因数分解を使った解き方

$AB=0$ ならば, $A=0$ または $B=0$

① $(x+a)(x+b)=0$ ➡ $x=-a$, $x=-b$

② $x(x+a)=0$ ➡ $x=0$, $x=-a$

③ $(x+a)^2=0$ ➡ $x=-a$

④ $(x+a)(x-a)=0$ ➡ $x=\pm a$

関数 $y=ax^2$

関数 $y=ax^2$

y が x の2乗に比例 ⇔ $y=ax^2$(a は比例定数)

関数 $y=ax^2$ のグラフ

① y 軸について対称な曲線で, 原点を通る。

② $a>0$ のとき, グラフは上に開いた放物線。

$a<0$ のとき, グラフは下に開いた放物線。

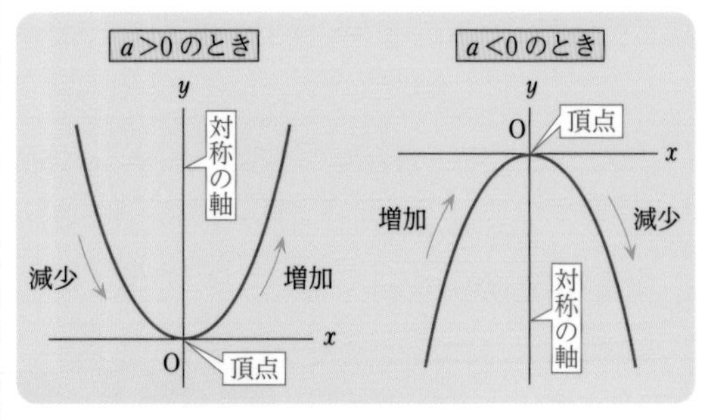

関数 $y=ax^2$ の変化の割合

関数 $y=ax^2$ の変化の割合は一定ではない。

$$(\text{変化の割合})=\frac{(y\text{ の増加量})}{(x\text{ の増加量})}$$

相似な図形

相似な図形の性質

①対応する部分の長さの比は，すべて等しい。

②対応する角の大きさは，それぞれ等しい。

三角形の相似条件

①３組の辺の比がすべて等しい。

②２組の辺の比とその間の角がそれぞれ等しい。

③２組の角がそれぞれ等しい。

三角形と比の定理，三角形と比の定理の逆

△ABC の辺 AB，AC 上の点をそれぞれ D，E とするとき，

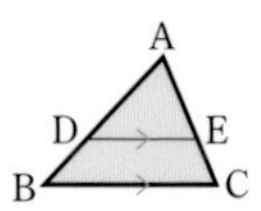

①DE∥BC ならば AD：AB＝AE：AC＝DE：BC

②DE∥BC ならば AD：DB＝AE：EC

①′ AD：AB＝AE：AC ならば DE∥BC

②′ AD：DB＝AE：EC ならば DE∥BC

中点連結定理

△ABC の２辺 AB，AC の中点をそれぞれ M，N とすると，

$MN /\!/ BC$，$MN=\frac{1}{2}BC$

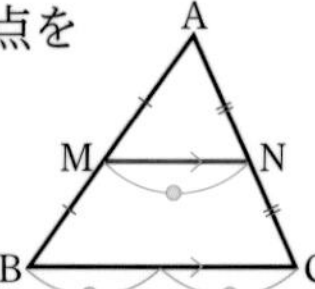

平行線と比

右の図において，

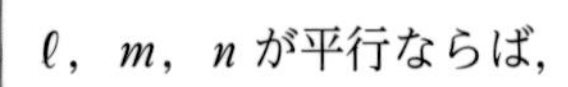

ℓ，m，n が平行ならば，

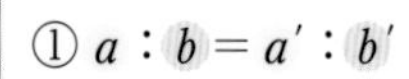

① $a : b = a' : b'$

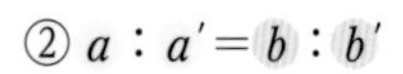

② $a : a' = b : b'$

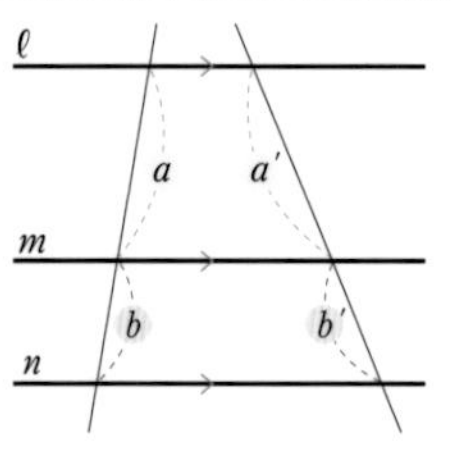

相似な図形の面積と体積

相似比が $m:n$ ならば，

①周の長さの比 ➡ $m:n$

②面積比・表面積の比 ➡ $m^2:n^2$

③体積比 ➡ $m^3:n^3$

円

円周角の定理

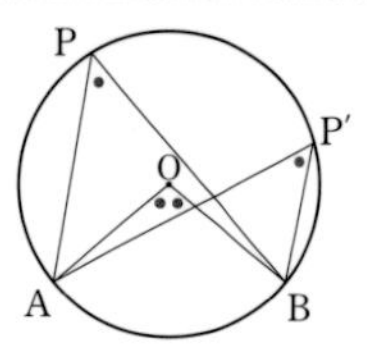

$\angle APB=\angle AP'B$
$=\frac{1}{2}\angle AOB$

円周角の定理の逆

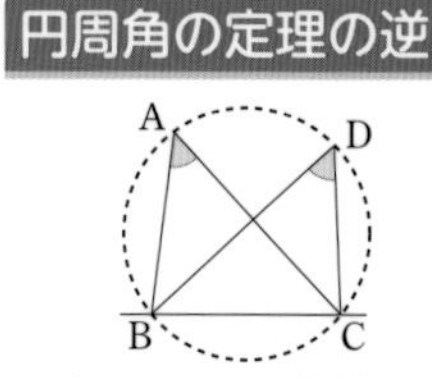

２点 A，D が直線 BC の同じ側にあって，∠BAC＝∠BDC ならば，４点 A，B，C，D は１つの円周上にある。

三平方の定理

三平方の定理

直角三角形の直角をはさむ２辺の長さを a，b，斜辺の長さを c とすると，$a^2+b^2=c^2$

三角定規の３辺の長さの割合

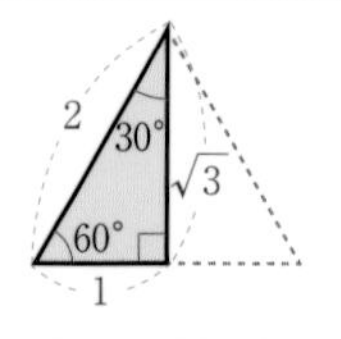

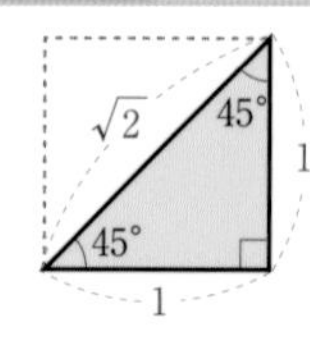

平面図形への利用

①２点間の距離

右の図の△ABC で，

$AB=\sqrt{BC^2+AC^2}$
$=\sqrt{(a-c)^2+(b-d)^2}$

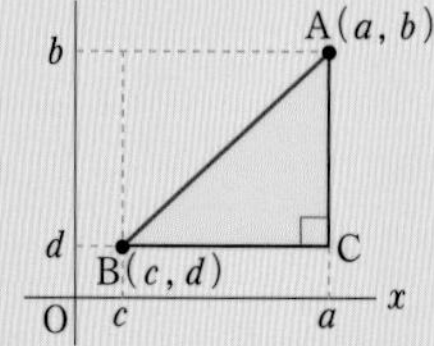

②円の弦の長さ

右の図の円 O で，

$AB=2AH$
$=2\sqrt{r^2-a^2}$

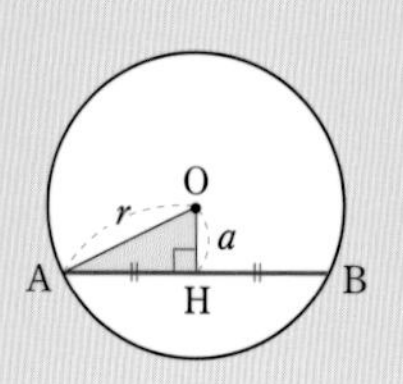

空間図形への利用

①直方体の対角線の長さ

$\ell=\sqrt{a^2+b^2+c^2}$

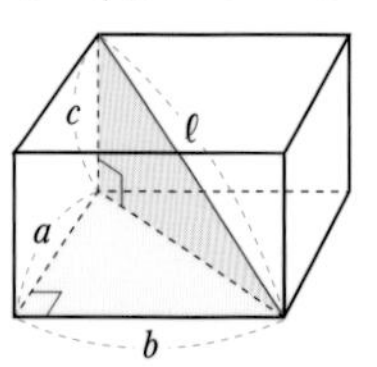

②円錐の高さ

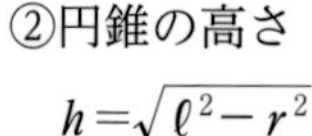

$h=\sqrt{\ell^2-r^2}$

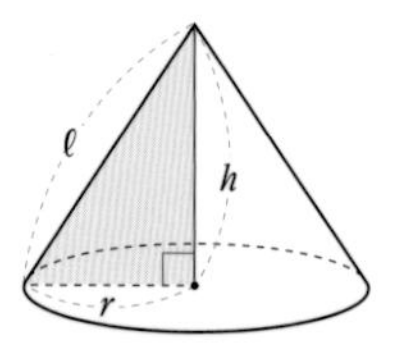

定期テスト対策

得点アップ！ 予想問題

1
この「**予想問題**」で
実力を確かめよう！

2
「**解答と解説**」で
答え合わせをしよう！

3
わからなかった問題は
戻って復習しよう！

スキマ時間でポイントを確認！
別冊「**スピードチェック**」も使おう

●予想問題の構成

回数	教科書ページ	教科書の内容	この本での学習ページ
第1回	12〜43	1章　式の計算	2〜21
第2回	44〜73	2章　平方根	22〜39
第3回	74〜98	3章　2次方程式	40〜53
第4回	100〜135	4章　関数 $y=ax^2$	54〜71
第5回	138〜179	5章　相似な図形	72〜95
第6回	180〜201	6章　円	96〜109
第7回	202〜226	7章　三平方の定理	110〜123
第8回	228〜244	8章　標本調査	124〜128

解答 p.57

第1回 予想問題 1章 式の計算

40分 /100

1 次の計算をしなさい。 3点×4（12点）

(1) $3x(x-5y)$

(2) $(5a-1)\times(-2a)$

(3) $(4a^2b+6ab^2)\div 2a$

(4) $(6xy-3y^2)\div\left(-\frac{3}{5}y\right)$

(1)		(2)		(3)		(4)	

2 次の式を展開しなさい。 3点×10（30点）

(1) $(2x+3)(x-1)$

(2) $(a-4)(a+2b-3)$

(3) $(x-2)(x-7)$

(4) $(x+4)(x-3)$

(5) $\left(y+\frac{1}{2}\right)^2$

(6) $(3x-2y)^2$

(7) $(5x+9)(5x-9)$

(8) $(4x-3)(4x+5)$

(9) $(a+2b-5)^2$

(10) $(x+y-4)(x-y+4)$

(1)		(2)			
(3)		(4)		(5)	
(6)		(7)		(8)	
(9)		(10)			

3 次の計算をしなさい。 3点×2（6点）

(1) $2x(x-3)-(x+2)(x-8)$

(2) $(a-2)^2-(a+4)(a-4)$

(1)		(2)	

4 次の式を因数分解しなさい。 3点×2（6点）

(1) $4xy-2y$

(2) $5a^2-10ab+15a$

(1)		(2)	

5 次の式を因数分解しなさい。　3点×4（12点）

(1)　$x^2-7x+10$　　(2)　x^2-x-12

(3)　$m^2+8m+16$　　(4)　y^2-36

(1)		(2)	
(3)		(4)	

6 次の式を因数分解しなさい。　3点×6（18点）

(1)　$4a^2+12ab+9b^2$　　(2)　$6x^2-12x-48$

(3)　$8a^2b-2b$　　(4)　$(a+b)^2-16(a+b)+64$

(5)　$(x-3)^2-7(x-3)+6$　　(6)　$x^2+xy+2x+2y$

7 次の式を，くふうして計算しなさい。　3点×2（6点）

(1)　49^2　　(2)　$7\times29^2-7\times21^2$

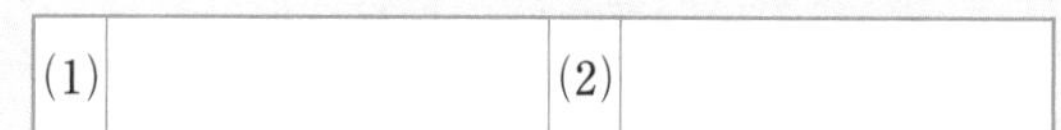

8 $x-y=-5$ のとき，$2x^2+2y^2-4xy-3x+3y-3$ の値を求めなさい。　（3点）

9 連続する3つの整数では，もっとも大きい数の2乗から中央の数の4倍をひいた差は，もっとも小さい数の2乗になることを証明しなさい。　（4点）

10 右の図のように，中心が同じ2つの円があり，半径の差は10 cmです。小さい方の円の半径を a cmとするとき，2つの円にはさまれた部分の面積を a を用いて表しなさい。　（3点）

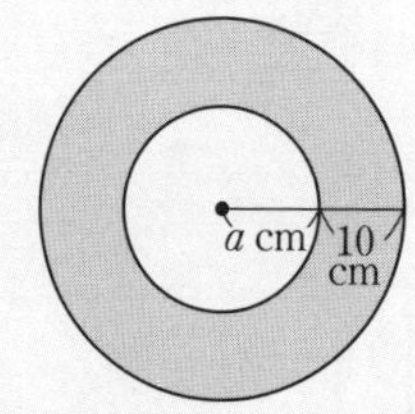

解答 p.58

第2回 予想問題

2章　平方根

40分　/100

1 次の数を求めなさい。

2点×4（8点）

(1) 0.81 の平方根　(2) $\sqrt{64}$

(3) $\sqrt{(-9)^2}$　(4) $(-\sqrt{6})^2$

(1)	(2)	(3)	(4)

2 次の各組の数の大小を，不等号を使って表しなさい。

2点×3（6点）

(1) 6，$\sqrt{30}$　(2) -3，-4，$-\sqrt{10}$　(3) $3\sqrt{2}$，$\sqrt{15}$，4

(1)	(2)	(3)

3 $\sqrt{1}$，$\sqrt{4}$，$\sqrt{9}$，$\sqrt{15}$，$\sqrt{25}$，$\sqrt{50}$ のうち，無理数をすべて選びなさい。

（2点）

4 次の数を，根号の中をできるだけ小さい自然数に直しなさい。

2点×2（4点）

(1) $\sqrt{112}$　(2) $\sqrt{\dfrac{7}{64}}$

(1)	(2)

5 次の数の分母を有理化しなさい。

2点×2（4点）

(1) $\dfrac{2}{\sqrt{6}}$　(2) $\dfrac{5\sqrt{3}}{\sqrt{15}}$

(1)	(2)

6 $\sqrt{6}=2.449$ として，次の数の近似値（きんじち）を求めなさい。

2点×2（4点）

(1) $\sqrt{60000}$　(2) $\sqrt{0.06}$

(1)	(2)

7 次の計算をしなさい。

3点×4（12点）

(1) $\sqrt{6}\times\sqrt{8}$　(2) $\sqrt{75}\times2\sqrt{3}$

(3) $8\div\sqrt{12}$　(4) $3\sqrt{6}\div(-\sqrt{10})\times\sqrt{5}$

(1)	(2)	(3)	(4)

8 次の計算をしなさい。　3点×6（18点）

(1) $2\sqrt{6}-3\sqrt{6}$　(2) $4\sqrt{5}+\sqrt{3}-3\sqrt{5}+6\sqrt{3}$

(3) $\sqrt{98}-\sqrt{50}+\sqrt{2}$　(4) $\sqrt{63}+3\sqrt{28}$

(5) $\sqrt{48}-\dfrac{3}{\sqrt{3}}$　(6) $\dfrac{18}{\sqrt{6}}-\dfrac{\sqrt{24}}{4}$

(1)		(2)		(3)	
(4)		(5)		(6)	

9 次の計算をしなさい。　3点×6（18点）

(1) $\sqrt{3}(3\sqrt{3}+\sqrt{6})$　(2) $(\sqrt{7}+3)(\sqrt{7}-2)$

(3) $(\sqrt{6}-\sqrt{15})^2$　(4) $\dfrac{10}{\sqrt{2}}-2\sqrt{7}\times\sqrt{14}$

(5) $(2\sqrt{3}+1)^2-\sqrt{48}$　(6) $\sqrt{5}(\sqrt{45}-\sqrt{15})-(\sqrt{5}-\sqrt{3})(\sqrt{5}+\sqrt{3})$

(1)		(2)		(3)	
(4)		(5)		(6)	

10 次の式の値を求めなさい。　3点×2（6点）

(1) $x=1-\sqrt{3}$ のときの，x^2-2x+5 の値

(2) $a=\sqrt{5}+\sqrt{2}$，$b=\sqrt{5}-\sqrt{2}$ のときの，a^2-b^2 の値

(1)		(2)	

11 次の問いに答えなさい。　3点×6（18点）

(1) 縦 6 cm，横 8 cm の長方形と面積の等しい正方形の 1 辺の長さを求めなさい。

(2) $5<\sqrt{a}<6$ となるような，自然数 a の個数を求めなさい。

(3) $\sqrt{480n}$ が自然数となるような，もっとも小さい自然数 n を求めなさい。

(4) $\sqrt{63a}$ が自然数となるような，2 けたの自然数 a をすべて求めなさい。

(5) $\sqrt{58}$ を小数で表したときの整数部分の数を求めなさい。

(6) $\sqrt{5}$ の小数部分を a とするとき，$a(a+2)$ の値を求めなさい。

(1)		(2)		(3)	
(4)		(5)		(6)	

解答 p.59

第3回 予想問題 3章 2次方程式

/100

1 次の問いに答えなさい。

3点×2（6点）

(1) 次の方程式のうち，2次方程式をすべて選び，記号で答えなさい。

㋐ $3(x+2)=4x-5$ ㋑ $(x+2)(x-5)=0$ ㋒ $x(x-4)=2x^2-x$

(2) 右の□にあてはまる数を答えなさい。 x^2-12x+ ① $=(x-$ ② $)^2$

(1)		(2)	①	②

2 次の方程式を解きなさい。

3点×10（30点）

(1) $(x+4)(x-5)=0$

(2) $x^2-15x+14=0$

(3) $x^2+10x+25=0$

(4) $x^2-12x=0$

(5) $x^2-9=0$

(6) $25x^2=6$

(7) $(x-4)^2=36$

(8) $3x^2+5x-4=0$

(9) $x^2-8x+3=0$

(10) $2x^2-3x+1=0$

(1)		(2)		(3)	
(4)		(5)		(6)	
(7)		(8)		(9)	
(10)					

3 次の方程式を解きなさい。

4点×6（24点）

(1) $x^2+6x=16$

(2) $4x^2+4x-8=0$

(3) $\frac{1}{2}x^2=4x-8$

(4) $x^2-4(x+2)=0$

(5) $(x-2)(x+4)=7$

(6) $(x+3)^2=5(x+3)$

(1)		(2)		(3)	
(4)		(5)		(6)	

4 次の問いに答えなさい。 5点×2（10点）

(1) 2次方程式 $x^2+ax-24=0$ の解の1つが -4 のとき，もう1つの解を求めなさい。

(2) 2次方程式 $x^2+ax+b=0$ の解が3と5のとき，a と b の値をそれぞれ求めなさい。

(1)		(2)	$a=$	$b=$

5 連続する2つの整数があります。それぞれを2乗した数の和が113になるとき，小さい方の整数を x として方程式をつくり，この2つの整数を求めなさい。 3点×2（6点）

方程式	
答え	

6 横が縦の2倍の長さの長方形の紙があります。この紙の4すみから，1辺2cmの正方形を切り取って，ふたのない箱をつくったところ，その容積が $192\,\mathrm{cm}^3$ になりました。もとの紙の縦の長さを求めなさい。 （6点）

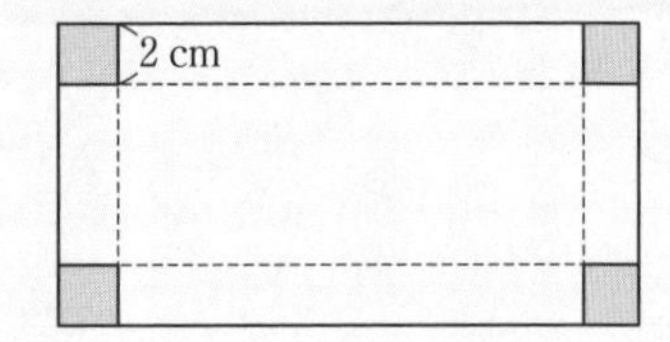

7 縦30m，横40mの長方形の土地があります。右の図のように，この土地のまん中を畑にしてまわりに幅（はば）が一定の道をつくり，畑の面積が土地の面積の半分になるようにします。道の幅は何mになるか求めなさい。 （6点）

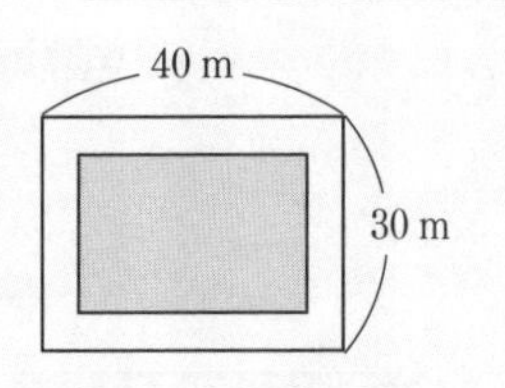

8 右の図のような1辺8cmの正方形ABCDで，点Pは，秒速1cmで辺AB上をBからAまで動きます。また，点Qは，点Pと同時に出発して，点Pと同じ速さで辺BC上をCからBまで動きます。△PBQの面積が $3\,\mathrm{cm}^2$ になるのは，点P，Qが出発してから何秒後ですか。 （6点）

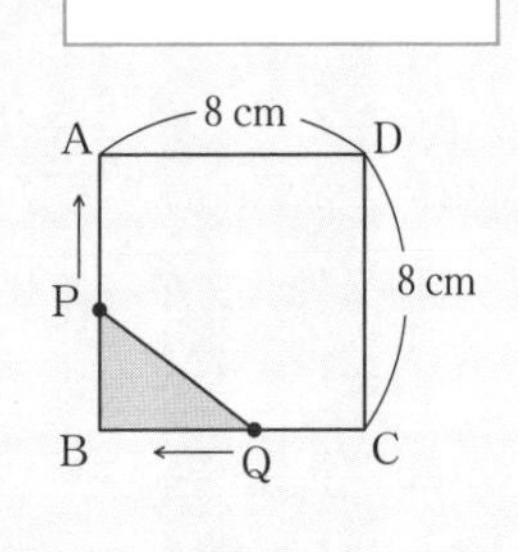

9 右の図で，点Pは1次関数 $y=x+3$ のグラフ上の点で，その x 座標は正です。また，点Aは x 軸（じく）上の点で，Aの x 座標はPの x 座標の2倍になっています。△POAの面積が $28\,\mathrm{cm}^2$ であるとき，点Pの座標を求めなさい。ただし，座標の1目盛りを1cmとします。 （6点）

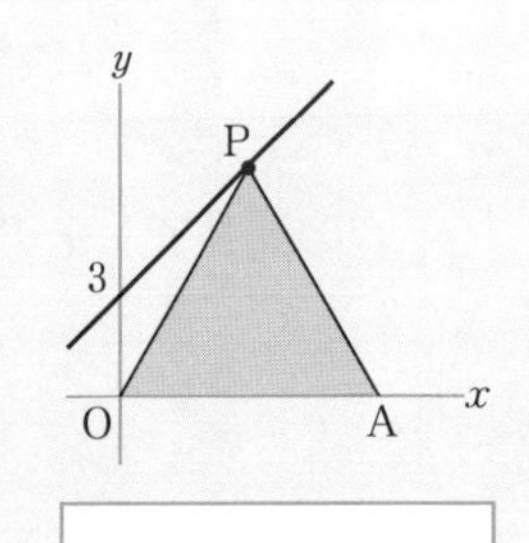

解答 p.60

第4回 予想問題 4章 関数 $y=ax^2$

40分 /100

1 y は x の2乗に比例し，$x=2$ のとき $y=-8$ です。次の問いに答えなさい。 4点×3（12点）

(1) y を x の式で表しなさい。

(2) $x=-3$ のときの y の値を求めなさい。

(3) $y=-50$ のときの x の値を求めなさい。

(1)		(2)		(3)	

2 次の関数のグラフをかきなさい。 4点×2（8点）

(1) $y=-\frac{1}{2}x^2$　　(2) $y=\frac{1}{4}x^2$

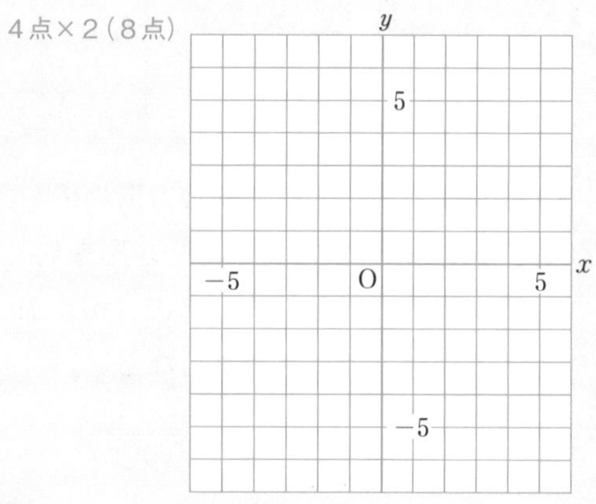

3 次の㋐〜㋕の中から，下の(1)〜(4)にあてはまる関数を，それぞれ選びなさい。

4点×4（16点）

㋐ $y=x^2$　　㋑ $y=-2x^2$　　㋒ $y=5x^2$

㋓ $y=\frac{1}{2}x^2$　　㋔ $y=-\frac{1}{2}x^2$　　㋕ $y=-3x^2$

(1) グラフが下に開いている。

(2) グラフの開き方がもっとも小さい。

(3) $x>0$ のとき，x の値が増加すると y の値も増加する。

(4) グラフが $y=2x^2$ のグラフと x 軸（じく）について対称（たいしょう）である。

(1)		(2)		(3)		(4)	

4 次の関数で，x の変域が $-3 \leqq x \leqq 1$ のときの y の変域を求めなさい。 4点×2（8点）

(1) $y=3x^2$　　(2) $y=-2x^2$

(1)		(2)	

5 次の関数で，x の値が -4 から -2 まで増加するときの変化の割合を求めなさい。

4点×2（8点）

(1) $y=2x^2$　　(2) $y=-x^2$

(1)		(2)	

6 次の問いに答えなさい。

4点×5(20点)

(1) 関数 $y=ax^2$ で，x の変域が $-1\leqq x\leqq 2$ のとき，y の最小値が -4 です。a の値を求めなさい。

(2) 関数 $y=2x^2$ で，x の変域が $-2\leqq x\leqq a$ のとき，y の変域が $b\leqq y\leqq 18$ です。a，b の値を求めなさい。

(3) 関数 $y=ax^2$ で，x の値が1から3まで増加するときの変化の割合が12です。a の値を求めなさい。

(4) 関数 $y=ax^2$ と関数 $y=-4x+2$ で，x の値が2から6まで増加するときの変化の割合が等しくなります。このとき，a の値を求めなさい。

(5) 関数 $y=ax^2$ のグラフが点(3，-3)を通るとき，a の値を求めなさい。

(1)		(2)	$a=$	$b=$	(3)	
(4)		(5)				

7 右の図のような縦6 cm，横12 cmの長方形ABCDがあります。点Pは，秒速3 cmで周上をBからAを通ってDまで動きます。点Qは，点Pと同時にBを出発して，秒速2 cmで周上をBからCまで動きます。点P，QがBを出発してから x 秒後の△BPQの面積を y cm^2 とするとき，次の問いに答えなさい。

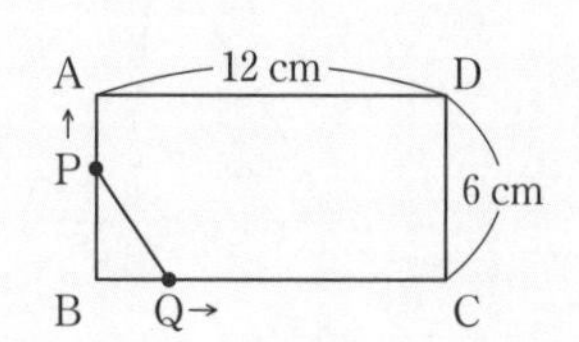

4点×4(16点)

(1) $0\leqq x\leqq 2$ のとき，y を x の式で表しなさい。

(2) $2\leqq x\leqq 6$ のとき，y を x の式で表しなさい。

(3) $x=2$ のときの y の値を求めなさい。

(4) △BPQの面積が18 cm^2 になるのは，点PがBを出発してから何秒後ですか。

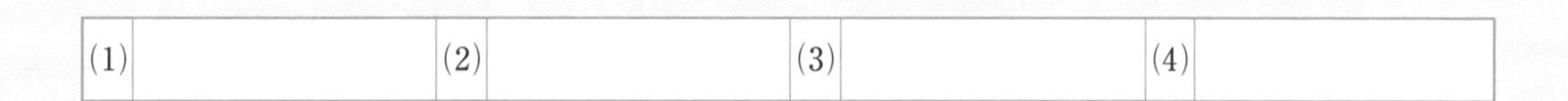

(1)		(2)		(3)		(4)	

8 右の図で，①は関数 $y=\frac{1}{4}x^2$ のグラフで，②は①のグラフ上の2点A(8，a)，B(-4，4)を通る直線です。次の問いに答えなさい。

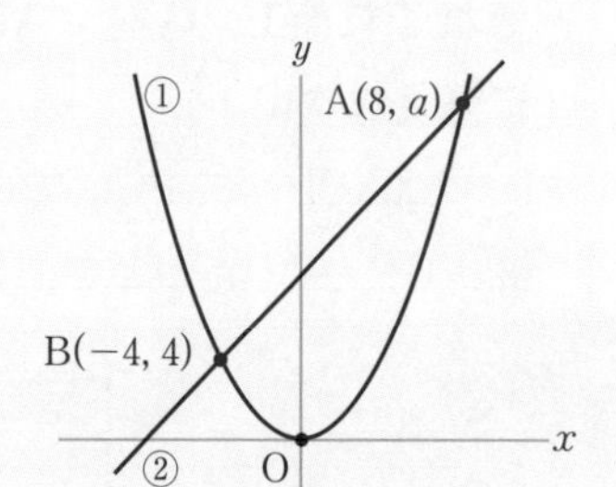

4点×3(12点)

(1) a の値を求めなさい。

(2) 直線②の式を求めなさい。

(3) △OABの面積を求めなさい。

(1)		(2)		(3)	

解答▶p.61

第5回 予想問題 5章 相似な図形

40分 /100

1 右の図で，四角形 ABCD ∽ 四角形 PQRS であるとき，次の問いに答えなさい。 4点×3（12点）

(1) 四角形 ABCD と四角形 PQRS の相似比を求めなさい。

(2) 辺 QR の長さを求めなさい。

(3) ∠C の大きさを求めなさい。

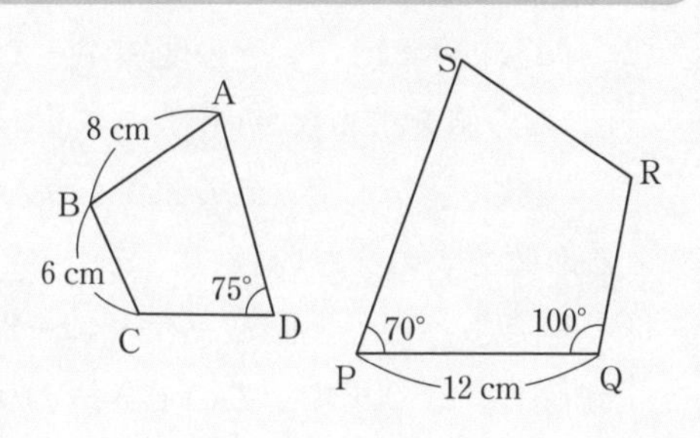

(1)		(2)		(3)	

2 次の図で，△ABC と相似な三角形を記号 ∽ を使って表し，そのときの相似条件をいいなさい。また，x の値を求めなさい。 2点×6（12点）

(1)

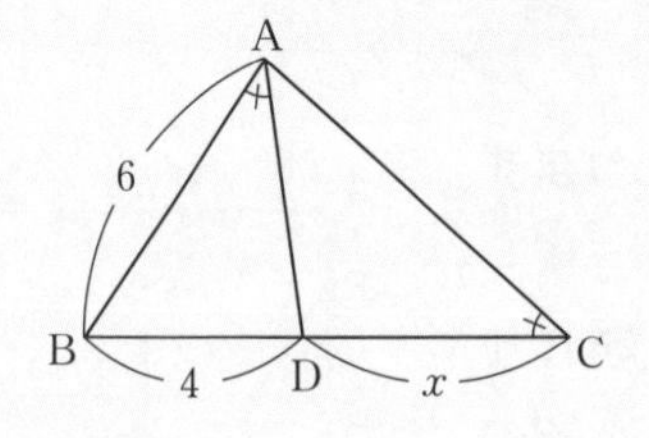

∠BAD＝∠BCA

(2)

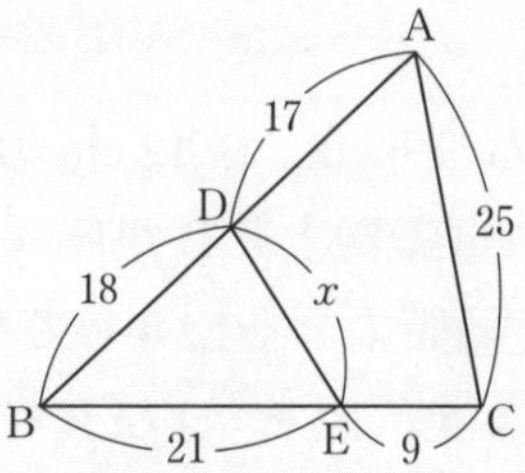

(1)	△ABC ∽	相似条件	x＝
(2)	△ABC ∽	相似条件	x＝

3 ある年度のある月の東京都の人口は，13,999,568 人でした。次の問いに答えなさい。 2点×2（4点）

(1) 一万の位を四捨五入して近似値（きんじち）を求め，有効数字がはっきりわかる形で表しなさい。

(2) (1)で求めた近似値の誤差を求めなさい。

(1)		(2)	

4 右の図のように，1 辺 12 cm の正三角形 ABC で，辺 BC，CA 上にそれぞれ点 P，Q を ∠APQ＝60° となるようにとるとき，次の問いに答えなさい。 (1)6点，(2)4点（10点）

(1) △ABP ∽ △PCQ であることを証明しなさい。

(2) BP＝4 cm のとき，線分 CQ の長さを求めなさい。

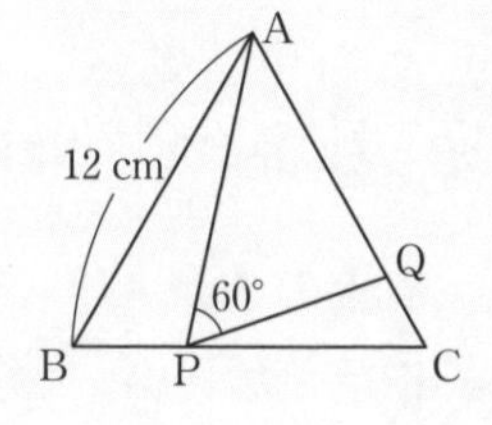

(1)	
(2)	

5 次の図で，PQ // BC のとき，x の値を求めなさい。　5点×3（15点）

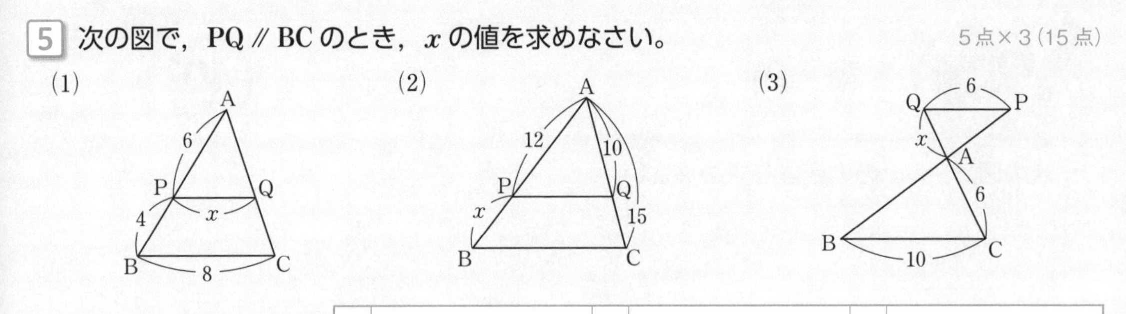

(1)		(2)		(3)	

6 次の図で，ℓ // m // n のとき，x の値を求めなさい。　5点×3（15点）

(1)　(2)　(3)

(1)		(2)		(3)	

7 右の図のように，△ABC の辺 BC の中点を D とし，線分 AD の中点を E とします。直線 BE と辺 AC の交点を F，線分 CF の中点を G とするとき，次の問いに答えなさい。　5点×2（10点）

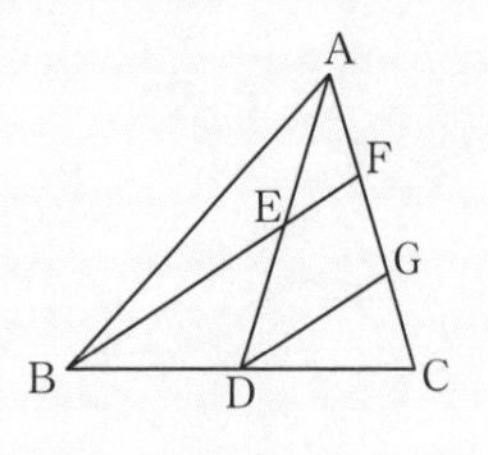

(1)　AF：FG を求めなさい。

(2)　線分 BE の長さは，線分 EF の長さの何倍ですか。

(1)		(2)	

8 次の図で，x の値を求めなさい。　5点×2（10点）

(1)　AB // CD // EF

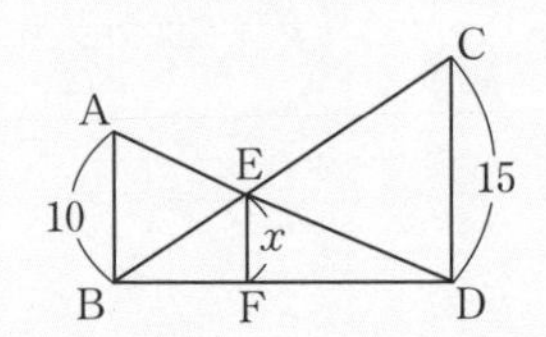

(2)　▱ABCD で，M は辺 BC の中点。

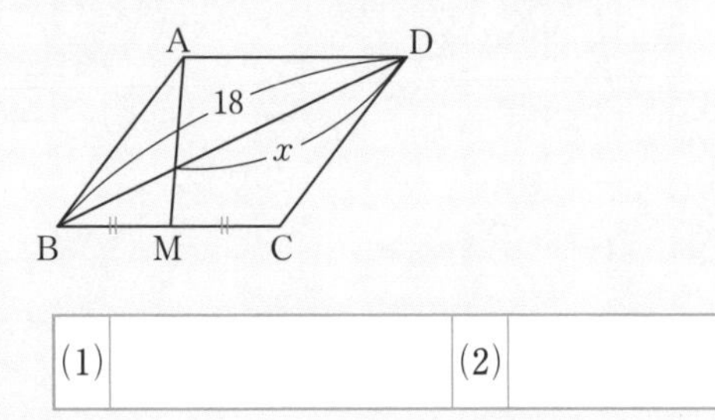

(1)		(2)	

9 次の問いに答えなさい。　4点×3（12点）

(1)　2つの相似な図形㋐と㋑があり，その相似比は5：2です。㋐の面積が 125 cm² のとき，㋑の面積を求めなさい。

(2)　2つの相似な立体㋐と㋑があり，その表面積比は9：16です。㋐と㋑の相似比を求めなさい。また，㋐と㋑の体積比を求めなさい。

(1)		(2)	相似比	体積比

6章 円

解答 p.62

/100

1 次の図で，∠x の大きさを求めなさい。

5点×6（30点）

(1)

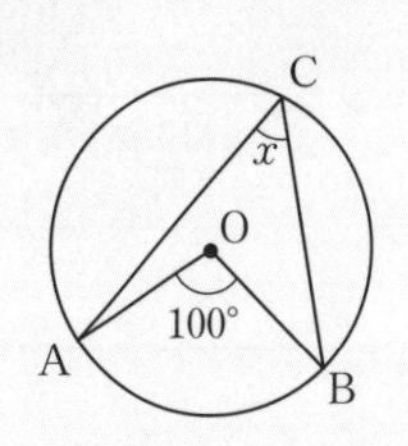

(2)

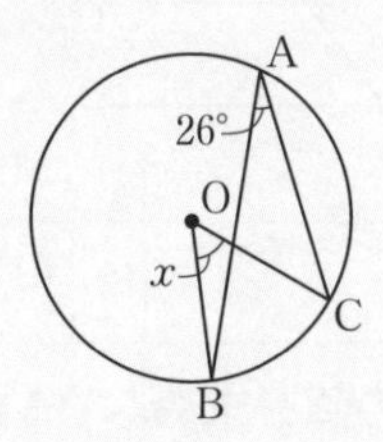

(3)

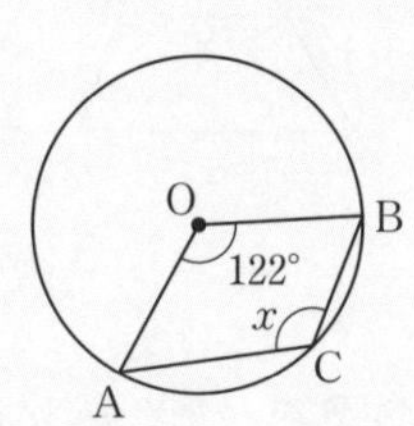

(4)

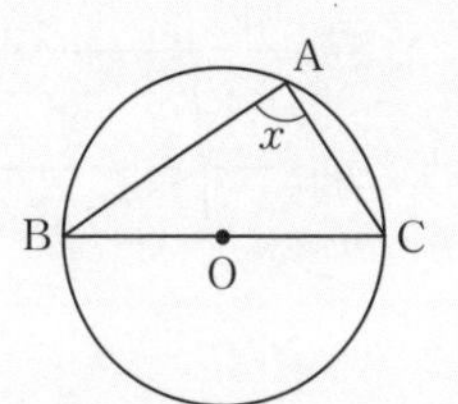

(5)

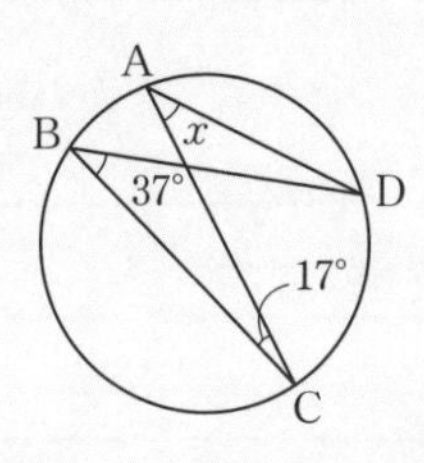

(6) $\overset{\frown}{BC}=\overset{\frown}{CD}$

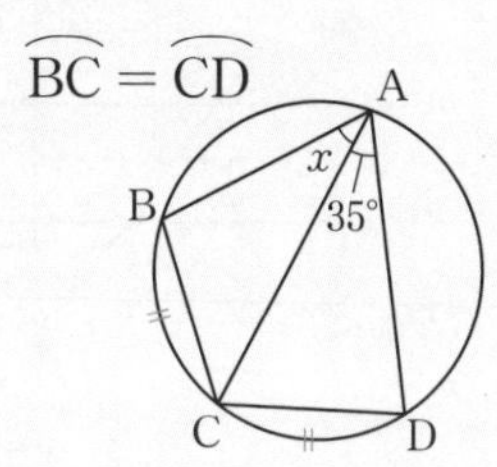

(1)		(2)		(3)	
(4)		(5)		(6)	

2 次の図で，∠x の大きさを求めなさい。

5点×6（30点）

(1)

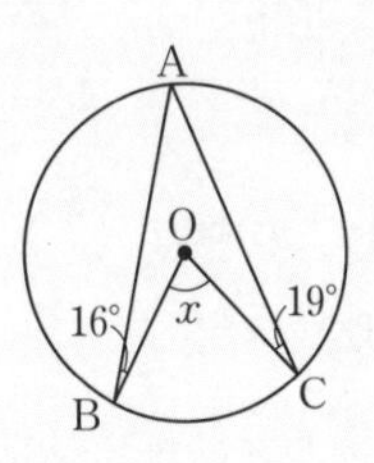

(2)

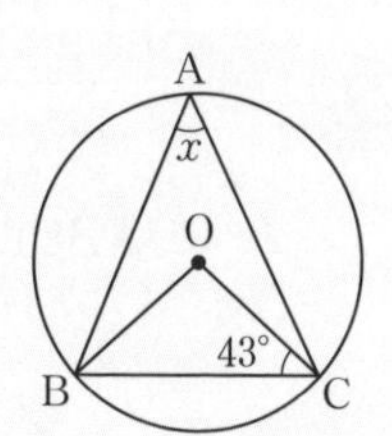

(3)

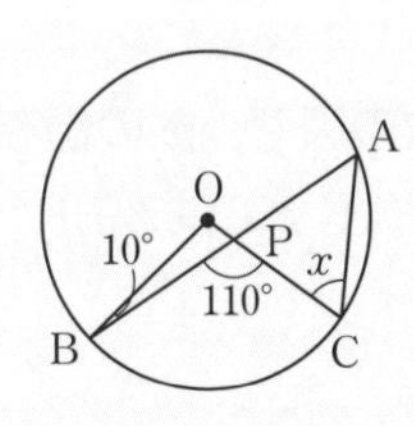

(4)

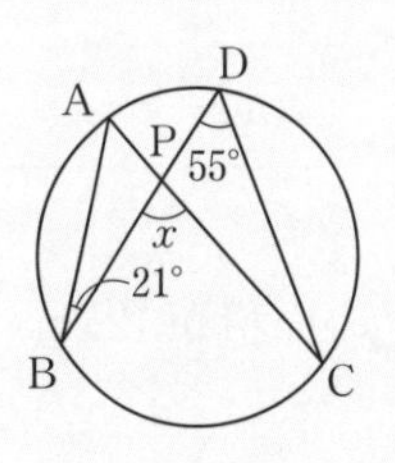

(5)

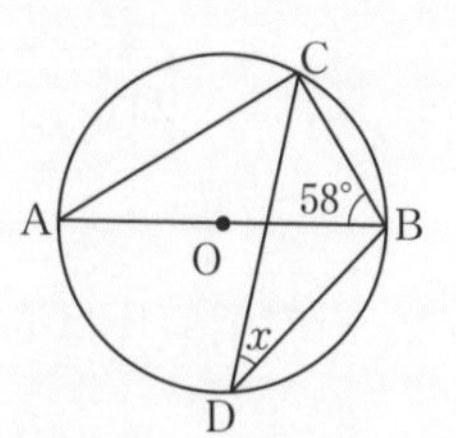

(6)

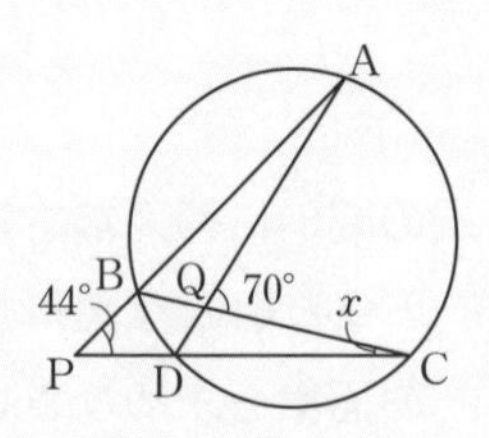

(1)		(2)		(3)	
(4)		(5)		(6)	

3 右の図で，4点A，B，C，Dは円Oの周上の点で，$\overset{\frown}{AB}=\overset{\frown}{BC}$ です。弦（げん）AC，BDの交点をPとするとき，△BPC∽△BCDであることを証明しなさい。 （10点）

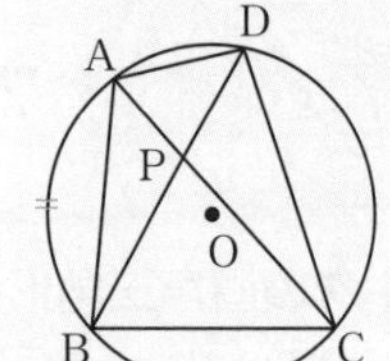

4 次の図で，x の値を求めなさい。 5点×3（15点）

(1) $\overset{\frown}{AB}=12$ cm
$\overset{\frown}{CD}=x$ cm

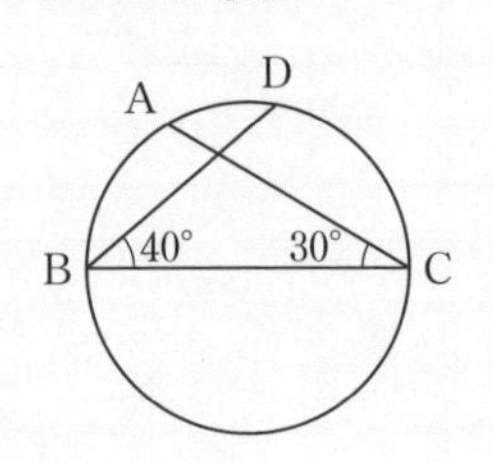

(2)

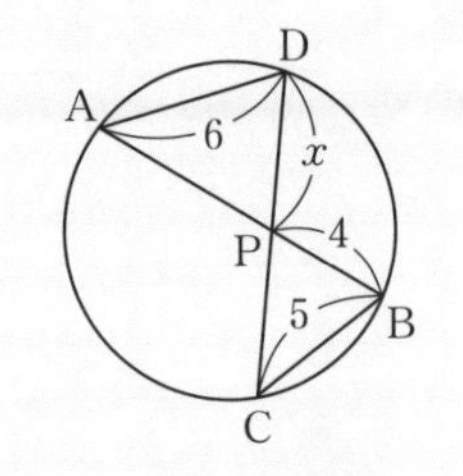

(3)

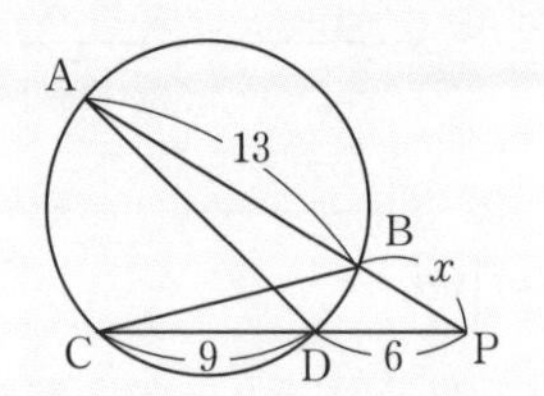

(1)		(2)		(3)	

5 右の図で，4点A，B，C，Dが1つの円周上にあることを証明しなさい。 （5点）

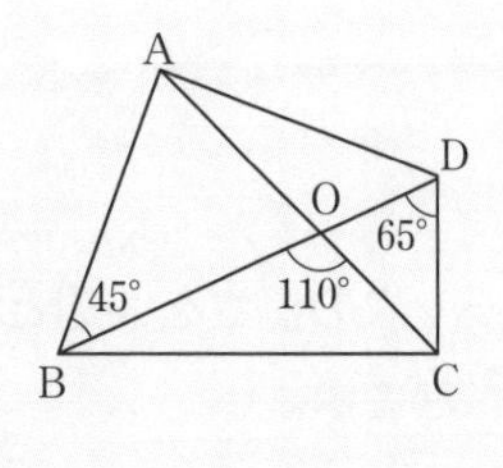

6 右の図のように，円Oとこの円の外部の点Pがあります。次の問いに答えなさい。 5点×2（10点）

(1) 右の図に，点Pを通る円Oの接線PA，PBを作図しなさい。

(2) (1)で作図した接線で，PA＝4 cmのとき，接線PBの長さを求めなさい。

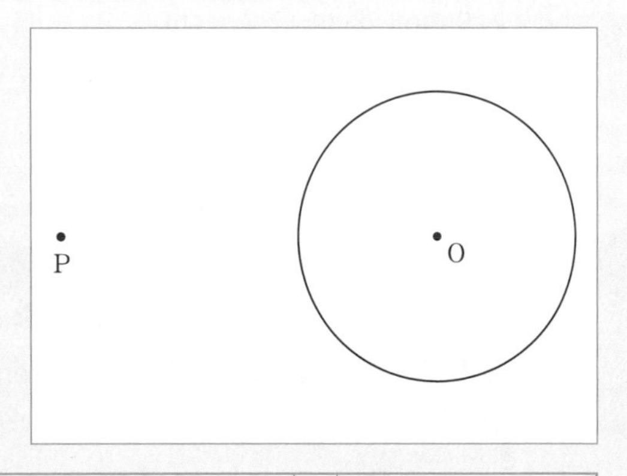

(1)	上の図にかき入れなさい。	(2)	

解答 p.63

第7回 予想問題 7章 三平方の定理

40分　/100

1 次の直角三角形で，x の値を求めなさい。　4点×4（16点）

(1)
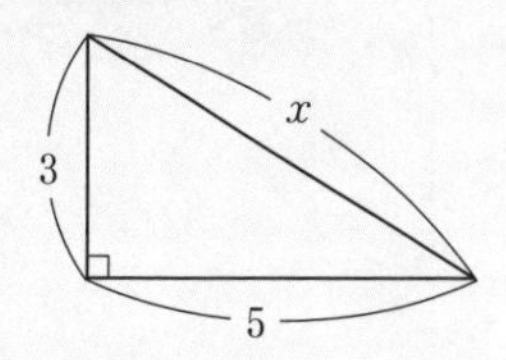

(2)
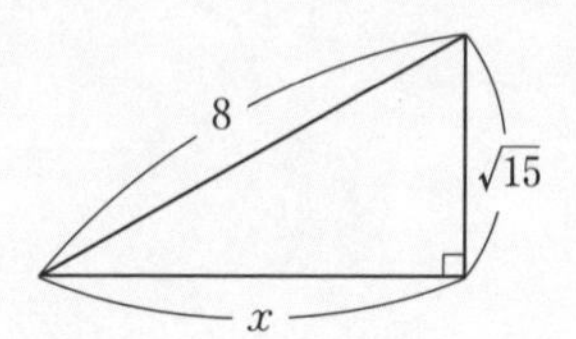

(3)
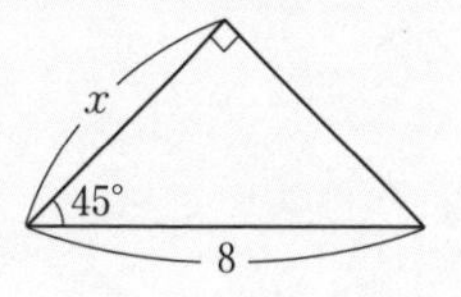

(4)
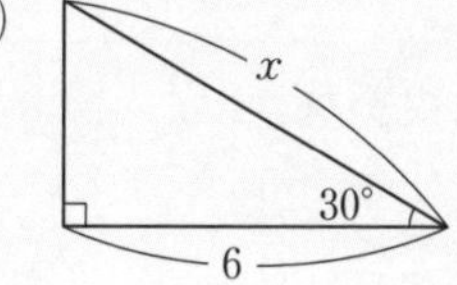

(1)		(2)		(3)		(4)	

2 次の図で，x の値を求めなさい。　4点×3（12点）

(1)
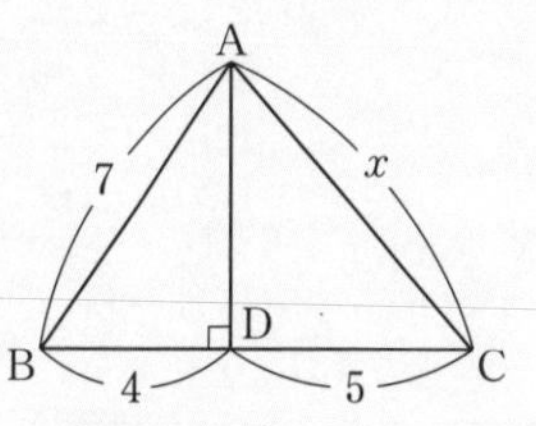

(2)
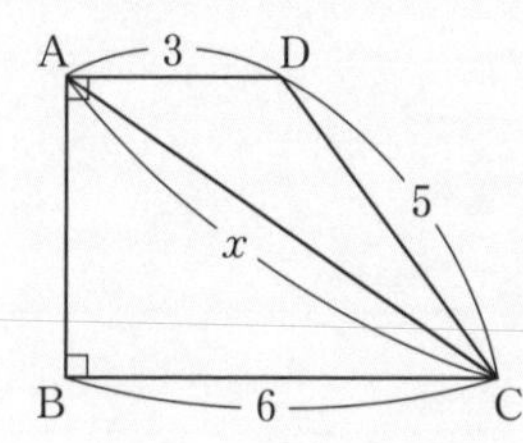

(3)
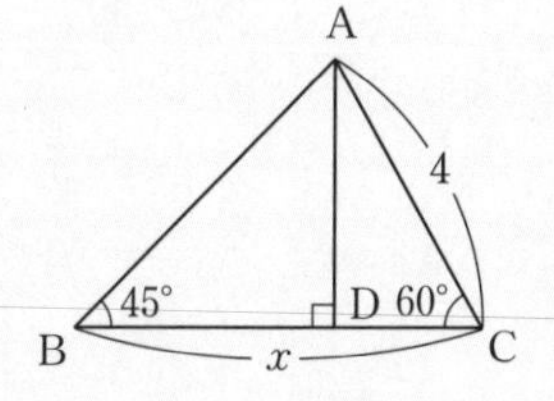

(1)		(2)		(3)	

3 次の長さを3辺とする三角形について，直角三角形には○，そうでないものには×を答えなさい。　3点×4（12点）

(1)　17 cm，15 cm，8 cm

(2)　1.5 cm，2 cm，3 cm

(3)　$\sqrt{10}$ cm，8 cm，$3\sqrt{6}$ cm

(4)　$\frac{2}{3}$ cm，$\frac{1}{2}$ cm，$\frac{5}{6}$ cm

(1)		(2)		(3)		(4)	

4 次の問いに答えなさい。　4点×3（12点）

(1)　1辺7 cmの正方形の対角線の長さを求めなさい。

(2)　1辺6 cmの正三角形の面積を求めなさい。

(3)　右の二等辺三角形ABCで，h の値を求めなさい。

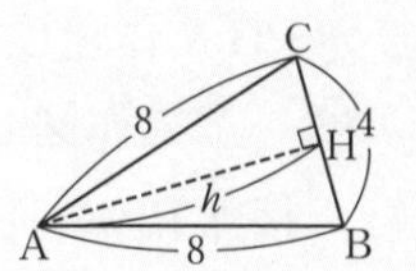

(1)		(2)		(3)	

5 次の問いに答えなさい。　4点×3（12点）

(1)　半径 9 cm の円 O で，中心 O からの距離（きょり）が 6 cm である弦（げん） AB の長さを求めなさい。

(2)　2 点 A$(-2,\ 4)$，B$(-5,\ -3)$ 間の距離を求めなさい。

(3)　底面の半径が 3 cm，母線の長さが 7 cm の円錐（えんすい）の体積を求めなさい。

(1)		(2)		(3)	

6 右の図の △ABC で，頂点 A から辺 BC に垂線 AH を引くとき，次の問いに答えなさい。　4点×3（12点）

(1)　BH＝x として，x の方程式をつくりなさい。

(2)　線分 BH の長さを求めなさい。

(3)　線分 AH の長さを求めなさい。

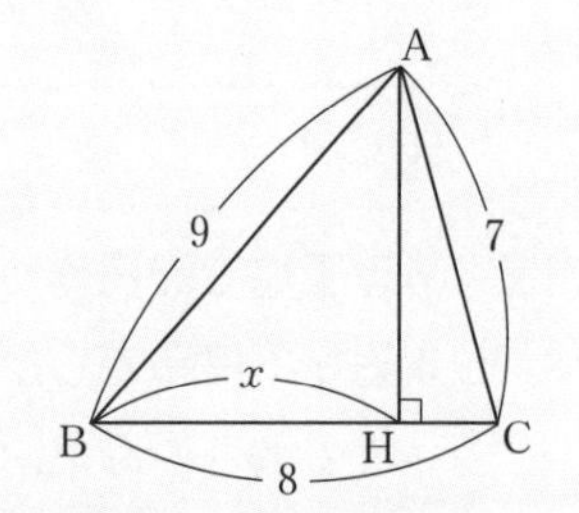

(1)		(2)		(3)	

7 長方形 ABCD を，右の図のように，線分 EG を折り目として折り，頂点 A を辺 BC 上の点 F に重ねます。AB＝8 cm，BF＝4 cm のとき，線分 BE の長さを求めなさい。　（4点）

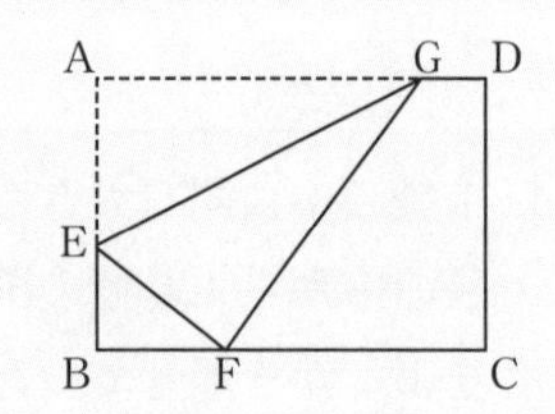

8 右の図のような，底面の 1 辺が 4 cm，他の辺が 6 cm の正四角錐がありま す。この正四角錐の表面積と体積を求めなさい。　4点×2（8点）

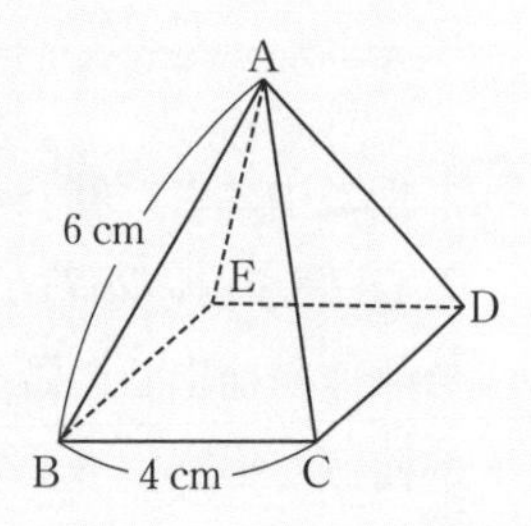

表面積	体積

9 右の図の立体は，1 辺 4 cm の立方体で，M，N はそれぞれ辺 AB，AD の中点です。次の問いに答えなさい。　4点×3（12点）

(1)　線分 MG の長さを求めなさい。

(2)　点 M から辺 BF を通って点 G まで糸をかけます。かける糸の長さがもっとも短くなるとき，その長さを求めなさい。

(3)　4 点 M，F，H，N を頂点とする四角形の面積を求めなさい。

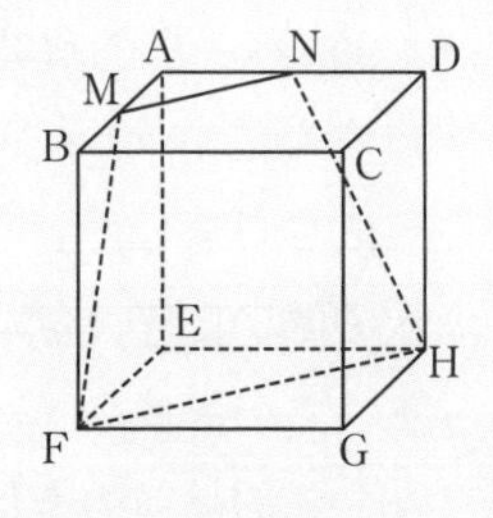

(1)		(2)		(3)	

解答 p.64

第8回 予想問題

8章　標本調査

20分　/100

1 次の調査では，全数調査と標本調査のどちらが適していると考えられますか。

4点×4（16点）

(1) ある農家で生産したミカンの糖度の調査　(2) ある工場で作った製品の強度の調査
(3) 今年度入学した生徒の家族構成の調査　(4) 選挙のときにテレビ局が行う出口調査

(1)		(2)		(3)		(4)	

2 ある工場で昨日作った5万個の製品から，300個を無作為抽出（むさくいちゅうしゅつ）して調べたところ，そのうち6個が不良品でした。次の問いに答えなさい。

8点×3（24点）

(1) この調査の母集団は何ですか。
(2) この調査の標本の大きさをいいなさい。
(3) 昨日作った5万個の製品の中にある不良品の数は，約何個と推定できますか。

(1)		(2)		(3)	

3 袋（ふくろ）の中に同じ大きさの玉がたくさん入っています。この袋の中の玉の数を調べるために，袋の中から100個の玉を取り出して，その全部に印をつけて袋にもどします。次に，袋の中をよくかき混ぜてひとつかみの玉を取り出して数えると，印のついた玉が4個，印のついていない玉が23個でした。この袋の中の玉の数は，約何個と推定できますか。百の位までの概数（がいすう）で答えなさい。

（20点）

4 袋の中に白い碁石（ごいし）がたくさん入っています。その数を調べるために，同じ大きさの黒い碁石60個を白い碁石が入っている袋の中に入れ，よくかき混ぜた後，その中から50個の碁石を無作為抽出して調べたら，黒い碁石が6個ふくまれていました。袋の中の白い碁石の数は，約何個と推定できますか。

（20点）

5 900ページの辞典があります。この辞典に記載（きさい）されている見出し語の総数を調べるために，無作為に10ページを選び，そのページに記載されている見出し語の数を調べると，次のようになりました。

18，21，15，16，9，17，20，11，14，16　（単位：語）

次の問いに答えなさい。

10点×2（20点）

(1) この辞典の1ページに記載されている見出し語の数の平均値を推定しなさい。
(2) この辞典の全体の見出し語の総数は，約何語と推定できますか。千の位までの概数で答えなさい。

(1)		(2)	

教科書ワーク 数学 特別ふろく①

無料アプリ

どこでもワーク

こちらにアクセスして，ご利用ください。
https://portal.bunri.jp/app.html

1 計算編 テンキー入力形式で学習できる！ 重要公式つき！

解き方を穴埋め形式で確認！

テンキー入力で，計算しながら解ける！

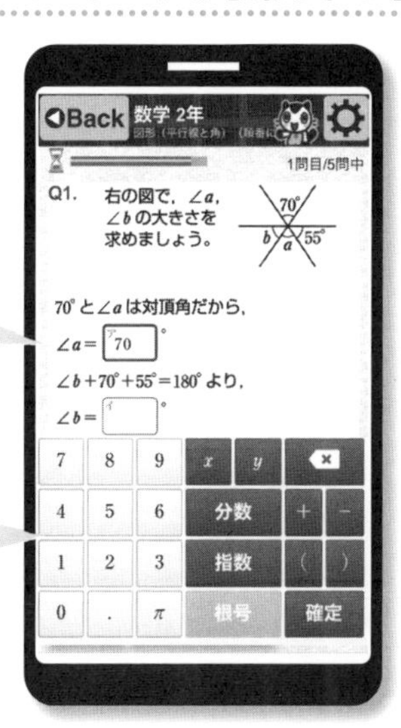

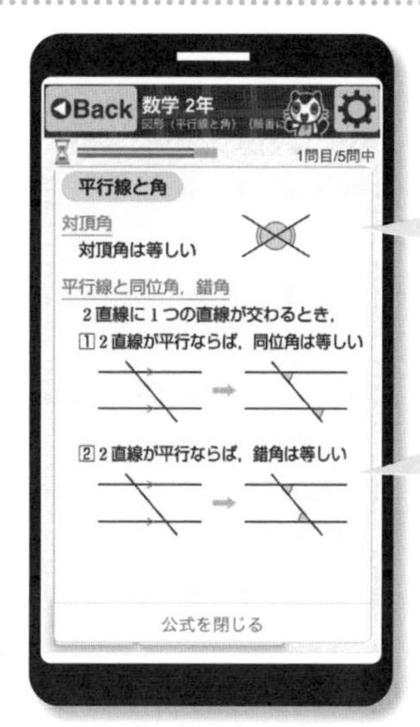

重要公式をその場で確認できる！

カラーだから見やすく，わかりやすい！

2 図形編 グラフや図形を自分で動かして，学習理解をサポート！

自分で数値を決められるから，いろいろなグラフの確認ができる！

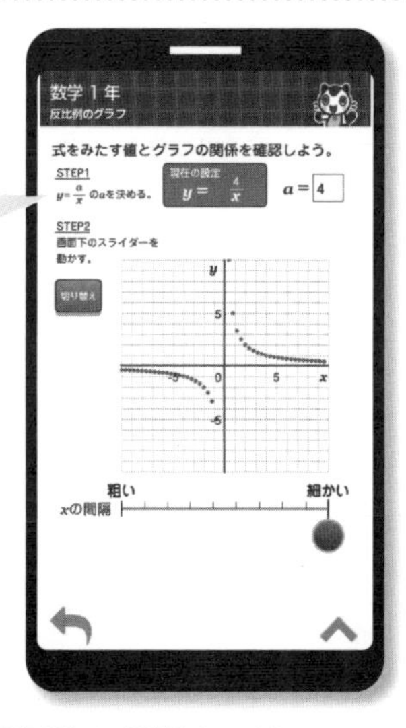

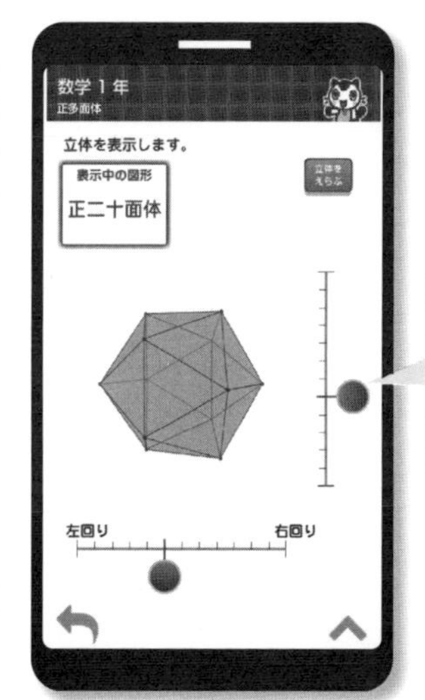

上下左右に回転させて，様々な角度から立体をみることができる！

注意 ●アプリは無料ですが，別途各通信会社からの通信料がかかります。
● iPhone の方は Apple ID，Android の方は Google アカウントが必要です。対応 OS や対応機種については，各ストアでご確認ください。
●お客様のネット環境および携帯端末により，アプリをご利用いただけない場合，当社は責任を負いかねます。ご理解，ご了承いただきますよう，お願いいたします。
●正誤判定は，計算編のみの機能となります。
●テンキーの使い方は，アプリでご確認ください。

中学教科書ワーク

解答と解説

学校図書版 数学3年

この「解答と解説」は，取りはずして使えます。

ステージ1の例の答えは本冊右ページ下にあります。

1章 式の計算

p.2〜3 ステージ1

❶ (1) $3a^2+3a$ (2) $-14x^2+21x$
(3) $-10x^2+15xy$ (4) $-20ab-4b^2$
(5) $2x^3-6x^2+12x$ (6) $6a^2-9a$

❷ (1) $7x+5$ (2) $-2a+3b$
(3) $15x-5y$ (4) $12y-2$

❸ (1) $xy+7x+2y+14$ (2) $ac-ad-bc+bd$
(3) $x^2+3x-18$ (4) $2x^2-9x+4$
(5) $-3a^2+13a+10$ (6) $8x^2-10xy-3y^2$

❹ (1) $ax+ay-a-bx-by+b$
(2) $x^2-2xy+2x+y^2-2y$

解説

❶ 分配法則 $a(b+c)=ab+ac$ を使う。

(3) $-5x(2x-3y)=-5x\times 2x+(-5x)\times(-3y)$
$=-10x^2+15xy$

ミス注意 答え ~~$-10x^2-15xy$~~ →単項式の係数が負の数のときは，積の符号ミスに注意する。(除法や展開の場合も同様。)

(5) $2x(x^2-3x+6)$ ←多項式の項が3つでも，しかたは同じ
$=2x\times x^2+2x\times(-3x)+2x\times 6$
$=2x^3-6x^2+12x$

(6) $(8a-12)\times\frac{3}{4}a=8a\times\frac{3}{4}a-12\times\frac{3}{4}a$
$=6a^2-9a$

❷ わる式の逆数を使って，乗法に直して計算する。

(1) $(7x^2+5x)\div x$
$=(7x^2+5x)\times\frac{1}{x}$
$=7x^2\times\frac{1}{x}+5x\times\frac{1}{x}$
$=7x+5$

わる式の逆数をかける $\div x\to\div\frac{x}{1}\to\times\frac{1}{x}$
分配法則
約分する $\frac{7x^2}{x}+\frac{5x}{x}$

別解 分数の形にして計算してもよい。

$(7x^2+5x)\div x=\frac{7x^2+5x}{x}=\frac{7x^2}{x}+\frac{5x}{x}=7x+5$

(3) $(9x^2-3xy)\div\frac{3}{5}x$
$=(9x^2-3xy)\times\frac{5}{3x}$
$=9x^2\times\frac{5}{3x}-3xy\times\frac{5}{3x}$
$=15x-5y$

ミス注意 乗法に直すとき，$\frac{3}{5}x$ の逆数を $\frac{5}{3}x$ とするミスに注意。
$\div\frac{3}{5}x\to\div\frac{3x}{5}$

❸ $(a+b)(c+d)=ac+ad+bc+bd$ を利用する。

(3) $(x-3)(x+6)=x^2+6x-3x-18$
$=x^2+3x-18$

(6) $(4x+y)(2x-3y)$
$=8x^2-12xy+2xy-3y^2=8x^2-10xy-3y^2$

ミス注意 (3)〜(6)は，同類項のまとめ忘れに注意。

❹ (1) $(a-b)(x+y-1)$ ←$x+y-1$を1つの数と考える
$=a(x+y-1)-b(x+y-1)$
$=ax+ay-a-bx-by+b$

(2) $(x-y+2)(x-y)$ ←$x-y+2$を1つの数と考える
$=(x-y+2)x-(x-y+2)y$
$=x^2-xy+2x-xy+y^2-2y$
$=x^2-2xy+2x+y^2-2y$

p.4〜5 ステージ1

❶ (1) x^2+5x+6 (2) y^2-y-20
(3) $a^2-11a+28$ (4) $x^2+5x-24$
(5) x^2-36 (6) a^2+2a+1
(7) $x^2-x+\frac{2}{9}$ (8) $y^2+\frac{1}{12}y-\frac{1}{12}$

❷ (1) x^2+4x+4 (2) $a^2+8a+16$
(3) x^2-2x+1 (4) $y^2-16y+64$
(5) $x^2-2xy+y^2$ (6) $a^2+a+\frac{1}{4}$

❸ (1) x^2-81 (2) x^2-49 (3) $4-y^2$
(4) x^2-y^2 (5) x^2-9 (6) $a^2-\frac{1}{25}$

解 説

ポイント

乗法公式をしっかり覚えて，使えるようにする。
式の形を見て，どの公式が使えるかを考える。
乗法公式① $(x+a)(x+b)=x^2+(a+b)x+ab$
② $(x+a)^2=x^2+2ax+a^2$
③ $(x-a)^2=x^2-2ax+a^2$
④ $(x+a)(x-a)=x^2-a^2$

❶ (6) $(a+1)^2=(a+1)(a+1)$ ←公式①の場合
$=a^2+(1+1)a+1\times1$
$=a^2+2a+1$

別解 (5)は公式④，(6)は公式②を使ってもよい。

(7) $\left(x-\frac{1}{3}\right)\left(x-\frac{2}{3}\right)$
$=x^2+\left\{\left(-\frac{1}{3}\right)+\left(-\frac{2}{3}\right)\right\}x+\left(-\frac{1}{3}\right)\times\left(-\frac{2}{3}\right)$
$=x^2-x+\frac{2}{9}$

(8) $\left(y+\frac{1}{3}\right)\left(y-\frac{1}{4}\right)$
$=y^2+\left\{\frac{1}{3}+\left(-\frac{1}{4}\right)\right\}y+\frac{1}{3}\times\left(-\frac{1}{4}\right)$
$=y^2+\left(\frac{4}{12}-\frac{3}{12}\right)y-\frac{1}{12}=y^2+\frac{1}{12}y-\frac{1}{12}$

❷ (6) $\left(a+\frac{1}{2}\right)^2=a^2+2\times\frac{1}{2}\times a+\left(\frac{1}{2}\right)^2$
$=a^2+a+\frac{1}{4}$

❸ (2) $(x-7)(x+7)$
$=(x+7)(x-7)$ ←乗法の交換法則より
$=x^2-7^2$
$=x^2-49$

(3) $(2+y)(2-y)$
$=2^2-y^2$
$=4-y^2$
公式④ $(x+a)(x-a)=x^2-a^2$ で，xが2，aがy

(5) $(x-3)(3+x)$
$=(x-3)(x+3)$
$=(x+3)(x-3)$
$=x^2-3^2$
$=x^2-9$

p.6～7 ステージ1

❶ (1) $25x^2+30x+8$ (2) $4a^2-16a+7$
(3) $9x^2+6x-48$ (4) $25x^2+30x+9$
(5) $36a^2-12ab+b^2$
(6) $9x^2-12xy+4y^2$
(7) $16x^2-9$ (8) $4a^2-81b^2$

❷ (1) $x^2+2xy+y^2-7x-7y+10$
(2) $a^2-2ab+b^2+10a-10b+21$
(3) $a^2+2ab+b^2+8a+8b+16$
(4) $x^2-2xy+y^2-6x+6y+9$
(5) $a^2+2ab+b^2-64$
(6) $x^2-2xy+y^2-1$

❸ (1) $2x^2-4x-36$ (2) $-10y+26$
(3) $6a-45$ (4) $-2x^2+24x+9$

解 説

❶ 単項式を1つの数と考えて，乗法公式を使う
(1)～(3)は公式①，(4)は公式②，(5)(6)は公式③，
(7)(8)は公式④を使う。
(8) $(\boxed{2a}-⑨b)(\boxed{2a}+⑨b)$
$=(2a)^2-(9b)^2$
$=4a^2-81b^2$
2aと9bをそれぞれ1つの数と考える
$(X-A)(X+A)$
$=(X+A)(X-A)$
$=X^2-A^2$

❷ 式の一部を1つの文字におきかえて，(1)(2)は
法公式①，(3)は公式②，(4)は公式③，(5)(6)は公
④を使う。
(3) $a+b=M$ とおくと，
$(\boxed{a+b}+4)^2$
$=(\boxed{M}+4)^2$ ←a+bをMとおく
$=M^2+8M+16$ ←乗法公式②
$=(a+b)^2+8(a+b)+16$ ←Mをa+bにもどす
$=a^2+2ab+b^2+8a+8b+16$ ←乗法公式②，分配法則
慣れてきたら，文字のおきかえは省略してよい

❸ 乗法公式を使って式を展開し，同類項をまとめ
(1) $x(x-4)+(x+6)(x-6)$ ←分配法則，公式④
$=x^2-4x+x^2-36=2x^2-4x-36$
(2) $(y-5)^2-(y-1)(y+1)$ ←公式③，④
$=(y^2-10y+25)-(y^2-1)$
$=y^2-10y+25-y^2+1=-10y+26$
(3) $(a-5)(a+9)-a(a-2)$ ←公式①，分配法則
$=(a^2+4a-45)-a^2+2a=6a-45$
(4) $2(x+3)^2-(2x-3)^2$ ←公式②，③
$=2(x^2+6x+9)-(4x^2-12x+9)$
$=2x^2+12x+18-4x^2+12x-9$
$=-2x^2+24x+9$

p.8～9 ステージ2

❶ (1) $12a^2-3ab$ (2) $-40ab+20b^2-5$
(3) $-15x^2+10xy$ (4) $x-3y$
(5) $8a^2+4ab$ (6) $-3+6x$

❷ (1) $5a^2-13a-6$

(2) $6x^2-11xy+3y^2$

(3) $2a^2-3ab-3a-2b^2+6b$

(4) $6x^2+5xy-2x-4y^2+y$

(1) x^2+x-30 (2) $x^2-24x+144$

(3) $a^2+2a-99$ (4) $81-x^2$

(5) $1-2a+a^2$

(6) a^2-64 (7) $x^2+\frac{6}{7}x+\frac{9}{49}$

(8) $x^2-\frac{4}{9}$ (9) $a^2-\frac{1}{6}a-\frac{1}{6}$

(1) $9x^2-9x-10$ (2) $4x^2-2xy-42y^2$

(3) $25a^2+20ab+4b^2$ (4) $\frac{1}{4}x^2-2x-12$

(5) $9x^2+3xy+\frac{1}{4}y^2$ (6) $25b^2-16a^2$

(1) $x^2+4xy+4y^2-6x-12y+5$

(2) $a^2-6ab+9b^2+4a-12b+4$

(3) $4x^2+4xy+y^2-4x-2y+1$

(4) $x^2-2xy+y^2-1$ (5) $x^2+12x+36-y^2$

(6) $a^2-b^2+10b-25$

(1) $13a^2-a-1$ (2) $6x^2-20x+41$

(3) $-16ab$ (4) $-15xy+20y^2$

● ● ● ● ●

(1) $3x^2-7x+2$ (2) $9x^2+6xy+y^2$

(1) $8a+b$ (2) $9a+12b$

(3) x^2 (4) $28x+60$

(5) $5a-6$ (6) $-4x-3$

解説

(6) $(2xy-4x^2y)\div\left(-\frac{2}{3}xy\right)$

$=(2xy-4x^2y)\times\left(-\frac{3}{2xy}\right)$

$=2xy\times\left(-\frac{3}{2xy}\right)-4x^2y\times\left(-\frac{3}{2xy}\right)$

$=-3+6x$

$\div\left(-\frac{2}{3}xy\right)$ ↓ $\div\left(-\frac{2xy}{3}\right)$

ミス注意 逆数の間違いや符号,約分のミスに注意。

ポイント

式の形を見て，どの乗法公式を使うか判断する。

(1)(3)(9)…公式①，(2)(5)(7)…公式②・③，
(4)(6)(8)…公式④ を使う。

(4) $(9-x)(x+9)=(9-x)(9+x)$ とする。

(6) $(-8+a)(8+a)=(a-8)(a+8)$ とする。

❹ 単項式を1つの数と考える。(1)(2)(4)…公式①，
(3)(5)…公式②・③，(6)…公式④ を使う。

(1) $(\boxed{-3x}+5)(\boxed{-3x}-2)$

$=(-3x)^2+3\times(-3x)-10$

$=9x^2-9x-10$

$-3x=A$とおくと，$(A+5)(A-2)=A^2+3A-10$

(2) 公式① $(x+a)(x+b)=x^2+(a+b)x+ab$ で，
$-7y$ を a，$6y$ を b とみて展開する。

$(\boxed{2x}-7y)(\boxed{2x}+6y)$

$=(2x)^2+\{(-7y)+6y\}\times2x+(-7y)\times6y$

$=4x^2-2xy-42y^2$

❺ 式の一部を1つの文字におきかえて公式を使う。

(5) $(x+y+6)(x-y+6)=(\boxed{x+6}+y)(\boxed{x+6}-y)$
と変形して，公式④を使う。 それぞれ項を入れかえ

(6) $(a-b+5)(a+b-5)$ ←bと5の符号が反対

$=\{a-(\boxed{b-5})\}\{a+(\boxed{b-5})\}$

$=(a-M)(a+M)$

$=a^2-M^2$

$=a^2-(b-5)^2$

$=a^2-(b^2-10b+25)$

$=a^2-b^2+10b-25$

$b-5=M$とおく / 乗法公式④ / Mを$b-5$にもどす / 乗法公式③ 展開した式に（ ）をつける

ポイント

共通部分が見つからないときは，項を入れかえたり，$-(\quad)$でくくったりして，式を変形する。

❻ (2) $2(x-5)^2-(3+2x)(3-2x)$

$=2(x^2-10x+25)-(9-4x^2)$

$=2x^2-20x+50-9+4x^2$

$=6x^2-20x+41$

公式③，④

(4) $9x(x-2y)-(3x+4y)(3x-5y)$

$=9x^2-18xy-(9x^2-3xy-20y^2)$

$=9x^2-18xy-9x^2+3xy+20y^2$

$=-15xy+20y^2$

分配法則，公式①

② (4) $(x+9)^2-(x-3)(x-7)$

$=x^2+18x+81-(x^2-10x+21)$

$=28x+60$

公式②，①

(6) $(x-6)(x+2)-(x+3)(x-3)$

$=x^2-4x-12-(x^2-9)$

$=-4x-3$

公式①，④

p.10〜11 ステージ1

❶ (1)，(3)

❷ (1) $y(x-6)$ (2) $3a(x-3y)$

(3) $2x(2x+5y)$ (4) $9ab(2a-3b)$

(5) $m(x^2+7x-9)$ (6) $2x(3x-2y+1)$

❸ (1) $(x+3)(x+4)$　(2) $(x+3)(x+6)$
(3) $(x-1)(x-8)$　(4) $(x-7)(x-9)$
(5) $(x+7)(x-2)$　(6) $(a+5)(a-4)$
(7) $(y+1)(y-3)$　(8) $(x+2)(x-6)$

解説

❷ 各項に共通な因数を見つけて，くくり出す。

(2) $3ax-9ay$
$=3a(x-3y)$
（$\boxed{3a}\times x-\boxed{3a}\times 3y$）

(4) $18a^2b-27ab^2$
$=9ab(2a-3b)$
（⑨$ab\times 2a-$⑨$ab\times 3b$　係数については最大公約数を考える）

ミス注意 $3ab(6a-9b)$ や $9a(2ab-3b^2)$ などとするミスに注意。共通な因数は残らずくくり出す。

(5) $mx^2+7mx-9m$
$=m(x^2+7x-9)$
（ⓜ$\times x^2+$ⓜ$\times 7x-$ⓜ$\times 9$　すべての項に共通な因数が共通因数）

❸ 公式①′ $x^2+(a+b)x+ab=(x+a)(x+b)$ で，積が ab，和が $a+b$ になる2数を見つける。

(3) 積が8で和が -9 となる2数は，-1 と -8
$x^2-9x+8=(x-1)(x-8)$　←積が正，2数は同符号

(6) 積が -20 で和が1となる2数は，5と -4
$a^2+a-20=(a+5)(a-4)$　←積が負，2数は異符号

(8) 積が -12 で和が -4 となる2数は，2と -6
$x^2-4x-12=(x+2)(x-6)$　←積が負，2数は異符号

p.12〜13　ステージ1

❶ (1) $(x+4)^2$　(2) $(x-3)^2$
(3) $(y+10)^2$　(4) $(a-9)^2$

❷ (1) $(x+2)(x-2)$　(2) $(x+3)(x-3)$
(3) $(8+a)(8-a)$　(4) $(x+y)(x-y)$

❸ (1) $(a+3)^2$　(2) $(a+7)^2$
(3) $(x-10)^2$　(4) $(x+11)(x-11)$
(5) $(y-6)^2$　(6) $(x+12)^2$

❹ (1) $(3x+1)^2$　(2) $(2a-5)^2$
(3) $(x-2y)^2$　(4) $(8+3a)(8-3a)$
(5) $(6x+7y)(6x-7y)$　(6) $\left(a+\dfrac{b}{9}\right)\left(a-\dfrac{b}{9}\right)$

❺ (1) $a(x+3)(x-1)$　(2) $x(y+4)(y-4)$
(3) $4(x+3)^2$　(4) $3(x+2)(x-2)$
(5) $-2(y+2)(y-3)$　(6) $2b(a-1)^2$

解説

❶ 式の形に注目し，公式②′ $x^2+2ax+a^2=(x+a)^2$，または公式③′ $x^2-2ax+a^2=(x-a)^2$ を使う。

(3) $y^2+20y+100=y^2+2\times10\times y+10^2$
$=(y+10)^2$

別解 公式①′を使うと，
$y^2+20y+100=(y+10)(y+10)=(y+10)^2$

(4) $a^2-18a+81=a^2-2\times9\times a+9^2=(a-9)^2$

❷ 2乗の差の形であることを確認して，公式④′ $x^2-a^2=(x+a)(x-a)$ を使う。

(3) $64-a^2=8^2-a^2=(8+a)(8-a)$

❸ 式の形を見て，どの因数分解の公式を使うか考え
(1)(2)(6)…公式②′，(3)(5)…公式③′，(4)…公式④′

(3) **ミス注意** $100=10^2$ から，公式②′で $(x+1$
としないこと。x の項の符号を確認する。

(4) $x^2-121=x^2-11^2=(x+11)(x-11)$

参考 $11^2=121$，$12^2=144$，$13^2=169$，14^2
196，$15^2=225$，$25^2=625$ も覚えておくとよ

❹ 2乗の形に直せる部分に注目する。(1)は公式
(2)(3)は公式③′，(4)〜(6)は公式④′を使う。

(3) $x^2-4xy+4y^2=x^2-2\times\boxed{2y}\times x+(\boxed{2y})^2$
$=(x-2y)^2$

(5) $36x^2-49y^2=(\boxed{6x})^2-(⑦y)^2$
$=(6x+7y)(6x-7y)$

❺ 共通な因数をくくり出してから，公式を使う

(1) $ax^2+2ax-3a=a(x^2+2x-3)$
$=a(x+3)(x-1)$　（公式①′）

(2) $xy^2-16x=x(y^2-16)$
$=x(y+4)(y-4)$　（公式④′）

(3) $4x^2+24x+36=4(x^2+6x+9)$
$=4(x+3)^2$　（公式②′）

ミス注意 直接，公式②′で $(2x+6)^2$ としないこ

ポイント
どんな式でも，まず共通な因数があるかを調べる。

(4) $3x^2-12=3(x^2-4)$
$=3(x+2)(x-2)$　（公式④′）

(5) $-2y^2+2y+12=-2(y^2-y-6)$
$=-2(y+2)(y-3)$　（公式①

(6) $2a^2b-4ab+2b=2b(a^2-2a+1)$
$=2b(a-1)^2$　（公式③

p.14〜15　ステージ1

❶ (1) $(x+4)(x+3)$　(2) $(a+1)(x-y)$
(3) $(x-4)(x-6)$　(4) $(a+b+5)(a+b-$

❷ (1) $(b-1)(a+1)$　(2) $(y+2)(x-1)$

❸ (1) (ア) ㋐ 中央（真ん中）　㋑ 2乗（平方）
(イ) 連続する3つの整数は，中央の数を n
とすると，$n-1$，n，$n+1$ と表される

$(n-1)(n+1)+1=n^2-1+1=n^2$

したがって，連続する3つの整数では，もっとも小さい数ともっとも大きい数の積に1を加えるとき，この計算の結果は，中央の数の2乗になる。

(2) 連続する2つの偶数は，小さい方の偶数を $2n$（n は整数）とすると，$2n$，$2n+2$ と表される。

$(2n+2)^2-(2n)^2=4n^2+8n+4-4n^2$
$=8n+4$
$=4(2n+1)$

$2n+1$ は整数だから，$4(2n+1)$ は4の倍数である。したがって，連続する2つの偶数の2乗の差は，4の倍数になる。

解説

(1) $(x+4)^2-(x+4)$
$=(x+4)(x+4-1)$
$=(x+4)(x+3)$

（$x+4=M$とおくと，$M^2-M=M(M-1)$）

(3) $(x-2)^2-6(x-2)+8$
$=(x-2-2)(x-2-4)$
$=(x-4)(x-6)$

（$x-2=M$とおくと，$M^2-6M+8=(M-2)(M-4)$（公式①′））

別解 (1)，(3)は，式を展開して整理してから因数分解してもよい。

(3) 展開すると，

$x^2-4x+4-6x+12+8$
$=x^2-10x+24$
$=(x-4)(x-6)$

(1) $ab-a+b-1$
$=a(b-1)+(b-1)$
$=(b-1)(a+1)$

（aをふくむ項とふくまない項に分けて考える）
（共通な因数$b-1$をくくり出す　$aM+M=M(a+1)$）

(2) $xy+2x-y-2$
$=x(y+2)-(y+2)$
$=(y+2)(x-1)$

（xをふくむ項とふくまない項に分けて考える）
（共通な因数$y+2$をくくり出す　$xM-M=M(x-1)$）

(1) (ア) 具体的な数を使って計算し，予想する。

(例) 2，3，4のとき，$2\times4+1=9\to3^2$
3，4，5のとき，$3\times5+1=16\to4^2$

(イ) **別解** 連続する3つの整数を n，$n+1$，$n+2$ と表して証明してもよい。

(2) **ポイント**

a の倍数になることを証明するには，式を $a\times$(整数) の形にする。

4の倍数になることの証明→ $4\times$(整数)の形を導く。

p.16～17　ステージ1

❶ (1) 270　(2) 600
(3) 680　(4) 900

❷ (1) 800　(2) 5200　(3) 9409
(4) 2601　(5) 3596

❸ 道の面積 S は，

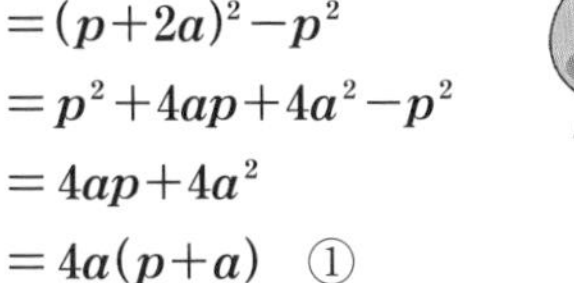

$S=(p+2a)^2-p^2$
$=p^2+4ap+4a^2-p^2$
$=4ap+4a^2$
$=4a(p+a)$　①

また，道の中央を通る線でできる正方形の1辺は $(p+a)$ m であるから，この線全体の長さ ℓ は，

$\ell=4(p+a)$

したがって，$a\ell=4a(p+a)$　②

①，②から，$S=a\ell$

解説

❶ 式にそのまま代入せず，先に因数分解しておく。

(1) a^2-17a
$=a(a-17)$
$=27\times(27-17)$
$=270$

（共通な因数aをくくり出す）
（aに値を代入する）
（式の値を求める）

参考 因数分解せずにそのまま代入すると，次の計算のようになる。

a^2-17a
$=27^2-17\times27$
$=729-459$
$=270$

(3) a^2-49
$=(a+7)(a-7)$
$=(27+7)\times(27-7)$
$=34\times20=680$

❷ (1) $45^2-35^2=(45+35)\times(45-35)$　←因数分解の公式④′
$=80\times10=800$

(2) (1)と同様に因数分解の公式④′を利用して，
$(76+24)\times(76-24)=100\times52=5200$

(3) $97^2=(100-3)^2=100^2-2\times100\times3+3^2$
$=10000-600+9=9409$　←乗法公式③

(4) $51^2=(50+1)^2$ として，乗法公式②を利用する。

(5) $62\times58=(60+2)\times(60-2)$　←乗法公式④
$=60^2-2^2=3600-4=3596$

❸ 道の面積は，1辺 $(p+2a)$ m の大きな正方形の面積から1辺 p m の正方形の面積をひいて求める。

p.18〜19 ステージ2

1 (1) $-2mn(n+2m)$
(2) $3ab(2a-1+3b)$
(3) $(x-4)(x-8)$　(4) $(a-7)^2$
(5) $(10+x)(10-x)$　(6) $\left(x+\frac{1}{2}\right)^2$

2 (1) $(5a-2b)^2$　(2) $\left(x+\frac{y}{6}\right)\left(x-\frac{y}{6}\right)$
(3) $(x+6y)(x-4y)$　(4) $b(a+c)(a-c)$
(5) $4y(x+6)(x-2)$　(6) $(x-1)(x-6)$
(7) $x(x+10)$　(8) $a(a-8)$
(9) $(b-4)(a-2)$
(10) $(x+1+y)(x+1-y)$

3 (1) 96.04　(2) 8.91　(3) 1256

4 (1) 450　(2) 280

5 (1) 16　(2) 320

6 連続する 2 つの整数は，n を整数とすると，n，$n+1$ と表される。

$$n(n+1)+(n+1)=n^2+n+n+1$$
$$=n^2+2n+1$$
$$=(n+1)^2$$

したがって，連続する 2 つの整数の積に大きい方の整数を加えると，大きい方の整数の 2 乗に等しくなる。

7 偶数と奇数は，m，n を整数とすると，それぞれ $2m$，$2n+1$ と表される。

$$2m(2n+1)=4mn+2m$$
$$=2(2mn+m)$$

$2mn+m$ は整数だから，$2(2mn+m)$ は偶数である。
したがって，偶数と奇数の積は偶数になる。

8 色のついた部分の面積 S は，

$$S=\frac{1}{2}\pi(a+b)^2+\frac{1}{2}\pi a^2-\frac{1}{2}\pi b^2$$
$$=\frac{1}{2}\pi\{(a+b)^2+a^2-b^2\}$$
$$=\frac{1}{2}\pi(2a^2+2ab)$$
$$=\pi a(a+b)$$

したがって，$S=\pi a(a+b)$ である。

● ● ● ● ●

① (1) $(x-2)(x+15)$　(2) $3y(x+2)(x-2)$
(3) $(x+2)(x-1)$　(4) $(x+7)(x-7)$
(5) $(x+5)(x-4)$　(6) $(a+2b+2)(a+2b-1)$

② (n を整数とし，中央の奇数を $2n+1$ とする。)
連続する 3 つの奇数は次のように表される。
$2n-1$，$2n+1$，$2n+3$
中央の奇数と最も大きい奇数の積から，中央の奇数と最も小さい奇数の積をひいた差は，

$$(2n+1)(2n+3)-(2n+1)(2n-1)$$
$$=4n^2+8n+3-(4n^2-1)$$
$$=8n+4$$
$$=4(2n+1)$$

となり，中央の奇数の 4 倍に等しくなる。

解説

1 (3)は因数分解の公式①′，(4)は公式③′，(5)は公式④′，(6)は公式②′を使う。

2 (1)は公式③′，(2)は公式④′，(3)は公式①′を使う。
(4) $a^2b-bc^2=b(a^2-c^2)=b(a+c)(a-c)$
(5) $4x^2y+16xy-48y=4y(x^2+4x-12)$
$=4y(x+6)(x-2)$
(6) $(x-5)(x-2)-4=x^2-7x+10-4$
$=x^2-7x+6=(x-1)(x-6)$
(7) $(\boxed{x+3})^2+4(\boxed{x+3})-21$　←$M^2+4M-21$と考える
$=(x+3-3)(x+3+7)=x(x+10)$
(8) $(\boxed{a-4})^2-16=(a-4+4)(a-4-4)$
M^2-16と考える　$=a(a-8)$
(9) $ab-4a-2b+8$
$=a(\boxed{b-4})-2(\boxed{b-4})$　← aをふくむ項とふくまない項に分けて考える
$=(b-4)(a-2)$
(10) (x の 2 次式)$-y^2$ という式の形に着目する。（y^2：2乗の形）
$x^2+2x+1-y^2$
$=(x^2+2x+1)-y^2$　← 3項と1項に分けて考える
$=(\boxed{x+1})^2-y^2$　← 公式②′
$=(x+1+y)(x+1-y)$　← M^2-y^2と考える　公式④′

3 (1) $9.8^2=(10-0.2)^2$　←公式③
$=10^2-2\times10\times0.2+0.2^2=100-4+0.04$
(2) $2.7\times3.3=(3-0.3)\times(3+0.3)$　←公式④
$=3^2-0.3^2=9-0.09$
(3) $29^2\times3.14-21^2\times3.14$　←共通因数をくくり出す
$=(29^2-21^2)\times3.14$　←公式④′
$=(29+21)\times(29-21)\times3.14=50\times8\times3.14$

4 (1)は公式①′，(2)は公式④′を使い，あらかじめ式を因数分解しておく。
(1) $a^2+7a-44=(a+11)(a-4)=30\times15=450$
(2) $a^2-81=(a+9)(a-9)=28\times10=280$

ポイント

式を因数分解してから値を代入する。

1) $x^2-2xy+y^2=(x-y)^2=(42-38)^2=4^2=16$

2) $x^2-y^2=(x+y)(x-y)$

$=(42+38)\times(42-38)=80\times4=320$

ミス注意! 偶数と奇数を $2n$，$2n+1$ と表さないこと。$2n$ と $2n+1$ では，連続する偶数と奇数（2 と 3 など）しか表せていないので，すべての偶数と奇数について証明したことにはならない。→整数 m と n（2 つの文字）を使用する。

(2)　$3x^2y-12y=3y(x^2-4)=3y(x+2)(x-2)$

3)　展開して同類項を整理すると，公式①′を使って因数分解できる。

4)　$x-4$ をひとまとまりとみる。

5)　(3)と同様。

6)　$a+2b$ をひとまとまりとみる。

$(a+2b)^2+a+2b-2$

$=(a+2b)^2+(a+2b)-2$

$=(a+2b+2)(a+2b-1)$

（$a+2b=M$ とおくと，$M^2+M-2=(M+2)(M-1)$）

20〜21　ステージ3

(1)　$-2x^2+4xy-8x$

(2)　$4x+2y$　　(3)　$-4x+2$

(1)　$2x^2+7x-15$　　(2)　$x^2-6x-16$

(3)　$x^2+20x+100$　　(4)　$a^2-\dfrac{2}{3}a+\dfrac{1}{9}$

(5)　$49-a^2$　　(6)　$9x^2-3x-20$

(7)　$81a^2-36ab+4b^2$　　(8)　$x^2-y^2-8y-16$

(1)　$3x^2+16x+46$　　(2)　$4x-13$

(1)　$2mn(3m-1)$　　(2)　$(x-2)(x-9)$

(3)　$(a+7)(a-1)$　　(4)　$(x+6)^2$

(5)　$(3x-5y)^2$　　(6)　$\left(4x+\dfrac{y}{2}\right)\left(4x-\dfrac{y}{2}\right)$

(1)　$-3(x+4)(x-8)$　　(2)　$2b(a+2)(a-2)$

(3)　$x(x+6)$　　(4)　$(3b-2)(a-1)$

(1)　200　　(2)　15.99

(1)　1　　(2)　$-\dfrac{1}{4}$

㋐…4

〔証明〕　連続する 3 つの整数は，n を整数とすると，$n-1$，n，$n+1$ と表される。

$(n+1)^2-(n-1)^2=(n^2+2n+1)-(n^2-2n+1)$

$=n^2+2n+1-n^2+2n-1$

$=4n$

したがって，連続する 3 つの整数で，もっとも大きい数の 2 乗からもっとも小さい数の 2 乗をひいた差は，中央の数の 4 倍になる。

9　連続する 2 つの奇数は，n を整数とすると，$2n-1$，$2n+1$ と表される。

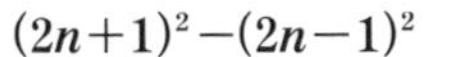

$(2n+1)^2-(2n-1)^2$

$=(4n^2+4n+1)-(4n^2-4n+1)$

$=4n^2+4n+1-4n^2+4n-1$

$=8n$

n は整数だから，$8n$ は 8 の倍数である。

したがって，連続する 2 つの奇数では，大きい方の数の 2 乗から小さい方の数の 2 乗をひいた差は，8 の倍数になる。

10　(1)　$\ell=\dfrac{1}{2}\pi\left(r+\dfrac{a}{2}\right)$ または，$\ell=\dfrac{1}{2}\pi r+\dfrac{1}{4}\pi a$

(2)　花だんの面積 S は，

$S=\pi(r+a)^2\times\dfrac{90}{360}-\pi r^2\times\dfrac{90}{360}$

$=\dfrac{1}{4}\pi(r+a)^2-\dfrac{1}{4}\pi r^2$

$=\dfrac{1}{4}\pi(r^2+2ar+a^2)-\dfrac{1}{4}\pi r^2$

$=\dfrac{1}{2}\pi ar+\dfrac{1}{4}\pi a^2=\dfrac{1}{2}\pi a\left(r+\dfrac{a}{2}\right)$

(1)より，$\ell=\dfrac{1}{2}\pi\left(r+\dfrac{a}{2}\right)$ だから，

$a\ell=\dfrac{1}{2}\pi a\left(r+\dfrac{a}{2}\right)$

したがって，$S=a\ell$

解説

1　(3)　$(6x^2-3x)\div\left(-\dfrac{3}{2}x\right)=(6x^2-3x)\times\left(-\dfrac{2}{3x}\right)$

$=-4x+2$

2　(1)　$(x+5)(2x-3)=2x^2-3x+10x-15$

$=2x^2+7x-15$

(2)(6)は乗法公式①，(3)は公式②，(4)(7)は公式③，(5)は公式④を使う。

(8)　$(x+y+4)(x-y-4)$

$=\{x+(\boxed{y+4})\}\{x-(\boxed{y+4})\}$

$=x^2-(y+4)^2$

$=x^2-(y^2+8y+16)=x^2-y^2-8y-16$

（$y+4=M$ とすると，$(x+M)(x-M)=x^2-M^2$（公式④））

参考　(2)〜(7)　乗法公式を忘れてしまった場合には，$(a+b)(c+d)=ac+ad+bc+bd$ を使って展開し，同類項をまとめても答えが求められる。

3 (1) $(x+8)^2+2(x+3)(x-3)$ 乗法公式②, ④
$=x^2+16x+64+2(x^2-9)$
$=x^2+16x+64+2x^2-18=3x^2+16x+46$

(2) $4(x-3)(x-1)-(2x-5)^2$ 乗法公式①, ③
$=4(x^2-4x+3)-(4x^2-20x+25)$
$=4x^2-16x+12-4x^2+20x-25=4x-13$

得点アップのコツ

複雑な式の計算では，計算ミスに要注意。
・途中の展開した式にはかっこをつけて，ミスを防ぐ。
・同類項のまとめ忘れに注意→同類項にそれぞれ印をつけるとよい。

4 (2)(3)は因数分解の公式①′，(4)は公式②′，(5)は公式③′，(6)は公式④′を使う。

5 (1) $-3x^2+12x+96=-3(x^2-4x-32)$
$=-3(x+4)(x-8)$

(2) $2a^2b-8b=2b(a^2-4)=2b(a+2)(a-2)$

(3) $(\boxed{x+1})^2+4(\boxed{x+1})-5$ ←M^2+4M-5と考える
$=(x+1-1)(x+1+5)=x(x+6)$

別解 展開して整理してから因数分解してもよい。
$x^2+2x+1+4x+4-5=x^2+6x=x(x+6)$

(4) $3ab-2a-3b+2$
$=a(\boxed{3b-2})-(\boxed{3b-2})=(3b-2)(a-1)$

6 (1) $27^2-23^2=(27+23)\times(27-23)=50\times4$

(2) $3.9\times4.1=(4-0.1)\times(4+0.1)=4^2-0.1^2$

7 (1) $3x$ を A，$2y$ を B とおくと公式②′を使って因数分解できる。
$9x^2+12xy+4y^2=A^2+2AB+B^2=(A+B)^2$

8 **別解** 連続する3つの整数を n，$n+1$，$n+2$ として証明してもよい。→ $4(n+1)$ を導く。

9 **別解** 連続する2つの奇数を $2n+1$，$2n+3$ として証明してもよい。→計算結果は $8(n+1)$

10 (1) ℓm は半径 $\left(r+\dfrac{a}{2}\right)$m，中心角 90° のおうぎ形の弧の長さだから，
$\ell=2\pi\left(r+\dfrac{a}{2}\right)\times\dfrac{90}{360}=\dfrac{1}{2}\pi\left(r+\dfrac{a}{2}\right)$

(2) **別解** S の計算は因数分解を利用してもよい。
$S=\dfrac{1}{4}\pi(r+a)^2-\dfrac{1}{4}\pi r^2=\dfrac{1}{4}\pi\{(r+a)^2-r^2\}$
$=\dfrac{1}{4}\pi\{(r+a)+r\}\{(r+a)-r\}$ として計算する。
また，$\ell=\dfrac{1}{2}\pi r+\dfrac{1}{4}\pi a$，$S=\dfrac{1}{2}\pi ar+\dfrac{1}{4}\pi a^2$ の形で，$S=a\ell$ を導いてもよい。

2章 平方根

p.22～23 ステージ1

1 ① 2 ② 3.24 ③ 1.7 ④ 1.73 ⑤ 1.74 ⑥ 1.73

2 (1) 2.236 (2) 6.325

3 (1) ±2 (2) ±11 (3) $\pm\dfrac{5}{7}$ (4) ±0.6

4 (1) $\pm\sqrt{5}$ (2) $\pm\sqrt{35}$ (3) $\pm\sqrt{0.9}$ (4) $\pm\sqrt{\dfrac{2}{5}}$

5 (1) 10 (2) -9 (3) -1 (4) 0.5 (5) $-\dfrac{3}{4}$ (6) 6

6 (1) 13 (2) 18 (3) 0.7 (4) $\dfrac{3}{8}$

解説

2 電卓を使って根号のついた数の近似値を求めるときは，［根号の中の数字］［$\sqrt{\ }$］の順にキーをす。小数第三位まで求めるときは，小数第四位を四捨五入する。
(1) $\sqrt{5}=2.2360\cdots$より，2.236
(2) $\sqrt{40}=6.3245\cdots$より，6.325

3 $x^2=a$ となる x が，a の平方根である。
(3) $\left(\dfrac{5}{7}\right)^2=\dfrac{25}{49}$，$\left(-\dfrac{5}{7}\right)^2=\dfrac{25}{49}$ より，$\pm\dfrac{5}{7}$
ミス注意 負の方の平方根を忘れないこと。
(4) $0.6^2=0.36$，$(-0.6)^2=0.36$ より，±0.6
ミス注意 ±0.06 とするミスに注意。小数の平根を求めるときは,小数点の位置に注意しよう。

4 正の数 a の平方根→正の方が $\sqrt{a}$,負の方が $-\sqrt{}$
(3) 0.9 の平方根は $\pm\sqrt{0.9}$ ←小数や分数も表し方は同

5

ポイント
$\sqrt{a}$ は a の平方根の正の方，$-\sqrt{a}$ は負の方。
根号の中の数が2乗の形→根号を使わずに表せる

(1) $100=10^2$ より，$\sqrt{100}=10$
ミス注意 $\sqrt{100}=\pm10$ → $\sqrt{100}$は100の平方根の正
(2) $81=9^2$ より，$-\sqrt{81}=-9$ ←81の平方根の負の
(6) $\sqrt{(-6)^2}=\sqrt{36}=6$ ←まず$\sqrt{\ }$の中を計算する

6 $a>0$ のとき，$(\sqrt{a})^2=a$,$(-\sqrt{a})^2=a$ である
(2) $(-\sqrt{18})^2=18$ ←$-\sqrt{18}$は18の平方根より,2乗すると

.24〜25 ステージ1

1 (1) $\sqrt{19}>\sqrt{11}$ (2) $\sqrt{37}<\sqrt{42}$
(3) $5<\sqrt{28}$ (4) $\sqrt{170}>13$
(5) $-\sqrt{5}>-\sqrt{6}$ (6) $-4<-\sqrt{15}$
(7) $\sqrt{34}<6<\sqrt{39}$ (8) $2<\sqrt{7}<3$

2 (1) 有理数…$-\sqrt{81}$, 0.6, $-\frac{4}{3}$
無理数…$\sqrt{2}$, $-\sqrt{10}$
(2) 有理数…$\sqrt{\frac{1}{9}}$, 0, $\sqrt{64}$, -0.01
無理数…$-\sqrt{7}$, $\sqrt{\frac{3}{5}}$

3 (1) ① 有理数 ② 無理数
(2) ㋐ あ ㋑ い

解説

1

ポイント
平方根の大小…a, b が正の数のとき，$a<b$ ならば，$\sqrt{a}<\sqrt{b}$ ⇒根号の中の数の大小を比べる

(3) $5=\sqrt{5^2}=\sqrt{25}$ $25<28$ だから，$\sqrt{25}<\sqrt{28}$
したがって，$5<\sqrt{28}$ ←答えはもとの数の表し方で書く
(4) $13=\sqrt{13^2}=\sqrt{169}$ として比べる。
(5) $\sqrt{5}<\sqrt{6}$ →負の数は絶対値が大きいほど小さいから，$-\sqrt{5}>-\sqrt{6}$
(6) $-4=-\sqrt{4^2}=-\sqrt{16}$, (7) $6=\sqrt{6^2}=\sqrt{36}$,
(8) $2=\sqrt{2^2}=\sqrt{4}$, $3=\sqrt{3^2}=\sqrt{9}$ として比べる。

2 根号をはずすことができない数が無理数である。
(1) $-\sqrt{81}=-9$ より，$-\sqrt{81}$ は有理数である。
(2) $\sqrt{\frac{1}{9}}=\frac{1}{3}$, $\sqrt{64}=8$ より，これらは有理数である。また，$0=\frac{0}{1}$ と表せるから，0 は有理数。

3 (2) ㋐ $\frac{5}{8}=0.625$ → あ 有限小数
㋑ $\frac{2}{7}=0.28571428571428\cdots$ → い 循環小数

.26〜27 ステージ2

1 (1) ±30 (2) 0 (3) $\pm\sqrt{0.4}$ (4) $\pm\frac{7}{9}$

2 (1) 12 (2) $-\frac{5}{11}$ (3) 0.4
(4) 15 (5) $\frac{3}{4}$ (6) 2.7

3 (1) ±6 (2) 8 (3) ○ (4) 11

4 (1) $-\sqrt{72}<-\sqrt{59}$ (2) $0.3<\sqrt{0.1}$
(3) $12>\sqrt{140}$ (4) $\sqrt{23}<5<\sqrt{28}$
(5) $-\sqrt{\frac{1}{2}}<-\sqrt{\frac{1}{3}}<-\frac{1}{3}$

5 (1) $x=31, 32, 33, 34, 35$ (2) 4個
(3) 整数部分…4 小数第一位…1

6 有理数 … $-\frac{14}{13}$, -0.06, $-\sqrt{225}$
無理数 … $\sqrt{8}$, $\sqrt{0.9}$, π

7 A…$-\sqrt{4}$, B…-0.5, C…$\sqrt{3}$, D…$\sqrt{6}$

8 (1) $\frac{28}{99}$ (2) $\frac{71}{111}$

● ● ● ● ●

① 3個
② (1) $n=67, 68, 69$ (2) 4個
(3) $n=9$

解説

4 (2) $0.3=\sqrt{0.3^2}=\sqrt{0.09}$, (3) $12=\sqrt{12^2}=\sqrt{144}$,
(4) $5=\sqrt{5^2}=\sqrt{25}$ として比べる。
(5) $-\frac{1}{3}=-\sqrt{\left(\frac{1}{3}\right)^2}=-\sqrt{\frac{1}{9}}$ より，
$\sqrt{\frac{1}{9}}<\sqrt{\frac{1}{3}}<\sqrt{\frac{1}{2}}$ だから，
$-\sqrt{\frac{1}{2}}<-\sqrt{\frac{1}{3}}<-\frac{1}{3}$ ←負の数は絶対値が大きいほど小さい

5 (1) $5.5<\sqrt{x}<6$ で，$5.5=\sqrt{5.5^2}=\sqrt{30.25}$,
$6=\sqrt{6^2}=\sqrt{36}$ より，$30.25<x<36$
よって，自然数 x の値は，31，32，33，34，35
別解 2乗して根号をはずして考えてもよい。
$5.5^2<(\sqrt{x})^2<6^2$ より，$30.25<x<36$ となる。

ポイント
根号をふくむ不等式で x の値を求めるときは，
・すべて根号のついた数に直して考える。または，
・2乗して根号をはずして考える。

(2) 求める整数を x とすると，$\sqrt{10}<x<\sqrt{50}$
より，$\sqrt{10}<\sqrt{x^2}<\sqrt{50}$
よって，$10<x^2<50$ これをみたす x^2 の値は，$4^2=16$, $5^2=25$, $6^2=36$, $7^2=49$
したがって，$x=4, 5, 6, 7$ の4個。
別解 $(\sqrt{10})^2<x^2<(\sqrt{50})^2$ より $10<x^2<50$ となる。
(3) $4^2=16$, $5^2=25$ より，$16<17<25$ だから，
$4<\sqrt{17}<5$ よって，整数部分は4

2章

$4.1^2=16.81$, $4.2^2=17.64$ より，
$16.81<17<17.64$ だから，$4.1<\sqrt{17}<4.2$
したがって，小数第一位は $\underline{1}$

6 根号をはずせない数($\sqrt{8}$，$\sqrt{0.9}$)と π は無理数。
$-\sqrt{225}=-\sqrt{15^2}=-15$ より，$-\sqrt{225}$ は有理数。

7 $-\sqrt{4}=-2$ →点 A，-0.5 →点 B に対応する。
点 C と D に対応する数は正だから，$\sqrt{3}$ か $\sqrt{6}$ である。点 C の数を $\sqrt{c}$ とすると，$1<\sqrt{c}<2$
$\sqrt{1}<\sqrt{c}<\sqrt{4}$ より，$1<c<4$ →点 C の数は $\sqrt{3}$
点 D の数を $\sqrt{d}$ とすると，同様にして，
$2<\sqrt{d}<3$ より，$4<d<9$ →点 D の数は $\sqrt{6}$

別解 4 つの数を小さい順に並べると，
$-\sqrt{4}$，$-0.5\ (=-\sqrt{0.25})$，$\sqrt{3}$，$\sqrt{6}$ だから，
これらを点 A, B, C, D の順に対応させればよい。

8 (1) $x=0.\dot{2}\dot{8}$ とすると，$x=0.282828\cdots$ ①
両辺を 100 倍すると，$100x=28.282828\cdots$ ②
②−①より，$99x=28$　　$x=\dfrac{28}{99}$

(2) $x=0.\dot{6}3\dot{9}$ とすると，$x=0.639639\cdots$ ①
両辺を 1000 倍すると，$1000x=639.639639\cdots$ ②
②−①より，$999x=639$　　$x=\dfrac{639}{999}=\dfrac{71}{111}$

① $\sqrt{3^2}<\sqrt{2n}<\sqrt{4^2}$ より，$9<2n<16$
これをみたす自然数 n は，$n=5$，6，7 の 3 個。

② (1) $\sqrt{8.2^2}<\sqrt{n+1}<\sqrt{8.4^2}$ より，
$67.24<n+1<70.56$
これをみたす自然数 n は，
$n=67$，68，69

(2) $\sqrt{53-2n}$ が整数となるには，根号の中の $53-2n$ がある整数の 2 乗になればよい。
$53-2n$ は，
(奇数) − (偶数) = (奇数)
$0<53-2n<53$
であるから，
$53-2n=1$，9，25，49 の 4 つの場合が考えられる。
よって，4 個。

ポイント
$\sqrt{a}$ が整数になる→ a がある整数の 2 乗

(3) $\sqrt{67-2n}$ の値が整数となるには，根号の中の $67-2n$ がある整数の 2 乗になればよい。
また，$0<67-2n<67$ より，
条件にあう自然数 n が最も小さい値のとき
$67-2n$ の値は，最も大きい奇数となる。
よって，
$67-2n=7^2$
$2n=18$　　$n=9$

p.28〜29 ステージ1

1 (1) $\sqrt{14}$　(2) $-\sqrt{33}$　(3) $\sqrt{95}$
(4) $\sqrt{5}$　(5) $\sqrt{13}$　(6) $-\sqrt{3}$

2 (1) $\sqrt{27}$　(2) $\sqrt{28}$　(3) $\sqrt{50}$
(4) $\sqrt{96}$　(5) $\sqrt{98}$　(6) $\sqrt{\dfrac{5}{4}}$

3 (1) $2\sqrt{5}$　(2) $3\sqrt{2}$　(3) $5\sqrt{3}$
(4) $4\sqrt{2}$　(5) $6\sqrt{7}$　(6) $10\sqrt{5}$

4 (1) $\dfrac{\sqrt{5}}{4}$　(2) $\dfrac{\sqrt{2}}{9}$　(3) $\dfrac{\sqrt{17}}{7}$
(4) $\dfrac{\sqrt{3}}{10}$　(5) $\dfrac{\sqrt{59}}{10}$　(6) $\dfrac{\sqrt{7}}{100}$

解説

1 (2) 負の根号をふくむ数の計算も，計算のしかたは整数などの場合と同じ。
$\sqrt{11}\times(-\sqrt{3})=-(\sqrt{11}\times\sqrt{3})=-\sqrt{11\times3}$
$=-\sqrt{33}$

(3) $\sqrt{5}\sqrt{19}$ は $\sqrt{5}\times\sqrt{19}$ と同じ。
$\sqrt{5}\sqrt{19}=\sqrt{5\times19}=\sqrt{95}$

(4) $\sqrt{30}\div\sqrt{6}=\dfrac{\sqrt{30}}{\sqrt{6}}=\sqrt{\dfrac{30}{6}}=\sqrt{5}$

別解 $\sqrt{30}\div\sqrt{6}=\sqrt{30\div6}=\sqrt{5}$

2 (1)〜(5) $a\sqrt{b}=\sqrt{a^2\times b}$ より求める。
(1) $3\sqrt{3}=3\times\sqrt{3}=\sqrt{3^2}\times\sqrt{3}=\sqrt{9\times3}=\sqrt{27}$
(6) $\dfrac{\sqrt{b}}{a}=\sqrt{\dfrac{b}{a^2}}$ である。$\dfrac{\sqrt{5}}{2}=\dfrac{\sqrt{5}}{\sqrt{2^2}}=\sqrt{\dfrac{5}{4}}$

3

ポイント
$\sqrt{a^2b}$ の形にして，a^2 を根号の外へ出す→ $a\sqrt{b}$
素因数分解を利用すると，a^2 が見つけやすい。

(4) $\sqrt{32}$
$=\sqrt{2^4\times2}$
$=\sqrt{2^2\times2^2\times2}$
$=\sqrt{2^2}\times\sqrt{2^2}\times\sqrt{2}$
$=2\times2\times\sqrt{2}$
$=4\sqrt{2}$

ミス注意! ~~答え $2\sqrt{8}$~~
根号の中はできるだけ小さい自然数にする。

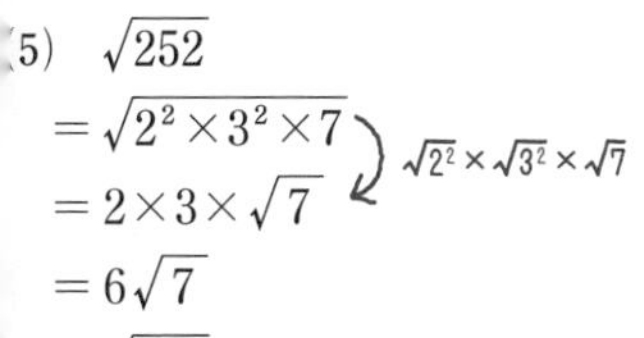

(5) $\sqrt{252}$
$=\sqrt{2^2\times3^2\times7}$ ($\sqrt{2^2}\times\sqrt{3^2}\times\sqrt{7}$)
$=2\times3\times\sqrt{7}$
$=6\sqrt{7}$

(6) $\sqrt{500}$
$=\sqrt{2^2\times5^2\times5}$ ($\sqrt{2^2}\times\sqrt{5^2}\times\sqrt{5}$)
$=2\times5\times\sqrt{5}$
$=10\sqrt{5}$

● $\sqrt{\dfrac{b}{a^2}}=\dfrac{\sqrt{b}}{\sqrt{a^2}}$ の形にして，a^2 を根号の外へ出す
$\rightarrow \dfrac{\sqrt{b}}{a}$

(1) $\sqrt{\dfrac{5}{16}}=\dfrac{\sqrt{5}}{\sqrt{16}}=\dfrac{\sqrt{5}}{\sqrt{4^2}}=\dfrac{\sqrt{5}}{4}$

(4)〜(6)は，根号の中の小数を，分母が 100（$=10^2$）や 10000（$=100^2$）の分数に直して求める。

(4) $\sqrt{0.03}=\sqrt{\dfrac{3}{100}}=\dfrac{\sqrt{3}}{\sqrt{100}}=\dfrac{\sqrt{3}}{10}$

(5) $\sqrt{0.59}=\sqrt{\dfrac{59}{100}}=\dfrac{\sqrt{59}}{\sqrt{100}}=\dfrac{\sqrt{59}}{10}$

(6) $\sqrt{0.0007}=\sqrt{\dfrac{7}{10000}}=\dfrac{\sqrt{7}}{\sqrt{10000}}=\dfrac{\sqrt{7}}{100}$

30〜31 ステージ1

● (1) $\dfrac{\sqrt{3}}{3}$　(2) $\dfrac{\sqrt{42}}{7}$　(3) $\dfrac{\sqrt{35}}{20}$
(4) $\dfrac{4\sqrt{6}}{9}$　(5) $\dfrac{5\sqrt{2}}{2}$　(6) $\sqrt{3}$

● **4.472**

● (1) $14\sqrt{6}$　(2) $20\sqrt{2}$　(3) $-18\sqrt{10}$
(4) **12**　(5) **−60**　(6) $56\sqrt{6}$

● (1) $5\sqrt{7}$　(2) $-2\sqrt{6}$　(3) $\dfrac{\sqrt{14}}{7}$
(4) $-\sqrt{6}$　(5) $\sqrt{10}$　(6) $\dfrac{2\sqrt{15}}{15}$

● (1) **14.14**　(2) **44.72**　(3) **0.4472**
(4) **0.1414**

解説

● (3) $\dfrac{\sqrt{7}}{4\sqrt{5}}=\dfrac{\sqrt{7}\times\sqrt{5}}{4\sqrt{5}\times\sqrt{5}}=\dfrac{\sqrt{35}}{4\times5}=\dfrac{\sqrt{35}}{20}$

(4) $\dfrac{8}{3\sqrt{6}}=\dfrac{8\times\sqrt{6}}{3\sqrt{6}\times\sqrt{6}}=\dfrac{\overset{4}{\cancel{8}}\times\sqrt{6}}{3\times\underset{3}{\cancel{6}}}=\dfrac{4\sqrt{6}}{9}$

ミス注意! 約分できるときは，必ず約分すること。

(5) 根号の中をできるだけ小さい自然数にしてから，分母を有理化する。

$\dfrac{15}{\sqrt{18}}=\dfrac{\overset{5}{\cancel{15}}}{\underset{1}{\cancel{3}}\sqrt{2}}=\dfrac{5}{\sqrt{2}}=\dfrac{5\times\sqrt{2}}{\sqrt{2}\times\sqrt{2}}=\dfrac{5\sqrt{2}}{2}$

(6) $\dfrac{3\sqrt{2}}{\sqrt{6}}=3\times\sqrt{\dfrac{\overset{1}{\cancel{2}}}{\underset{3}{\cancel{6}}}}=\dfrac{3}{\sqrt{3}}=\dfrac{3\times\sqrt{3}}{\sqrt{3}\times\sqrt{3}}$
$=\dfrac{\overset{1}{\cancel{3}}\sqrt{3}}{\underset{1}{\cancel{3}}}=\sqrt{3}$

❷ まず分母を有理化してから求める。
$\dfrac{10}{\sqrt{5}}=\dfrac{10\times\sqrt{5}}{\sqrt{5}\times\sqrt{5}}=\dfrac{10\sqrt{5}}{5}=2\sqrt{5}$ だから，
$2\sqrt{5}=2\times2.236=4.472$

❸ (2) $4\sqrt{5}\times\sqrt{10}=4\times\sqrt{50}=4\times5\sqrt{2}=20\sqrt{2}$
別解 $4\sqrt{5}\times\sqrt{10}=4\sqrt{5}\times\sqrt{5}\times\sqrt{2}$
$=4\times5\times\sqrt{2}$
$=20\sqrt{2}$

(3) $3\sqrt{6}\times(-2\sqrt{15})=-6\sqrt{90}=-6\times3\sqrt{10}$
$=-18\sqrt{10}$
別解 $3\sqrt{6}\times(-2\sqrt{15})$
$=3\times\sqrt{2}\times\sqrt{3}\times(-2\times\sqrt{3}\times\sqrt{5})$
$=-6\times3\times\sqrt{2}\times\sqrt{5}=-18\sqrt{10}$
乗法は上の 2 つのしかたのうち，どちらで計算してもよい。計算が楽になるようにしよう。

(4) まず根号の中をできるだけ小さい自然数にすると，$\sqrt{8}\times3\sqrt{2}=2\sqrt{2}\times3\sqrt{2}=6\times2=12$

(5) $(-5\sqrt{6})\times\sqrt{24}=(-5\sqrt{6})\times2\sqrt{6}=-10\times6$
$=-60$

(6) $2\sqrt{14}\times4\sqrt{21}=2\times\sqrt{2}\times\sqrt{7}\times4\times\sqrt{3}\times\sqrt{7}$
$=8\times7\times\sqrt{2}\times\sqrt{3}=56\sqrt{6}$

❹ (2) $(-8\sqrt{30})\div4\sqrt{5}=-\dfrac{\overset{2}{\cancel{8}}\sqrt{30}}{\underset{1}{\cancel{4}}\sqrt{5}}=-2\times\sqrt{\dfrac{\overset{6}{\cancel{30}}}{\underset{1}{\cancel{5}}}}$
$=-2\sqrt{6}$

(3) $\sqrt{2}\div\sqrt{7}=\dfrac{\sqrt{2}}{\sqrt{7}}=\dfrac{\sqrt{2}\times\sqrt{7}}{\sqrt{7}\times\sqrt{7}}=\dfrac{\sqrt{14}}{7}$

ミス注意! 分母に根号をふくむときは，分母を有理化する。

(4) $3\sqrt{10}\div(-\sqrt{15})=-\dfrac{3\overset{\sqrt{2}}{\cancel{\sqrt{10}}}}{\underset{\sqrt{3}}{\cancel{\sqrt{15}}}}=-\dfrac{3\sqrt{2}\times\sqrt{3}}{\sqrt{3}\times\sqrt{3}}$
$=-\dfrac{\overset{1}{\cancel{3}}\sqrt{6}}{\underset{1}{\cancel{3}}}=-\sqrt{6}$

2章

(5) $4\sqrt{20} \div 2\sqrt{8} = \frac{4\sqrt{20}}{2\sqrt{8}} = \frac{2\sqrt{5} \times \sqrt{2}}{\sqrt{2} \times \sqrt{2}}$

$= \frac{2\sqrt{10}}{2} = \sqrt{10}$

(6) $\frac{2\sqrt{3}}{9} \div \frac{\sqrt{5}}{3} = \frac{2\sqrt{3}}{9} \times \frac{3}{\sqrt{5}} = \frac{2\sqrt{3}}{3\sqrt{5}}$

$= \frac{2\sqrt{3} \times \sqrt{5}}{3\sqrt{5} \times \sqrt{5}} = \frac{2\sqrt{15}}{3 \times 5} = \frac{2\sqrt{15}}{15}$

5 $\sqrt{2}$ か $\sqrt{20}$ の値が利用できるように変形する。

(1) $\sqrt{200} = \sqrt{2} \times \sqrt{100} = 10\sqrt{2} = 10 \times 1.414$
$= 14.14$

(2) $\sqrt{2000} = 10\sqrt{20} = 10 \times 4.472 = 44.72$

(3) $\sqrt{0.2} = \sqrt{\frac{20}{100}} = \frac{\sqrt{20}}{10}$ より，

$4.472 \div 10 = 0.4472$

(4) $\sqrt{0.02} = \sqrt{\frac{2}{100}} = \frac{\sqrt{2}}{10}$ より，

$1.414 \div 10 = 0.1414$

p.32～33 ステージ1

1 (1) $8\sqrt{2}$ (2) $2\sqrt{7}$ (3) $9\sqrt{3} - \sqrt{5}$
(4) $4\sqrt{2} - 7\sqrt{6}$

2 (1) $11\sqrt{2}$ (2) $-\sqrt{7}$ (3) $\sqrt{6}$
(4) $5\sqrt{5} - 4\sqrt{3}$ (5) $8\sqrt{6}$
(6) $-3\sqrt{2}$ (7) $5\sqrt{3}$ (8) $\sqrt{10}$

3 (1) $4\sqrt{7} - 7$ (2) $6 + 6\sqrt{2}$ (3) 2
(4) $58 - 2\sqrt{5}$ (5) $26 + 9\sqrt{6}$
(6) $9 + 4\sqrt{5}$ (7) $10 - 2\sqrt{21}$ (8) 10
(9) $-19 - 12\sqrt{2}$

4 (1) $3\sqrt{5}$ (2) $10\sqrt{2} - 2\sqrt{3}$

解説

1 (3) $4\sqrt{3} - 3\sqrt{5} + 2\sqrt{5} + 5\sqrt{3}$
$= (4+5)\sqrt{3} + (-3+2)\sqrt{5}$
$= 9\sqrt{3} - \sqrt{5}$

√の中が同じ数の加法・減法は，同類項の計算と同じように考える

2

ポイント

根号の中の数が異なる場合の加法・減法は，まず
・根号の中をできるだけ小さい自然数にする。
・分母に根号をふくむときは分母を有理化する。

(1) $9\sqrt{2} + \sqrt{8} = 9\sqrt{2} + 2\sqrt{2} = 11\sqrt{2}$

(2) $\sqrt{28} - \sqrt{63} = 2\sqrt{7} - 3\sqrt{7} = -\sqrt{7}$

(3) $\sqrt{24} - \sqrt{54} + 2\sqrt{6} = 2\sqrt{6} - 3\sqrt{6} + 2\sqrt{6}$
$= \sqrt{6}$

(4) $\sqrt{45} - \sqrt{3} + 2\sqrt{5} - \sqrt{27}$
$= 3\sqrt{5} - \sqrt{3} + 2\sqrt{5} - 3\sqrt{3} = 5\sqrt{5} - 4\sqrt{3}$

(5) $5\sqrt{6} + \frac{18}{\sqrt{6}} = 5\sqrt{6} + \frac{18\sqrt{6}}{6}$
$= 5\sqrt{6} + 3\sqrt{6} = 8\sqrt{6}$

(6) $\sqrt{32} - \frac{14}{\sqrt{2}} = 4\sqrt{2} - \frac{14\sqrt{2}}{2} = 4\sqrt{2} - 7\sqrt{2}$
$= -3\sqrt{2}$

(7) $\sqrt{12} - \frac{3}{\sqrt{3}} + \sqrt{48} = 2\sqrt{3} - \frac{3\sqrt{3}}{3} + 4\sqrt{3}$
$= 2\sqrt{3} - \sqrt{3} + 4\sqrt{3} = 5\sqrt{3}$

(8) $\frac{6\sqrt{10}}{5} - \sqrt{\frac{2}{5}} = \frac{6\sqrt{10}}{5} - \frac{\sqrt{2}}{\sqrt{5}}$
$= \frac{6\sqrt{10}}{5} - \frac{\sqrt{10}}{5} = \frac{5\sqrt{10}}{5} = \sqrt{10}$

3 分配法則や乗法公式を使って計算する。

(3) $(\sqrt{75} - \sqrt{27}) \div \sqrt{3} = (5\sqrt{3} - 3\sqrt{3}) \div \sqrt{3}$
$= 2\sqrt{3} \div \sqrt{3} = 2$

別解 $\frac{\sqrt{75}}{\sqrt{3}} - \frac{\sqrt{27}}{\sqrt{3}} = \sqrt{25} - \sqrt{9} = 5 - 3 = 2$

(4) $(9+\sqrt{5})(7-\sqrt{5}) = -(\sqrt{5}+9)(\sqrt{5}-7)$
$= -[(\sqrt{5})^2 + \{9+(-7)\}\sqrt{5} + 9 \times (-7)]$
$= -5 - 2\sqrt{5} + 63 = 58 - 2\sqrt{5}$ ←乗法公式①

(5) $(\sqrt{6}+4)(\sqrt{6}+5)$
$= (\sqrt{6})^2 + (4+5)\sqrt{6} + 4 \times 5$
$= 6 + 9\sqrt{6} + 20 = 26 + 9\sqrt{6}$ ←乗法公式①

(6) $(\sqrt{5}+2)^2 = (\sqrt{5})^2 + 2 \times \sqrt{5} \times 2 + 2^2$
$= 5 + 4\sqrt{5} + 4 = 9 + 4\sqrt{5}$ ←乗法公式②

(7) $(\sqrt{7} - \sqrt{3})^2$
$= (\sqrt{7})^2 - 2 \times \sqrt{7} \times \sqrt{3} + (\sqrt{3})^2$
$= 7 - 2\sqrt{21} + 3 = 10 - 2\sqrt{21}$ ←乗法公式③

(8) $(4-\sqrt{6})(4+\sqrt{6}) = 4^2 - (\sqrt{6})^2$
$= 16 - 6 = 10$ ←乗法公式④

(9) $(2\sqrt{2}+3)(2\sqrt{2}-9)$
$= (2\sqrt{2})^2 + \{3+(-9)\} \times 2\sqrt{2} + 3 \times (-9)$
$= 8 - 12\sqrt{2} - 27 = -19 - 12\sqrt{2}$ ←乗法公式①

4 四則混合の計算は，整数などの場合と同様に，累乗・( ) →乗除→加減の順に行う。

(1) $\sqrt{20} + \sqrt{35} \div \sqrt{7} = 2\sqrt{5} + \sqrt{5} = 3\sqrt{5}$

(2) $\sqrt{72} - \sqrt{2}(\sqrt{6} - 4)$ ←分配法則を使って( )をはずす
$= 6\sqrt{2} - 2\sqrt{3} + 4\sqrt{2} = 10\sqrt{2} - 2\sqrt{3}$

.34～35 ステージ1

● (1) 1　(2) $4\sqrt{30}$　(3) 24　(4) 20

● (1) $\dfrac{\sqrt{7}-2}{3}$　(2) $\sqrt{5}+\sqrt{3}$

● $18\sqrt{2}$ cm

● (1) 22.4 cm　(2) $6\sqrt{2}$ cm

解 説

●

ポイント

式の値を求める問題
代入する値や式を見て，式を因数分解するなどの工夫を行う。

(1) $xy=(\sqrt{6}+\sqrt{5})(\sqrt{6}-\sqrt{5})$
$=(\sqrt{6})^2-(\sqrt{5})^2=6-5=1$　← 乗法公式④

(2) $x^2-y^2=(x+y)(x-y)$ ←因数分解の公式④´
$=(\sqrt{6}+\sqrt{5}+\sqrt{6}-\sqrt{5})$
$\times(\sqrt{6}+\sqrt{5}-\sqrt{6}+\sqrt{5})$
$=2\sqrt{6}\times2\sqrt{5}=4\sqrt{30}$

(3) $x^2+2xy+y^2=(x+y)^2$ ←因数分解の公式②´
(2)で，$x+y=2\sqrt{6}$ より，$(2\sqrt{6})^2=4\times6=24$

(4) $x^2-2xy+y^2=(x-y)^2$ ←因数分解の公式③´
(2)で，$x-y=2\sqrt{5}$ より，$(2\sqrt{5})^2=4\times5=20$

● (1) $\dfrac{1}{\sqrt{7}+2}=\dfrac{1\times(\sqrt{7}-2)}{(\sqrt{7}+2)\times(\sqrt{7}-2)}$
$=\dfrac{\sqrt{7}-2}{(\sqrt{7})^2-2^2}=\dfrac{\sqrt{7}-2}{7-4}=\dfrac{\sqrt{7}-2}{3}$

(2) $\dfrac{2}{\sqrt{5}-\sqrt{3}}=\dfrac{2\times(\sqrt{5}+\sqrt{3})}{(\sqrt{5}-\sqrt{3})\times(\sqrt{5}+\sqrt{3})}$
$=\dfrac{2(\sqrt{5}+\sqrt{3})}{(\sqrt{5})^2-(\sqrt{3})^2}=\dfrac{2(\sqrt{5}+\sqrt{3})}{2}$
$=\sqrt{5}+\sqrt{3}$

● 例3より，1辺が6 cmの正方形の対角線の長さは$6\sqrt{2}$ cm。求める長さは正方形の対角線の長さ3つ分であるから，$6\sqrt{2}\times3=18\sqrt{2}$ (cm)

● (1) 2つの正方形の面積の和は，
$10^2+20^2=100+400=500$ (cm^2)
この面積に等しい面積の正方形の1辺の長さは，
$\sqrt{500}=10\sqrt{5}=10\times2.236=22.36$ (cm)
よって，22.4 cm

(2) 三角形の面積は，$\dfrac{1}{2}\times16\times9=72$ (cm^2)
よって，求める1辺の長さは，$\sqrt{72}=6\sqrt{2}$ (cm)

p.36～37 ステージ2

❶ (1) $\dfrac{\sqrt{21}}{7}$　(2) $\sqrt{3}$　(3) $\dfrac{2\sqrt{5}-\sqrt{14}}{2}$

❷ (1) $12\sqrt{3}$　(2) -30　(3) $\dfrac{3}{2}$
(4) $2\sqrt{15}$　(5) $\dfrac{4\sqrt{6}}{9}$　(6) $-\sqrt{10}$

❸ (1) $-5\sqrt{3}$　(2) $5\sqrt{2}$　(3) $\dfrac{5\sqrt{6}}{2}$
(4) $\dfrac{\sqrt{3}}{2}$　(5) $-3\sqrt{5}$

❹ (1) $14+7\sqrt{2}$　(2) $27-16\sqrt{3}$
(3) $88-30\sqrt{7}$　(4) -8
(5) 4　(6) $-4+2\sqrt{5}$

❺ (1) 0.8367　(2) 7.938
(3) 1.323

❻ (1) $5-8\sqrt{5}$　(2) $1-\sqrt{10}$
(3) $3\sqrt{5}$ cm

● ● ● ● ●

① (1) $-\sqrt{2}$　(2) $9\sqrt{7}$
(3) $\sqrt{15}$　(4) $4-\sqrt{3}$

② (1) -11　(2) 5

解 説

❶ (2) $\dfrac{6\sqrt{2}}{\sqrt{24}}=\dfrac{6\sqrt{2}}{2\sqrt{6}}=\dfrac{3}{\sqrt{3}}=\dfrac{3\times\sqrt{3}}{\sqrt{3}\times\sqrt{3}}$
$=\dfrac{3\sqrt{3}}{3}=\sqrt{3}$

(3) $\dfrac{\sqrt{10}-\sqrt{7}}{\sqrt{2}}=\dfrac{(\sqrt{10}-\sqrt{7})\times\sqrt{2}}{\sqrt{2}\times\sqrt{2}}=\dfrac{2\sqrt{5}-\sqrt{14}}{2}$

❷ (5) $\dfrac{\sqrt{2}}{6}\div\dfrac{\sqrt{3}}{8}=\dfrac{\sqrt{2}}{6}\times\dfrac{8}{\sqrt{3}}=\dfrac{4\sqrt{2}}{3\sqrt{3}}$
$=\dfrac{4\sqrt{2}\times\sqrt{3}}{3\sqrt{3}\times\sqrt{3}}=\dfrac{4\sqrt{6}}{9}$

(6) $(-\sqrt{45})\div3\sqrt{7}\times\sqrt{14}=-\dfrac{\sqrt{45}\times\sqrt{14}}{3\sqrt{7}}$
$=-\dfrac{3\sqrt{5}\times\sqrt{14}}{3\sqrt{7}}=-\sqrt{5}\times\sqrt{2}=-\sqrt{10}$

❸ (1) $-\sqrt{27}=-3\sqrt{3}$，$\sqrt{12}=2\sqrt{3}$ とする。

(2) $3\sqrt{8}-\sqrt{98}+2\sqrt{2}+\sqrt{32}$ ←$3\sqrt{8}=3\times2\sqrt{2}=6\sqrt{2}$
$=6\sqrt{2}-7\sqrt{2}+2\sqrt{2}+4\sqrt{2}=5\sqrt{2}$

2章

(3) $\dfrac{18}{\sqrt{6}}-\dfrac{\sqrt{54}}{6}=\dfrac{18\times\sqrt{6}}{\sqrt{6}\times\sqrt{6}}-\dfrac{3\sqrt{6}}{6}$

$=\dfrac{18\sqrt{6}}{6}-\dfrac{3\sqrt{6}}{6}=\dfrac{15\sqrt{6}}{6}=\dfrac{5\sqrt{6}}{2}$

(4) $\dfrac{5\sqrt{3}}{6}-\sqrt{\dfrac{1}{3}}=\dfrac{5\sqrt{3}}{6}-\dfrac{1}{\sqrt{3}}$

$=\dfrac{5\sqrt{3}}{6}-\dfrac{1\times\sqrt{3}}{\sqrt{3}\times\sqrt{3}}=\dfrac{5\sqrt{3}}{6}-\dfrac{\sqrt{3}}{3}$

$=\dfrac{5\sqrt{3}-2\sqrt{3}}{6}=\dfrac{3\sqrt{3}}{6}=\dfrac{\sqrt{3}}{2}$

(5) $15\sqrt{2}\div\sqrt{10}-2\sqrt{3}\times\sqrt{15}$

$=\dfrac{15\sqrt{2}}{\sqrt{10}}-2\sqrt{3}\times\sqrt{3}\times\sqrt{5}$ （$\sqrt{2}$ と $\sqrt{10}$ を約分して 1 と $\sqrt{5}$）

$=\dfrac{15\times\sqrt{5}}{\sqrt{5}\times\sqrt{5}}-2\times3\times\sqrt{5}$

$=\dfrac{15\sqrt{5}}{5}-6\sqrt{5}=-3\sqrt{5}$ （15 と 5 を約分して 3 と 1）

4 (1) $\sqrt{7}(\sqrt{28}+\sqrt{14})=\sqrt{7}(2\sqrt{7}+\sqrt{7}\times\sqrt{2})$

$=2\times7+7\sqrt{2}=14+7\sqrt{2}$ ←分配法則

(2)は乗法公式①，(3)は公式③，(4)は公式④を使う。

(5) $(\sqrt{3}+1)^2-\dfrac{6}{\sqrt{3}}=3+2\sqrt{3}+1-\dfrac{6\sqrt{3}}{3}$ ←乗法公式② 分母の有理化

$=4+2\sqrt{3}-2\sqrt{3}=4$

(6) $(\sqrt{5}-2)(\sqrt{5}+2)-\sqrt{5}(\sqrt{5}-2)$ 乗法公式④ 分配法則

$=5-4-5+2\sqrt{5}=-4+2\sqrt{5}$

5 (1) $\sqrt{0.7}=\sqrt{\dfrac{70}{100}}=\dfrac{\sqrt{70}}{10}$

よって，$8.367\div10=0.8367$

(2) $\sqrt{63}=3\sqrt{7}=3\times2.646=7.938$

(3) $\sqrt{1.75}=\sqrt{\dfrac{175}{100}}=\dfrac{\sqrt{175}}{10}=\dfrac{5\sqrt{7}}{10}=\dfrac{\sqrt{7}}{2}$

よって，$2.646\div2=1.323$

6 (1) $x^2-4x-12=(x+2)(x-6)$ ←因数分解の公式①′

$=(\sqrt{5}-2+2)(\sqrt{5}-2-6)$

$=\sqrt{5}(\sqrt{5}-8)=5-8\sqrt{5}$

(2)

ポイント

($\sqrt{x}$ の小数部分)$=\sqrt{x}-$($\sqrt{x}$ の整数部分)

$3<\sqrt{10}<4$ より，$\sqrt{10}$ の整数部分は 3 である。
したがって，$\sqrt{10}$ の小数部分は，
$a=\sqrt{10}-3$ となる。

$\dfrac{a-7}{a+3}=\dfrac{\sqrt{10}-3-7}{\sqrt{10}-3+3}=\dfrac{\sqrt{10}-10}{\sqrt{10}}$

$=\dfrac{(\sqrt{10}-10)\times\sqrt{10}}{\sqrt{10}\times\sqrt{10}}=\dfrac{10-10\sqrt{10}}{10}$

$=1-\sqrt{10}$

(3) 2 つの円の面積の和は，
$\pi\times3^2+\pi\times6^2=9\pi+36\pi=45\pi\,(\mathrm{cm}^2)$
$\pi\times$(求める半径)$^2=45\pi$ より，
求める半径は 45 の正の平方根だから，
$\sqrt{45}=3\sqrt{5}\,(\mathrm{cm})$

① (1) $\dfrac{4}{\sqrt{2}}-\sqrt{3}\times\sqrt{6}$ 分母の有理化

$=\dfrac{4\times\sqrt{2}}{\sqrt{2}\times\sqrt{2}}-\sqrt{3}\times\sqrt{3}\times\sqrt{2}$

$=\dfrac{4\sqrt{2}}{2}-3\sqrt{2}=2\sqrt{2}-3\sqrt{2}=-\sqrt{2}$

(2) $\sqrt{63}+\dfrac{42}{\sqrt{7}}$ 分母の有理化

$=3\sqrt{7}+\dfrac{42\times\sqrt{7}}{\sqrt{7}\times\sqrt{7}}$

$=3\sqrt{7}+\dfrac{42\sqrt{7}}{7}=3\sqrt{7}+6\sqrt{7}=9\sqrt{7}$

(3) $\sqrt{3}(\sqrt{5}-3)+\sqrt{27}$ ←分配法則

$=\sqrt{15}-3\sqrt{3}+3\sqrt{3}=\sqrt{15}$

(4) $(\sqrt{3}-1)^2+\sqrt{48}-\dfrac{9}{\sqrt{3}}$ ←乗法公式③ 分母の有理化

$=(\sqrt{3})^2-2\times\sqrt{3}\times1+1^2+4\sqrt{3}-\dfrac{9\times\sqrt{3}}{\sqrt{3}\times\sqrt{3}}$

$=4-2\sqrt{3}+4\sqrt{3}-3\sqrt{3}$

$=4-\sqrt{3}$

② (1) $x^2-10x+2$

$=x(x-10)+2$

$=(5-2\sqrt{3})(5-2\sqrt{3}-10)+2$

$=(5-2\sqrt{3})(-5-2\sqrt{3})+2$

$=-(2\sqrt{3}-5)\times\{-(2\sqrt{3}+5)\}+2$

$=(2\sqrt{3}-5)(2\sqrt{3}+5)+2$ ←乗法公式④

$=(2\sqrt{3})^2-5^2+2$

$=12-25+2$

$=-11$

(2) $x^2-8xy+16y^2$ ←因数分解の公式③′

$=(x-4y)^2$

$=\{4\sqrt{3}+3\sqrt{5}-4(\sqrt{3}+\sqrt{5})\}^2$

$=(4\sqrt{3}+3\sqrt{5}-4\sqrt{3}-4\sqrt{5})^2$

$=(-\sqrt{5})^2=5$

.38〜39 ステージ3

(1) $\pm\frac{7}{8}$　(2) -6　(3) 25

(4) ① $-4\sqrt{2}>-6$

② $\frac{\sqrt{3}}{5}<\frac{3}{5}<\sqrt{\frac{3}{5}}<\frac{3}{\sqrt{5}}$

(5) $a=5,\ 6,\ 7,\ 8$　(6) $\sqrt{0.4}$，$\sqrt{3}$，$\frac{2}{\sqrt{3}}$

(1) $\sqrt{150}$　(2) $18\sqrt{2}$

(3) $\frac{9\sqrt{5}}{5}$　(4) 0.866

(1) $n=15$　(2) 12　(3) $\frac{\sqrt{14}}{2}$ 倍

(1) $6\sqrt{2}$　(2) $\frac{\sqrt{6}}{3}$　(3) $\frac{\sqrt{21}}{14}$

(4) $-3\sqrt{6}$

(1) $-\sqrt{5}+3\sqrt{3}$　(2) $-\sqrt{2}$　(3) $-\sqrt{5}$

(4) $2\sqrt{3}$　(5) $2\sqrt{7}$　(6) $7\sqrt{2}$

(1) $12-6\sqrt{2}$　(2) $-18+\sqrt{2}$　(3) $16+4\sqrt{15}$

(4) $-\frac{5}{2}$　(5) 5　(6) $5+14\sqrt{5}$

$12\sqrt{7}$

解説

(4) ① $-4\sqrt{2}=-\sqrt{4^2\times 2}=-\sqrt{32}$，

$-6=-\sqrt{36}$　$\sqrt{32}<\sqrt{36}$ だから，$-4\sqrt{2}>-6$

② $\frac{3}{5}=\sqrt{\frac{9}{25}}$，$\sqrt{\frac{3}{5}}=\sqrt{\frac{15}{25}}$，$\frac{\sqrt{3}}{5}=\sqrt{\frac{3}{25}}$，

$\frac{3}{\sqrt{5}}=\sqrt{\frac{9}{5}}=\sqrt{\frac{45}{25}}$ より，

$\frac{\sqrt{3}}{5}<\frac{3}{5}<\sqrt{\frac{3}{5}}<\frac{3}{\sqrt{5}}$

(5) $\sqrt{2^2}<\sqrt{a}<\sqrt{3^2}$ より，$4<a<9$ である。

(6) $\sqrt{\frac{16}{9}}=\frac{4}{3}$，$\sqrt{0.25}=0.5$ →有理数

(1) $5\sqrt{6}=\sqrt{5^2\times 6}$　(2) $3\sqrt{72}=3\times 6\sqrt{2}$

(4) $\frac{3}{\sqrt{12}}=\frac{3}{2\sqrt{3}}=\frac{3\times\sqrt{3}}{2\sqrt{3}\times\sqrt{3}}$

$=\frac{\overset{1}{\cancel{3}}\sqrt{3}}{2\times\underset{1}{\cancel{3}}}=\frac{\sqrt{3}}{2}$

だから，$1.732\div 2=0.866$

(1) $\sqrt{135n}=\sqrt{3^3\times 5\times n}$ より，$n=3\times 5=15$

(2) $12^2=144$，$13^2=169$ だから，$12<\sqrt{160}<13$

よって，$\sqrt{160}$ の整数部分の数は 12

別解 $\sqrt{160}=4\sqrt{10}$，$\sqrt{10}=3.16\cdots$だから，

$4\sqrt{10}=12.64\cdots$より，整数部分の数は 12

(3) $\sqrt{35}\div\sqrt{10}=\sqrt{\frac{\overset{7}{\cancel{35}}}{\underset{2}{\cancel{10}}}}=\frac{\sqrt{7}}{\sqrt{2}}=\frac{\sqrt{7}\times\sqrt{2}}{\sqrt{2}\times\sqrt{2}}$

$=\frac{\sqrt{14}}{2}$(倍)

❹ (3) $\frac{\sqrt{3}}{8}\div\frac{\sqrt{7}}{4}=\frac{\sqrt{3}}{\underset{2}{\cancel{8}}}\times\frac{\overset{1}{\cancel{4}}}{\sqrt{7}}=\frac{\sqrt{3}}{2\sqrt{7}}=\frac{\sqrt{21}}{14}$

(4) $3\sqrt{5}\div\sqrt{10}\times(-\sqrt{12})=-\frac{3\overset{1}{\cancel{\sqrt{5}}}\times\overset{\sqrt{6}}{\cancel{\sqrt{12}}}}{\underset{\underset{1}{\cancel{\sqrt{2}}}}{\cancel{\sqrt{10}}}}$

$=-3\sqrt{6}$

❺ (2) $-\sqrt{8}+2\sqrt{18}-\sqrt{50}$

$=-2\sqrt{2}+2\times 3\sqrt{2}-5\sqrt{2}$

$=-2\sqrt{2}+6\sqrt{2}-5\sqrt{2}=-\sqrt{2}$

(3) $\sqrt{20}-\frac{15}{\sqrt{5}}=2\sqrt{5}-\frac{15\sqrt{5}}{5}=2\sqrt{5}-3\sqrt{5}$

$=-\sqrt{5}$

(4) $\sqrt{\frac{1}{3}}+\frac{5\sqrt{3}}{3}=\frac{\sqrt{3}}{3}+\frac{5\sqrt{3}}{3}=\frac{6\sqrt{3}}{3}=2\sqrt{3}$

(5) $3\sqrt{7}-\underline{\sqrt{42}\div\sqrt{6}}=3\sqrt{7}-\underline{\sqrt{7}}=2\sqrt{7}$

(6) $2\sqrt{5}\times\sqrt{10}-\frac{6}{\sqrt{2}}$

$=2\sqrt{5}\times\sqrt{5}\times\sqrt{2}-\frac{6\sqrt{2}}{2}$

$=2\times 5\times\sqrt{2}-3\sqrt{2}=10\sqrt{2}-3\sqrt{2}=7\sqrt{2}$

> **得点アップのコツ**
> よく出てくる数については $\sqrt{a^2b}=a\sqrt{b}$ の変形がすぐできるようにしておこう。(例) $\sqrt{8}=2\sqrt{2}$ など

❻ (1)分配法則，(2)乗法公式①，(3)公式②を使う。

(4) 公式④より，$\left(\frac{3}{\sqrt{2}}\right)^2-(\sqrt{7})^2=\frac{9}{2}-7=-\frac{5}{2}$

(5) $(\sqrt{3}-\sqrt{2})^2+\frac{12}{\sqrt{6}}=3-2\sqrt{6}+2+\frac{12\sqrt{6}}{6}$

$=5-2\sqrt{6}+2\sqrt{6}=5$ ←公式③と分母の有理化

(6) $(2\sqrt{5}+6)(2\sqrt{5}-1)-(\sqrt{5}-2)^2$ ←公式①，③

$=(2\sqrt{5})^2+\{6+(-1)\}\times 2\sqrt{5}+6\times(-1)$

$-(5-4\sqrt{5}+4)$

$=20+10\sqrt{5}-6-5+4\sqrt{5}-4=5+14\sqrt{5}$

❼ $x^2-y^2=(x+y)(x-y)$ として値を代入すると，

$(3+\sqrt{7}+3-\sqrt{7})(3+\sqrt{7}-3+\sqrt{7})$

$=6\times 2\sqrt{7}=12\sqrt{7}$

2章

3章 2次方程式

p.40〜41 ステージ1

1 ㋐，㋑，㋓

2 ㋓

3 (1) $x=-9,\ x=2$　(2) $x=0,\ x=-7$

4 (1) $x=-3,\ x=-5$　(2) $x=-4,\ x=2$
(3) $x=-8,\ x=9$　(4) $x=3,\ x=4$
(5) $x=-6,\ x=1$　(6) $x=-7,\ x=7$
(7) $x=-2$　(8) $x=9$
(9) $x=0,\ x=-4$　(10) $x=0,\ x=12$

5 (1) $x=-7,\ x=2$　(2) $x=1,\ x=4$
(3) $x=2,\ x=6$　(4) $x=-3,\ x=6$

解説

1 式を整理すると $ax^2+bx+c=0$ の形で表されるものが2次方程式。㋒ $6x-7=0$ は1次方程式。㋓は $x^2-5x-36=0$ となる。答えは㋐，㋑，㋓。

2 $x=-2,\ x=5$ を代入して，ともに方程式が成り立つものをさがす。

3 (1) $(x+9)(x-2)=0$
$x+9=0$ または $x-2=0$　（$AB=0$ならば，$A=0$または$B=0$）
$x=-9,\ x=2$

(2) $x(x+7)=0$　**ミス注意！**
$x=0$ または $x+7=0$　←$x=0$を忘れないようにしよう。
$x=0,\ x=-7$

4 (1)〜(5)は因数分解の公式①′，(6)は公式④′，(7)(8)は公式②′，③′を使って左辺を因数分解する。
(1) $(x+3)(x+5)=0$　(2) $(x+4)(x-2)=0$
(3) $(x+8)(x-9)=0$　(4) $(x-3)(x-4)=0$
(5) $(x+6)(x-1)=0$　(6) $(x+7)(x-7)=0$
(7) $(x+2)^2=0$　(8) $(x-9)^2=0$
(9) $x^2+4x=0$
$x(x+4)=0$　（共通な因数xをくくり出す）←両辺をxでわって，~~$x+4=0$　$x=-4$~~ としないように注意。

ミス注意！ (9)(10) 両辺を x でわらないこと。
$x=0$ のときは両辺を0でわることはできない。

5 (2次式)$=0$ の形に整理してから解く。
(1) 4と $-5x$ を移項すると，$x^2+5x-14=0$
(2) 左辺を展開すると，$x^2+2x+1=7x-3$
移項して整理すると，$x^2-5x+4=0$
(3) 両辺を3でわると，$x^2-8x+12=0$
(4) 左辺を展開すると，$3x-x^2=-18$
$-x^2+3x+18=0$
$x^2-3x-18=0$　（両辺を-1でわる（両辺に-1をかける））

p.42〜43 ステージ1

1 (1) $x=\pm\sqrt{11}$　(2) $x=\pm3$
(3) $x=\pm\dfrac{5}{2}$　(4) $x=\pm\sqrt{3}$
(5) $x=\pm3\sqrt{2}$　(6) $x=\pm\dfrac{\sqrt{5}}{4}$

2 (1) $x=2\pm\sqrt{5}$　(2) $x=2,\ x=-14$
(3) $x=6,\ x=-4$　(4) $x=-3\pm2\sqrt{5}$
(5) $x=\dfrac{7}{2},\ x=\dfrac{1}{2}$

3 (左辺から順に) (1) 9，3　(2) 36，6

4 (1) $x=-2\pm\sqrt{11}$　(2) $x=1\pm\sqrt{6}$
(3) $x=\dfrac{-3\pm\sqrt{13}}{2}$　(4) $x=\dfrac{7\pm\sqrt{33}}{2}$

解説

1 (3) $4x^2=25$
$x^2=\dfrac{25}{4}$　（両辺を4でわり，$x^2=k$の形にする）
$x=\pm\dfrac{5}{2}$　（$\dfrac{25}{4}$の平方根を求める）

(6) $16x^2-5=0$
$16x^2=5$
$x^2=\dfrac{5}{16}$
$x=\pm\sqrt{\dfrac{5}{16}}$
$=\pm\dfrac{\sqrt{5}}{\sqrt{16}}\rightarrow x=\pm\sqrt{}$

2 (3) $(x-1)^2-25=0$
$(x-1)^2=25$
$x-1=\pm5$
$x=1\pm5$
→ $x=1+5$ から，$x=6$
$x=1-5$ から，$x=-4$

(5) $(2x-4)^2=9$
$2x-4=\pm3$
$2x=4\pm3$
$2x=\underset{4+3}{7}$ から，$x=\dfrac{7}{2}$　$2x=\underset{4-3}{1}$ から，$x=\dfrac{1}{2}$

4 (2) $x^2-2x-5=0$
$x^2-2x=5$　（-5を移項する）
$x^2-2x+(-1)^2=5+(-1)^2$　（両辺にxの係数の$\dfrac{1}{2}$の2乗を加える）
$(x-1)^2=6$　（左辺を因数分解する）
$x-1=\pm\sqrt{6}$
$x=1\pm\sqrt{6}$　（平方根の考えを使って解く）

(3) $x^2+3x=1$
$x^2+3x+\left(\dfrac{3}{2}\right)^2=1+\left(\dfrac{3}{2}\right)^2$　（両辺にxの係数3の$\dfrac{1}{2}$の2乗$\left(\dfrac{3}{2}\right)^2$を加える）
$\left(x+\dfrac{3}{2}\right)^2=\dfrac{13}{4}$　$x+\dfrac{3}{2}=\pm\sqrt{\dfrac{13}{4}}$
$x=-\dfrac{3}{2}\pm\dfrac{\sqrt{13}}{2}=\dfrac{-3\pm\sqrt{13}}{2}$

p.44〜45 ステージ1

1 (1) $x=\frac{-3\pm\sqrt{29}}{2}$　(2) $x=\frac{7\pm\sqrt{41}}{2}$

(3) $x=\frac{-9\pm\sqrt{33}}{6}$　(4) $x=\frac{-5\pm\sqrt{41}}{8}$

(5) $x=\frac{1\pm\sqrt{33}}{4}$

2 (1) $x=-2\pm\sqrt{5}$　(2) $x=5\pm\sqrt{17}$

(3) $x=\frac{-3\pm\sqrt{3}}{2}$　(4) $x=\frac{1\pm\sqrt{7}}{3}$

3 (1) ㋐ $x=-\frac{3}{4}$, $x=-1$ ㋑ $x=\frac{1}{2}$, $x=-1$

㋒ $x=\frac{1}{2}$, $x=\frac{1}{3}$　㋓ $x=\frac{5}{3}$, $x=-1$

(2) ㋐〈因数分解〉$(x+1)(x-5)=0$

$x=-1$, $x=5$

〈解の公式〉

$$x=\frac{-(-4)\pm\sqrt{(-4)^2-4\times1\times(-5)}}{2\times1}$$

$$=\frac{4\pm6}{2}\quad x=-1,\ x=5$$

㋑〈因数分解〉$(x-6)^2=0$

$x=6$

〈解の公式〉

$$x=\frac{-(-12)\pm\sqrt{(-12)^2-4\times1\times36}}{2\times1}=6$$

解説

1

ポイント

解の公式…2 次方程式 $ax^2+bx+c=0$ の解は,

$$x=\frac{-b\pm\sqrt{b^2-4ac}}{2a}$$

(1) $a=1$, $b=3$, $c=-5$ を解の公式に代入すると,

$$x=\frac{-3\pm\sqrt{3^2-4\times1\times(-5)}}{2\times1}$$

$$=\frac{-3\pm\sqrt{9+20}}{2}=\frac{-3\pm\sqrt{29}}{2}$$

ミス注意! 計算ミスに注意。代入する値を確認し，途中式をきちんと書こう。

2 x の係数 b が偶数の場合にはふつう，約分が必要になる。

(3) $x=\frac{-6\pm\sqrt{6^2-4\times2\times3}}{2\times2}=\frac{-6\pm\sqrt{36-24}}{4}$

$$=\frac{-6\pm\sqrt{12}}{4}=\frac{-6\pm2\sqrt{3}}{4}=\frac{-3\pm\sqrt{3}}{2}$$

ミス注意! 約分は分子の両方の項を一度に行う。

$\frac{-6\pm2\sqrt{3}}{4}$ (×), $\frac{-6\pm2\sqrt{3}}{4}$ (×), $\frac{-6\pm2\sqrt{3}}{4}$ (×) → $\frac{-6\pm2\sqrt{3}}{4}$ (○)

3 (1)㋒ -1 を移項して，$6x^2-5x+1=0$

$$x=\frac{-(-5)\pm\sqrt{(-5)^2-4\times6\times1}}{2\times6}$$

$$=\frac{5\pm\sqrt{25-24}}{12}=\frac{5\pm\sqrt{1}}{12}=\frac{5\pm1}{12}$$

$$x=\frac{5+1}{12}=\frac{6}{12}=\frac{1}{2},\quad x=\frac{5-1}{12}=\frac{4}{12}=\frac{1}{3}$$

(2) 因数分解で解ける場合は因数分解を使う方が計算が楽である。したがって，まず方程式が因数分解できるかを考え，因数分解できない場合に解の公式を利用するようにするとよい。

p.46〜47 ステージ2

1 (1) $x=-4$, $x=-9$　(2) $x=11$

(3) $x=0$, $x=-8$　(4) $x=-6$, $x=7$

(5) $x=-6$, $x=1$　(6) $x=2$, $x=4$

(7) $x=\pm\frac{2}{3}$　(8) $x=-5\pm2\sqrt{7}$

(9) $x=4$, $x=-3$

2 (1) $x=9$, $x=-1$　(2) $x=\frac{-5\pm\sqrt{37}}{2}$

3 (1) $x=2$, $x=\frac{1}{3}$　(2) $x=\frac{-2\pm\sqrt{14}}{2}$

(3) $x=\frac{1\pm\sqrt{33}}{2}$

4 (1) $x=4\pm\sqrt{11}$　(2) $x=0$, $x=-4$

(3) $x=-4$, $x=6$　(4) $x=-\frac{1}{5}$

5 (1) $a=-24$　(2) $x=-4$

6 (1) $a=2$, $b=-48$　(2) $a=-1$

7 (1) $a=2$, $b=3$

(2) ㋐ $x=-7$　㋑ $x=9$

・・・・・

① (1) $x=-8$, $x=7$　(2) $x=1$

(3) $x=\frac{5\pm\sqrt{17}}{2}$　(4) $x=\frac{1\pm\sqrt{17}}{2}$

② $a=8$, $b=2$

解説

1 (1)〜(6)は因数分解，(7)〜(9)は平方根の考えを使う。

(4) 両辺を 2 でわると，$x^2-x-42=0$

3章

(5)　両辺を -4 でわると，$x^2+5x-6=0$

(6)　係数が分数のときは，係数を整数に直す。
両辺に 2 をかけて整理すると，$x^2-6x+8=0$

(7)　$9x^2-4=0$
$9x^2=4$
$x^2=\frac{4}{9}$
$x=\pm\frac{2}{3}$

別解　左辺を因数分解すると，
$9x^2-4=0$
$(3x+2)(3x-2)=0$
$3x+2=0$ または $3x-2=0$
$x=\pm\frac{2}{3}$

(9)　$(2x-1)^2-49=0$
$(2x-1)^2=49$
$2x-1=\pm7$
$2x=1\pm7$ →
$2x=8$ から，
$x=4$
$2x=-6$ から，
$x=-3$

2 (1)　$x^2-8x=14-5$ として，両辺に x の係数の $\frac{1}{2}$ の 2 乗 $(-4)^2$ をたして，$(x-4)^2=25$ とする。

(2)　$x^2+5x=3$ として，両辺に x の係数の $\frac{1}{2}$ の 2 乗 $\left(\frac{5}{2}\right)^2$ をたして，$\left(x+\frac{5}{2}\right)^2=\frac{37}{4}$ とする。

3 左辺が因数分解できないので，解の公式を使う。

(3)　$6x^2-6x-48=0$ として両辺を 6 でわり，$x^2-x-8=0$ としてから解の公式を使う。

4 (1)　左辺を展開して整理すると，
$x^2-8x+5=0$　→解の公式を使って解く。

(2)　左辺を展開して整理すると，$x^2+4x=0$
$x(x+4)=0$　　$x=0$，$x=-4$

別解　$x+1=M$ とおくと，$M^2+2M-3=0$
$(M-1)(M+3)=0$
$(x+1-1)(x+1+3)=0$　← Mを$x+1$にもどす
$x(x+4)=0$

(3)　$\frac{1}{6}x(x-2)=4$
$x(x-2)=24$
$x^2-2x-24=0$
$(x+4)(x-6)=0$　　$x=-4$，$x=6$

両辺に6をかけて分母をはらう
~~$x(6x-12)=24$~~としないこと
→ $\frac{1}{6}x\times(x-2)\times6=4\times6$

(4)　$x^2+\frac{2}{5}x+\frac{1}{25}=0$　　$\left(x+\frac{1}{5}\right)^2=0$ とする。

別解　両辺に分母の最小公倍数の 25 をかけて，
$25x^2+10x+1=0$　　$(5x+1)^2=0$ とする。

5 (1)　$x^2-2x+a=0$ に $x=6$ を代入すると，
$6^2-2\times6+a=0$　　$a=-24$

(2)　方程式は，$x^2-2x-24=0$
$(x+4)(x-6)=0$　　$\underline{x=-4}$，$x=6$

ポイント

2 次方程式の係数や定数（a など）を求める→解を代入して，他の文字についての方程式をつくる。

6 (1)　$x^2+ax+b=0$ に $x=-8$ と $x=6$ をそれぞれ代入すると，
$(-8)^2-8a+b=0$　　$-8a+b=-64$　①
$6^2+6a+b=0$　　$6a+b=-36$　②
①，②を連立方程式として解くと，
$a=2$，$b=-48$

別解　2 つの解が p と q である 2 次方程式は $(x-p)(x-q)=0$ と表されることから，
$(x+8)(x-6)=0$　　$x^2+\underset{a}{\underline{2}}x\underset{b}{\underline{-48}}=0$

(2)　$x^2+2x-3=0$ を解くと，$x=-3$，$x=1$
小さい方の解 $x=-3$ を $x^2-ax-(5-a)=0$ に代入すると，$9+3a-(5-a)=0$　　$a=-1$

7 (1)　$x=3$ を㋐,㋑にそれぞれ代入し整理する
$6a-7b=-9$　①　　$-2a+b=-1$　②
①，②を連立方程式として解くと，
$a=2$，$b=3$

(2)　㋐　$x^2+4x-21=0$　← $a=2$，$b=3$を㋐に代入
$(x+7)(x-3)=0$　　$\underline{x=-7}$，$x=3$
㋑　$x^2-12x+27=0$　← $a=2$，$b=3$を㋑に代入
$(x-3)(x-9)=0$　　$x=3$，$\underline{x=9}$

① 式を展開して整理すると
(1)　$x^2+x-56=0$，(2)　$x^2-2x+1=0$
→左辺を因数分解して解く。

(2) **別解**　$x-1=M$ と考えてもよい。
$(x-1)\{(2x+1)-(x+2)\}=0$　← $(2x+1)M-(x+2)M=$

(3)　$x^2-5x+2=0$，(4)　$x^2-x-4=0$
→解の公式を使って解く。

② $x^2+ax+15=0$ に $x=-3$ を代入すると，$\underline{a=}$
$x^2+8x+15=0$ を解くと，$x=-3$，$\underline{x=-5}$
$2x+a+b=0$ に $a=8$，$x=-5$ を代入して，$\underline{b=}$

p.48〜49　ステージ1

1 (1)　-4 と 7　　(2)　8，9

2 3 m

3 4 cm，8 cm

4 (1)　3 cm，5 cm
(2)　$(4+\sqrt{14})$ cm，$(4-\sqrt{14})$ cm

解説

1 (1)　ある整数を x とすると，$x^2=3x+28$

これを解くと，$x^2-3x-28=0$

$(x+4)(x-7)=0$　　$x=-4$，$x=7$

これらは，どちらも問題に適している。

(2)　小さい方の自然数を x とすると，大きい方の自然数は $x+1$ と表される。

$(x+1)^2-4x=49$　　← $x^2+2x+1-4x=49$

$x^2-2x-48=0$

$(x+6)(x-8)=0$　　$x=-6$，$x=8$

x は自然数であるから，$x=8$ は問題に適しているが，$x=-6$ は適していない。よって，8，9

ミス注意！ 8 のみを答えとしたり，「整数」と混同して -6，-5 も答えとしないように注意。

2 道の幅を x m とすると，

$(12-x)(18-x)=135$　　← $216-12x-18x+x^2=135$

$x^2-30x+81=0$

$(x-3)(x-27)=0$　　$x=3$，$x=27$

$0<x<12$ であるから，$x=3$

ポイント

方程式の解が答えにならない場合があるので，解が問題に適しているかを必ず確認する。

3 折り曲げる長さを x cm とすると，

$x(24-2x)=64$ ← AB＝DC＝$x$cm，AD＝BC＝$(24-2x)$cm

$x^2-12x+32=0$　← $-2x^2+24x-64=0$

$(x-4)(x-8)=0$　　$x=4$，$x=8$

$0<x<12$ であるから，どちらも問題に適している。

（xは24cmより短いから，$x<12$）

4 (1)　点 P が動いた距離 AP を x cm とすると，PB $=(8-x)$ cm より，$x^2+(8-x)^2=34$

$x^2-8x+15=0$　← $2x^2-16x+30=0$

$(x-3)(x-5)=0$　　$x=3$，$x=5$

$0\leqq x\leqq 8$ であるから，どちらも問題に適している。

(2)　同様に，$x^2+(8-x)^2=60$　$x^2-8x+2=0$

解の公式を使って解くと，$x=4\pm\sqrt{14}$

$0\leqq x\leqq 8$であるから，どちらも問題に適している。

p.50〜51　ステージ2

1 (1)　10，6 と -6，-10　　(2)　6，7

(3)　5，6，7 と -7，-6，-5

2 14 m

3 8 cm

4 4 秒後，6 秒後

5 $(6-\sqrt{6})$ cm

6 P(4，12)

7 $x=9$

・・・・・

① $x=10$

② $x=13$

③ 2 m

解説

1 (1)　大きい方の整数を x とすると，小さい方の整数は $x-4$ と表されるから，$x(x-4)=60$

これを解くと，$x=10$，$x=-6$ ← $x^2-4x-60=0$

これらは，どちらも問題に適している。

(2)　小さい方の正の整数を x とすると，

$x^2=4(x+1)+8$　　← $x^2-4x-12=0$，$(x+2)(x-6)=0$

これを解くと，$x=-2$，$x=6$

x は正の整数だから，$x=6$ より，答えは 6，7

(3)　連続する 3 つの整数のうち，中央の数を x とすると，$(x-1)^2+x^2+(x+1)^2=110$

$3x^2+2=110$　　$x^2=36$　　$x=\pm 6$

これらは，どちらも問題に適している。

2 もとの花だんの 1 辺の長さを x m とすると，

$(x+1.5\times 2)^2=289$　　$x+3=\pm\sqrt{289}$

$x+3=\pm 17$　　$x=-20$，$x=14$

$x>0$ であるから，$x=14$

3 もとの紙の縦の長さを x cm とすると，もとの紙の横の長さは $(x+3)$ cm。直方体の縦の長さは，$x-2\times 2=x-4$(cm)，横の長さは，$(x+3)-2\times 2=x-1$(cm)，高さは 2 cm だから，

$2(x-4)(x-1)=56$　　← $x^2-5x-24=0$，$(x+3)(x-8)=0$

これを解くと，$x=-3$，$x=8$

$x>4$ であるから，$x=8$ ← x cmは $2\times 2=4$(cm)より長い

4 点 P，Q が出発してから x 秒後に △APQ の面積が 12cm² になるとすると，$\frac{1}{2}x(10-x)=12$（x：AP，$10-x$：AQ）

$x=4$，$x=6$　← $x(10-x)=24$，$x^2-10x+24=0$

$0\leqq x\leqq 10$ であるから，どちらも問題に適している。

5 AP $=x$ cm のとき，台形 ABQP の面積が 15 cm² になるとする。AP $=$ BQ $=x$ cm より，CP $=$ CQ $=(6-x)$ cm だから，

$\frac{1}{2}\times 6\times 6-\frac{1}{2}(6-x)^2=15$　← △ABC－△PQC＝(台形ABQP)

これを解くと，$(6-x)^2=6$　　$x=6\pm\sqrt{6}$

$0\leqq x\leqq 6$ であるから，$x=6-\sqrt{6}$

6 点 P の x 座標を p とすると，y 座標は $2p+4$

3章

△POQ で底辺 OQ $= p$ cm, 高さ PQ $= (2p+4)$ cm

より, $\frac{1}{2}p(2p+4) = 24$　　$p^2+2p-24=0$

$p=-6$, $p=4$　　$p>0$ より, $p=4$

7 x の右どなりの数は $x+1$, x のすぐ下の数は $x+7$ と表されるから,

$(x+1)(x+7) = 17x+7$　（$x^2+8x+7=17x+7$, $x^2-9x=0$, $x(x-9)=0$）

これを解くと, $x=0$, $x=9$

カレンダーで $x=0$ は存在しないので, 問題に適していない。$x=9$ のとき, 右どなりの数は 10, すぐ下の数は 16 で, 問題に適している。

① $(x+4)(x+5) = 210$　（$x^2+9x-190=0$, $(x+19)(x-10)=0$）

これを解くと, $x=-19$, $x=10$

$x>0$ であるから, $x=10$

② $x^2+52=17x$　（$x^2-17x+52=0$, $(x-4)(x-13)=0$）

これを解くと, $x=4$, $x=13$

x は素数だから, $x=13$

③ 道の幅を x m とする。

右の図のように, 道を端によせて, 花だんを 1 つの長方形にまとめると,

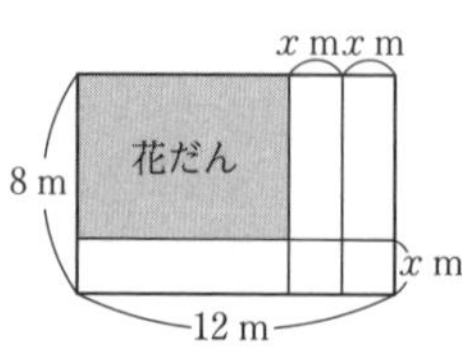

花だんの縦は $(8-x)$ m, 横は $(12-2x)$ m となる。

$(8-x)(12-2x) = 8\times12\times\frac{1}{2}$　（$96-16x-12x+2x^2=48$, $2x^2-28x+48=0$, $x^2-14x+24=0$）

これを解くと, $x=2$, $x=12$

$0<x<6$ であるから, $x=2$　←2x m は 12 m より短い

p.52〜53 ステージ3

1 ㋐, ㋒

2 (1) $x=2$, $x=6$　(2) $x=-4$, $x=5$

(3) $x=-8$　(4) $x=0$, $x=9$

(5) $x=\pm2\sqrt{5}$　(6) $x=\pm\frac{\sqrt{7}}{2}$

(7) $x=2$, $x=-12$　(8) $x=\frac{-1\pm\sqrt{33}}{4}$

(9) $x=3\pm\sqrt{19}$　(10) $x=\frac{2}{3}$, $x=\frac{1}{2}$

3 (1) $x=2$, $x=8$　(2) $x=-3$, $x=6$

(3) $x=\frac{-3\pm\sqrt{17}}{2}$　(4) $x=\frac{1}{3}$

4 a の値…$a=6$, 他の解…$x=4$

5 9　**6** 6, 7, 8

7 十二角形　**8** 6 cm

9 1 m

解説

1 $x=-3$ を代入して方程式が成り立つかを調べ

2 (1)〜(4)は因数分解, (5)〜(7)は平方根の考え, (8)〜(10)は解の公式を使って解く。

3 (1)(2)は左辺を展開して整理し, 因数分解を使

(1) $x^2-10x+16=0$　(2) $x^2-3x-18=0$

(3) $-2x^2-6x+4=0$　両辺を -2 でわると, $x^2+3x-2=0$ →解の公式を使って解く。

(4) $\frac{3}{2}x^2 = x-\frac{1}{6}$　（両辺に分母の最小公倍数の6をかけて, 分母をはらう）

$9x^2=6x-1$

$9x^2-6x+1=0$ より, $(3x-1)^2=0$ とする。

得点アップのコツ

2 や **3** のような計算問題は, 確実に得点しよう。
- 式を見て, 因数分解, 平方根の考え, 解の公式のどれを使うかを素早く判断できるようになろう。
- 途中式を書き, 計算を正確に行うことが大切。

4 $x^2-ax+8=0$ に $x=2$ を代入すると,

$4-2a+8=0$　$a=6$

$x^2-6x+8=0$ を解くと, $x=2$, $x=4$

5 もとの自然数を x とすると, $x^2-2x=63$

これを解くと, $x=-7$, $x=9$　←$x^2-2x-63=0$, $(x+7)(x-9)=0$

x は自然数であるから, $x=9$

6 連続する 3 つの自然数のうち, 中央の数をとすると, $(x-1)(x+1)-3x=27$　（$x^2-3x-28=$, $(x+4)(x-7)=$）

これを解くと, $x=-4$, $x=7$

x は自然数であるから, $x=7$ より, 6, 7, 8

7 $\frac{1}{2}n(n-3)=54$　（両辺に2をかけて, $n(n-3)=10$, $n^2-3n-108=0$, $(n+9)(n-12)=0$）

これを解くと, $n=-9$, $n=12$

n は 3 以上の自然数であるから, $n=12$

8 もとの正方形の 1 辺の長さを x cm とすると,

$(x+2)(x+3)=2x^2$　（$x^2-5x-6=$, $(x+1)(x-6)=$）

これを解くと, $x=-1$, $x=6$

$x>0$ であるから, $x=6$

9 道路の幅を x m とする。花だんの面積が土地全体の面積の半分であればよいから,

$(12-2x)(5-2x)=12\times5\times\frac{1}{2}$　（$60-24x-10x+4x^2=30$）

$2x^2-17x+15=0$

解の公式で解いて, $x=\frac{15}{2}(7.5)$, $x=1$

x は正の数で $2x<5$ $(0<x<2.5)$ より, $x=1$

4章 関数 $y=ax^2$

p.54〜55 ステージ1

❶ (1) $y=10x^2$　(2) $y=4\pi x^2$

(3) $y=2\pi x$　(4) $y=\dfrac{1}{16}x^2$

y が x の 2 乗に比例するもの…(1), (2), (4)

❷ (1) $y=6x^2$

y は x の 2 乗に比例するといえる。

(2) (左から順に) 0, 6, 24, 54, 96

(3) 16 倍

❸ (1) $y=4x^2$, $y=36$

(2) $y=-\dfrac{3}{2}x^2$, $y=-6$

❹ (1) $y=2x^2$　(2) 128 m

解説

❶ (1) (正四角柱の体積)＝(底面積)×(高さ)

より，$y=x^2\times10$　$y=10x^2$

(2) (円柱の体積)＝(底面積)×(高さ) より，

$y=\pi x^2\times4$　$y=4\pi x^2$

π は定数(3.14…)だから，4π が関数 $y=ax^2$ の比例定数 a である。

(3) (円周の長さ)＝(直径)×(円周率) より，

$y=2x\times\pi$　$y=2\pi x$

(4) 正方形の 1 辺の長さは，$x\div4=\dfrac{1}{4}x$(cm)

だから，$y=\dfrac{1}{4}x\times\dfrac{1}{4}x$ より，$y=\dfrac{1}{16}x^2$

y が x の 2 乗に比例するものは，式が $y=ax^2$ の形になっているものを選べばよいので，(1), (2), (4)。

(3)は，比例 ($y=ax$) の式である。

ポイント

$y=ax^2$ の形 $\xrightarrow{\text{ならば}}$ y は x の 2 乗に比例する

❷ (1) 立方体には正方形の面が 6 つあるから，

$y=x^2\times6$ より，$y=6x^2$

(2) $y=6x^2$ に，x のそれぞれの値を代入して，y の値を求める。

(例) $x=1$ のとき，$y=6\times1^2=6$

(3) (2)より，x の値が 1 から 4 に 4 倍になると，y の値は 6 から 96 になるから，$96\div6=16$ (倍)

別解 関数 $y=ax^2$ では，x の値が n 倍になると，y の値は n^2 倍になるから，$4^2=16$ (倍)

❸ (1) y は x の 2 乗に比例するから，

$y=ax^2$

これに $x=-2$, $y=16$ を代入すると，

$16=a\times(-2)^2$　$4a=16$　$a=4$

したがって，$y=4x^2$

この式に $x=-3$ を代入すると，

$y=4\times(-3)^2=4\times9=36$

(2) $y=ax^2$ に $x=4$, $y=-24$ を代入すると，

$-24=a\times4^2$　$16a=-24$　$a=-\dfrac{3}{2}$

したがって，$y=-\dfrac{3}{2}x^2$

この式に $x=2$ を代入すると，

$y=-\dfrac{3}{2}\times2^2=-6$

ポイント

2 乗に比例する関数の式を求める問題

「y は x の 2 乗に比例する」→ $y=ax^2$ とおく

❹ (1) y は x の 2 乗に比例するから，$y=ax^2$

表の x, y の 1 組の値を代入する。

$y=ax^2$ に $x=1$, $y=2$ を代入すると，

$2=a\times1^2$　$a=2$ より，$y=2x^2$

(2) (1)より，$y=2x^2$ に $x=8$ を代入して，

$y=2\times8^2=2\times64=128$　よって，128 m

p.56〜57 ステージ1

❶ (1) (順に) 9, $\dfrac{25}{4}$, 4, $\dfrac{9}{4}$, 1, $\dfrac{1}{4}$, 0, $\dfrac{1}{4}$, 1, $\dfrac{9}{4}$, 4, $\dfrac{25}{4}$, 9

グラフは右の図

(2) 右の図

❷ (1)

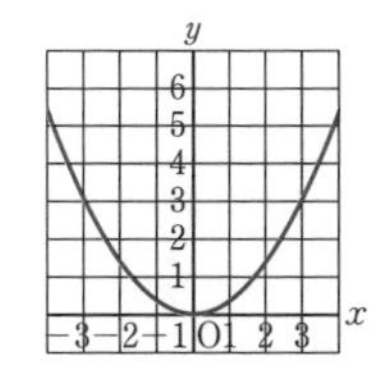

(2)

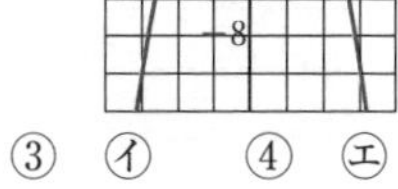

❸ ① ㋐　② ㋒　③ ㋑　④ ㋓

❹ (1) ㋑, ㋒　(2) ㋕
(3) ㋑と㋓　(4) ㋔

解説

❶ (1) 関数 $y=ax^2$ $(a>0)$ のグラフは，原点を通り，y 軸について対称な曲線であり，x 軸の上側にあって上に開いている。
〔グラフのかき方〕
$y=\frac{1}{4}x^2$ に x のそれぞれの値を代入して，y の値を求める。→$x=-6$のとき，$y=\frac{1}{4}\times(-6)^2=9$
$x=-5$のとき，$y=\frac{1}{4}\times(-5)^2=\frac{25}{4}$ …
次に，対応する x，y の値の組を座標とする点をとり，それらの点を通るなめらかな曲線をかく。
(2) $y=ax^2$ と $y=-ax^2$ のグラフは，x 軸について対称であることを利用してかく。

❷ (1) 点$(-3,\ 3)$，$(0,\ 0)$，$(3,\ 3)$ などを通るなめらかな曲線をかく。
(2) 点$(-3,\ -9)$，$(-2,\ -4)$，$(-1,\ -1)$，$(0,\ 0)$，$(1,\ -1)$，$(2,\ -4)$，$(3,\ -9)$ を通るなめらかな曲線をかく。

❸ ①，②のグラフは上に開いているから，$y=ax^2$ の $a>0$ のときになるので，式は㋐か㋒のどちらかとなる。㋐と㋒の式で，a の絶対値が大きいのは㋐だから，㋐は①と②のグラフのうち，開き方の小さい①のグラフの式とわかる。
同様に，③，④のグラフは下に開いているので，式は $a<0$ の㋑と㋓のどちらかで，a の絶対値は㋓の方が大きいから，㋓が④のグラフの式である。
㋑は$\frac{1}{2}$，㋓は3

❹ (1) $y=ax^2$ で，a の値が負のものを選ぶ。
(2) a の絶対値がもっとも小さいものを答える。
(3) a の絶対値が等しく，符号が反対になっている2つの関数をさがす。
(4) $x=2$，$y=6$ を代入して，式が成り立つものを答える。

ポイント
関数 $y=ax^2$ のグラフ
・原点を通り，y 軸について対称な曲線である。
・$a>0$ →上に開く。　$a<0$ →下に開く。
・a の絶対値が大→開き方は小
・$y=ax^2$ のグラフと $y=-ax^2$ のグラフは，x 軸について対称である。

p.58〜59 ステージ1

❶ (1) $x<0$ の範囲…y の値は増加する。
$x>0$ の範囲…y の値は減少する。
(2) ㋑，㋒　(3) ㋐，㋓，㋔，㋕

❷ (1) グラフ…右の図
$0\leqq y\leqq 8$
(2) ① グラフ
…右の図
$-9\leqq y\leqq 0$
② グラフ
…右の図
$-9\leqq y\leqq -4$
(3) $-12\leqq y\leqq 0$

❸ (1) $0\leqq y\leqq 18$
(2) $0\leqq y\leqq \frac{9}{4}$
(3) $-27\leqq y\leqq 0$

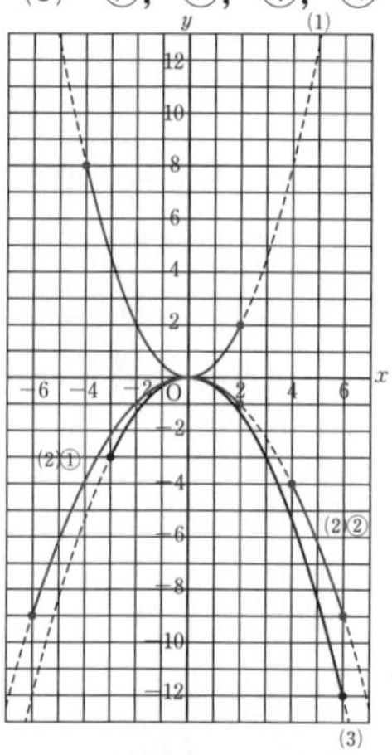

※黒色のグラフは，(3)のグラフ(参考)です。

解説

❶ グラフの形を考えるとわかりやすい。(2)は $y=ax^2$ で $a>0$ のもの，(3)は $a<0$ のものである。

❷ (3) x の変域に0をふくむから，y の値は，$x=6$ のとき最小値をとり，$y=-\frac{1}{3}\times6^2=-12$
$x=0$ のとき，最大値0
ミス注意! $-12\leqq y\leqq -3$ としないこと。x の変域に0をふくむことに注意しよう。グラフ(解答の(3)の図) をかいて考えるとよい。

❸ x の変域に0をふくむことに注意する。
(1) $y=2x^2$ で，y の値は，
$x=0$ のとき，最小値0
$x=-3$ のとき最大値をとり，
$y=2\times(-3)^2=18$ 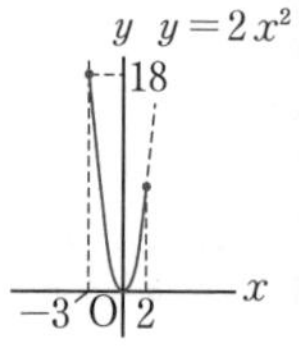
(2) $y=\frac{1}{4}x^2$ で，y の値は，
$x=0$ のとき，最小値0
$x=-3$ のとき最大値をとり，
$y=\frac{1}{4}\times(-3)^2=\frac{9}{4}$ 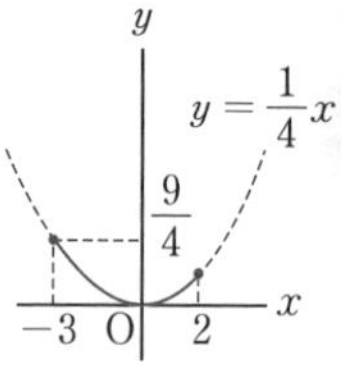
(3) $y=-3x^2$ で，y の値は，
$x=-3$ のとき最小値をとり，
$y=-3\times(-3)^2=-27$
$x=0$ のとき，最大値0
(図は模式図です。)

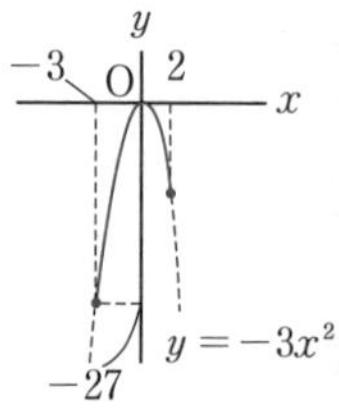

.60〜61 ステージ1

❶ (1) 8　(2) −14　(3) 8
(4) −6

❷ (1) −3　(2) 5　(3) 2
(4) −4

❸ (1) $\frac{1}{3}$　(2) 3

❹ (1) ① 8 m/s　② 16 m/s
(2) ㋐ 8.4　㋑ 8.04　㋒ 8.004
㋓ 8

解説

❶ 関数 $y=2x^2$ で，

(1) $x=1$ のとき，$y=2\times1^2=2$
$x=3$ のとき，$y=2\times3^2=18$
したがって，変化の割合は，
$\frac{(y\text{の増加量})}{(x\text{の増加量})}=\frac{18-2}{3-1}=\frac{16}{2}=8$

(2) $x=-5$ のとき，$y=2\times(-5)^2=50$
$x=-2$ のとき，$y=2\times(-2)^2=8$
したがって，変化の割合は，
$\frac{(y\text{の増加量})}{(x\text{の増加量})}=\frac{8-50}{(-2)-(-5)}=\frac{-42}{3}=-14$

ミス注意! x と y の増加量を求めるとき，値の対応順をそろえるようにしよう。
× $\frac{50-8}{(-2)-(-5)}$　○ $\frac{8-50}{(-2)-(-5)}$

(3) $x=0$ のとき，$y=0$
$x=4$ のとき，$y=2\times4^2=32$
したがって，変化の割合は，
$\frac{(y\text{の増加量})}{(x\text{の増加量})}=\frac{32-0}{4-0}=\frac{32}{4}=8$

(4) $x=-3$ のとき，$y=2\times(-3)^2=18$
$x=0$ のとき，$y=0$
したがって，変化の割合は，
$\frac{(y\text{の増加量})}{(x\text{の増加量})}=\frac{0-18}{0-(-3)}=\frac{-18}{3}=-6$

❷ 関数 $y=-\frac{1}{2}x^2$ で，

(1) $x=2$ のとき，$y=-\frac{1}{2}\times2^2=-2$
$x=4$ のとき，$y=-\frac{1}{2}\times4^2=-8$
したがって，変化の割合は，
$\frac{(y\text{の増加量})}{(x\text{の増加量})}=\frac{(-8)-(-2)}{4-2}=\frac{-6}{2}=-3$

(2) $x=-6$ のとき，$y=-18$
$x=-4$ のとき，$y=-8$
変化の割合は，$\frac{(-8)-(-18)}{(-4)-(-6)}=\frac{10}{2}=5$

(3) $x=-4$ のとき，$y=-8$
$x=0$ のとき，$y=0$
変化の割合は，$\frac{0-(-8)}{0-(-4)}=\frac{8}{4}=2$

(4) $x=0$ のとき，$y=0$
$x=8$ のとき，$y=-32$
変化の割合は，$\frac{(-32)-0}{8-0}=\frac{-32}{8}=-4$

参考 一般に，関数 $y=ax^2$ で x の値が p から q まで増加するときの変化の割合は $a(p+q)$ で求めることができる。
$\frac{aq^2-ap^2}{q-p}=\frac{a(q+p)(q-p)}{q-p}=a(p+q)$
(例)❷(4)で，この式を使って変化の割合を求めると，$-\frac{1}{2}\times(0+8)=-\frac{1}{2}\times8=-4$

❸ (1) 1次関数 $y=ax+b$ では，変化の割合は x の範囲にかかわらず，常に一定で a に等しい。

(2) 関数 $y=\frac{1}{3}x^2$ で，
$x=3$ のとき，$y=\frac{1}{3}\times3^2=3$
$x=6$ のとき，$y=\frac{1}{3}\times6^2=12$
変化の割合は，$\frac{12-3}{6-3}=\frac{9}{3}=3$

❹

ポイント
$(\text{平均の速さ})=\frac{(\text{進んだ距離})}{(\text{進んだ時間})}=\frac{(y\text{の増加量})}{(x\text{の増加量})}$
平均の速さは，変化の割合として求められる。

(1) 関数 $y=4x^2$ で，
① $x=0$ のとき，$y=0$
$x=2$ のとき，$y=4\times2^2=16$
平均の速さは，$\frac{16-0}{2-0}=\frac{16}{2}=8$(m/s)
② $x=1$ のとき，$y=4\times1^2=4$
$x=3$ のとき，$y=4\times3^2=36$
平均の速さは，$\frac{36-4}{3-1}=\frac{32}{2}=16$(m/s)

p.62〜63 ステージ2

❶ (1) $y=\frac{1}{4}x^2$

(2) $y=9$

(3) 右の図

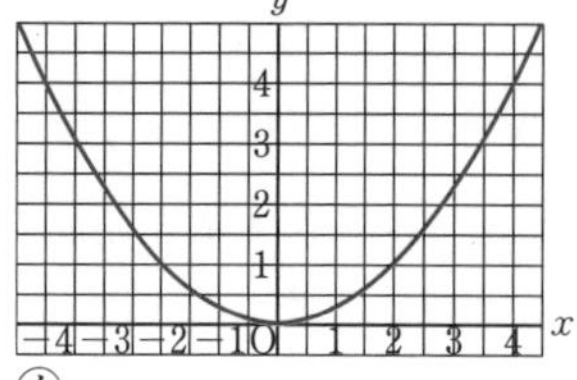

❷ (1) ㋐，㋑，㋓，㋕

(2) ㋑，㋓，㋕

(3) ㋒，㋓，㋔

(4) ㋑，㋓，㋔，㋕

❸ (1) ① $-5 \leqq y \leqq 9$　② $0 \leqq y \leqq 12$

③ $-32 \leqq y \leqq 0$

(2) $a=\frac{3}{4}$　(3) $a=\frac{3}{8}$

❹ (1) -30　(2) -2

❺ (1) $a=-3$　(2) $a=-\frac{1}{2}$

❻ (1) B$(2,\ -4)$　(2) C$(-2,\ -4)$

(3) $12\,\mathrm{cm}^2$

● ● ● ● ●

① $a=\frac{6}{25}$

② (1) $a=2$　(2) $a=-\frac{1}{2}$

解説

❶ (1) $y=ax^2$ に $x=4$，$y=4$ を代入すると，

$4=a\times4^2$　$a=\frac{1}{4}$　したがって，$y=\frac{1}{4}x^2$

(2) (1)の式に $x=-6$ を代入すると，

$y=\frac{1}{4}\times(-6)^2=\frac{1}{4}\times36=9$

❷ (1) 切片 b が 0 でない 1 次関数 $y=ax+b$ や反比例のグラフは原点を通らない。

(2) $y=ax^2$ のグラフは，y 軸について対称。

(3) グラフを考え，$x>0$ のとき，右下がりの線になるものを選ぶ。

(4) グラフが曲線になる関数は，変化の割合が一定にならない。

❸ (1) ① 1 次関数 $y=ax+b$ で，$a<0(a=-2)$ だから，x の値が増加すると y の値は常に減少する。よって，$x=-4$ のとき y は最大値をとり，$x=3$ のとき y は最小値をとる。

$x=-4$ のとき，$y=-2\times(-4)+1=9$

$x=3$ のとき，$y=-2\times3+1=-5$

② x の変域に 0 をふくむから，y の最小値0。最大値は，$x=-4$ のとき，$y=12$

③ x の変域に 0 をふくむから，y の最大値は最小値は，$x=-4$ のとき，$y=-32$

参考 一般に，関数 $y=ax^2$ では，x の変域にをふくむとき，y の最大値または最小値に対する x の値は，x の変域の両端の値のうち，対値の大きい方の値になる。

(2) x の変域に 0 をふくむから，$0 \leqq y \leqq 12$ より，グラフは上に開いた形（$y=ax^2$ で $a>0$）になり，$x=0$ のとき y は最小値 0 をとることがわかる。

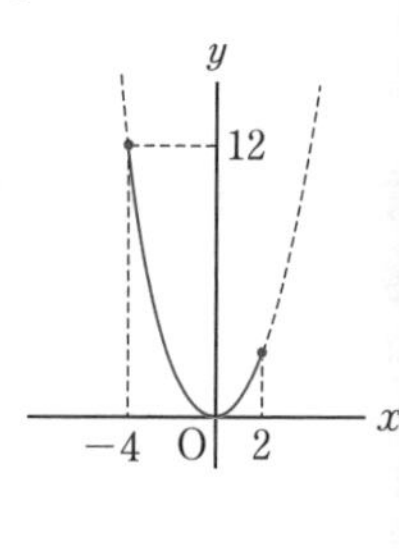

$x=-4$ と 2 では，-4 の方が絶対値が大いから，$x=-4$ のとき y は最大値 12 をとる。したがって，$y=ax^2$ にこれらを代入すると，

$12=a\times(-4)^2$　$16a=12$　$a=\frac{3}{4}$

(3) まず，$y=-x+4$ について y の変域を求る。1 次関数では，x の変域の両端の値に対するの y 値が，y の最大値と最小値になるか

$x=-2$ のとき，$y=-(-2)+4=6$

$x=4$ のとき，$y=-4+4=0$

より，$0 \leqq y \leqq 6$

よって，関数 $y=ax^2$ で $-2 \leqq x \leqq 4$ のとき $0 \leqq y \leqq 6$ であるから，グラフは上に開いた（$a>0$）で，$x=4$ のとき，y は最大値 6 をとる

したがって，$6=a\times4^2$　$16a=6$　$a=\frac{3}{8}$

❹ (1) 変化の割合を 1 つの式で求めると，

$\frac{-3\times6^2-(-3\times4^2)}{6-4}=\frac{-60}{2}=-30$

(2) y の増加量は，$\frac{1}{4}\times(-2)^2-\frac{1}{4}\times(-6)^2=-$

変化の割合は，$\frac{-8}{(-2)-(-6)}=\frac{-8}{4}=-2$

❺ (1) 関数 $y=ax^2$ で，$x=1$ のとき，

$y=a\times1^2=a$，$x=3$ のとき，$y=a\times3^2=9a$

$\frac{9a-a}{3-1}=-12$　$\frac{8a}{2}=-12$　$a=-3$

(2) $y=ax^2$ で，x の値が 2 から 4 まで増加すときの変化の割合は，

$$\frac{a\times4^2-a\times2^2}{4-2}=\frac{12a}{2}=6a$$

1次関数 $y=-3x+6$ の変化の割合は一定で -3 だから，　$6a=-3$　　$a=-\frac{1}{2}$

❸ (1)　線分ABと y 軸が平行なので，点Bの x 座標は点Aの x 座標と等しい。

点Bは $y=-x^2$ のグラフ上の点だから，

$y=-2^2=-4$ より，B(2，-4)

(2)　$y=-x^2$ の

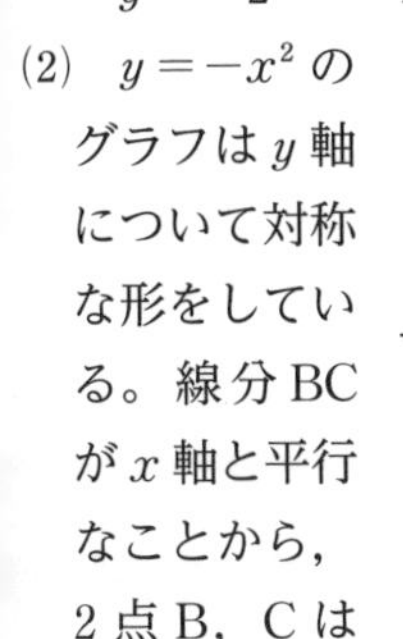

グラフは y 軸について対称な形をしている。線分BCが x 軸と平行なことから，2点B，Cは y 軸について対称な位置にある。

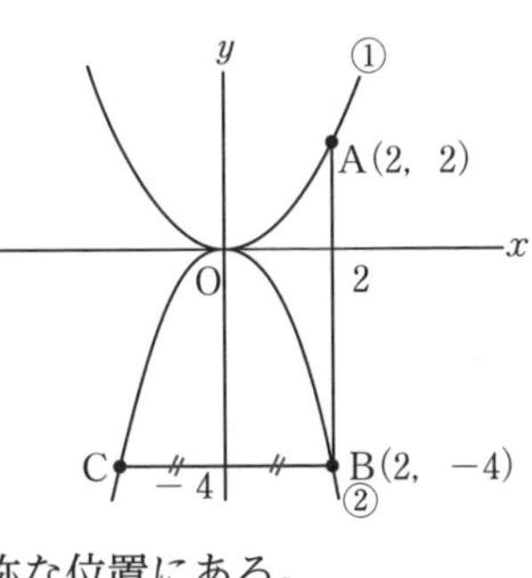

よって，C(-2，-4)

(3)　線分AB，BCはそれぞれ，y 軸，x 軸と平行なので，△ABCの底辺，高さとみることができる。

$$\triangle ABC=\frac{1}{2}\times AB\times BC$$

$$=\frac{1}{2}\times\{2-(-4)\}\times\{2-(-2)\}$$

$$=\frac{1}{2}\times6\times4=12(\text{cm}^2)$$

ポイント

座標平面上で三角形の面積を求めるときは，座標軸上の線分や座標軸に平行な線分を底辺や高さにする。

① 点Bは $y=ax^2$ のグラフ上の点で，x 座標は点Aと等しいから，

$y=a\times(-5)^2=25a$ より，B(-5，$25a$)

点Cは，点Bと同じく $y=ax^2$ のグラフ上の点で，y 座標は点Bと等しいから，C(5，$25a$)

点Aは x 軸上にあるので，A(-5，0)

したがって，2点A，Cを通る直線の傾きは，

$$\frac{25a-0}{5-(-5)}=\frac{25a}{10}=\frac{5a}{2}$$

と表せる。

$\frac{5a}{2}=\frac{3}{5}$ より，$a=\frac{6}{25}$

② (1)　関数 $y=ax^2$ のグラフが点(3，18)を通るから，

$18=a\times3^2$　　$a=2$

(2)　$y=ax^2$ で，

$x=1$ のとき，$y=a$

$x=3$ のとき，$y=9a$

よって，x の値が1から3まで増加するときの変化の割合は，

$\frac{9a-a}{3-1}=4a$ と表せる。

$4a=-2$ より，$a=-\frac{1}{2}$

p.64〜65　ステージ1

❶ (1)　右の図

(2)　グラフ…右の図

8秒後，

16 m進んだ地点

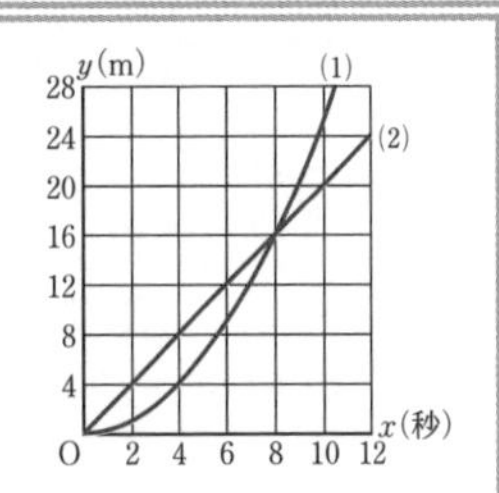

❷ (1) ① $y=\frac{1}{2}x^2$

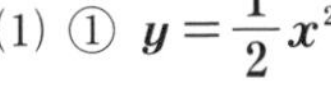

② $y=2x-2$

(2)　右の図

($0\leqq x\leqq2$ は

$y=\frac{1}{2}x^2$，

$2\leqq x\leqq5$ は

$y=2x-2$ のグラフになる。)

(3)　$x=3$

❸ (1)　$y=0.5x^2$　　(2)　128パスカル

解説

❶ (1)　$0\leqq x\leqq60$ のとき，電車の進み方を表す式は，$y=\frac{1}{4}x^2$　　このグラフをかけばよい。

(2)　ジョギングをしている人が x 秒間に進む距離を y m とすると，式は，$y=2x$

このグラフをかき入れて，(1)の電車のグラフとの交点の座標を読み取ると，(8，16)

したがって，追いつくのは，出発してから8秒後で，16 m進んだ地点である。

ポイント

「追いつく」→2つのグラフの交点で表される。

参考 発展 交点の座標は，連立方程式を利用して求めることができる。

$y=\frac{1}{4}x^2$ ①と $y=2x$ ②を

連立方程式として解くと，

①を②に代入して，

$\frac{1}{4}x^2=2x$

$x^2-8x=0$

$x=0,\ x=8$

$x=0$ は，電車が出発時にジョギングをしている人に追いこされたときを表している。

❷ (1) ① $0\leqq x\leqq 2$ のとき，重なる部分は問題の㋑の図のようになる。

台形 ABCD で，点 D から辺 BC に垂線 DI を引くと，CI＝DI＝2 cm より △DIC は直角二等辺三角形であるから，∠C＝45°

よって，重なる部分は，FC＝x cm より直角をはさむ 2 辺が x cm の直角二等辺三角形になる。

したがって，$y=\frac{1}{2}\times x\times x=\frac{1}{2}x^2$

② $2\leqq x\leqq 5$ のとき，

重なる部分は，

右の図のように

上底 $(x-2)$ cm，

下底 x cm，

高さ 2 cm の台形になる。

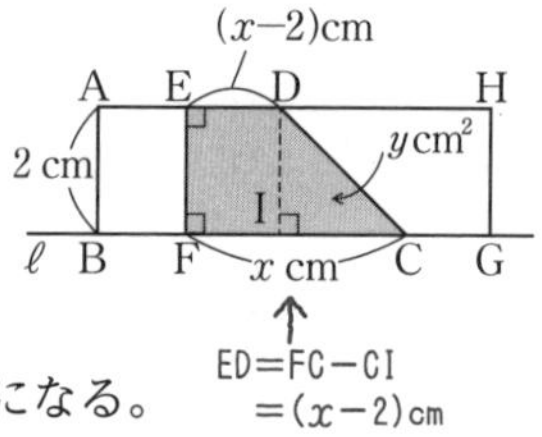

(x−2)cm
A E D H
2 cm
y cm²
I
ℓ B F x cm C G
ED＝FC−CI
＝(x−2)cm

よって，$y=\frac{1}{2}\times\{(x-2)+x\}\times 2=2x-2$

(3) 台形 ABCD の面積は，

$\frac{1}{2}\times(3+5)\times 2=8(\text{cm}^2)$

y cm² がこの半分の 4 cm² になるのは，(2)のグラフより，$2\leqq x\leqq 5$ ((1)②) のときだから，

$4=2x-2$

$x=3$

❸ (1) $y=ax^2$ に $x=3$，$y=4.5$ を代入すると，

$4.5=a\times 3^2$　　$a=0.5$ より，$y=0.5x^2$

(2) $y=0.5x^2$ に $x=16$ を代入すると，

$y=0.5\times 16^2=128$　　よって，128 パスカル

p.66〜67 ステージ1

❶ (1) 右の図

(2) ① **1000 円**

② **1300 円**

③ **1900 円**

(3) **230 cm**

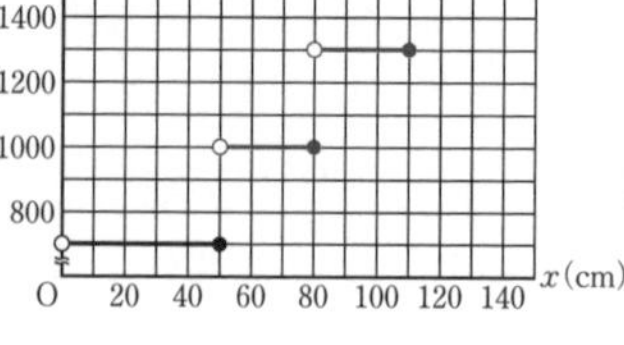

❷ (1) **関数といえる。**

（理由）x の値を決めると，それに対応する y の値がただ 1 つ決まるから。

(2) **（左から順に）2, 4, 8, 16**

(3) **右の図**

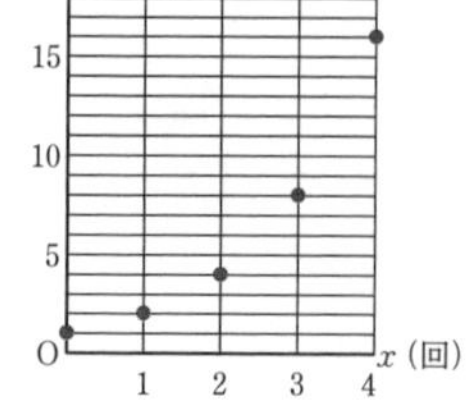

解説

❶ (1) $110<x\leqq 140$ のときの y の値（表の ▭ は，$y=1300+300=1600$　$0<x\leqq 140$ について，端の点をふくむときは •，ふくまないときは ◦ で表してグラフをかく。

(2) 表またはグラフから読み取る。

① 60 cm のとき，$50<x\leqq 80$ より，1000 円

② 110 cm のとき，$80<x\leqq 110$ より，1300 円

ミス注意！ 1600 円 ($110<x\leqq 140$) と間違えないようにしよう。$x=110$ は，$80<x\leqq 110$ の範囲に入り，グラフでは • で表されている方を読み取るから，$y=1300$ である。

③ $140<x\leqq 170$ のとき $y=1600+300=1900$ だから，160 cm のときは 1900 円

(3) $170<x\leqq 200$ のとき，$y=2200$

$200<x\leqq 230$ のとき，$y=2500$ となるから，2500 円で最大 230 cm まで送ることができる。

別解 $x>50$ で 30 cm ごとに加算される回数は，$(2500-700)\div 300=6$ より，6 回。

よって，$50+30\times 6=230$ (cm)

❷ (1)(2) 縄を切る回数ごとに本数は，

1 回　$1\times 2=2^1=2$(本)，2 回　$2\times 2=2^2=4$(本)

3 回　$4\times 2=(2\times 2)\times 2=2^3=8$(本)　…

となっている。

このように，本数 y は 2 の x 乗となっており，x の値を決めると y の値はただ 1 つに決まるので y は x の関数であるといえる。

p.68〜69　ステージ2

1 (1)　約 4 m　　(2)　約 2 秒

2 2.4 m

3 (1)　$y=\frac{2}{3}x^2$

(2)　右の図

(3)　3 秒後，6 m の地点

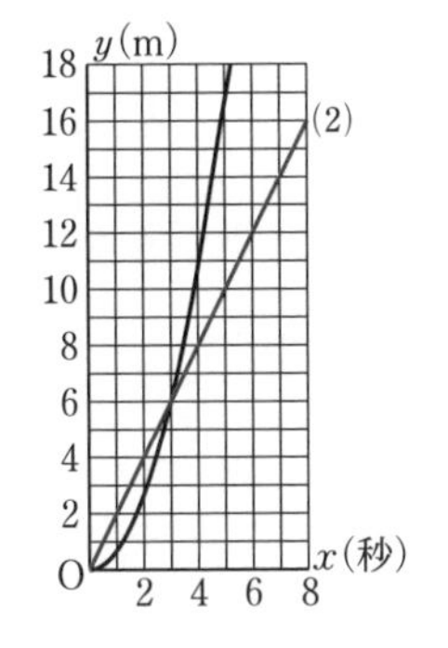

4 1070 円

5 (1) ①　$y=0$

②　$y=2$

③　$y=3$

(2)　右の図

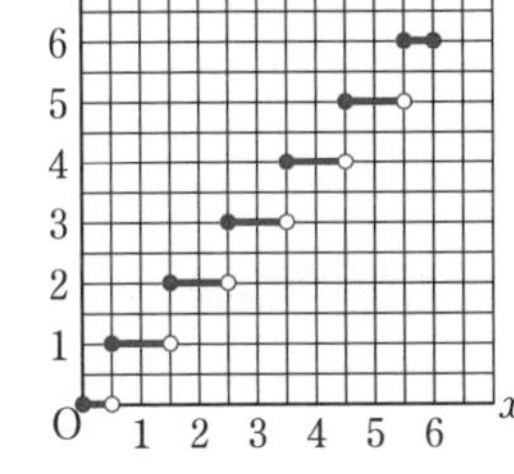

6 (1)　$0 \leqq x \leqq 6$ のとき，

$y=\frac{1}{2}x^2$

$6 \leqq x \leqq 8$ のとき，

$y=18$

(2)　右の図

(3)　$2\sqrt{5}$ 秒後

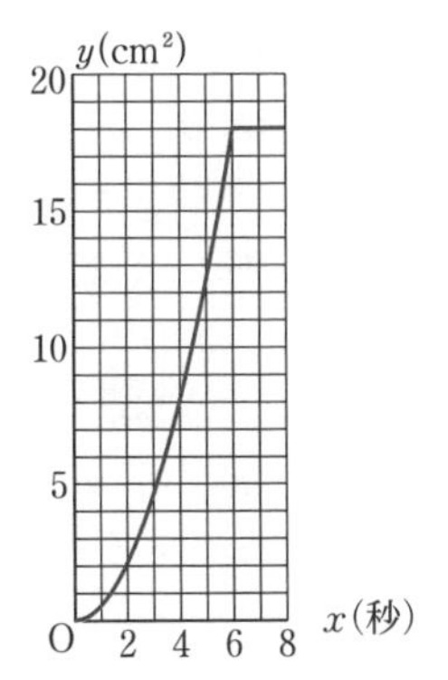

● ● ● ● ●

1 (1)　$a=\frac{1}{3}$，$p=12$　　(2)　-3

解説

1 (1)　$y=\frac{1}{4}x^2$ に $x=4$ を代入すると，

$y=\frac{1}{4}\times 4^2=4$　　よって，約 4 m

(2)　$y=\frac{1}{4}x^2$ に $y=1$ を代入すると，$1=\frac{1}{4}x^2$

$x^2=4$　　$x>0$ より，$x=2$　よって，約 2 秒

2 制動距離は自転車の速さの 2 乗に比例し，自転車の速さは時速 10 km から時速 20 km と 2 倍になるから，制動距離は，$2^2=4$(倍) になる。

よって，$0.6\times 4=2.4$(m)

別解　時速 x km の自転車の制動距離を y m とすると，y は x の 2 乗に比例するから，$y=ax^2$ とおく。

$x=10$ のとき $y=0.6$ だから，これらを代入すると，$0.6=a\times 10^2$　　$a=0.006$

$y=0.006x^2$ に $x=20$ を代入すると，

$y=0.006\times 20^2=2.4$　　よって，2.4 m

3 (1)　放物線の式を $y=ax^2$ とおくと，グラフより点 (3, 6) を通るから，

$6=a\times 3^2$　　$a=\frac{2}{3}$ より，$y=\frac{2}{3}x^2$

(2)　A さんは秒速 2 m より，式は $y=2x$，グラフは傾き 2 の直線である。ボールと同時に同じ地点から下り始めるので，原点を通る。

(3)　(2)の図からボールと A さんの 2 つのグラフの交点を読み取ると，(3, 6)

したがって，3 秒後で，6 m の地点である。

4 料金を表に整理してみると右の表のようになる。

3000 m は 2900 m から 3200 m までの間にあるから，1070 円。

距　離	料　金
2000 m まで	710 円
2300 m まで	800 円
2600 m まで	890 円
2900 m まで	980 円
3200 m まで	1070 円

5 (2)　$0 \leqq x \leqq 6$ の数 x について，

$0 \leqq x < 0.5$ のとき，$y=0$

$0.5 \leqq x < 1.5$ のとき，$y=1$

$1.5 \leqq x < 2.5$ のとき，$y=2$

$2.5 \leqq x < 3.5$ のとき，$y=3$

$3.5 \leqq x < 4.5$ のとき，$y=4$

$4.5 \leqq x < 5.5$ のとき，$y=5$

$5.5 \leqq x \leqq 6$ のとき，$y=6$　となる。

ミス注意！　x の変域に注意する。$5.5 \leqq x < 6.5$ のグラフをかかないこと。また，$5.5 \leqq x \leqq 6$ の線の右端の点を ◦ にしないように注意しよう。

6 (1)　$0 \leqq x \leqq 6$ のとき，重なった部分は $\angle C=90°$ の直角二等辺三角形になる。△ABC は秒速 1 cm で動くから，$QC=1\times x=x$(cm) より，

$y=\frac{1}{2}\times x\times x=\frac{1}{2}x^2$

$6 \leqq x \leqq 8$ のとき，重なった部分は △ABC で一定となるから，

$y=\frac{1}{2}\times 6\times 6=18$

(3) $y=\frac{1}{2}x^2$ に $y=10$ を代入すると，

$10=\frac{1}{2}x^2 \qquad x^2=20$

$0 \leqq x \leqq 6$ より，$x=2\sqrt{5}$

よって，$2\sqrt{5}$ 秒後

① (1) 点 $B(-6,\ p)$ は，関数 $y=-x+6$ のグラフ上の点だから，

$p=-(-6)+6=12$

よって，$B(-6,\ 12)$

また，点Bは関数 $y=ax^2$ のグラフ上の点だから，$12=a\times(-6)^2$ より，$a=\frac{1}{3}$

(2) 3点E，F，Gは y 軸に平行な直線 ℓ 上の点なので，x 座標が等しい。

そこで，点Eの x 座標を t とおいて，3つの点の座標を t を使って表す。

点Eは，$y=-x+6$ のグラフ上の点だから，

$E(t,\ -t+6)$

点Fは $y=\frac{1}{3}x^2$ のグラフ上の点だから，

$F\left(t,\ \frac{1}{3}t^2\right)$

点Gは x 軸上の点だから，$G(t,\ 0)$

と表せる。

$EF=2FG$ より，

$(-t+6)-\frac{1}{3}t^2=2\times\frac{1}{3}t^2$

式を整理して，$t^2+t-6=0$

$(t+3)(t-2)=0$

$t=-3,\ t=2$

直線 ℓ は $x<0$ の範囲にあるので，$t<0$

よって，問題に適しているのは，

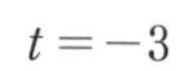

$t=-3$

点Eの x 座標は，

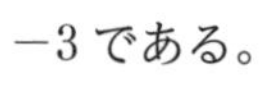

-3 である。

ポイント

複数の解を得たときは，それぞれの値が問題に適しているかどうか吟味する。

p.70〜71 ステージ3

❶ (1) 式…$y=6x^2$　何倍…25倍

(2) $y=-36$

❷ (1) 右の図

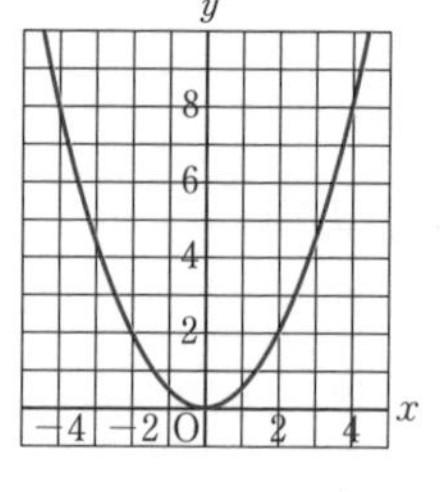

(2) $y=-\frac{1}{2}x^2$

❸ (1) $-12 \leqq y \leqq 0$

(2) $a=\frac{1}{2}$

❹ (1) -18　(2) $a=-\frac{1}{5}$

(3) 8 m/s

❺ (1) $y=600$　(2) $y=800$

❻ (1) $y=2x^2$　(2) $y=6x$

(3) $\sqrt{6}$ 秒後

❼ (1) $y=-2x+8$　(2) 24 cm²

❽ (1) $a=\frac{3}{4}$　(2) $B\left(\frac{8}{3},\ \frac{16}{3}\right)$

解説

❶ (1) y を x の式で表すと，

(正四角柱の体積)＝(底面積)×(高さ) より，

$y=6x^2$

式の形より，y は x の2乗に比例することがわかる。関数 $y=ax^2$ では，x の値が k 倍になると y の値は k^2 倍になるから，x の値が5倍になると，y の値は 5^2 倍になる。

(2) y は x の2乗に比例するから，$y=ax^2$ とおいて，$x=2$，$y=-16$ を代入すると，

$-16=a\times2^2 \qquad a=-4$

式は $y=-4x^2$ だから，これに $x=-3$ を代入すると，$y=-4\times(-3)^2=-36$

❷ (1) (0，0)，(1，0.5)，(−1，0.5)，(2，2)(−2，2)，(4，8)，(−4，8) などの点をとって，それらの点を通るなめらかな曲線をかく。

(2) $y=ax^2$ のグラフと $y=-ax^2$ のグラフは，x 軸について対称である。

❸ (1) x の変域に0をふくむから，y の最大値は0

$a<0$ より，グラフは下に開くので，$y=0$ が最大値になる。

-2 と1では -2 の方が絶対値が大きいから，

$x=-2$ のとき y は最小値をとり，

$y=-3\times(-2)^2=-12$

(2)　x の変域に 0 をふくむから，
$x=0$ のとき，$y=0$
-3 と 4 では 4 の方が絶対値が大きいから，$x=4$ のとき，
y は最大値 8 をとる。

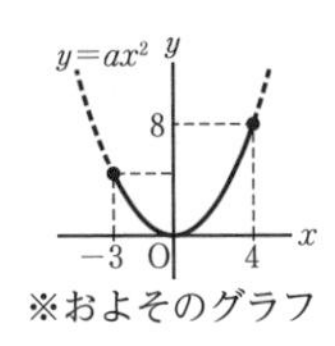

※およそのグラフ

$y=ax^2$ に $x=4$，$y=8$ を代入すると，
$8=a\times4^2$
$16a=8$
$a=\dfrac{1}{2}$

得点アップのコツ
変域の問題は，グラフのおよその形をかいて考えるとよい。

4 (1)　$x=-6$ のとき，$y=2\times(-6)^2=72$
$x=-3$ のとき，$y=2\times(-3)^2=18$
変化の割合は，
$$\frac{(y\text{の増加量})}{(x\text{の増加量})}=\frac{18-72}{(-3)-(-6)}=\frac{-54}{3}=-18$$
参考　上の計算を 1 つの式にすると，
$$\frac{2\times(-3)^2-2\times(-6)^2}{(-3)-(-6)}=\frac{-54}{3}=-18$$
(2)　関数 $y=ax^2$ で，x の値が 4 から 6 まで増加するときの変化の割合は，
$$\frac{a\times6^2-a\times4^2}{6-4}=\frac{20a}{2}=10a$$
関数 $y=-2x+3$ の変化の割合は一定で，-2
これらが等しいから，
$10a=-2$
$a=-\dfrac{1}{5}$
参考　関数 $y=ax^2$ で x の値が p から q まで増加するときの変化の割合は $a(p+q)$ であること（解答 p.23 参照）を利用すると，
(1)　$2\times\{(-6)+(-3)\}=-18$
(2)　$a\times(4+6)=-2$ より，$10a=-2$
(3)　平均の速さは，$\dfrac{7^2-1^2}{7-1}=\dfrac{48}{6}=8(\text{m/s})$

得点アップのコツ
関数 $y=ax^2$ の変化の割合に関する問題では，**参考** で扱った $a(p+q)$ を結果の確かめなどに利用してみる。

5 (1)　グラフより，$0<x\leqq60$ のとき，$y=600$
よって，$x=50$ のとき，$y=600$
(2)　$x=80$ は，$60<x\leqq80$ の範囲に入っているから，$y=800$

6 点 P は秒速 1 cm だから，出発してから 4 秒後に点 B に着く。点 Q は秒速 4 cm だから，3 秒後に点 D に着き，4 秒後に点 C に着く。
(1)　$0\leqq x\leqq3$ のとき，点 Q は辺 AD 上にある。
$\triangle APQ=\dfrac{1}{2}\times AP\times AQ$，$AP=x$ cm，
$AQ=4x$ cm より，$y=\dfrac{1}{2}\times x\times4x=2x^2$
(2)　$3\leqq x\leqq4$ のとき，点 Q は辺 DC 上にある。
△APQ は，底辺を $AP=x$ cm とすると，高さは $AD=12$ cm と一定であるから，
$y=\dfrac{1}{2}\times x\times12=6x$
(3)　点 Q が点 D にある $x=3$ のとき，
$\triangle APQ=\dfrac{1}{2}\times3\times12=18(\text{cm}^2)$ で，← または，$y=2\times3^2=18$，$y=6\times3=18$
$3\leqq x\leqq4$ では △APQ の面積は増えるので，
△APQ の面積が 12 cm^2 になるのは，点 Q が辺 AD 上にある $0\leqq x\leqq3$ のときである。
よって，(1)の式に $y=12$ を代入すると，
$12=2x^2$　　$x^2=6$
$0\leqq x\leqq3$ より，$x=\sqrt{6}$
したがって，$\sqrt{6}$ 秒後

得点アップのコツ
・動点の問題では，変域ごとにできる図形を図にかき込んで考える。
・動点がつくる三角形の面積は，底辺や高さを x の式で表して計算する。

7 (1)　A$(-4,\ 16)$，B$(2,\ 4)$ より，直線 AB の式を $y=ax+b$ とおくと，
$$a=\frac{4-16}{2-(-4)}=\frac{-12}{6}=-2$$
$y=-2x+b$ に $x=2$，$y=4$ を代入すると，
$4=-2\times2+b$　　$b=8$
よって，$y=-2x+8$
(2)　直線 AB と y 軸の交点を C として，△AOB を △AOC と △COB に分けて，面積を求める。
点 C の y 座標は直線 AB の切片だから，C$(0,8)$
よって，$OC=8$ cm

△AOC，△COB の底辺を OC とすると，

$\triangle AOC=\frac{1}{2}\times 8\times 4=16(cm^2)$

$\triangle COB=\frac{1}{2}\times 8\times 2=8(cm^2)$

よって，$\triangle AOB=16+8=24(cm^2)$

得点アップのコツ

座標平面上で三角形の面積を求めるときは，まず底辺を x 軸や y 軸上にとれないかと考える。底辺が座標軸上にとれないときは，座標軸に平行な直線上にとることを考えよう。

8 (1) 関数 $y=ax^2$ のグラフが A$(-4,\ 12)$ を通るから，$y=ax^2$ に $x=-4$，$y=12$ を代入すると，

$12=a\times(-4)^2$

$16a=12$

$a=\frac{3}{4}$

(2) 点 B の x 座標を t とすると，$B\left(t,\ \frac{3}{4}t^2\right)$

$y=\frac{3}{4}x^2$ のグラフは y 軸について対称だから，

点 P の x 座標は $-t$ ←点PとBはy軸について対称だから，x座標の符号が反対になる。

よって，$BP=t-(-t)=2t$

また，$BR=\frac{3}{4}t^2$

$BP=BR$ だから，（↑四角形BPQRは正方形）

$2t=\frac{3}{4}t^2$ （$8t=3t^2$，$3t^2-8t=0$）

$t(3t-8)=0$

$t=0,\ t=\frac{8}{3}$

点 B の x 座標は正 $(t>0)$ だから，$t=\frac{8}{3}$

点 B の y 座標は，$y=\frac{3}{4}\times\left(\frac{8}{3}\right)^2=\frac{16}{3}$

得点アップのコツ

放物線と直線の交点は，放物線上の点であるとともに直線上の点でもあることに注目する。
「正方形」という条件がでてきたら，辺の長さが等しいことの利用を考える。

5章 相似な図形

p.72〜73 ステージ1

1 (1)

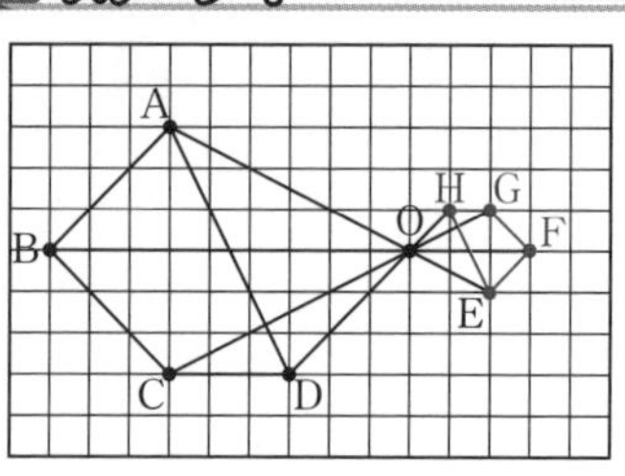

(2) **四角形 ABCD ∽ 四角形 EFGH**

(3) **辺 GH**

2 (1)① **相似の中心**　② **位置**

(2)③ **2**　④ **拡大図**

(3)⑤ **△ABC ∽ △DEF**

3

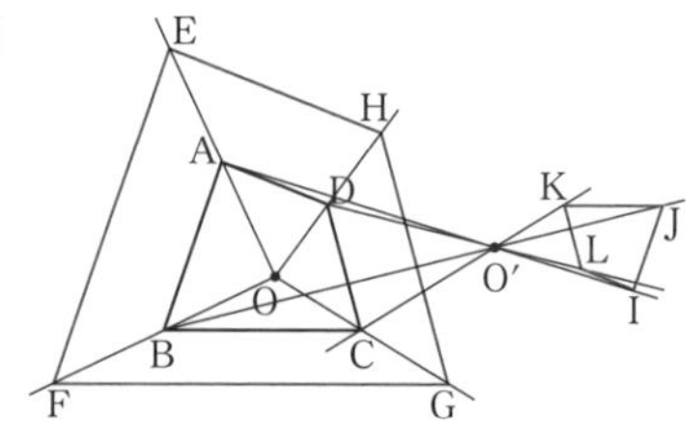

解説

1 (1) 方眼を利用して，$OF=\frac{1}{3}OB$，$OG=\frac{1}{3}OC$，$OH=\frac{1}{3}OD$ となるように，点 F，G，H の位置を考えるとよい。

(2) 対応する点が同じ順序になるように表す。

(3) 点 C に対応する点は G，点 D に対応する点は H である。

2 (2) OA＝AD，OB＝BE，OC＝CF より，OD＝2OA，OE＝2OB，OF＝2OC であるから，△DEF は △ABC を 2 倍に拡大した拡大図である。

(3) **ミス注意!** 相似の位置にある 2 つの図形を記号を用いて表すときは，頂点の順序が対応するように書く。△ABC ∽ △EFD，△ACB ∽ △EDF などは，間違い。

3 **別解** 下のような図をかいてもよい。

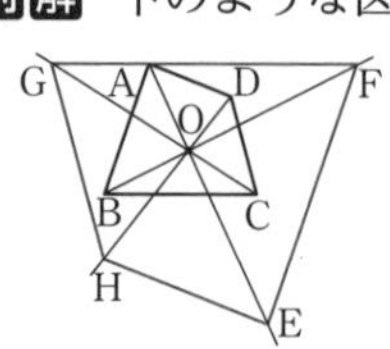

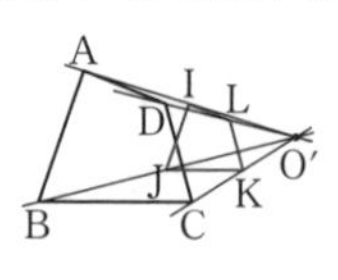

p.74～75 ステージ1

1 (1) 四角形② ≡ 四角形③

(2) 四角形① ∽ 四角形③

2 (1) いえない。 (2) いえる。

(3) いえない。 (4) いえる。

3 (1) $\angle F = 71°$ (2) $4 : 3$

(3) $AB = 9.6$ cm, $EF = 12$ cm

4 $3 : 4$

5 (1) $x = 20$ (2) $x = 15$

解説

1 (1) 四角形③は四角形②を回転，平行移動した図形であり，この2つの四角形は合同である。

(2) 四角形① ∽ 四角形②だから，四角形②と合同な四角形③も四角形①と相似である。

2 (1) 三角形の内角の大きさ（2つの等しい底角の大きさ）が違うと形が異なるので，つねに相似であるとはいえない。

(3) 六角形の内角の大きさが違うと，形が異なる。

(2)(4) 正方形の1辺が変わっても，円の直径が変わってもそれぞれ形は変わらないから，正方形や円は，つねに相似であるといえる。

3 (1) 相似な図形では，対応する角の大きさはそれぞれ等しいから，$\angle F = \angle D = 71°$

(2) $CD : GF = 12 : 9 = 4 : 3$

(3) (2)より，相似比は $4 : 3$ だから，

$AB = x$ cm とすると，

$x : 7.2 = 4 : 3$ $x = 9.6$

$EF = y$ cm とすると，

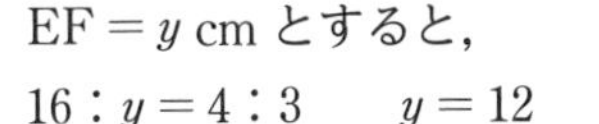

$16 : y = 4 : 3$ $y = 12$

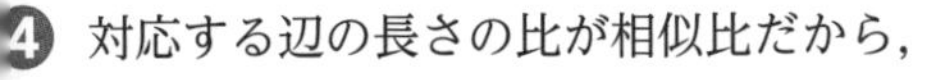

4 対応する辺の長さの比が相似比だから，

$AB : DE = 12 : 16 = 3 : 4$

または，$AC : DF = 6 : 8 = 3 : 4$ より，

相似比は $3 : 4$

5 (1) $x : 14 = 10 : 7$ $7x = 140$ $x = 20$

別解 $AB : BC = DE : EF$（あとのポイントの②の性質）を利用すると，

$DE : EF = 7 : 14 = 1 : 2$

$10 : x = 1 : 2$

$x = 20$

(2) $10 : x = 8 : 12$

$8x = 120$

$x = 15$

ポイント

相似な図形の辺の長さを求める問題では，次の性質を利用して，比例式 $a : b = c : d$ をつくる。

〔相似な図形の辺の長さの比〕

① 対応する辺の長さの比はすべて等しい。

② それぞれの図形を構成する辺の長さの比は等しい。

p.76～77 ステージ1

1 ㋐と㋒…3組の辺の比がすべて等しい。

㋓と㋕…2組の辺の比とその間の角がそれぞれ等しい。

㋔と㋖…2組の角がそれぞれ等しい。

2 (1) $\triangle ABC \backsim \triangle EDC$

2組の辺の比とその間の角がそれぞれ等しい。

(2) $\triangle ABC \backsim \triangle EDC$

2組の角がそれぞれ等しい。

(3) $\triangle ABC \backsim \triangle DAC$

2組の辺の比とその間の角がそれぞれ等しい。

3 $\triangle ABD$ と $\triangle ACE$ において，

仮定から，$\angle ADB = \angle AEC = 90°$ ①

また，$\angle A$ は共通 ②

①，②より，2組の角がそれぞれ等しいから，

$\triangle ABD \backsim \triangle ACE$

4 (1) $\triangle ABC$ と $\triangle DBA$ において，

仮定から，$AB : DB = 10 : 5 = 2 : 1$ ①

$BC : BA = 20 : 10 = 2 : 1$ ②

①，②から，$AB : DB = BC : BA$ ③

また，$\angle B$ は共通 ④

③，④より，2組の辺の比とその間の角がそれぞれ等しいから，

$\triangle ABC \backsim \triangle DBA$

(2) 7 cm

解説

1 ㋐は3辺が与えられているので，同じく3辺が与えられた㋒と比べる。短いほうの辺から順に比をつくってみると，

$6 : 4 = 3 : 2$，$9 : 6 = 3 : 2$，$12 : 8 = 3 : 2$ と，3組の辺の比がすべて $3 : 2$ になっている。

次に，2組の辺の比とその間の角が与えられた㋑と㋓と㋕を比べる。㋑は㋓，㋕と角が等しくな

いので除外し，間の角が等しい㊤と㊥で，短いほうの辺の比と長いほうの辺の比を比べると，$3:4=6:8$ で，2 組の辺の比が等しくなっている。

最後に，2 つの角が与えられた㋔と㋖を比べる。㋔の残りの 1 つの角は，$180°-(60°+70°)=50°$

㋖の角と比べると，2 組の角がそれぞれ等しくなっていることがわかる。

❷ (1) $AC:EC=3:6=1:2$

$BC:DC=2:4=1:2$

対頂角は等しいから，$\angle ACB=\angle ECD$

(2) $\angle ABC=\angle EDC=70°$，$\angle C$ は共通

(3) $AC:DC=6:(9-5)=6:4=3:2$

$BC:AC=9:6=3:2$，$\angle C$ は共通

ミス注意! 記号 ∽ を使うときは，対応する点が同じ順序になるように書くこと。また，三角形の相似条件を合同条件と混同しないように注意する。

❸ 角についての条件はあるが辺の長さについての条件は与えられていないので，相似条件「2 組の角がそれぞれ等しい」が使えないかと考える。

❹ (2) $\triangle ABC \backsim \triangle DBA$ より，

$CA:AD=AB:DB=2:1$

$AD=x$ cm とすると，$14:x=2:1$ $\quad x=7$

p.78〜79 ステージ1

❶ 5 m

❷ 約 14 m（縮図は省略）

❸ 約 16 m（縮図は省略）

❹ (1) $7.14\times\frac{1}{10}$ (2) $\frac{1}{3500}$ 以下

解説

❶ $\angle B=\angle E=90°$，$\angle C=\angle F$ であるから，

$\triangle ABC \backsim \triangle DEF$

$DE=x$ m とすると，

$1:x=0.8:4 \quad 0.8x=4 \quad x=5$

ポイント

影の長さから実際の長さを求めるには，三角形の相似を利用する。

❷ $\triangle ABC$ の $\frac{1}{400}$ の縮図を $\triangle A'B'C'$ とすると，

$A'C'=1600\div400=4$(cm)

$B'C'=1000\div400=2.5$(cm)

右上の図のような縮図をかき，辺 $A'B'$ の長さを測ると，約 3.5 cm になる。

したがって，$3.5\times400=1400$(cm)より，約 14 m

❸ $B'C'=5$ cm として右の図のような縮図をかき，辺 $A'C'$ の長さを測ると，約 2.9 cm になる。

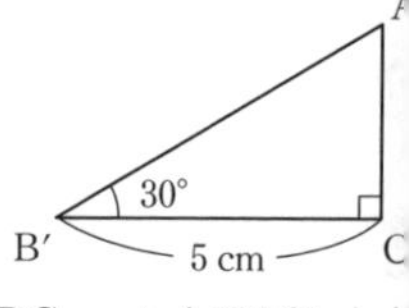

$AC=x$ m とすると，$\triangle ABC \backsim \triangle A'B'C'$ より

$25:5=x:2.9$

$5x=25\times2.9$

$x=14.5$

木の高さは AC に目の高さ 1.5 m を加えたものだから，$14.5+1.5=16$(m) よって，約 16 m

別解 $A'C'=2.9$ cm を求めた後，縮尺を利用して AC を求めてもよい。縮尺は $5\div2500=\frac{1}{500}$ だから，$AC=2.9\times500=1450$(cm)より，14.5 m

❹ (1) $\frac{5}{7}=0.7142\cdots$

小数第四位を四捨五入して近似値を求めると，0.714 である。有効数字は 7，1，4 であるから

$7.14\times\frac{1}{10}$

(2) 近似値 0.714 から真の値 $\frac{5}{7}$ をひいて誤差を求める。

$$0.714-\frac{5}{7}=\frac{714}{1000}-\frac{5}{7}=-\frac{1}{3500}$$

p.80〜81 ステージ2

❶ (1) **$\triangle ABE \backsim \triangle DCE$**

2 組の辺の比とその間の角がそれぞれ等しい。

(2) **$\triangle AEB \backsim \triangle DEC$**

2 組の角がそれぞれ等しい。

(3) **$\triangle ACB \backsim \triangle ABD$**

2 組の辺の比とその間の角がそれぞれ等しい。

❷ (1) $\triangle ABC$ と $\triangle ADB$ において，

仮定から，$\angle ABC=\angle ADB=90°$ ①

また，$\angle A$ は共通 ②

①，②より，2 組の角がそれぞれ等しいから，$\triangle ABC \backsim \triangle ADB$

(2) $\frac{12}{5}$ cm

3 1.603×10^2 cm，誤差の絶対値は 0.05 cm 以下

4 (1) △ABC と △AED において，
仮定から，AB：AE＝21：14＝3：2　①
AC：AD＝18：12＝3：2　②
①，②から，AB：AE＝AC：AD　③
また，∠A は共通　④
③，④より，2 組の辺の比とその間の角がそれぞれ等しいから，
△ABC ∽ △AED

(2) 16 cm

5 (1) $x=4$　(2) $x=14$

6 (1) 点 B　(2) 4：3　(3) 21 cm

7 およそ 16 m

● ● ● ● ●

1 (1) $(90-a)°$

(2) △ABD と △CHG において
AD ⊥ BC だから　∠ADB＝90°　……㋐
四角形 EGCF は長方形だから
∠CGH＝90°　……㋑
㋐，㋑より　∠ADB＝∠CGH　……㋒
△ABC は AB＝AC の二等辺三角形だから
∠ABD＝∠ACD　……㋓
EG // AC であり，平行線の錯角は等しいから
∠CHG＝∠ACD　……㋔
㋓，㋔より　∠ABD＝∠CHG　……㋕
㋒，㋕より，2 組の角がそれぞれ等しいから
△ABD ∽ △CHG

(3) $\frac{22}{5}$ cm

解 説

1 (1) AE：DE＝12：8＝3：2
BE：CE＝15：10＝3：2
よって，AE：DE＝BE：CE
対頂角は等しいから，∠AEB＝∠DEC

(2) AB // CD より，錯角は等しいから，
∠A＝∠D，∠B＝∠C
または，∠AEB＝∠DEC（対頂角）

ポイント
辺に関する条件が与えられていないときは，2 組の等しい角を見つける。
角度や等しい角の条件が与えられていないときは，
・共通な角　・対頂角　・平行線の同位角や錯角
に着目する。

(3) AB：AD＝6：4＝3：2
AC：AB＝9：6＝3：2
よって，
AB：AD＝AC：AB
∠A は共通

2 (2) (1)より，△ABC ∽ △ADB だから，
BC：DB＝AC：AB
BD＝x cm とすると，4：x＝5：3
$5x=12$　$x=\frac{12}{5}$

別解 △ABC の面積を 2 通りの式で表し，方程式をつくると，$\frac{1}{2} \times AC \times BD = \frac{1}{2} \times AB \times BC$ より
$\frac{1}{2} \times 5 \times x = \frac{1}{2} \times 3 \times 4$　$5x=12$　$x=\frac{12}{5}$

3 真の値を a cm とすると，a の範囲は，
$160.25 \leqq a < 160.35$
よって，誤差の絶対値は，
$160.3-160.25=0.05$
より，0.05 cm 以下である。

4 (2) (1)より，△ABC ∽ △AED だから，
BC：ED＝AB：AE
DE＝x cm とすると，24：x＝21：14(＝3：2)
$3x=24 \times 2$　$x=16$

5 (1) 仮定より ∠ABD＝∠ACB，∠A は共通だから，△ABD ∽ △ACB
よって，BD：CB＝AD：AB
x：6＝2：3　$3x=12$　$x=4$

(2) AD：AC＝5：(6＋4)＝1：2
AE：AB＝6：(5＋7)＝1：2
よって，AD：AC＝AE：AB
また，∠A は共通。
したがって，△ADE ∽ △ACB だから，
DE：CB＝AD：AC
7：x＝1：2　$x=14$

6 (1) 対応する点を結ぶ直線がすべて点 B を通っているので，相似の中心は点 B である。

(2) BD：BG＝(27＋9)：27＝4：3 だから，
相似比は 4：3

(3) GF＝x cm とすると，相似比は 4：3 より，
28：x＝4：3　$4x=28 \times 3$　$x=21$

7 A′C′＝2 cm として次のような縮図をかき，辺 A′B′ の長さを測ると，約 3.2 cm になる。
△ABC ∽ △A′B′C′ より，AB＝x m とすると，

5 章

$10 : 2 = x : 3.2$
$2x = 32$
$x = 16$

① (1) △AEF の内角の和より，
$\angle EAF = 180° - (a° + 90°)$
$= (90 - a)°$

(2) △ABD と △CHG は直角三角形なので，もう 1 組の角が等しいことを示して，三角形の相似条件「2 組の角がそれぞれ等しい」を導く。

(3) (2)より，相似な図形では対応する線分の長さの比がすべて等しいから，
$AB : CH = BD : HG$
$11 : 5 = BD : 2$
$5BD = 22$
$BD = \frac{22}{5}$ cm

p.82〜83 ステージ1

1 ① **∠QCR** ② **∠RQC**
③ **2 組の角** ④ **QC**
⑤ **平行四辺形** ⑥ **PB** ⑦ **QC**

2 (1) $x = 6$，$y = 4$ (2) $x = 12$，$y = 15$
(3) $x = 12$，$y = \frac{32}{3}$ (4) $x = 8$，$y = 15$
(5) $x = \frac{9}{2}(4.5)$，$y = 12$

3 (1) $x = 6$ (2) $x = 12$
(3) $x = 8$，$y = \frac{161}{5}(32.2)$

解説

1 平行線と線分の比の定理（本冊 p.82）の②が成り立つことの証明である。

2 (1) $3 : x = 5 : 10$ $5x = 30$ $x = 6$
$y : 12 = 5 : (5 + 10)$ $15y = 60$ $y = 4$

ミス注意！ $y : 12 = 5 : 10$ とするミスに注意。

参考 $5 : 10 = 1 : 2$ より，$3 : x = 1 : 2$，
$5 : 15 = 1 : 3$ より，$y : 12 = 1 : 3$ と表してもよい。この方が計算が簡単になる。比例式に表すときや比例式の計算では，計算ができるだけ簡単になるように工夫するとよい。

(2) $x : 18 = 8 : (8 + 4)(= 2 : 3)$
$10 : y = 8 : (8 + 4)(= 2 : 3)$

(3) $x : 18 = 8 : 12(= 2 : 3)$
$y : 16 = 8 : 12(= 2 : 3)$

(4) $12 : x = 18 : 12(= 3 : 2)$
$y : 25 = 18 : (18 + 12)(= 3 : 5)$

(5) $x : (x + 9) = 3 : 9(= 1 : 3)$ $3x = x + 9$

別解 辺の比は，$AP : AB = 3 : 9 = 1 : 3$
だから，$AP : PB = 1 : (3 - 1) = 1 : 2$
したがって，$x : 9 = 1 : 2$ と表してもよい。
また，$x = \frac{9}{2}$ より，$\frac{9}{2} : 9 = 6 : y(= 1 : 2)$

3 (1) $x : 8 = 9 : 12(= 3 : 4)$
(2) $x : 6 = 8 : 4(= 2 : 1)$
(3) $15 : 6 = (28 - x) : x(= 5 : 2)$

別解 $(15 + 6) : 6 = 28 : x(= 7 : 2)$
y の値は，平行線と線分の比の定理より，
$15 : (15 + 6) = 23 : y(= 5 : 7)$

p.84〜85 ステージ1

1 (1)

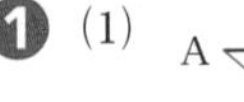

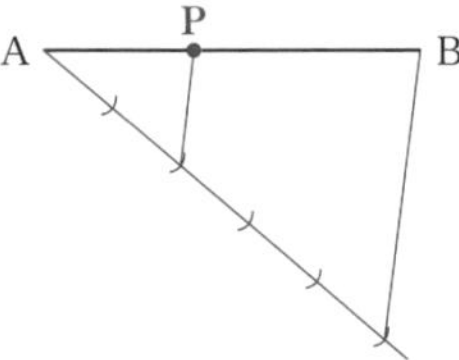

※作図のあと（赤色の線）は例です。

(2)

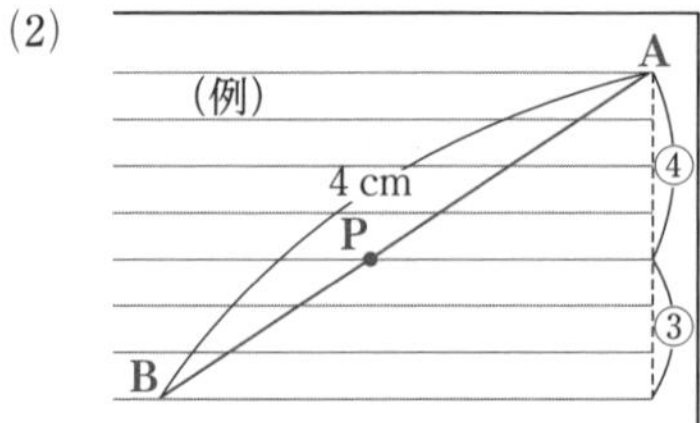

※ 点 A から引いた点線と比や長さを表したものは説明のためのもので，答には不要です。

2 ① **AC**
② **∠BAC**
③ **2 組の辺の比とその間の角**
④ **∠ABC**
⑤ **錯角**
⑥ **BC**

3 **平行である。**
(理由) CP : PA = 8 : 6 = 4 : 3
CQ : QB = 6 : 4.5 = 4 : 3
よって，CP : PA = CQ : QB であるから，PQ // AB

4 (1) **PQ // AC**
(2) **AB // EF**

解説

1 (1)　点Aから半直線を引いて，Aから等間隔に2+3＝5(個)の点をとり，最後の5番目の点(Qとする)と点Bを結ぶ。Aから2番目の点からQBに平行な直線を引き，ABとの交点をPとする。

(2)　線分ABが罫線(けいせん)の幅7つ分（罫線8本分）にちょうどおさまるようにかき込むと，(1)と同じ考え方で4：3の比に分けることができる。

3 線分の比と平行線の定理より，CP：PA＝CQ：QBが成り立てば，PQ∥ABである。

別解　理由として，CP：CA＝CQ：CB(＝4：7)であることを示してもよい。

4 (1)　BP：PA＝3：4.5＝2：3

BQ：QC＝4：6＝2：3

よって，BP：PA＝BQ：QCであるから，PQ∥AC

AP：PB(＝3：2)とAR：RC(＝4：5)は等しくないから，PRとBCは平行にならない。RQとABについても同様に平行にならない。

(2)　(1)と同様にして，OA：AE＝OB：BF＝2：7であるから，AB∥EF

p.86～87 ステージ1

1 (1)　△ABCと△EFDにおいて，

点E，Fはそれぞれ辺BC，CAの中点だから，EF＝$\frac{1}{2}$AB

よって，AB：EF＝2：1　①

同様に，BC：FD＝2：1　②

CA：DE＝2：1　③

①，②，③より，3組の辺の比がすべて等しいから，△ABC∽△EFD

(2)　4倍

2 (1)　△ABCで，点Eは辺ABの中点であるから，AE：EB＝1：1

EF∥BCであるから，

AF：FC＝AE：EB

よって，AF：FC＝1：1であるから，

点Fは対角線ACの中点である。

また，AD∥BC，EG∥BCより，

△CDAで，FG∥ADより，同様にして，

CG：GD＝CF：FA＝1：1

よって，点Gは辺DCの中点である。

(2)　EF＝15 cm，EG＝21 cm

3 (1)　(△BACにおいて，)

点P，Qはそれぞれ辺BA，BCの中点であるから，

PQ∥AC，PQ＝$\frac{1}{2}$AC　①

△DACにおいて，同様にして，

SR∥AC，SR＝$\frac{1}{2}$AC　②

①，②から，PQ∥SR，PQ＝SR

1組の対辺が平行で等しいから，四角形PQRSは平行四辺形である。

(2) ①　ひし形　　②　長方形

解説

1 (1)　中点連結定理を利用する。

別解　中点連結定理より，EF∥AB，FD∥BC，DE∥CAで，錯角や同位角が等しくなることから，三角形の相似条件「2組の角がそれぞれ等しい」を使ってもよい。

(2)　△ADF，△DBE，△FEC，△EFDは合同だから（3組の辺がそれぞれ等しい），△ABCの面積は△EFDの面積の4倍である。

2 (2)　△ABCで，中点連結定理より，

EF＝$\frac{1}{2}$BC＝$\frac{1}{2}$×30＝15(cm)

△CDAで，中点連結定理より，

FG＝$\frac{1}{2}$AD＝$\frac{1}{2}$×12＝6(cm)

よって，EG＝EF＋FG＝15＋6＝21(cm)

ポイント

右の2つの場合，中点連結定理が利用できる。

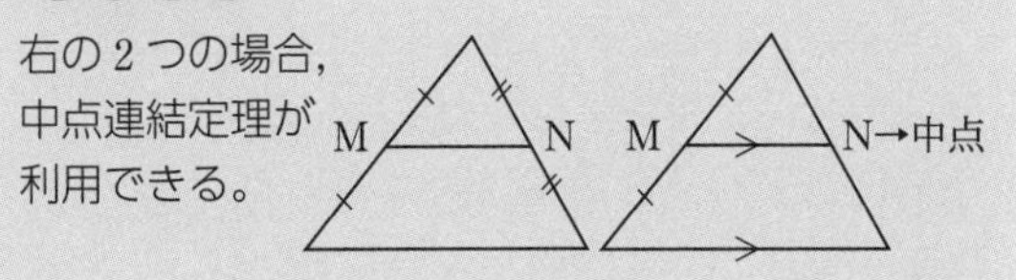

3 (1)　別解　対角線BDも引いて△ABDと△CDBにおいて中点連結定理を利用し，平行四辺形になるための条件「2組の対辺がそれぞれ平行」や「2組の対辺がそれぞれ等しい」を使ってもよい。

(2)①　4つの辺がすべて等しくなる。→ひし形

②　4つの角がすべて90°になる。→長方形

p.88〜89 ステージ2

1 (1) $x=21$, $y=16$　(2) $x=\frac{45}{8}$

(3) $x=\frac{26}{3}$　(4) $x=\frac{24}{5}$, $y=\frac{20}{3}$

2 (1) 2：3　(2) 6 cm

3 (1) AC＝AE の二等辺三角形

(2) DA // CE から,

$\angle BAD=\angle AEC$ ①

$\angle CAD=\angle ACE$ ②

仮定から, $\angle BAD=\angle CAD$ ③

①, ②, ③から, $\angle AEC=\angle ACE$

2 つの角が等しいから, △ACE は二等辺三角形である。

したがって, AE＝AC ④

また, △BCE において, DA // CE から,

AB：AE＝BD：DC ⑤

④, ⑤から, AB：AC＝BD：DC

(3) 5 cm

4 (1) 2 cm　(2) 5 cm　(3) 6 cm

5 $\angle PRQ=132°$, $\angle RPQ=24°$

6 (1) 2：1　(2) 4：1

● ● ● ● ●

① (1) $\left(90-\frac{a}{2}\right)°$　(2) $\frac{18}{5}$ cm

解説

1 (1) DE // BC より, 平行線と線分の比の定理より,

$(x-12):x=9:21(=3:7)$

$x=21$ より, $(21-12):12=12:y$

(2) 平行四辺形の対辺は等しいから,

$DC=AB=6+4=10$(cm)

また, 平行四辺形の対辺より, AE // CD

よって, 平行線と線分の比の定理より,

AF：CF＝AE：CD

$x:(15-x)=6:10(=3:5)$

$5x=3(15-x)$

$8x=45$

$x=\frac{45}{8}$

(3)

ポイント

台形の線分の長さを求める問題では, 定理が使えるように補助線を引いて三角形をつくる。

次の①や②のように補助線を引いて考える。

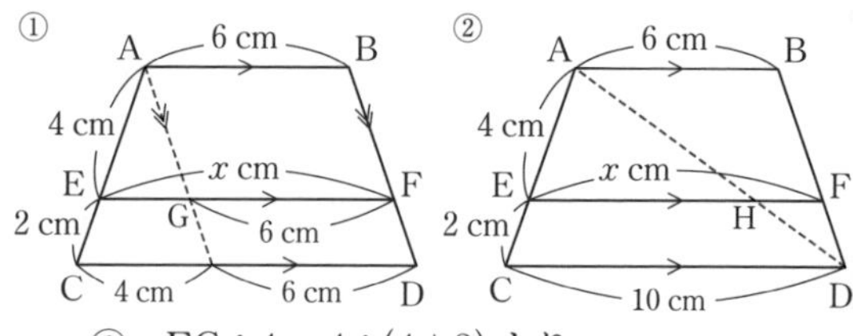

① EG：4＝4：(4+2) より,

$EG=\frac{4\times4}{6}=\frac{8}{3}$(cm)　$x=\frac{8}{3}+6=\frac{26}{3}$

② △ACD で, EH：10＝4：(4+2) より,

$EH=\frac{10\times4}{6}=\frac{20}{3}$(cm)

AH：HD＝AE：EC＝4：2＝2：1 だから,

△DBA で, HF：6＝1：(1+2) より,

$HF=\frac{6}{3}=2$(cm)　$x=\frac{20}{3}+2=\frac{26}{3}$

(4) $k \parallel \ell \parallel m$ より, $6:x=5:4$

$k \parallel \ell \parallel m \parallel n$ より, $y:8=5:6$

↑平行線で区切られた線分の比の定理は, 平行線がいくつあっても成り立つ。

2 (1) AB // CD より,

BE：CE＝AB：DC＝10：15＝2：3

△BCD において, EF // CD より,

BF：FD＝BE：EC＝2：3 ← 平行線と線分の比の定理

(2) EF // CD より, EF：CD＝BF：BD

BF：BD＝2：(2+3)＝2：5 だから,

EF＝x cm とすると,

$x:15=2:5$　$5x=30$　$x=6$

ポイント

複雑な図形では, 右の図のような形を見つけて, 平行線と線分の比の定理を利用する。

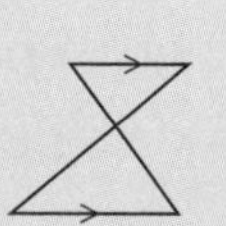

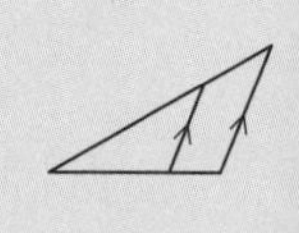

3 (2) 平行線の同位角や錯角は等しいことから, $\angle AEC=\angle ACE$ を導く。さらに, AE＝AC であることと, 平行線と線分の比の定理から, AB：AC＝BD：DC であることを示す。

(3) (2)より, BD：DC＝AB：AC

＝12：10＝6：5

したがって, $DC=11\times\frac{5}{6+5}=5$(cm)

参考 (2)で証明したように，右の図で，ADが∠Aの二等分線であるとき，必ず次のことが成り立つ。

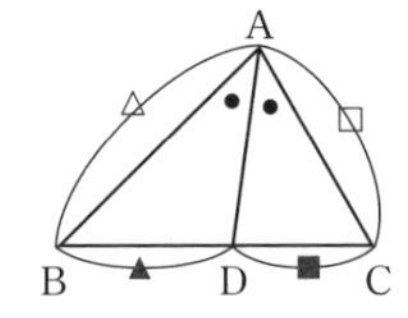

AB：AC＝BD：DC

(1)(2) △AECで，中点連結定理より，

$DF=\frac{1}{2}EC=\frac{1}{2}\times4=\underline{2(cm)}$

また，DF∥EC，つまりDG∥ECより，
△BDGで，BE：ED＝BC：CG＝1：1 ← CはBGの中点
したがって，CG＝BC＝<u>5 cm</u>

(3) △BDGで，中点連結定理より，$EC=\frac{1}{2}DG$
だから，DG＝2EC＝2×4＝8(cm)
したがって，FG＝DG−DF
＝8−2＝6(cm)

中点連結定理より，

△DABで，PR∥AB ①，$PR=\frac{1}{2}AB$ ②

△BCDで，QR∥CD ③，$QR=\frac{1}{2}CD$ ④

①より，同位角が等しいので，∠DRP＝30°
③より，同位角が等しいので，∠BRQ＝78°
よって，∠DRQ＝180°−∠BRQ＝102°
したがって，∠PRQ＝∠DRP＋∠DRQ＝<u>132°</u>
また，②，④と，AB＝CDより，PR＝QRで，△RPQは二等辺三角形だから，

$\angle RPQ=\frac{1}{2}(180^\circ-\angle PRQ)=\frac{1}{2}\times48^\circ=\underline{24^\circ}$

(1) AH∥BC(△AHF∽△BCF)より，
AH：BC＝AF：BF＝<u>2：1</u> ← FはABを3等分した点

(2) AH∥EC(△AHG∽△ECG)より，
AG：EG＝AH：EC
(1)より，AH＝2BC

また，$EC=\frac{1}{2}BC$ ← EはBCの中点

よって，$AH:EC=2BC:\frac{1}{2}BC=4:1$

したがって，AG：GE＝4：1

別解 点EからCFに平行な直線を引き，辺ABとの交点をIとすると，△BCFで，EI∥CF，BE＝ECより，$FI=\frac{1}{2}BF$

したがって，△AIEで，FG∥IEより，

$AG:GE=AF:FI=2BF:\frac{1}{2}BF=4:1$

① (1) AC＝ADより，△ACDは二等辺三角形である。よって，底角は等しいから，

$\angle ACD=(180^\circ-a^\circ)\div2=\left(90-\frac{a}{2}\right)^\circ$

(2) △ACDにおいて，FE∥CDだから，平行線と線分の比の定理より，
AF：FC＝AE：ED＝2：3
△CABにおいて，FG∥ABだから，
BG：GC＝AF：FC
よって，BG：GC＝2：3

$GC=BC\times\frac{3}{2+3}=6\times\frac{3}{5}=\frac{18}{5}(cm)$

p.90〜91 ステージ1

❶ 相似比…2：7　円周の長さの比…2：7
面積比…4：49

❷ $28\ cm^2$

❸ (1) 9：16　(2) 9：7　(3) $35\ cm^2$

❹ (1) 相似比…4：3　表面積比…16：9
体積比…64：27
(2)① $400\ cm^2$　② $54\ cm^3$

❺ 8：19

解説

❶ 相似比は，直径の長さの比に等しいから，
4：14＝2：7
円周の長さの比は，相似比に等しい。
相似な図形の面積比は，相似比の2乗に等しいから，$2^2:7^2=4:49$

ポイント
相似比が$m:n$ならば，面積比は$m^2:n^2$となる。

❷ △DEFの面積を$x\ cm^2$とすると，
$63:x=3^2:2^2$　$9x=63\times4$　$x=28$

❸ (1) △ADE∽△ABCで，その相似比は，
AD：AB＝3：(3＋1)より，3：4
したがって，面積比は，$3^2:4^2=9:16$

(2) 四角形DBCEの面積は，△ABCの面積から△ADEの面積をひいた差だから，△ADEと四角形DBCEの面積比は，9：(16−9)＝9：7

(3) 四角形DBCEの面積を x cm^2 とすると，
△ABCと四角形DBCEの面積比は16：7より，
$80:x=16:7$
$16x=80\times7$
$x=35$
別解 (1)より△ADEの面積を求めて，△ABCの面積からひいてもよい。$80-45=35$(cm^2)

❹ (1) 相似比は，$12:9=4:3$ ←1辺の比に等しい。
表面積比は，相似比の2乗に等しいから，
$4^2:3^2=16:9$
体積比は，相似比の3乗に等しいから，
$4^3:3^3=64:27$

ポイント
相似比が $m:n$ ならば，表面積比は $m^2:n^2$
体積比は $m^3:n^3$ となる。

(2)① ㋑の表面積を x cm^2 とすると，
$144:x=3^2:5^2$ より，
$144:x=9:25$
$9x=144\times25$ $x=400$
② ㋐の体積を y cm^3 とすると，
$y:250=3^3:5^3$ より，
$y:250=27:125$
$125y=250\times27$ $y=54$

❺ ㋐と三角錐OABCは相似で，相似比は，
$OP:OA=2:(2+1)=2:3$ より，2：3
したがって，体積比は，$2^3:3^3=8:27$ となる。
㋑は三角錐OABCから㋐をとりのぞいたものだから，㋐と㋑の体積比は，
$8:(27-8)=8:19$

p.92～93 ステージ2

❶ (1) 75 cm^2 (2) 9倍
❷ (1) $5a$ (2) 7：9
❸ (1) 9：4 (2) 9：25 (3) $\frac{8}{25}$ 倍
❹ (1) 9：16 (2) 3：4 (3) 196 cm^2
❺ (1) 表面積…16倍 体積…64倍
(2) 相似比…5：2 体積…250 cm^3
❻ (1) 1：4 (2) 1400 cm^3
❼ Qの体積…$7a$，Rの体積…$19a$
❽ (1) 2：5 (2) $\frac{18}{7}$ cm^2

● ● ● ● ●

① $\frac{9}{4}$ cm^2

② $\frac{56}{3}$ cm^3

解説

❶ (1) △ABCの面積を x cm^2 とすると，
面積比は相似比の2乗に等しいから，
$x:48=5^2:4^2$
$16x=48\times25$ $x=75$
(2) 円P，Qの相似比は，$4:12=1:3$
面積比は $1^2:3^2=1:9$
よって，円Qの面積は円Pの面積の9倍。

❷ 辺ABを5等分する点D，E，F，Gを通る線分は，みな辺BCに平行なことから，頂点をAと，底辺をこれら4本の線分のうちのいずれかとする三角形は，△ABCと相似である。
(1) ㋐と（㋐＋㋑）の部分の相似比は，
$AD:AE=1:2$，面積比は，$1^2:2^2=1:4$
したがって，(㋐＋㋑)$=4a$
㋐と(㋐＋㋑＋㋒)の部分の面積比は，
$1^2:3^2=1:9$ より，(㋐＋㋑＋㋒)$=9a$
よって，㋒の面積は，$9a-4a=5a$
(2) (1)と同様に考えて，(㋓) $=4^2a-9a=7a$
(㋔) $=5^2a-4^2a=9a$ よって，7：9

❸ (1) △APM∽△CPNで，平行四辺形の対辺だから AD＝BCより，$AM:CN=3:2$
相似比が3：2より，面積比は $3^2:2^2=9:4$
(2) MN // DCとなるので，△APM∽△ACD
相似比は $AM:AD=3:(3+2)=3:5$ より，
面積比は $3^2:5^2=9:25$
(3) △APM$=9S$ とすると，△ACD$=25S$
(台形PCDM)$=25S-9S=16S$
(平行四辺形ABCD)$=25S\times2=50S$
よって，$16S\div50S=\frac{16S}{50S}=\frac{8}{25}$(倍)

❹ (1) AD // BCより，△AOD∽△COB
相似比は，$AD:CB=12:16=3:4$
よって，面積比は，$3^2:4^2=9:16$
(2) △AODと△AOBは，それぞれ底辺をOD，OBとすると，高さが等しいから，面積比は底辺の比に等しい。

よって，OD：OB＝3：4 より，
△AOD：△AOB＝3：4

←△AOD∽△COB 対応する辺の長さの比(相似比)

高さが等しい三角形の面積比は，底辺の比に等しい。
△ABD：△ADC＝BD：DC

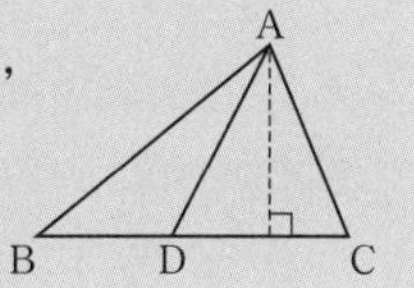

(3) (1)より，△COB の面積を x cm^2 とすると，
36：x＝9：16　　x＝64
(2)より，△AOB の面積を y cm^2 とすると，
36：y＝3：4　　y＝48
(2)と同様にして，△AOD：△DOC＝3：4 だから，△DOC＝△AOB＝48 cm^2
よって，36＋48＋64＋48＝196(cm^2)

5 (1) 表面積は 4^2 倍，体積は 4^3 倍になる。
(2) 25：4＝5^2：2^2 だから，相似比は 5：2
P の体積を x cm^3 とすると，x：16＝5^3：2^3
$8x$＝16×125　　x＝250

6 (1) 水が入っている部分の円錐と円錐の容器は相似で，相似比は深さの比より 1：2 だから，水面と容器の口の円の面積比は，1^2：2^2＝1：4
(2) 容器の容積を x cm^3 とすると，
200：x＝1^3：2^3　　x＝1600
したがって，1600－200＝1400(cm^3)

7 P，P＋Q，P＋Q＋R の円錐は相似で，相似比は高さの比より求められるから，
P と P＋Q の相似比は，1：2
P と P＋Q＋R の相似比は，1：3
よって，体積比は
P：P＋Q＝1^3：2^3＝1：8
P：P＋Q＋R＝1^3：3^3＝1：27
P＝a より，P＋Q＝$8a$，P＋Q＋R＝$27a$
したがって，Q＝$8a-a$＝$7a$
R＝$27a-8a$＝$19a$

8 (1) 点 E を通り辺 BC に平行な直線を引き，線分 DM との交点を G とすると，EG∥BC より，EF：CF＝EG：CM
また，CM＝BM より，
EF：CF＝EG：BM＝DE：DB
AD∥BC より，DE：BE＝AD：MB＝2：3
よって,EF：CF＝DE：DB＝2：(2＋3)＝2：5
(2) △AED∽△MEB で，相似比は 2：3 だから，
△AED：△MEB＝2^2：3^2＝4：9
△AED＝4 cm^2 だから，△MEB＝9 cm^2
よって，BM＝CM より，底辺と高さが等しいから，△EMC＝△MEB＝9 cm^2
(1)より，△EMF：△CMF＝EF：CF＝2：5
△EMF＝$\frac{2}{2+5}$△EMC＝$\frac{2}{7}\times 9=\frac{18}{7}$(cm^2)

① AD∥BE
AD：BE＝3：2
より，
△DAF：△BEF
＝3^2：2^2
よって，
△DAF：6＝9：4
△DAF＝$\frac{27}{2}$ cm^2
△ABF と △BEF は底辺を AF，FE とすると高さが等しいから，面積比は底辺の比に等しい。
△ABF：△BEF＝AF：FE＝3：2
△ABF：6＝3：2　　△ABF＝9 cm^2
O は対角線 BD の中点だから，
△ABO＝$\frac{1}{2}$△ABD＝$\frac{1}{2}\left(9+\frac{27}{2}\right)=\frac{45}{4}$(cm^2)
△AFO＝△ABO－△ABF＝$\frac{45}{4}-9=\frac{9}{4}$(cm^2)

② 右の図のように，直線 EM，FB，GN の交点を P とする。
平行線と線分の比の定理より，
PB：PF＝MB：EF
＝1：2
よって，PB＝4 cm

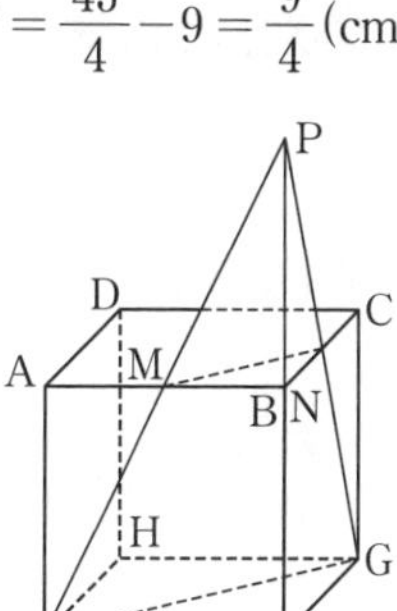

三角錐 PEFG の体積は，
$\frac{1}{3}\times\frac{1}{2}\times 4\times 4\times(4+4)=\frac{64}{3}$(cm^3)
三角錐 PMBN と三角錐 PEFG は相似な立体だから，体積比は，
1^3：2^3＝1：8
よって，求める立体の体積は，
(三角錐 PEFG の体積)×$\frac{8-1}{8}=\frac{64}{3}\times\frac{7}{8}$
$=\frac{56}{3}$(cm^3)

p.94〜95 ステージ3

1 (1) (例) △ABC∽△ACD

2組の角がそれぞれ等しい。$x=\frac{24}{5}(4.8)$

(2) △ABC∽△ADB

2組の辺の比とその間の角がそれぞれ等しい。 $x=14$

2 (1) △DBA (2) 7 cm (3) $\frac{28}{3}$cm

3 (1) $x=\frac{15}{2}(7.5)$ (2) $x=6$

(3) $x=\frac{24}{5}(4.8)$ (4) $x=12$, $y=19$

4 (1) △AODと△COBにおいて,

AD∥BCから, ∠ADO＝∠CBO ①

対頂角は等しいから,

∠AOD＝∠COB ②

①, ②より, 2組の角がそれぞれ等しいから, △AOD∽△COB

(2) EO…6 cm, EF…12 cm (3) $\frac{25}{4}$倍

5 (1) 平行四辺形

(2)① (EH＝FHの)二等辺三角形 ② 16 cm

6 (1) 75 cm^2 (2) 234 cm^3

解説

1 (1) ∠ACB＝∠ADC＝90°

また, ∠Aは共通だから, △ABC∽△ACD

別解 2組の角がそれぞれ等しいことから, △ABC∽△CBD または △ACD∽△CBD を答えてもよい。

$6:x=10:8(=5:4)$ $5x=24$

(2) AB：AD＝18：12＝3：2

AC：AB＝(12＋15)：18＝3：2

よって, AB：AD＝AC：AB

また, ∠Aは共通だから, △ABC∽△ADB

$21:x=27:18(=3:2)$ $3x=21\times2$

得点アップのコツ

比例式の計算では, 計算が楽になるように, 比をできるだけ簡単にしたり, 途中で約分するとよい。

2 (1) ∠BAD＝∠DAC, ∠DAC＝∠Cより,

∠C＝∠BAD また, ∠Bは共通

よって, △ABC∽△DBA ←2組の角がそれぞれ等しい。

(2) (1)より, AB：DB＝BC：BA

12：DB＝16：12(＝4：3) DB＝9 cm

よって, DC＝BC−DB＝16−9＝7(cm)

(3) (1)より, AC：DA＝AB：DB

∠DAC＝∠Cより, DA＝DC＝7 cmだから

AC：7＝12：9(＝4：3)

別解 角の二等分線と線分の比の性質より,

AB：AC＝BD：DC 12：AC＝9：7

3 (3) AB∥CDより, BE：CE＝AB：DC

＝8：12＝2：3 △BCDで, EF∥CDより

x：12＝2：(2＋3) ←EF：CD＝BE：BC

(4) M, Nもそれぞれ辺AC, DCの中点になるから, $x=\frac{1}{2}$BC＝12, MN＝$\frac{1}{2}$AD＝7 cm

したがって, $y=x$＋MN＝12＋7＝19

4 (1) 別解 「∠DAO＝∠BCO」を使ってもよい。

(2) (1)より, △AOD∽△COBだから,

AO：CO＝AD：CB＝10：15＝2：3

△ABCで, EO∥BCより,

EO：BC＝AO：AC＝2：(2＋3)＝2：5

EO：15＝2：5 EO＝6 cm

また, △DBCで同様にして, OF＝6 cm

よって, EF＝EO＋OF＝6＋6＝12(cm)

(3) △AODの面積をSとすると, (1)(2)より,

△AOD：△COB＝$2^2:3^2$＝4：9だから,

△COB＝$\frac{9}{4}S$

また, AO：OC＝DO：OB＝2：3だから,

△DOC＝$\frac{3}{2}S$, △AOB＝$\frac{3}{2}S$ ←高さが等しい三角形の面積比は底辺の比に等しい。

よって, $S+\frac{3}{2}S+\frac{9}{4}S+\frac{3}{2}S=\frac{25}{4}S$

5 (2)② 四角形EHFGは1辺4 cmのひし形になる。

6 三角錐ODEFと三角錐OABCは相似で, 対応する△DEFと△ABCも相似であり, 相似比は OD：DA＝2：3より, 2：(2＋3)＝2：5

(1) △DEF∽△ABCだから,

12：△ABC＝$2^2:5^2$ △ABC＝75 cm^2

(2) 三角錐ODEFと三角錐OABCの体積比は,

$2^3:5^3=8:125$

したがって, 求める立体と三角錐OABCの体積比は, (125−8)：125＝117：125

よって, $\left(\frac{1}{3}\times75\times10\right)\times\frac{117}{125}=234(\text{cm}^3)$

6章 円

p.96〜97 ステージ1

1 (1) $\frac{1}{2}$

(2)㋐ OAP　㋑ OAP　㋒ BOQ

㋓ APB

2 (1) $\angle x=72°$, $\angle y=36°$　(2) $\angle x=121°$

(3) $\angle x=90°$, $\angle y=58°$　(4) $\angle x=37°$

(5) $\angle x=30°$　(6) $\angle x=230°$

(7) $\angle x=40°$, $\angle y=95°$　(8) $\angle x=46°$

(9) $\angle x=50°$

解説

1 (2) 中心Oが∠APBの外部にある場合の円周角の定理の証明。点Pを通る直径PQを補助線として引いている。

2 (1) 円周角は中心角の半分だから，

$36°=\frac{1}{2}\angle x$　$\angle x=36°\times2=72°$

$\overset{\frown}{AB}$ に対する円周角は等しいから，$\angle y=36°$

(2) $\angle x=\frac{1}{2}\times242°=121°$ ←中心角が180°より大きくても円周角の定理は成り立つ。

(3) $\angle x=\frac{1}{2}\angle AOB=\frac{1}{2}\times180°=90°$

△ABPの内角の和より，

$\angle y=180°-(90°+32°)=58°$

(4) $\angle B=\frac{1}{2}\times74°=37°$

$\angle x=\angle B=37°$ ←OB＝OP(円の半径)より

(5) $\angle x=\frac{1}{2}\times60°=30°$

(6) $115°=\frac{1}{2}\angle x$　$\angle x=115°\times2=230°$

(7) $\overset{\frown}{BC}$ に対する円周角は等しいから，$\angle x=40°$

△ABPの内角の和より，

$\angle y=180°-(40°+45°)=95°$

(8) $\angle AOB=2\angle APB=2\times44°=88°$

△OABはOA＝OBの二等辺三角形だから，

$\angle x=(180°-88°)\div2=46°$

(9) $\angle ABC=90°$ ←半円の弧に対する円周角

$\overset{\frown}{AB}$ に対する円周角だから，$\angle C=\angle D=40°$

△ABCの内角の和より，

$\angle x=180°-(90°+40°)=50°$

別解 点CとDを結ぶ。$\angle ADC=90°$

$\angle x=\angle BDC=90°-40°=50°$

ポイント

・円周角は中心角の $\frac{1}{2}$

・1つの弧に対する円周角はすべて等しい。

・半円の弧に対する円周角は90°。

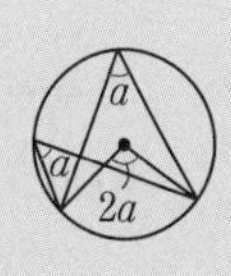

p.98〜99 ステージ1

1 ㋐ APB　㋑ CQD　㋒ COD

㋓ $\overset{\frown}{CD}$

2 (1) $\angle x=45°$　(2) $\angle x=74°$　(3) $\angle x=50°$

3 (1) $x=6$　(2) $x=36$　(3) $x=42$

4 ㋐ Q′BQ(QBQ′)　㋑ ＞　㋒ APB

5 ㋐，㋒

解説

2 (1) 1つの円において，等しい弧に対する円周角は等しいから，$\angle x=45°$

(2) $\overset{\frown}{AB}$ の円周角は，$\frac{1}{2}\angle x$　$\overset{\frown}{AB}=\overset{\frown}{BC}$ より，

$\frac{1}{2}\angle x=37°$　$\angle x=37°\times2=74°$

別解 $\angle BOC=37°\times2=74°$

$\overset{\frown}{AB}=\overset{\frown}{BC}$ より，$\angle x=\angle BOC=74°$

(3) $\angle AOB=50°\times2=100°$

$\overset{\frown}{AB}=2\overset{\frown}{CD}$ より，$\angle AOB=2\angle COD$

$100°=2\angle x$　$\angle x=50°$

3 (1) 弧の長さと円周角の大きさは比例するから，

$\overset{\frown}{AB}:\overset{\frown}{CD}=48:32=3:2$

よって，$x:4=3:2$　$2x=12$　$x=6$

(2) $\angle BAC=90°$ ←半円の弧に対する円周角

$\overset{\frown}{BC}:\overset{\frown}{CA}=5:2$ より，$90:x=5:2$

$5x=180$　$x=36$

(3) $\overset{\frown}{AB}:\overset{\frown}{BC}=4:3$ より，$56:x=4:3$

$4x=168$　$x=42$

ポイント

円周角の大きさと弧の長さは比例する。

5 ㋐ △ABCの内角の和より，

$\angle DBC=180°-(54°+48°+28°)=50°$

2点A，Bは直線DCについて同じ側にあり，

$\angle DAC=\angle DBC$ だから，4点A,B,C,Dは1つ

の円周上にある。$\angle D = 48^\circ$ を求めてもよい。

㋑ △DBC の内角の和より，

$\angle BDC = 180^\circ - (30^\circ + 67^\circ) = 83^\circ$

$\angle BAC$ と $\angle BDC$ は等しくならない。

㋒ 三角形の外角の性質より，

$\angle BDC = 110^\circ - 40^\circ = 70^\circ$　2点A，Dは直線BCについて同じ側にあり，$\angle BAC = \angle BDC$ だから，4点A，B，C，Dは1つの円周上にある。

ポイント

右の図で，$\angle APB = \angle AQB$ ならば，4点A，P，Q，Bは1つの円周上にある。(円周角の定理の逆)

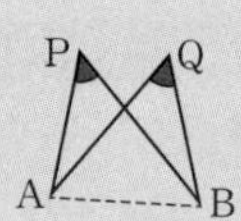

p.100〜101 ステージ2

1 (1) $\angle x = 36^\circ$　(2) $\angle x = 66^\circ$
(3) $\angle x = 52^\circ$　(4) $\angle x = 34^\circ$
(5) $\angle x = 127^\circ$　(6) $\angle x = 25^\circ$
(7) $\angle x = 65^\circ$　(8) $\angle x = 33^\circ$
(9) $\angle x = 19^\circ$

2 (1) $\angle x = 105^\circ$　(2) $\angle x = 36^\circ$，$\angle y = 108^\circ$

3 4：3

4 (1) $\angle x = 30^\circ$　(2) $\angle x = 39^\circ$

5 (1) いえる。
(2) 線分ABを直径とする半円の弧

●　●　●　●　●

① $\angle CED = 54^\circ$

② $\angle BAE = 69^\circ$

解説

1 (1) $\angle BOC = 54^\circ \times 2 = 108^\circ$

$\angle x = (180^\circ - 108^\circ) \div 2 = 36^\circ$　← △OBCはOB＝OCの二等辺三角形

(2) 円周角 $\angle DCB$ に対する中心角の大きさは，$\angle x + 180^\circ$ だから，$\angle x + 180^\circ = 123^\circ \times 2$

$\angle x + 180^\circ = 246^\circ$　　$\angle x = 66^\circ$

(3) $\angle ABC = 90^\circ$　←半円の弧に対する円周角

$\angle ABD = 90^\circ - 38^\circ = 52^\circ$

$\overset{\frown}{AD}$ に対する円周角は等しいから，$\angle x = 52^\circ$

(4) $\angle ACB = \dfrac{1}{2} \times 114^\circ = 57^\circ$

点OとCを結ぶと，$\angle OCA = 23^\circ$　←OA＝OC

$\angle OCB = \angle x$　←OB＝OC

よって，$\angle x + 23^\circ = 57^\circ$　　$\angle x = 34^\circ$

(5) 円周角 $\angle ABC$ に対する中心角は，

$53^\circ \times 2 = 106^\circ$

円周角 $\angle x$ に対する中心角は，$360^\circ - 106^\circ = 254$

$\angle x = \dfrac{1}{2} \times 254^\circ = 127^\circ$

参考 p.103の**4**で証明する「円に内接する四角形の対角の和は180°」を利用すると，$\angle x + 53^\circ = 180^\circ$ より，$\angle x = 180^\circ - 53^\circ = 127$

(6) $\angle BOE = 360^\circ - 240^\circ = 120^\circ$

点AとOを結ぶ。$\angle AOE = 35^\circ \times 2 = 70^\circ$

$\angle AOB = 120^\circ - 70^\circ = 50^\circ$

$\angle x = \dfrac{1}{2} \angle AOB = \dfrac{1}{2} \times 50^\circ = 25^\circ$

別解 点CとEを結ぶ。$\angle ACE = \angle ADE = 35$

$\angle BCE = \dfrac{1}{2} \times (360^\circ - 240^\circ) = 60^\circ$

$\angle x + 35^\circ = 60^\circ$ より，$\angle x = 25^\circ$

(7) 点PとQを結ぶ。

$\angle BPQ = \angle BAQ = 30^\circ$　←$\overset{\frown}{BQ}$に対する円周角

$\angle CPQ = \angle CDQ = 35^\circ$　←$\overset{\frown}{CQ}$に対する円周角

$\angle x = \angle BPQ + \angle CPQ = 30^\circ + 35^\circ = 65^\circ$

(8) 点BとDを結ぶ。

$\angle ADB = 90^\circ$　←半円の弧に対する円周角

△ABDの内角の和より，

$\angle ABD = 180^\circ - (90^\circ + 57^\circ) = 33^\circ$

$\angle x = \angle ABD = 33^\circ$　←$\overset{\frown}{AD}$に対する円周角

別解 点BとCを結ぶ。$\angle ACB = 90^\circ$

$\angle DCB = \angle DAB = 57^\circ$ より，

$\angle x = 90^\circ - 57^\circ = 33^\circ$

(9) $\angle BAC = \angle BDC = \angle x$　←$\overset{\frown}{BC}$に対する円周角

$\angle ACD$ は△AECの外角だから，

$\angle ACD = \angle x + 55^\circ$

$\angle AFD$ は△FCDの外角だから，

$\angle AFD = \angle ACD + \angle BDC$

よって，$93^\circ = (\angle x + 55^\circ) + \angle x$

$2\angle x + 55^\circ = 93^\circ$　　$2\angle x = 38^\circ$　　$\angle x = 19$

2 (1) $\overset{\frown}{AD} = 2\overset{\frown}{BC}$ より，

$\angle ACD = 2\angle BDC = 2 \times 35^\circ = 70^\circ$

弦ACとBDの交点をEとすると，$\angle x$ は△CDEの外角だから，

$\angle x = \angle BDC + \angle ACD = 35^\circ + 70^\circ = 105^\circ$

(2) $\overset{\frown}{CD}$ は円周の $\dfrac{1}{5}$ だから，$\overset{\frown}{CD}$ の中心角は，

$360^\circ \times \dfrac{1}{5} = 72^\circ$　　よって，$\angle x = \dfrac{1}{2} \times 72^\circ = 36$

$\overset{\frown}{BE} = 2\overset{\frown}{CD}$ より，

$\angle BDE = 2\angle CED = 2\angle x = 2\times 36^\circ = 72^\circ$

弦 BD と CE の交点を P とすると，$\angle y$ は △PDE の外角だから，$\angle y = 36^\circ + 72^\circ = 108^\circ$

右の図のように，点 B と E を結ぶ。

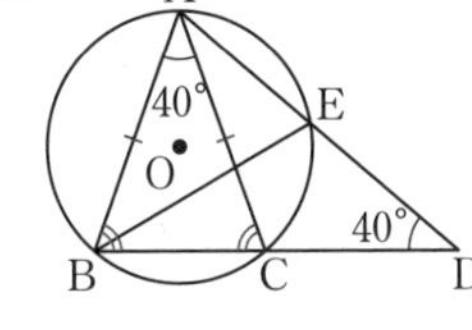

△ABC で，AB = AC より，$\angle ABC = \angle ACB$

$= (180^\circ - 40^\circ) \div 2 = 70^\circ$

$\angle ACB$ は △ACD の外角だから，

$\angle EAC + 40^\circ = 70^\circ$　←$\angle EAC + \angle D = \angle ACB$

$\angle EAC = 70^\circ - 40^\circ = 30^\circ$

$\angle EBC = \angle EAC = 30^\circ$　←$\overset{\frown}{EC}$ に対する円周角

$\angle ABE = \angle ABC - \angle EBC = 70^\circ - 30^\circ = 40^\circ$

円周角の大きさと弧の長さは比例するから，

$\overset{\frown}{AE} : \overset{\frown}{EC} = \angle ABE : \angle EAC = 40^\circ : 30^\circ = 4:3$

(1)　2 点 B，C は直線 AD について同じ側にあり，$\angle ABD = \angle ACD (= 48^\circ)$ だから，円周角の定理の逆により，4 点 A，B，C，D は 1 つの円周上にある。

よって，その円の $\overset{\frown}{CD}$ に対する円周角は等しいから，$\angle x = \angle CAD$

△ABD の内角の和より，

$\angle CAD = 180^\circ - (53^\circ + 48^\circ + 49^\circ) = 30^\circ$

したがって，$\angle x = 30^\circ$

(2)　2 点 E，D は直線 BC について同じ側にあり，$\angle BEC = \angle BDC (= 90^\circ)$ だから，4 点 E，B，C，D は 1 つの円周上にある。

△FBC の内角の和より，

$\angle ECB = 180^\circ - (113^\circ + 28^\circ) = 39^\circ$

$\overset{\frown}{EB}$ に対する円周角は等しいから，

$\angle x = \angle ECB = 39^\circ$

ポイント

4 点が 1 つの円周上にあることがわかれば，その円で円周角の定理が利用できる。

(1)　2 点 P，C は直線 AB について同じ側にあり，$\angle APB = \angle ACB (= 90^\circ)$ だから，円周角の定理の逆が成り立つ。

(2)　$\angle APB = 90^\circ$ だから，線分 AB は 4 点 A，B，C，P を通る円の直径になる。点 P は，$\angle APB = 90^\circ$ という条件があるので，どこを動いても必ずこの円の円周上にあり，直線 AB について点 C と同じ側にあるので，点 P の動いたあとは，直径 AB について点 C と同じ側の半円の弧になる。

① 点 A と D を結び，$\angle CED$ を △EAD の内角と考える。弧の長さは中心角の大きさに比例するから，$\angle COD = 360^\circ \times \dfrac{2\pi}{2\pi \times 5} = 72^\circ$

$\overset{\frown}{CD}$ の円周角だから，$\angle CAD = \dfrac{1}{2}\angle COD = 36^\circ$

AB は円 O の直径だから，$\angle ADB = 90^\circ$

$\angle ADB$ は △EAD の外角だから，

$\angle CED = \angle ADB - \angle CAD = 90^\circ - 36^\circ = 54^\circ$

② △EBC は二等辺三角形だから，

$\angle EBC = \angle ECB = (180^\circ - 106^\circ) \div 2 = 37^\circ$

$\overset{\frown}{AB}$ に対する円周角だから，

$\angle ADB = \angle ACB = \angle ECB = 37^\circ$

△ABD も二等辺三角形だから，

$\angle ABD = \angle ADB = 37^\circ$

$\angle BEC$ は △ABE の外角だから，

$\angle BAE = \angle BEC - \angle ABD$

$= 106^\circ - 37^\circ = 69^\circ$

p.102〜103 ステージ1

❶ (1)　**△ADP と △CBP において，**

$\overset{\frown}{AC}$ に対する円周角は等しいから，

$\angle D = \angle B$　①

同様にして，$\angle A = \angle C$　②

①，②より，2 組の角がそれぞれ等しいから，

△ADP ∽ △CBP

(2)　**8 cm**

❷ (1)　**△ADP と △CBP において，**

$\overset{\frown}{BD}$ に対する円周角は等しいから，

$\angle A = \angle C$　①

また，$\angle P$ は共通　②

①，②より，2 組の角がそれぞれ等しいから，

△ADP ∽ △CBP

(2)　**18 cm**

❸ **△ADC と △ACE において，**

$\overset{\frown}{AC} = \overset{\frown}{AB}$ より，等しい弧に対する円周角は等しいから，$\angle ADC = \angle ACE$　①

また，共通な角だから，$\angle DAC = \angle CAE$　②

①，②より，2 組の角がそれぞれ等しいから，

△ADC ∽ △ACE

❹ ㋐ ∠BDC　㋑ ∠DBC　㋒ ∠BCD
㋓ ∠DAC　㋔ 180°

解説

❶ (2) (1)より，△ADP ∽ △CBP だから，
AP：CP＝DP：BP
10：5＝DP：4　5DP＝40
DP＝8 cm

❷ (2) (1)より，△ADP ∽ △CBP だから，
AP：CP＝DP：BP
15：CP＝5：6　5CP＝90
CP＝18 cm

p.104〜105 ステージ1

❶

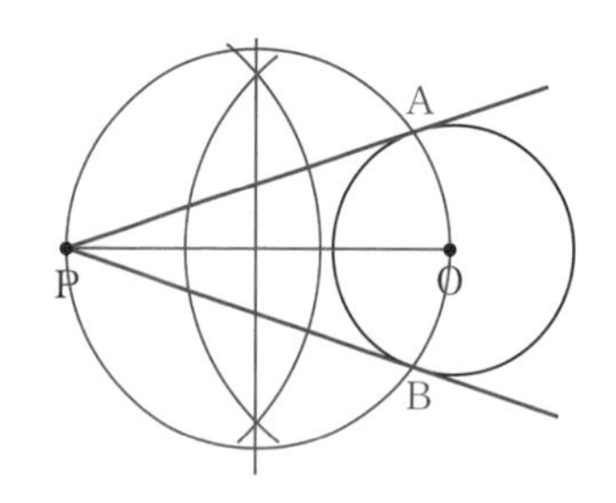

❷ 円の中心になる。
(理由) ∠AEB＝90°，∠CFD＝90° より，弦 AB，CD はどちらも円の直径であり，2 本の直径の交点はその円の中心になるから。

❸ ㋐ ∠OBP　㋑ OB
㋒ 斜辺と他の 1 辺　㋓ PB

❹ (1) $(12-x)+(9-x)=15$
(2) $x=3$　(3) 正方形　(4) 3 cm

解説

❶ (作図の手順)① 線分 PO を引いて，PO の垂直二等分線を作図し，線分 PO の中点を求める。
② 線分 PO の中点を中心として，PO を直径とする円をかき，円 O との交点を A，B とする。
③ 半直線 PA，PB を引く。

❸ 円の外部にある 1 点から引いた 2 本の接線の長さが等しいことの証明である。

❹ (1) 接線の長さは等しいから，$CF=CE=x$ cm
$BD=BE=(12-x)$ cm
$AD=AF=(9-x)$ cm
BD＋AD＝BA だから，$(12-x)+(9-x)=15$
(2) $12-x+9-x=15$　$-2x=-6$　$x=3$
(3) 接線は接点を通る半径に垂直だから，
∠OEC＝∠OFC＝90°　また，∠C＝90° だから，四角形 OECF の 4 つ目の角 ∠EOF も 90° になるので，四角形 OECF は長方形とわかる。さらに，CE＝CF より，となり合う辺も等しいので，四角形 OECF は正方形である。
(4) 四角形 OECF は正方形だから，
OE＝CE＝3 cm

ポイント

円の外部にある 1 点から，この円に引いた 2 本の接線の長さは等しい。
右の図で，PA＝PB

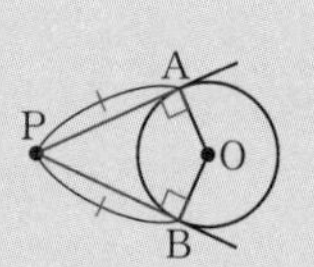

p.106〜107 ステージ2

❶ 2 点 B，D を結ぶ。
$\overset{\frown}{AB}=\overset{\frown}{CD}$ より，等しい弧に対する円周角は等しいから，∠ADB＝∠CBD
錯角が等しいので，AD // BC

❷ 平行四辺形の対角は等しいから，
∠A＝∠C　①
$\overset{\frown}{BD}$ に対する円周角は等しいから，
∠A＝∠E　②
①，②より，∠C＝∠E
したがって，2 つの角が等しいから，△DEC は二等辺三角形である。

❸ (1) △ABD と △ACB において，
半円の弧に対する円周角は 90° だから，
∠ADB＝90°
接線は接点を通る半径に垂直だから，
∠ABC＝90°
したがって，∠ADB＝∠ABC　①
また，∠A は共通　②
①，②より，2 組の角がそれぞれ等しいから，
△ABD ∽ △ACB
(2) 6 cm

❹ (1) △ABC は二等辺三角形だから，
∠ACB＝∠ABC　①
仮定より，∠DCB＝∠EBC　②
①，②より，∠ACD＝∠ABE
すなわち，∠DBE＝∠DCE
2 点 B，C は直線 DE について同じ側にあるから，円周角の定理の逆により，4 点 D，B，

C, E は 1 つの円周上にある。

(2) $\overset{\frown}{DB}$ に対する円周角は等しいから,

$\angle DCB = \angle DEB$ ①

仮定より, $\angle DCB = \angle EBC$ ②

①, ②より, $\angle DEB = \angle EBC$

よって, 錯角が等しいから, DE // BC

折り返したから, $\angle B = \angle B'$ ①

長方形の対角は等しいから, $\angle B = \angle D$ ②

①, ②より, $\angle B' = \angle D$

2 点 B′, D は直線 AC について同じ側にあるから, 円周角の定理の逆により, 4 点 A, C, D, B′ は 1 つの円周上にある。

△ABH と △ADC において,

仮定より, $\angle AHB = 90°$

半円の弧に対する円周角は 90° だから,

$\angle ACD = 90°$

よって, $\angle AHB = \angle ACD$ ①

$\overset{\frown}{AC}$ に対する円周角は等しいから,

$\angle ABH = \angle ADC$ ②

①, ②より, 2 組の角がそれぞれ等しいから,

△ABH ∽ △ADC

△ACE と △EDF において,

$\overset{\frown}{BC} = \overset{\frown}{CD} = \overset{\frown}{DE}$ より, $\overset{\frown}{CE} = \overset{\frown}{BD}$

等しい弧に対する円周角は等しいから,

$\angle CAE = \angle DEF$ ①

$\overset{\frown}{AE}$ に対する円周角は等しいから,

$\angle ACE = \angle EDF$ ②

①, ②より, 2 組の角がそれぞれ等しいから,

△ACE ∽ △EDF

(1) $(12-a)$ cm　(2) 60 cm^2

(3) $\dfrac{b°}{2}$

● ● ● ● ●

△DAC と △GEC で,

$\overset{\frown}{DC}$ に対する円周角は等しいから,

$\angle DAC = \angle GEC$ ①

仮定より, $\angle GFC = 90°$ ②

直径に対する円周角より, $\angle BAC = 90°$ ③

②, ③より, 同位角が等しいから, AB // FG ④

④より, 平行線の錯角は等しいから,

$\angle ABD = \angle EDB$ ⑤

$\overset{\frown}{AD}$ に対する円周角は等しいから,

$\angle ABD = \angle ACD$ ⑥

$\overset{\frown}{BE}$ に対する円周角は等しいから,

$\angle EDB = \angle ECG$ ⑦

⑤, ⑥, ⑦より, $\angle ACD = \angle ECG$ ⑧

①, ⑧より, 2 組の角がそれぞれ等しいから,

△DAC ∽ △GEC

解説

1 2 点 B と D または A と C を結んで, 錯角が等しくなることを示す。

2 △DEC の 2 つの角が等しくなることを示す。

3 (2) (1)より, △ABD ∽ △ACB だから,

AB : AC = AD : AB

円 O の半径を r cm とすると, AB = $2r$ cm

よって, $2r : 18 = 8 : 2r$

$4r^2 = 144$　$r^2 = 36$

$r > 0$ であるから, $r = 6$

4 (1) $\angle ACD = \angle ACB - \angle DCB$

$= \angle ABC - \angle EBC$

$= \angle ABE$ である。

別解 △DBC ≡ △ECB であること (1 組の辺とその両端の角がそれぞれ等しい) を証明し, 対応する角が等しいことから, $\angle BDC = \angle CEB$ を示してもよい。

(2) (1)で証明した 4 点 D, B, C, E を通る円で, 円周角の定理を利用する。

5 $\angle B' = \angle D(\angle AB'C = \angle ADC)$ を導く。

ポイント

折り返した図形は, もとの位置にあった図形と重なるので, 対応する辺の長さや角の大きさが等しくなる。

7 $\overset{\frown}{BC} = \overset{\frown}{CD} = \overset{\frown}{DE} = a$ とすると,

$\overset{\frown}{CE} = \overset{\frown}{CD} + \overset{\frown}{DE} = a + a = 2a$

$\overset{\frown}{BD} = \overset{\frown}{BC} + \overset{\frown}{CD} = a + a = 2a$

よって, $\overset{\frown}{CE} = \overset{\frown}{BD}$ である。

8 (1) 接線の長さは等しいから,

AP = AD = a cm

BC = BP = $(12-a)$ cm

(2) $\dfrac{1}{2} \times (AD+BC) \times DC$ ← (台形の面積) $= \dfrac{1}{2} \times$ (上底＋下底) × 高さ

$= \dfrac{1}{2} \times \{a + (12-a)\} \times 10$

$= \dfrac{1}{2} \times 12 \times 10 = 60\,(cm^2)$

(3) △BCP は BC = BP の二等辺三角形だから,

$\angle BCP = (180° - b°) \div 2 = \dfrac{180° - b°}{2}$

6 章

また，$\angle BCD = 90°$ ←接線は接点を通る半径に垂直

$\angle PCD = \angle BCD - \angle BCP$

$= 90° - \dfrac{180° - b°}{2}$ 　$\dfrac{180° - (180° - b°)}{2}$

$= \dfrac{b°}{2}$

 円周角の定理と，平行線と角の性質から，2組の角がそれぞれ等しいことを導く。

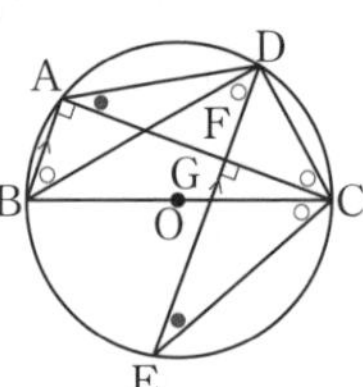

p.108〜109 ステージ3

1 (1) $\angle x = 57°$ 　(2) $\angle x = 140°$
(3) $\angle x = 90°$ 　(4) $\angle x = 20°$
(5) $\angle x = 47°$ 　(6) $\angle x = 100°$

2 (1) $\angle x = 82°$ 　(2) $\angle x = 54°$ 　(3) $\angle x = 36°$

3 (1) $x = 45$ 　(2) $x = \dfrac{25}{3}$ 　(3) $x = 4$

4 長方形

5

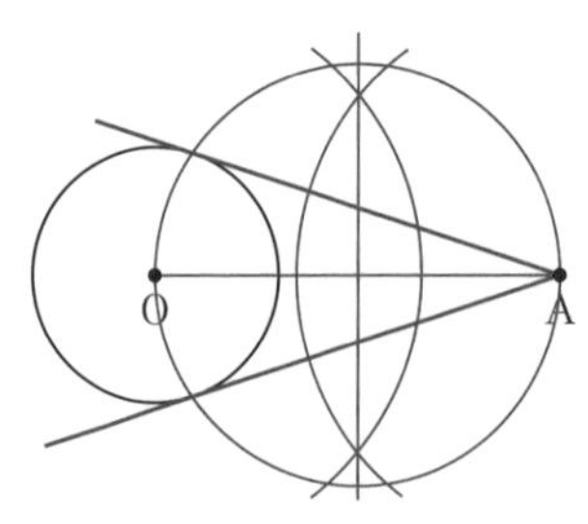

6 (1) 折り返したから，$\angle AB'D = \angle ABD$
$AB = AC$ より，$\angle ABD = \angle ACD$
よって，$\angle AB'D = \angle ACD$ 　2点B′，Cは直線ADについて同じ側にあるから，円周角の定理の逆により，4点A，D，C，B′は1つの円周上にある。

(2) $\triangle ADE$ と $\triangle B'CE$ において，(1)より，
$\overset{\frown}{DC}$ に対する円周角は等しいから，
$\angle DAE = \angle CB'E$ 　①
$\overset{\frown}{AB'}$ に対する円周角は等しいから，
$\angle ADE = \angle B'CE$ 　②
①，②より，2組の角がそれぞれ等しいから，
$\triangle ADE \backsim \triangle B'CE$

7 (1) $\triangle AEC$ と $\triangle DEA$ において，
仮定より，$\angle ACE = \angle ECB$
$\overset{\frown}{EB}$ に対する円周角は等しいから，
$\angle ECB = \angle DAE$
よって，$\angle ACE = \angle DAE$ 　①
また，共通な角だから，
$\angle AEC = \angle DEA$ 　②
①，②より，2組の角がそれぞれ等しいから
$\triangle AEC \backsim \triangle DEA$

(2) $\dfrac{15}{7}$ cm

解説

1 (1) $\angle x = \dfrac{1}{2} \times 114° = 57°$

(2) $360° - \angle x = 110° \times 2$
$\angle x = 360° - 110° \times 2 = 140°$

(3) $\overset{\frown}{AD}$ に対する円周角だから，$\angle B = \angle C = 4$
$\angle x$ は $\triangle ABP$ の外角だから，
$\angle x = 50° + 40° = 90°$

(4) $\angle AOP = 30° \times 2 = 60°$
$\angle APB$ は $\triangle OAP$ と $\triangle BCP$ の外角だから，
$\angle AOP + \angle OAP = \angle PBC + \angle PCB$
よって， $60° + \angle x = 50° + 30°$ 　$\angle x = 20°$

(5) $\angle ADC = 90°$ ←半円の弧に対する円周角
$\angle BDC = \angle BAC = 43°$ ←$\overset{\frown}{BC}$に対する円周角
$\angle x = \angle ADC - \angle BDC = 90° - 43° = 47°$

(6) 点AとOを結ぶ。
$OA = OB$ より，$\angle OAB = \angle OBA = 30°$
$OA = OC$ より，$\angle OAC = \angle OCA = 20°$
$\angle BAC = \angle OAB + \angle OAC = 30° + 20° = 50°$
よって，$\angle x = 2\angle BAC = 2 \times 50° = 100°$

得点アップのコツ
必要に応じて補助線を引き，円周角の定理の利用を考える。三角形の外角や内角の和にも注目する。

2 (1) $\overset{\frown}{AB} = \overset{\frown}{BC}$ より，
$\angle BDC = \angle ADB = 35°$ ←等しい弧に対する円周角は等しい。
弦ACとBDの交点をEとすると，$\angle x$ は $\triangle DEC$ の外角だから，
$\angle x = \angle BDC + \angle ACD = 35° + 47° = 82°$

(2) 点BとGを結ぶ。
$\overset{\frown}{BC}$ は円周の $\dfrac{1}{10}$ だから，$\overset{\frown}{BC}$ の中心角は，
$360° \times \dfrac{1}{10} = 36°$ 　$\angle BGC = \dfrac{1}{2} \times 36° = 18°$
円周角の大きさと弧の長さは比例するから，
$\overset{\frown}{EG} = 2\overset{\frown}{BC}$ より，
$\angle EBG = 2\angle BGC = 2 \times 18° = 36°$
弦BEとCGの交点をPとすると，

$\angle x$ は△BPG の外角だから，

$\angle x = \angle \mathrm{BGC} + \angle \mathrm{EBG} = 18° + 36° = 54°$

(3)　$\angle \mathrm{C} = 90°$　←半円の弧に対する円周角

△ABC の内角の和より，

$\angle \mathrm{A} + \angle \mathrm{B} = 180° - 90° = 90°$　①

$\overset{\frown}{\mathrm{AC}} : \overset{\frown}{\mathrm{BC}} = 3 : 2$ より，　←円周角の大きさと弧の長さは比例する。

$\angle \mathrm{B} : \angle \mathrm{A} = 3 : 2$　②

①，②より，$\angle x = \dfrac{2}{3+2} \times 90° = 36°$

別解　$\overset{\frown}{\mathrm{BC}} : \overset{\frown}{\mathrm{AB}} = 2 : (3+2) = 2 : 5$ より，

$\angle x : \angle \mathrm{C} = 2 : 5$　　$\angle x : 90° = 2 : 5$

❸ (1)　2 点 A，D が直線 BC について同じ側にあり，$\angle \mathrm{BAC} = \angle \mathrm{BDC}(=50°)$ だから，4 点 A，B，C，D は 1 つの円周上にある。

よって，$\overset{\frown}{\mathrm{AB}}$ に対する円周角は等しいから，

$\angle \mathrm{ADB} = \angle \mathrm{ACB} = 54°$

△ABD の内角の和より，

$x° = 180° - (31° + 54° + 50°) = 45°$

(2)　△ABP ∽ △DCP より，　←∠A=∠D，∠B=∠C より，2組の角がそれぞれ等しい。

AP : DP = BP : CP

$5 : x = 6 : 10$　　$6x = 50$　　$x = \dfrac{25}{3}$

(3)　BQ = BP = 8　←接線の長さは等しい。

CQ = BC − BQ = 13 − 8 = 5

CR = CQ = 5　←接線の長さは等しい。

AR = CA − CR = 9 − 5 = 4

x = AR = 4　←接線の長さは等しい。

❹ AB は直径で，半円の弧に対する円周角は 90° だから，　$\angle \mathrm{ACB} = \angle \mathrm{ADB} = 90°$

同様に，$\angle \mathrm{CAD} = \angle \mathrm{CBD} = 90°$

よって，四角形 ACBD は 4 つの角が等しい（直角である）から，長方形になる。

❺ 線分 OA を直径とする円を作図して，円 O との交点を求め，その交点を接点として，接線をかく。

❻ (2)　4 点 A，D，C，B′ を通る円で円周角の定理を利用し，2 組の角がそれぞれ等しいことを示す。

❼ (2)　(1)より，△AEC ∽ △DEA だから，

CA : AD = EC : EA

5 : AD = 7 : 3　　7AD = 15　　$\mathrm{AD} = \dfrac{15}{7}$ cm

得点アップのコツ

円に関する相似の問題では，等しい角に注目して，相似の証明や頂点の対応を考える。

7章 三平方の定理

p.110～111 ステージ1

❶ (1)　$x = 4\sqrt{2}$　(2)　$x = 6$　(3)　$x = \sqrt{58}$

(4)　$x = 4$　(5)　$x = 3\sqrt{3}$　(6)　$x = 3$

(7)　$x = \sqrt{7}$　(8)　$x = 8$

❷ ①　5　②　10　③　$6\sqrt{2}$

④　$\sqrt{11}$　⑤　7

❸ (1)　×　(2)　○　(3)　○

(4)　○　(5)　×　(6)　○

解説

❶ 斜辺を確認して，三平方の定理にあてはめる。

(1)　斜辺は x cm であるから，$4^2 + 4^2 = x^2$

$x^2 = 32$

$x > 0$ であるから，$x = 4\sqrt{2}$

(2)　斜辺は 10 cm であるから，$8^2 + x^2 = 10^2$

$x^2 = 36$

$x > 0$ であるから，$x = 6$

(3)　$7^2 + 3^2 = x^2$　　$x^2 = 58$

(4)　$(\sqrt{6})^2 + (\sqrt{10})^2 = x^2$　　$x^2 = 16$

(5)　$3^2 + x^2 = 6^2$　　$x^2 = 27$

(6)　$2^2 + (\sqrt{5})^2 = x^2$　　$x^2 = 9$

(7)　$3^2 + x^2 = 4^2$　　$x^2 = 7$

(8)　$x^2 + 15^2 = 17^2$　　$x^2 = 64$

ポイント

直角三角形の直角をはさむ 2 辺の長さを a，b，斜辺の長さを c とすると，　$a^2 + b^2 = c^2$

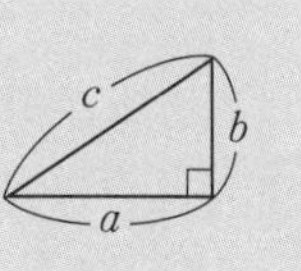

❷ $a^2 + b^2 = c^2$ に①～⑤の値を代入する。

①　$4^2 + 3^2 = c^2$　　$c^2 = 25$

②　$24^2 + b^2 = 26^2$　　$b^2 = 100$

③　$6^2 + 6^2 = c^2$　　$c^2 = 72$

④　$a^2 + (\sqrt{5})^2 = 4^2$　　$a^2 = 11$

⑤　$5^2 + (2\sqrt{6})^2 = c^2$　　$c^2 = 49$

❸ 各辺の長さを 2 乗して，もっとも長い辺の長さの 2 乗と他の 2 辺の長さの 2 乗の和とを比べる。

(1)　$3^2 = 9$，$4^2 = 16$，$6^2 = 36$

$9 + 16 < 36$ より，直角三角形ではない。

(2)　$9^2 = 81$，$12^2 = 144$，$15^2 = 225$

$81 + 144 = 225$ より，$9^2 + 12^2 = 15^2$ だから，直角三角形である。

(3)　$7^2=49$，$24^2=576$，$25^2=625$

$49+576=625$ より，$7^2+24^2=25^2$ だから，直角三角形である。

(4)　$2^2=4$，$(\sqrt{5})^2=5$，$3^2=9$

$4+5=9$ より，$2^2+(\sqrt{5})^2=3^2$ だから，直角三角形である。

(5)　$4^2=16$，$6^2=36$，$(\sqrt{10})^2=10$

$16+10<36$ より，直角三角形ではない。

(6)　$(\sqrt{21})^2=21$，$5^2=25$，$2^2=4$

$21+4=25$ より，$(\sqrt{21})^2+2^2=5^2$ だから，直角三角形である。

p.112〜113 ステージ2

1 AB を 1 辺とする正方形の面積は c^2 で，これは 1 辺が $a+b$ の正方形の面積から △ABC と合同な 4 つの直角三角形の面積を除いた面積と等しい。したがって，

$$c^2=(a+b)^2-\frac{1}{2}ab\times4$$
$$=(a^2+2ab+b^2)-2ab$$
$$=a^2+b^2$$

すなわち，$a^2+b^2=c^2$

2 (1)　$x=10\sqrt{2}$　(2)　$x=6$　(3)　$x=2\sqrt{3}$

3 ㋑，㋒，㋓

4 (1)　$x=12$，$y=13$　(2)　$x=2\sqrt{6}$，$y=7$

(3)　$x=11$　(4)　$x=\sqrt{5}$　(5)　$x=15$

(6)　$x=18$

5 $P+Q=R$

6 $\mathrm{OB}=\sqrt{2}$，$\mathrm{OE}=\sqrt{5}$

7 8 cm，15 cm

8 (1)　$\mathrm{AH}^2=13^2-x^2$

(2)　$\mathrm{AH}^2=20^2-(21-x)^2$

(3)　$13^2-x^2=20^2-(21-x)^2$　　$x=5$

(4)　$\mathrm{AH}=12$　　$\triangle\mathrm{ABC}=126$

● ● ● ● ●

① $2\sqrt{7}$ cm

② $5\sqrt{6}$ cm^2

解説

2 (1)　$x^2+23^2=27^2$　　$x^2=200$

参考　$x^2=27^2-23^2=(27+23)(27-23)$

$=50\times4=200$

という計算方法もある。

(2)　$(2\sqrt{5})^2+4^2=x^2$　　$x^2=36$

(3)　$(\sqrt{6})^2+x^2=(3\sqrt{2})^2$　　$x^2=12$

3 ㋐　$5^2=25$，$17^2=289$，$18^2=324$

$25+289<324$ より，直角三角形ではない。

㋑　$20^2=400$，$21^2=441$，$29^2=841$

$400+441=841$ より，$20^2+21^2=29^2$

㋒　$(2\sqrt{3})^2=12$，$(\sqrt{15})^2=15$，$(3\sqrt{3})^2=27$

$12+15=27$ より，$(2\sqrt{3})^2+(\sqrt{15})^2=(3\sqrt{3})$

㋓　$2^2=4$，$\left(\frac{8}{3}\right)^2=\frac{64}{9}$，$\left(\frac{10}{3}\right)^2=\frac{100}{9}$

$4+\frac{64}{9}=\frac{100}{9}$ より，$2^2+\left(\frac{8}{3}\right)^2=\left(\frac{10}{3}\right)^2$

ポイント

右の図の △ABC で，

$a^2+b^2=c^2$

ならば，∠C＝90° である。

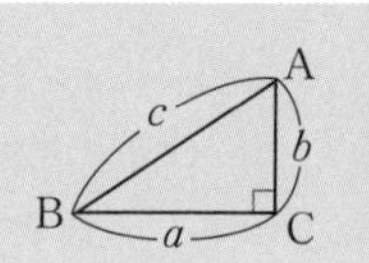

4 (1)　△ABD で，三平方の定理より，

$9^2+x^2=15^2$　　$x^2=144$

$x>0$ であるから，$x=12$

△ADC で，$5^2+x^2=y^2$ ←三平方の定理

$y^2=25+144=169$

$y>0$ であるから，$y=13$

(2)　△ADC で，$1^2+x^2=5^2$

$x^2=5^2-1^2=24$

$x>0$ であるから，$x=2\sqrt{6}$

△ABC で，$(4+1)^2+x^2=y^2$

$y^2=5^2+24=49$

$y>0$ であるから，$y=7$

(3)　△ABC で，$\mathrm{AC}^2=9^2+2^2$

△ACD で，$x^2=\mathrm{AC}^2+6^2$

よって，$x^2=(9^2+2^2)+6^2=121$

$x>0$ であるから，$x=11$

(4)　対角線 AC を引く。

△ABC で，$\mathrm{AC}^2=4^2+5^2$

△ACD で，$x^2+6^2=\mathrm{AC}^2$

よって，$x^2+6^2=4^2+5^2$　　$x^2=5$

$x>0$ であるから，$x=\sqrt{5}$

(5)　点 D から辺 BC に垂線 DE を引く。四角形 ABED は長方形だから，←4つの角が直角になるから

$\mathrm{DE}=\mathrm{AB}=12$

$\mathrm{BE}=\mathrm{AD}=9$

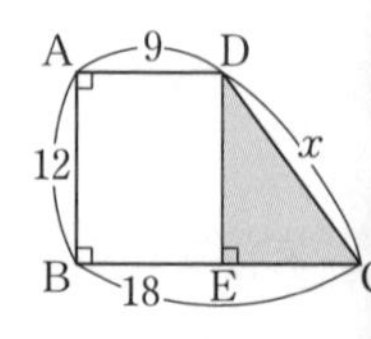

よって，$\mathrm{CE}=\mathrm{BC}-\mathrm{BE}=18-9=9$

△DCE で，$12^2+9^2=x^2$　　$x^2=225$

$x>0$ であるから，$x=15$

(6) 点 A，D から辺 BC にそれぞれ垂線 AE，DF を引く。四角形 AEFD は長方形だから，

AE = DF = 12，　EF = AD = 8

△ABE で，$BE^2+12^2=13^2$

$BE^2=25$

BE > 0 であるから，BE = 5

また，△ABE ≡ △DCF

より，CF = BE = 5

よって，x = BE + EF + CF = 5 + 8 + 5 = 18

BC = a，CA = b，AB = c とすると，

$$P=\frac{1}{2}\times\pi\times\left(\frac{a}{2}\right)^2=\frac{1}{8}\pi a^2$$

$$Q=\frac{1}{2}\times\pi\times\left(\frac{b}{2}\right)^2=\frac{1}{8}\pi b^2$$

$$R=\frac{1}{2}\times\pi\times\left(\frac{c}{2}\right)^2=\frac{1}{8}\pi c^2$$

△ABC で三平方の定理より，$a^2+b^2=c^2$ だから，

$$P+Q=\frac{1}{8}\pi a^2+\frac{1}{8}\pi b^2=\frac{1}{8}\pi(a^2+b^2)=\frac{1}{8}\pi c^2$$

$=R$

（$a^2+b^2=c^2$）

△OAA′ で，$1^2+1^2=OA'^2$　　$OA'^2=2$

OA′ > 0 であるから，OA′ = $\sqrt{2}$

OB = OA′ = $\sqrt{2}$

同様にして，OC = OB′ = $\sqrt{3}$　←△OBB′で $(\sqrt{2})^2+1^2=OB'^2$　$OB'^2=3$

OD = OC′ = $\sqrt{4}$ = 2

OE = OD′ = $\sqrt{5}$

他の 2 辺のうちの 1 辺の長さを x cm とする。

残りの 1 辺の長さは，$40-17-x=23-x$ (cm)

よって，$x^2+(23-x)^2=17^2$　（$x^2-23x+120=0$）

これを解いて，$(x-8)(x-15)=0$

$x=8$，$x=15$

$x=8$ のとき，$23-x=23-8=15$

$x=15$ のとき，$23-x=23-15=8$

どちらも，求める 2 辺の長さは，8 cm，15 cm

(1) $x^2+AH^2=13^2$ より，$AH^2=13^2-x^2$

(2) CH = $21-x$ だから，$AH^2+(21-x)^2=20^2$

(3) (1)，(2)より，$13^2-x^2=20^2-(21-x)^2$

$169-x^2=400-441+42x-x^2$

$42x=210$　　$x=5$

(4) $AH^2=13^2-5^2=144$

AH > 0 であるから，AH = 12

$\triangle ABC=\frac{1}{2}\times21\times12=126$

① 点 A から辺 BC へ垂線 AH を引くと，BH = 3 cm

△ABH で，$AB^2=BH^2+AH^2$

$AH^2=6^2-3^2=27$

BD : DC = 1 : 2 より，BD = 6÷(1+2) = 2 (cm)

したがって，DH = BH − BD = 3 − 2 = 1 (cm)

△ADH で，$AD^2=DH^2+AH^2$

$AD^2=1^2+27=28$　　AD > 0 であるから，

AD = $2\sqrt{7}$ cm

② $5^2+BC^2=7^2$　　$BC^2=24$

BC > 0 であるから，BC = $2\sqrt{6}$ cm

$\triangle ABC=\frac{1}{2}\times2\sqrt{6}\times5=5\sqrt{6}$ (cm²)

p.114～115 ステージ1

❶ (1) $4\sqrt{2}$ cm

(2) 高さ $3\sqrt{3}$ cm，面積 $9\sqrt{3}$ cm²

(3) $6\sqrt{2}$ cm，約 8.5 cm

❷ (1) $x=3$，$y=3\sqrt{2}$　(2) $x=\sqrt{2}$，$y=\sqrt{2}$

(3) $x=4$，$y=2\sqrt{3}$

(4) $x=2\sqrt{3}$，$y=4\sqrt{3}$

(5) $x=10\sqrt{2}$，$y=5\sqrt{2}$

(6) $x=12\sqrt{3}$，$y=6\sqrt{3}$

❸ (1) $6\sqrt{3}$ cm　(2) $2\sqrt{5}$ cm

❹ (1) $x=7$　(2) $x=\sqrt{55}$

解 説

❶ (1) $4\times\sqrt{2}=4\sqrt{2}$ (cm)

(2) 高さを h cm とすると，

$h:6=\sqrt{3}:2$　　$h=3\sqrt{3}$　←$2h=6\sqrt{3}$

面積は，$\frac{1}{2}\times6\times3\sqrt{3}=9\sqrt{3}$ (cm²)

別解 $h^2+3^2=6^2$　　$h^2=27$

$h>0$ であるから，$h=3\sqrt{3}$

(3) 1 辺の長さを x cm とすると，

$x:12=1:\sqrt{2}$　　$\sqrt{2}x=12$

$$x=\frac{12}{\sqrt{2}}=\frac{12\sqrt{2}}{2}=6\sqrt{2}$$

$6\sqrt{2}=6\times1.414=8.484$ → 8.5　←小数第二位を四捨五入

別解 $x^2+x^2=12^2$　　$x^2=72$

$x>0$ であるから，$x=6\sqrt{2}$

❷ (1) $x:3:y=1:1:\sqrt{2}$

(2) $x:y:2=1:1:\sqrt{2}$

(3) $2:y:x=1:\sqrt{3}:2$

7 章

(4) $x:6:y=1:\sqrt{3}:2$

(5) △ABC で，$10:x=1:\sqrt{2}$ $x=10\sqrt{2}$

△ABD で，$y:10=1:\sqrt{2}$ $\sqrt{2}\,y=10$

$y=\dfrac{10}{\sqrt{2}}=\dfrac{10\sqrt{2}}{2}=5\sqrt{2}$

(6) △ABC で，$12:x=1:\sqrt{3}$ $x=12\sqrt{3}$

△CAD で，$y:x=1:2$ $2y=x$ より，

$2y=12\sqrt{3}$ $y=6\sqrt{3}$

別解 △ABD で，$y:12=\sqrt{3}:2$，$y=6\sqrt{3}$

ポイント

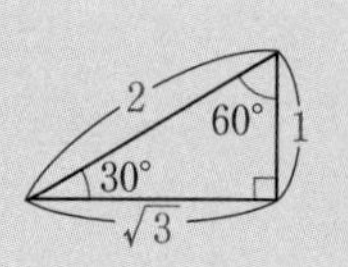

3 (1) 中心 O から弦 AB に垂線 OH を引く。H は AB の中点になる。AB は O からの距離が 3 cm であるから，OH＝3 cm

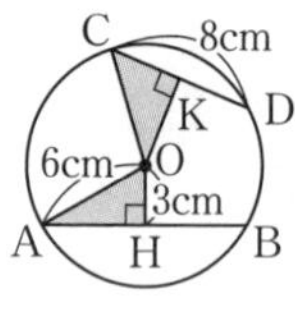

△OAH で，$AH^2+3^2=6^2$

$AH^2=27$

$AH>0$ であるから，$AH=3\sqrt{3}$ cm

$AB=2AH=2\times3\sqrt{3}=6\sqrt{3}$ (cm)

(2) 中心 O から弦 CD に垂線 OK を引く。

CK＝4 cm ←KはCDの中点

△OKC で，$OK^2+4^2=6^2$ $OK^2=20$

$OK>0$ であるから，$OK=2\sqrt{5}$ cm

4 (1) 直角三角形 OAB で，$x^2+24^2=25^2$

$x^2=49$ $x>0$ であるから，$x=7$

(2) 点 O と B を結ぶ。

接線は接点を通る半径に垂直だから，

∠OBA＝90°

円 O の半径は 3 cm だから，OB＝3 cm

△OAB で，$3^2+x^2=8^2$ $x^2=55$

$x>0$ であるから，$x=\sqrt{55}$

p.116～117 ステージ1

1 (1) **10** (2) $\sqrt{73}$ (3) $3\sqrt{5}$

2 (1) $12^2+9^2=15^2$ より，$AB^2+AC^2=BC^2$

三平方の定理の逆より，

∠BAC＝90° である。

(2) △ABC と △DBA において，

(1)と仮定より，∠BAC＝∠BDA＝90° ①

また，∠B は共通 ②

①，②より，2 組の角がそれぞれ等しいから，△ABC∽△DBA

(3) (2)より，9：AD＝15：12

15AD＝108

$AD=\dfrac{108}{15}=\dfrac{36}{5}$ 答 $\dfrac{36}{5}$ cm

(4) △ABC の面積より，

$\dfrac{1}{2}\times15\times AD=\dfrac{1}{2}\times12\times9$

$AD=\dfrac{12\times9}{15}=\dfrac{36}{5}$ 答 $\dfrac{36}{5}$ cm

3 (1) △AOE と △ADC において，

折り返したから，∠AOE＝∠COE＝90°

長方形 ABCD の角だから，∠ADC＝90°

よって，∠AOE＝∠ADC ①

また，共通な角だから，

∠OAE＝∠DAC ②

①，②より，2 組の角がそれぞれ等しいから，△AOE∽△ADC

(2) $8\sqrt{5}$ cm (3) 10 cm

解説

1 (1) 右の図のように，P(2，5) をとり，直角三角形 ABP をつくる。

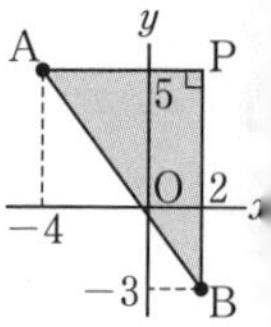

AP＝2－(－4)＝6

BP＝5－(－3)＝8

$AB^2=6^2+8^2=100$

$AB>0$ であるから，AB＝10

(2) 右の図で，

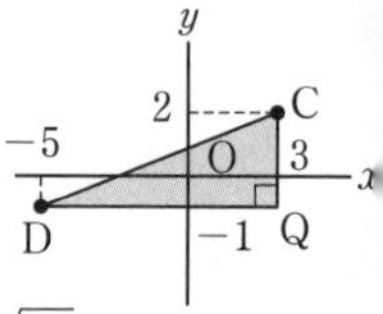

DQ＝3－(－5)＝8

CQ＝2－(－1)＝3

$CD^2=8^2+3^2=73$

$CD>0$ であるから，$CD=\sqrt{73}$

(3) 右の図で，

FR＝－1－(－4)＝3

ER＝3－(－3)＝6

$EF^2=3^2+6^2=45$

$EF>0$ であるから，

$EF=3\sqrt{5}$

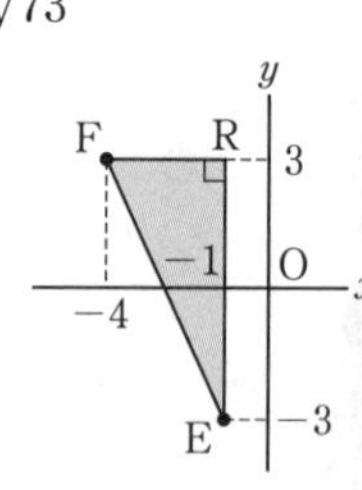

ポイント

2 点 (x_1, y_1)，(x_2, y_2) 間の距離は，

$\sqrt{(x_2-x_1)^2+(y_2-y_1)^2}$

(3) △ABC∽△DBA より，
CA：AD＝BC：BA
(4) △ABC の面積を2通りの式で表す。
(2) △ADC で，$AC^2=8^2+16^2=320$
$AC>0$ であるから，$AC=8\sqrt{5}$ cm
(3) (1)から △AOE∽△ADC より，
AE：AC＝AO：AD
AE：$8\sqrt{5}=4\sqrt{5}$：16 ←$AO=CO=4\sqrt{5}$ cm
$16AE=160$　　$AE=10$ cm
別解 $AE=x$ cm とする。
折り返したから，$D'E=DE=(16-x)$ cm
$AD'=CD=8$ cm
$\triangle AED'$ で，$(16-x)^2+8^2=x^2$
$-32x=-320$　　$x=10$

p.118〜119 ステージ1

1 (1) $7\sqrt{2}$ cm　(2) 4 cm
2 (1) $5\sqrt{5}$ cm　(2) $4\sqrt{3}$ cm　(3) $\sqrt{3}\,x$ cm
3 (1) $2\sqrt{2}$ cm　(2) $2\sqrt{14}$ cm
(3) $\dfrac{32\sqrt{14}}{3}$ cm^3　(4) $2\sqrt{15}$ cm
(5) $(16\sqrt{15}+16)$cm^2
4 (1) 見られない　(2) 見られる

解説

1 (1) 右の図のように，面BFGC を開いて AFGD が1つの長方形(正方形)になるようにしたものを考える。ひもの長さ(AQ+QG)がもっとも短くなるのは，3点 A，Q，G が一直線上にあるとき。△AFG で，$AG^2=(4+3)^2+7^2=98$

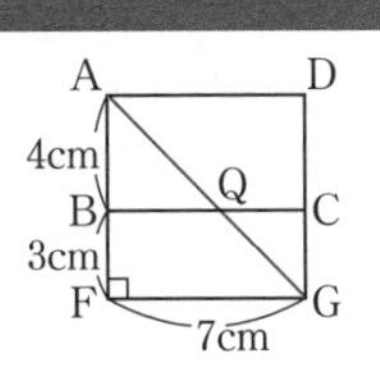

$AG>0$ であるから，$AG=7\sqrt{2}$ cm
(2) (1)で，BQ // FG であるから，
BQ：FG＝AB：AF
BQ：7＝4：(4+3)　　BQ＝4 cm
2 (1) 直角三角形 EFG で，$EG^2=8^2+5^2$
直角三角形 AEG で，$AG^2=EG^2+6^2$
よって，$AG^2=(8^2+5^2)+6^2=125$
$AG>0$ であるから，$AG=5\sqrt{5}$ cm
別解 直方体の対角線の長さの公式
$\sqrt{a^2+b^2+c^2}$ にあてはめて，
$\sqrt{5^2+8^2+6^2}=\sqrt{125}=5\sqrt{5}$ (cm)
(2) $\sqrt{a^2+b^2+c^2}$ で，$a=b=c=4$ であるから，
$\sqrt{4^2+4^2+4^2}=\sqrt{48}=4\sqrt{3}$ (cm)

ポイント
縦，横，高さがそれぞれ a，b，c である直方体の対角線の長さは，$\sqrt{a^2+b^2+c^2}$

(3) $\sqrt{x^2+x^2+x^2}=\sqrt{3x^2}=\sqrt{3}\,x$ (cm)
3 (1) $AC=4\sqrt{2}$ cm ←四角形ABCDは1辺 4 cmの正方形
$AH=\dfrac{1}{2}AC=2\sqrt{2}$ cm
(2) 直角三角形 OAH で，$(2\sqrt{2})^2+OH^2=8^2$
$OH^2=56$　　$OH>0$ であるから，
$OH=2\sqrt{14}$ cm
(3) $\dfrac{1}{3}\times4^2\times2\sqrt{14}=\dfrac{32\sqrt{14}}{3}$ (cm^3) ←$\frac{1}{3}$×(底面積)×(高さ)
(4) △OAB は二等辺三角形で，M は AB の中点だから，OM は AB に垂直である。AM＝2 cm
直角三角形 OAM で，$2^2+OM^2=8^2$
$OM^2=60$　　$OM>0$ であるから，
$OM=2\sqrt{15}$ cm
(5) 側面はすべて合同な二等辺三角形であるから，
$\underbrace{\left(\dfrac{1}{2}\times4\times2\sqrt{15}\right)\times4}_{側面積}+\underbrace{4^2}_{底面積}=16\sqrt{15}+16$ (cm^2)

4 地球の半径を r km，対象の建造物の高さを h km，建造物が見える距離を x km とすると，$r^2+x^2=(r+h)^2$ より，$x=\sqrt{h(2r+h)}$ という関係が成り立つから，$r=6378$，$h=0.6$ より，
$x=\sqrt{7653.96}$
(1) $90^2=8100>7653.96$ より，見られない。
(2) $85^2=7225<7653.96$ より，見られる。

p.120〜121 ステージ2

1 (1) $x=12$，$y=8\sqrt{3}$
(2) $x=3\sqrt{2}$，$y=3\sqrt{2}+\sqrt{6}$
(3) $x=4\sqrt{2}$，$y=\dfrac{4\sqrt{6}}{3}$
(4) $x=4\sqrt{3}$，$y=4\sqrt{7}$
(5) $x=2\sqrt{6}$
(6) $x=4\sqrt{3}$
2 (1) $AB=5\sqrt{2}$，BC＝5，CA＝5
(2) BC＝CA(∠C＝90°)の直角二等辺三角形
3 $4\sqrt{5}$
4 260 m

5 (1) △ABH と △ADC において，
仮定より，$\angle AHB = 90°$
半円の弧に対する円周角は 90° だから，
$\angle ACD = 90°$
よって，$\angle AHB = \angle ACD$ ①
$\overset{\frown}{AC}$ に対する円周角は等しいから，
$\angle ABH = \angle ADC$ ②
①，②より，2 組の角がそれぞれ等しいから，
△ABH ∽ △ADC
(2) AB…$3\sqrt{5}$ cm，AC…10 cm
円 O の半径…$\frac{5\sqrt{5}}{2}$ cm

6 $10\sqrt{10}$ cm

7 (1) 高さ $\sqrt{31}$ cm，体積 $12\sqrt{31}$ cm^3
(2) $(24\sqrt{10}+36)$ cm^2

8 (1) 高さ $6\sqrt{2}$ cm，体積 $18\sqrt{2}\pi$ cm^3
(2) $9\sqrt{3}$ cm

● ● ● ● ●

① $48\sqrt{3}$ cm^3

解説

1 (1) △ABC で，$6\sqrt{2} : x = 1 : \sqrt{2}$
$x = 6\sqrt{2} \times \sqrt{2} = 12$
△BDC で，$12 : y = \sqrt{3} : 2$　$\sqrt{3}\,y = 24$
$y = \frac{24}{\sqrt{3}} = \frac{24\sqrt{3}}{3} = 8\sqrt{3}$
(2) △ABH で，$x : 6 = 1 : \sqrt{2}$　$\sqrt{2}\,x = 6$
$x = \frac{6}{\sqrt{2}} = 3\sqrt{2}$ ← $\frac{6\sqrt{2}}{2}$
$BH = AH = 3\sqrt{2}$
△AHC で，$CH : 3\sqrt{2} = 1 : \sqrt{3}$
$\sqrt{3}\,CH = 3\sqrt{2}$　$CH = \frac{3\sqrt{2}}{\sqrt{3}} = \sqrt{6}$ ← $\frac{3\sqrt{6}}{3}$
$y = BH + CH = 3\sqrt{2} + \sqrt{6}$
(3) △ABC で，$x : 8 = 1 : \sqrt{2}$
$\sqrt{2}\,x = 8$　$x = \frac{8}{\sqrt{2}} = 4\sqrt{2}$
△FBC で，$\angle FBC = 30°$ だから，
$y : 4\sqrt{2} = 1 : \sqrt{3}$　$\sqrt{3}\,y = 4\sqrt{2}$
$y = \frac{4\sqrt{2}}{\sqrt{3}} = \frac{4\sqrt{6}}{3}$
(4) △ACH で，$\angle ACH = 180° - 120° = 60°$ だから，
$x : 8 = \sqrt{3} : 2$　$x = 4\sqrt{3}$ ← $2x = 8\sqrt{3}$
また，$CH : 8 = 1 : 2$　$CH = 4$
△ABH で，$y^2 = (4\sqrt{3})^2 + (4+4)^2 = 112$
↑ 三平方の定理より，$AB^2 = AH^2 + BH^2$
$y > 0$ であるから，$y = \sqrt{112} = 4\sqrt{7}$
(5) △ABC は二等辺三角形なので，H は辺 B[C]
の中点になるから，$BH = 5$
△ABH で，$x^2 + 5^2 = 7^2$　$x^2 = 24$
$x > 0$ であるから，$x = 2\sqrt{6}$
(6) 中心 O から弦 AB に垂線 OH を引く。
H は AB の中点になるから，$x = 2AH$
△OAH は 60° の角をもつ直角三角形だから，
$AH : 4 = \sqrt{3} : 2$　$AH = 2\sqrt{3}$
$x = 2 \times 2\sqrt{3} = 4\sqrt{3}$

ポイント
45° や 60° の角をもつ直角三角形の辺の比を使うのか，三平方の定理を使うのかを見極める。

2 (1) 右の図で，
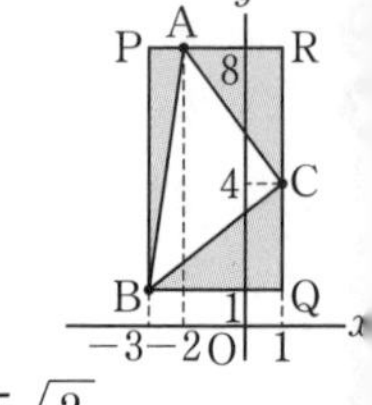

$AP = -2-(-3) = 1$
$BP = 8 - 1 = 7$
直角三角形 APB で，
$AB^2 = 1^2 + 7^2 = 50$
$AB > 0$ であるから，$AB = 5\sqrt{2}$
同様に，直角三角形 BQC で，
$BQ = 1-(-3) = 4$，$CQ = 4 - 1 = 3$
$BC^2 = 4^2 + 3^2 = 25$
$BC > 0$ であるから，$BC = 5$
直角三角形 ACR で，
$AR = 1-(-2) = 3$，$CR = 8 - 4 = 4$
$CA^2 = 3^2 + 4^2 = 25$
$CA > 0$ であるから，$CA = 5$
(2) (1)より，$BC = CA = 5$ だから，△ABC は二
等辺三角形。
また，$\underline{CA^2 + BC^2 = AB^2}$ だから，△ABC は，
$25 + 25 = 50$
$\angle C = 90°$ の直角三角形。
よって，△ABC は，$BC = CA\,(\angle C = 90°)$ の
直角二等辺三角形である。

3 A(−1, 1)，B(3, 9)
$y = (-1)^2 = 1$　$y = 3^2 = 9$
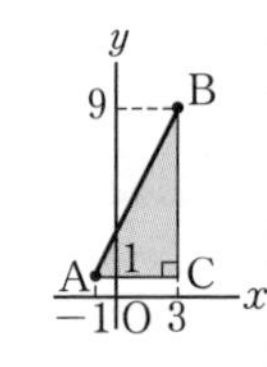

右の図で，$AC = 3-(-1) = 4$
$BC = 9 - 1 = 8$

$AB^2 = 4^2 + 8^2 = 80$

$AB > 0$ であるから，$AB = 4\sqrt{5}$

A，B 間の水平距離は，

$2.4\ \text{cm} \times 10000 = 240\ \text{m}$

$AB^2 = 100^2 + 240^2 = 67600$

$AB > 0$ であるから，$AB = 260\ \text{m}$

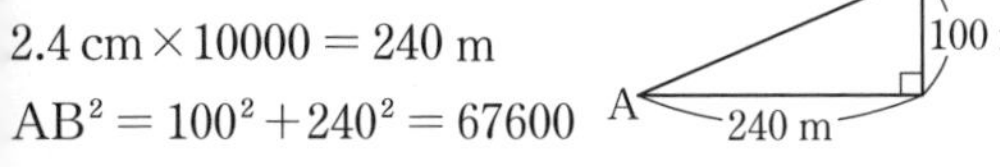

(2)　△ABH で，$AB^2 = 3^2 + 6^2 = 45$

$AB > 0$ であるから，$AB = 3\sqrt{5}$ cm

△AHC で，$AC^2 = 6^2 + 8^2 = 100$

$AC > 0$ であるから，$AC = 10$ cm

円 O の半径を r cm とすると，$AD = 2r$ cm

△ABH ∽ △ADC より，

$AB : AD = AH : AC$

$3\sqrt{5} : 2r = 6 : 10$　（$12r = 30\sqrt{5}$）

$r = \dfrac{5\sqrt{5}}{2}$

側面を母線 AB で切って開くと右の図の長方形になる。最短になるようにかけたひもは，右の図のような線分 AB になる。

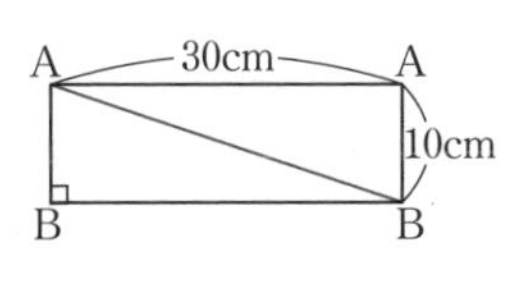

$AB^2 = 10^2 + 30^2 = 1000$

$AB > 0$ であるから，$AB = \sqrt{1000} = 10\sqrt{10}$ (cm)

ポイント

立体の表面上の最短距離は，展開図で考える。

(1)　底面の対角線 AC と BD の交点を H とする。

$AC = 6\sqrt{2}$ cm，$AH = \dfrac{1}{2}AC = 3\sqrt{2}$ cm

直角三角形 OAH で，

$OH^2 + (3\sqrt{2})^2 = 7^2$

$OH^2 = 31$

$OH > 0$ であるから，

$OH = \sqrt{31}$ cm

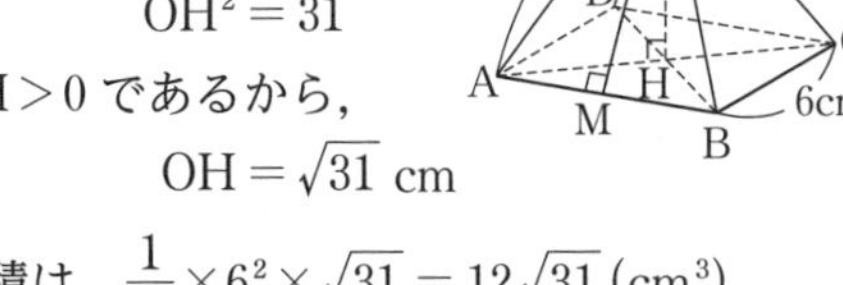

体積は，$\dfrac{1}{3} \times 6^2 \times \sqrt{31} = 12\sqrt{31}$ (cm³)

(2)　頂点 O から辺 AB に垂線 OM を引く。

$AM = 3$ cm　←M は辺 AB の中点になる。

直角三角形 OAM で，$3^2 + OM^2 = 7^2$

$OM^2 = 40$　　$OM > 0$ であるから，

$OM = 2\sqrt{10}$ cm

表面積は，

$\left(\dfrac{1}{2} \times 6 \times 2\sqrt{10}\right) \times 4 + 6^2 = 24\sqrt{10} + 36$ (cm²)

（側面積↓　底面積↓）

8　(1)　高さを h cm とする。

$h^2 + 3^2 = 9^2$　　$h^2 = 72$

$h > 0$ であるから，$h = 6\sqrt{2}$

体積は，$\dfrac{1}{3} \times \pi \times 3^2 \times 6\sqrt{2} = 18\sqrt{2}\pi$ (cm³)

(2)　母線 OA で側面を切って開いた展開図は右の図のおうぎ形になる。おうぎ形の中心角を x° とすると，

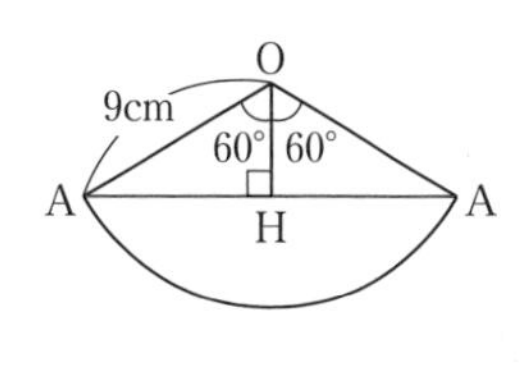

$2\pi \times 9 \times \dfrac{x}{360} = 2\pi \times 3$　←側面の展開図のおうぎ形の弧の長さは底面の円周の長さに等しい。

$\dfrac{x}{360} = \dfrac{1}{3}$　　$x = 120$

ひもが最短になるとき，ひもは展開図では，弧の両端の A を結んだ弦になる。

O から弦に垂線 OH を引くと，H は弦の中点。

△OAH は，60° の角をもつ直角三角形だから，

$AH : 9 = \sqrt{3} : 2$　　$2AH = 9\sqrt{3}$

$AH = \dfrac{9\sqrt{3}}{2}$ cm

求める長さは，$2AH = 2 \times \dfrac{9\sqrt{3}}{2} = 9\sqrt{3}$ (cm)

①　立体の底面と球を重ねて，真上から見た図は右のようになる。

図において，円 O と辺 AB の接点を H とすると，$OH \perp AB$，△ABC は正三角形より，△OHA は 60° の角をもつ直角三角形である。

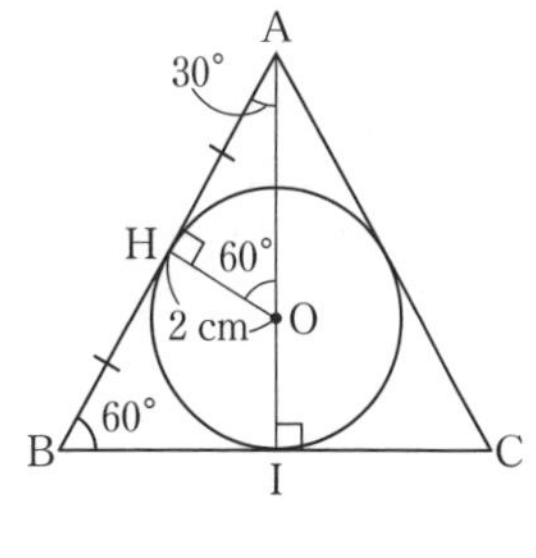

また，$HA = HB$

$HA = \sqrt{3}\,OH = 2\sqrt{3}$ cm

$AB = HA + HB = 2\sqrt{3} + 2\sqrt{3} = 4\sqrt{3}$ (cm)

次に，正三角形 ABC の高さを AI とすると，直角三角形 AIB において，

$AI = \dfrac{\sqrt{3}}{2}AB = \dfrac{\sqrt{3}}{2} \times 4\sqrt{3} = 6$ (cm)

正三角柱の高さは，球の直径と等しく，

$2 \times 2 = 4$ (cm)

よって，求める体積は，

$\dfrac{1}{2} \times 4\sqrt{3} \times 6 \times 4 = 48\sqrt{3}$ (cm³)

p.122〜123 ステージ3

1 (1) $x=15$　(2) $x=3\sqrt{3}$　(3) $x=8$
(4) $x=4\sqrt{6}$　(5) $x=12\sqrt{2}$　(6) $x=15$

2 ㋑, ㋒, ㋔

3 (1) $4\sqrt{3}$ cm²　(2) $2\sqrt{34}$　(3) $5\sqrt{2}$ cm
(4) $3\sqrt{2}$ cm　(5) 7π cm³

4 (1) 4 cm　(2) $\dfrac{12}{5}$ cm

5 3 cm

6 (1) $5\sqrt{2}$ cm　(2) $10\sqrt{3}$ cm

7 (1) $2\sqrt{5}$ cm　(2) $4\sqrt{6}$ cm²　(3) $\dfrac{2\sqrt{6}}{3}$ cm

解説

1 (1) $x^2=9^2+12^2=225$
$x>0$ であるから，$x=15$

(2) 右の図のように，点Aから辺BCに垂線AHを引く。四角形AHCDは長方形だから，AH＝CD＝x
CH＝AD＝4

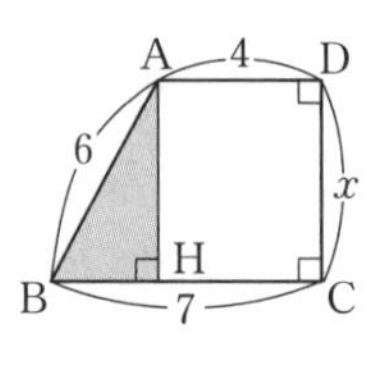

BH＝BC－CH＝7－4＝3
△ABHで，$3^2+x^2=6^2$　$x^2=27$
$x>0$ であるから，$x=3\sqrt{3}$

(3) 右の図のように，長方形PCDEをつくる。
AP＝20－12＝8
△APBで，$8^2+\text{BP}^2=10^2$

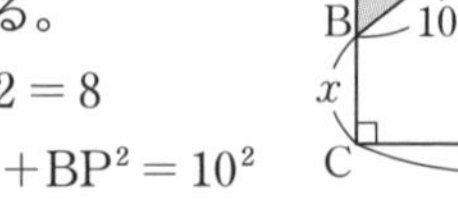

$\text{BP}^2=36$　BP＞0であるから，BP＝6
$x=\text{PC}-\text{BP}=14-6=8$

(4) △ABCで，$6:\text{BC}=1:\sqrt{2}$　$\text{BC}=6\sqrt{2}$
△BDCで，$6\sqrt{2}:x=\sqrt{3}:2$
$\sqrt{3}\,x=12\sqrt{2}$　$x=\dfrac{12\sqrt{2}}{\sqrt{3}}=4\sqrt{6}$ ←$\dfrac{12\sqrt{6}}{3}$

(5) △OAHで，$\text{AH}^2+3^2=9^2$　$\text{AH}^2=72$
AH＞0であるから，$\text{AH}=6\sqrt{2}$
$x=2\text{AH}=2\times6\sqrt{2}=12\sqrt{2}$
↑Hは弦ABの中点になる

(6) 点AとOを結ぶ。OA＝8 ←円Oの半径は8
∠OAP＝90° ←接線は接点を通る半径に垂直
△OAPで，$8^2+x^2=17^2$　$x^2=225$
$x>0$ であるから，$x=15$

2 ㋑ $2^2+(\sqrt{5})^2=3^2$ ←4＋5＝9
㋒ $6^2+(\sqrt{13})^2=7^2$ ←36＋13＝49
㋔ $(2\sqrt{3})^2+6^2=(4\sqrt{3})^2$ ←12＋36＝48

3 (1) 高さをh cmとすると，$h:4=\sqrt{3}:2$
$h=2\sqrt{3}$ ←$2h=4\sqrt{3}$
面積は，$\dfrac{1}{2}\times4\times2\sqrt{3}=4\sqrt{3}$ (cm²)

(2) 右の図で，
HB＝7－(－3)＝10
HA＝2－(－4)＝6
直角三角形ABHで，
$\text{AB}^2=10^2+6^2=136$

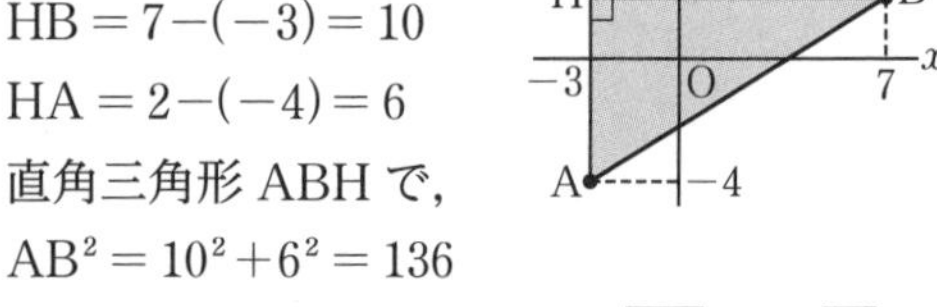

AB＞0であるから，$\text{AB}=\sqrt{136}=2\sqrt{34}$

(3) $\sqrt{3^2+4^2+5^2}=\sqrt{50}=5\sqrt{2}$ (cm)

(4) 底面の正方形の対角線の長さは$6\sqrt{2}$ cm
高さをh cmとすると，$h^2+\left(\dfrac{6\sqrt{2}}{2}\right)^2=6^2$
$h^2=18$　$h>0$ であるから，$h=3\sqrt{2}$
別解 正四角錐を2つくっつけると，1辺6 cの正八面体ができる。よって，高さは正八面体の対角線の半分だから，
$6\sqrt{2}\div2=3\sqrt{2}$ (cm)

(5) 円錐の高さをh cmとする。
$h^2+(\sqrt{7})^2=4^2$　$h^2=9$
$h>0$ であるから，$h=3$
体積は，$\dfrac{1}{3}\times\pi\times(\sqrt{7})^2\times3=7\pi$ (cm³)

4 (1) △ABCで，$3^2+\text{BC}^2=5^2$　$\text{BC}^2=16$
BC＞0であるから，BC＝4 cm

(2) △ABCの面積より，
$\dfrac{1}{2}\times5\times\text{BD}=\dfrac{1}{2}\times4\times3$　$\text{BD}=\dfrac{12}{5}$ cm
別解 △ABD∽△ACBより，BD：4＝3：5
5BD＝12　$\text{BD}=\dfrac{12}{5}$ cm

5 CD＝x cmとする。BD＝$(8-x)$ cm ←BC－CD
折り返したから，AD＝BD＝$(8-x)$ cm
△ADCで，$x^2+4^2=(8-x)^2$
$16x=48$
$x=3$
（$x^2+16=64-16x+x^2$）
別解 $\text{AB}^2=4^2+8^2=80$ より，AB＞0であるから，$\text{AB}=4\sqrt{5}$ cm，$\text{BE}=\text{AE}=2\sqrt{5}$ cm
△BDE∽△BACより，$\text{BD}:4\sqrt{5}=2\sqrt{5}:$
8BD＝40　BD＝5 cm
CD＝BC－BD＝8－5＝3(cm)

(1) △ABC は直角二等辺三角形だから，

$BC : 10 = 1 : \sqrt{2}$　　$\sqrt{2}\,BC = 10$

$BC = \dfrac{10}{\sqrt{2}} = 5\sqrt{2}$ (cm)

(2) 右の図のように，面 CFDA を開いて，長方形 BEDA をつくる。

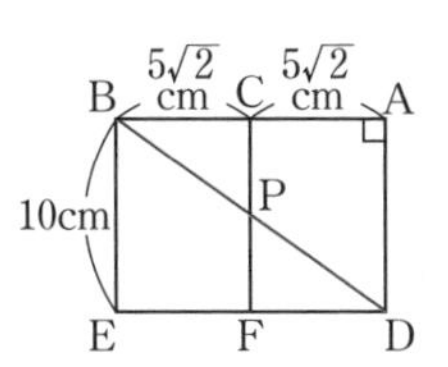

BP+PD が最小になるのは，3 点 B，P，D が一直線上にあるとき。

AC=BC=5√2 cm

△ABD で，$BD^2 = 10^2 + (10\sqrt{2})^2 = 300$

BD > 0 であるから，$BD = 10\sqrt{3}$ cm

よって，$BP+PD = 10\sqrt{3}$ cm

(1) △ABM で，$AM^2 = 4^2 + 2^2 = 20$

AM > 0 であるから，$AM = 2\sqrt{5}$ cm

(2) △BFM で，$FM^2 = 4^2 + 2^2 = 20$

FM > 0 であるから，$FM = 2\sqrt{5}$ cm

△AEF で，$AF = \sqrt{2}\,AE = 4\sqrt{2}$ cm

△AFM は AM = FM の二等辺三角形だから，点 M から辺 AF に垂線 MN を引くと，

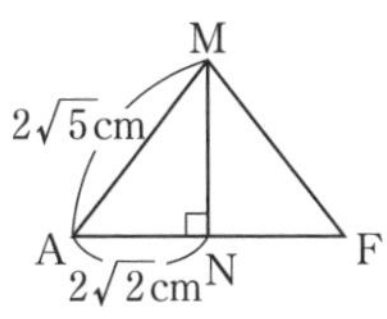

$AN = \dfrac{1}{2}AF = 2\sqrt{2}$ cm ←N は AF の中点

△MAN で，$MN^2 + (2\sqrt{2})^2 = (2\sqrt{5})^2$

$MN^2 = 12$　　MN > 0 であるから，

$MN = 2\sqrt{3}$ cm

$\triangle AFM = \dfrac{1}{2} \times 4\sqrt{2} \times 2\sqrt{3} = 4\sqrt{6}$ (cm²)

(3) 求める高さを h cm とする。

△AFB を底面として三角錐 BAFM の体積を求めると，$\dfrac{1}{3} \times \left(\dfrac{1}{2} \times 4 \times 4\right) \times 2 = \dfrac{16}{3}$ (cm³)

よって，$\dfrac{1}{3} \times 4\sqrt{6} \times h = \dfrac{16}{3}$　　$4\sqrt{6}\,h = 16$

$h = \dfrac{16}{4\sqrt{6}} = \dfrac{2\sqrt{6}}{3}$　←$\dfrac{4}{\sqrt{6}} = \dfrac{4\sqrt{6}}{6}$

点アップのコツ

面積や体積を 2 通りの方法で表して，高さを求める解き方も利用しよう。

8章 標本調査

p.124～125 ステージ1

❶ (1) 標本調査　(2) 全数調査

(3) 標本調査　(4) 全数調査

(5) 標本調査

❷ 母集団…ある中学校の 3 年生男子 200 人

標本…3 年生男子から無作為抽出した 20 人

❸ (1) 110 g　(2) ㋑，㋓

❹ 右の図

❺ 約 15 個

解説

❶ 対象となる集団のすべてのものについて行う調査が全数調査で，(2)は国民全員，(4)は入学希望者全員に対して行われるので，全数調査。

全数調査に対し，それができない場合や時間や労力がかかりすぎる場合などに，対象となる集団から一部を取り出して調べる標本調査が行われる。

(1)は，全部調べると，売る果物がなくなるから，(3)，(5)は，全部調べるには大変すぎるから，などの理由により，標本調査になる。

❸ (1) 抽出した 10 個の資料の標本平均を求める。

(109+124+102+117+106+122+114+103+96+107)÷10 = 1100÷10 = 110(g)

参考 100 や 110 を基準として，平均値を求めてもよい。

(2) ㋐ 標本平均と母平均とは誤差があるのがふつうだから，正しくない。

㋒ 110g×200 = 22000g = 22kg より，みかん全体の重さは約 22 kg と推定されるから，正しくない。

❹ データを順に並びかえ，四分位数を求める。

0 0 1 1 1 1 1 1 2 2

2 2 2 3 3 3 3 4 4 6

第 1 四分位数…(1+1)÷2 = 1(冊)

第 2 四分位数…(2+2)÷2 = 2(冊)

第 3 四分位数…(3+3)÷2 = 3(冊)

❺ 600 個の中の不良品の数を x 個とすると，

$600 : x = 80 : 2$　　$80x = 1200$

$x = 15$

p.126〜127 ステージ2

❶ ① 標本調査 ② 母集団
③ 標本（または，サンプル）

❷ (1) ○ (2) × (3) × (4) ×

❸ 約 110 匹 ❹ 約 260 個 ❺ 約 180 個

❻ 約 31000 語 ❼ 約 26 m

● ● ● ● ●

① 無作為に抽出した 120 個の空き缶にふくまれるアルミ缶の割合は $\frac{75}{120}=\frac{5}{8}$ である。
したがって，回収した 4800 個の空き缶にふくまれるアルミ缶は，およそ $4800\times\frac{5}{8}=3000$
アルミ缶はおよそ 3000 個と推定できる。

解説

❷ (2) より正確に近い推測を得るには，かたよりなく標本を選ぶ（無作為抽出する）必要がある。
(3) 標本を選ぶときには，無作為に選ばなければ，適切な推測は得られない。
(4) 無作為抽出した標本でも，その性質が母集団の性質とまったく同じとはかぎらない。

❸ 池にいるふなの総数を x 匹とすると，

$x:20=27:5$ （$5x=540$）
$x=108$ ←一の位を四捨五入

❹ 10000 個の中の不良品の数を x 個とすると，

$10000:x=76:2$ （$76x=20000$）
$x=263.\cdots$ ←一の位を四捨五入

ポイント
標本を無作為抽出した場合，標本の中の割合と母集団の中の割合はほぼ等しいと考えられる。

❺ 6 回の実験で取り出した玉の総数は，
$20\times6=120$(個)
その中にふくまれていた白玉の合計は，
$6+5+5+7+6+7=36$(個)
袋の中の白玉の数を x 個とすると，
$600:x=120:36$ （$120x=600\times36$）
$x=180$

❻ 8 ページに記載されている見出し語の合計は，
$22+18+35+27+19+23+31+29=204$(語)
よって標本平均は，$204\div8=25.5$(語)
これが 1200 ページの平均値（母平均）にほぼ等しいと考えて，見出し語の総数は，
$25.5\times1200=30600$ 百の位を四捨五入する。

❼ 抽出した 10 人の記録は，25 m，25 m，24 m，23 m，27 m，26 m，30 m，24 m，24 m，31 m
これらの平均値（標本平均）を求めると，
$(25+25+24+23+27+26+30+24+24+31)\div$
$=259\div10=25.9$ より，26 m ←小数第一位を四捨
標本平均が 3 年生男子 80 人の平均値にほぼ等しいと考えて，80 人の平均値は約 26 m と推定でき

p.128 ステージ3

❶ (1) 標本調査 (2) 全数調査
(3) 全数調査 (4) 標本調査

❷ (1) 約 7.5 秒 (2) 下の図

❸ 約 1000 個

❹ 約 500 匹

❺ 約 240 個

6.5 7.0 7.5 8.0 8.5(秒)

❻ (1) 24.3 語 (2) 約 3 万 4 千語

解説

❷ (1) 無作為抽出した 10 人の記録の平均値は，
$(6.8+7.8+7.6+7.3+7.5+7.1+7.0+8.1+7.5$
$+8.3)\div10=75\div10=7.5$(秒)
これが全員の平均値にほぼ等しいと考えて推定す
(2) 資料を順に並べかえて四分位数を求める。
6.8，7.0，7.1，7.3，7.5，7.5，7.6，7.8，8.1，8
第 1 四分位数…7.1 秒，第 3 四分位数…7.8 秒
第 2 四分位数…$(7.5+7.5)\div2=7.5$(秒)

❸ 60000 個の中の不良品の数を x 個とすると，
$60000:x=300:5$ $x=1000$

❹ 池にいる魚の総数を x 匹とすると，
$x:50=(36+4):4$ $x=500$

❺ 5 回の実験で取り出した玉の総数は，
$20\times5=100$(個)
その中にふくまれていた赤玉の合計は，
$7+10+8+7+8=40$(個)
袋の中の赤玉の総数を x 個とすると，
$600:x=100:40$ $100x=24000$ $x=240$

❻ (1) $(27+16+29+18+21+42+23+15+30$
$+22)\div10=243\div10=24.3$(語)
(2) 1400 ページの平均値（母平均）も 24.3 語と考えて，$24.3\times1400=34020$(語) →約 3 万 4 千語

得点アップのコツ
問題文から，何が母集団で，何が標本かをしっかり読みとる。

定期テスト対策 得点アップ! 予想問題

.130〜131 第1回

(1) $3x^2-15xy$ (2) $-10a^2+2a$
(3) $2ab+3b^2$ (4) $-10x+5y$

(1) $2x^2+x-3$
(2) $a^2+2ab-7a-8b+12$
(3) $x^2-9x+14$ (4) x^2+x-12
(5) $y^2+y+\frac{1}{4}$ (6) $9x^2-12xy+4y^2$
(7) $25x^2-81$ (8) $16x^2+8x-15$
(9) $a^2+4ab+4b^2-10a-20b+25$
(10) $x^2-y^2+8y-16$

(1) x^2+16 (2) $-4a+20$

(1) $2y(2x-1)$ (2) $5a(a-2b+3)$

(1) $(x-2)(x-5)$ (2) $(x+3)(x-4)$
(3) $(m+4)^2$ (4) $(y+6)(y-6)$

(1) $(2a+3b)^2$ (2) $6(x+2)(x-4)$
(3) $2b(2a+1)(2a-1)$
(4) $(a+b-8)^2$ (5) $(x-4)(x-9)$
(6) $(x+y)(x+2)$

(1) 2401 (2) 2800

62

連続する 3 つの整数は，n を整数とすると，$n-1$，n，$n+1$ と表される。
$(n+1)^2-4n$
$=n^2+2n+1-4n$
$=n^2-2n+1$
$=(n-1)^2$
したがって，連続する 3 つの整数では，もっとも大きい数の 2 乗から中央の数の 4 倍をひいた差は，もっとも小さい数の 2 乗になる。

$(20\pi a+100\pi)\text{cm}^2$（または $20\pi(a+5)\text{cm}^2$）

解説

(9) $(a+2b-5)^2$ ← $a+2b$ を M とおく
$=(M-5)^2$
$=M^2-10M+25$ ← M を $a+2b$ にもどす
$=(a+2b)^2-10(a+2b)+25$
$=a^2+4ab+4b^2-10a-20b+25$

(10) $(x+y-4)(x-y+4)$
$=\{x+(y-4)\}\{x-(y-4)\}$ ← $y-4$ をひとまとめにして展開する
$=x^2-(y-4)^2$
$=x^2-(y^2-8y+16)$
$=x^2-y^2+8y-16$

3 (1) $2x(x-3)-(x+2)(x-8)$
$=2x^2-6x-(x^2-6x-16)$ ← $2x^2-6x-x^2+6x+16$
$=x^2+16$

(2) $(a-2)^2-(a+4)(a-4)$
$=a^2-4a+4-(a^2-16)$ ← $a^2-4a+4-a^2+16$
$=-4a+20$

6 (1) $4a^2+12ab+9b^2=(2a)^2+2\times 2a\times 3b+(3b)^2$

(2) $6x^2-12x-48$ ← 共通な因数 6 をくくり出す
$=6(x^2-2x-8)$ ← かっこの中の式を因数分解する
$=6(x+2)(x-4)$

(3) $8a^2b-2b=2b(4a^2-1)=2b(2a+1)(2a-1)$

(4) $(a+b)^2-16(a+b)+64$ ← $a+b$ を M とおく
$=M^2-16M+64$
$=(M-8)^2$ ← M を $a+b$ にもどす
$=(a+b-8)^2$

(5) $(x-3)^2-7(x-3)+6$ ← $x-3$ を M とおく
$=M^2-7M+6$
$=(M-1)(M-6)$ ← M を $x-3$ にもどす
$=(x-3-1)(x-3-6)$
$=(x-4)(x-9)$

(6) $x^2+xy+2x+2y$ ← $(x^2+xy)+(2x+2y)$
$=x(x+y)+2(x+y)$ ← $x+y$ が共通な因数
$=(x+y)(x+2)$

得点アップのコツ
時間が余ったら必ず検算をする。因数分解の検算は答えを展開して問題の式になるか確認するとよい。

7 (1) 49^2
$=(50-1)^2$
$=50^2-2\times 50\times 1+1^2$
$=2401$

(2) $7\times 29^2-7\times 21^2$
$=7\times(29^2-21^2)$
$=7\times(29+21)\times(29-21)$
$=2800$

8 $2x^2+2y^2-4xy-3x+3y-3$
$=2(x-y)^2-3(x-y)-3$
$=2\times(-5)^2-3\times(-5)-3=50+15-3=62$

10 $\pi(a+10)^2-\pi a^2$
$=\pi(a^2+20a+100)-\pi a^2$
$=20\pi a+100\pi\ (\text{cm}^2)$

p.132〜133 第2回

1 (1) ± 0.9 (2) 8 (3) 9 (4) 6

2 (1) $6>\sqrt{30}$ (2) $-4<-\sqrt{10}<-3$
(3) $\sqrt{15}<4<3\sqrt{2}$

3 $\sqrt{15}$, $\sqrt{50}$

4 (1) $4\sqrt{7}$ (2) $\dfrac{\sqrt{7}}{8}$

5 (1) $\dfrac{\sqrt{6}}{3}$ (2) $\sqrt{5}$

6 (1) 244.9 (2) 0.2449

7 (1) $4\sqrt{3}$ (2) 30 (3) $\dfrac{4\sqrt{3}}{3}$
(4) $-3\sqrt{3}$

8 (1) $-\sqrt{6}$ (2) $\sqrt{5}+7\sqrt{3}$ (3) $3\sqrt{2}$
(4) $9\sqrt{7}$ (5) $3\sqrt{3}$ (6) $\dfrac{5\sqrt{6}}{2}$

9 (1) $9+3\sqrt{2}$ (2) $1+\sqrt{7}$
(3) $21-6\sqrt{10}$ (4) $-9\sqrt{2}$
(5) 13 (6) $13-5\sqrt{3}$

10 (1) 7 (2) $4\sqrt{10}$

11 (1) $4\sqrt{3}$ cm (2) 10個 (3) 30
(4) 28, 63 (5) 7 (6) $5-2\sqrt{5}$

解説

2 (2) $3=\sqrt{3^2}=\sqrt{9}$, $4=\sqrt{4^2}=\sqrt{16}$
$\sqrt{9}<\sqrt{10}<\sqrt{16}$ だから, $3<\sqrt{10}<4$ よって,
$-4<-\sqrt{10}<-3$ ←負の数は絶対値が大きいほど小さい
(3) $3\sqrt{2}=\sqrt{3^2}\times\sqrt{2}=\sqrt{18}$, $4=\sqrt{4^2}=\sqrt{16}$
$\sqrt{15}<\sqrt{16}<\sqrt{18}$ より, $\sqrt{15}<4<3\sqrt{2}$

5 (2) $\dfrac{5\sqrt{3}}{\sqrt{15}}=\dfrac{5\sqrt{3}\times\sqrt{15}}{\sqrt{15}\times\sqrt{15}}=\dfrac{5\times3\sqrt{5}}{15}=\sqrt{5}$

別解 $\dfrac{5\sqrt{3}}{\sqrt{15}}=\dfrac{5}{\sqrt{5}}$ と先に約分してもよい。

6 (1) $\sqrt{60000}=100\sqrt{6}=100\times2.449=244.9$
(2) $\sqrt{0.06}=\sqrt{\dfrac{6}{100}}=\dfrac{\sqrt{6}}{10}=2.449\div10=0.2449$

7 (3) $8\div\sqrt{12}=\dfrac{8}{\sqrt{12}}=\dfrac{8}{2\sqrt{3}}=\dfrac{4}{\sqrt{3}}=\dfrac{4\sqrt{3}}{3}$
(4) $3\sqrt{6}\div(-\sqrt{10})\times\sqrt{5}=-\dfrac{3\sqrt{6}\times\sqrt{5}}{\sqrt{10}}=-3\sqrt{3}$

8 (4) $\sqrt{63}+3\sqrt{28}=3\sqrt{7}+3\times2\sqrt{7}$ ← $3\sqrt{28}$ $=3\times\sqrt{28}$ $=3\times2\sqrt{7}$
$=3\sqrt{7}+6\sqrt{7}=9\sqrt{7}$
(5) $\sqrt{48}-\dfrac{3}{\sqrt{3}}=4\sqrt{3}-\sqrt{3}=3\sqrt{3}$
(6) $\dfrac{18}{\sqrt{6}}-\dfrac{\sqrt{24}}{4}=\dfrac{18\sqrt{6}}{6}-\dfrac{2\sqrt{6}}{4}$
$=\dfrac{5\sqrt{6}}{2}$ ←$3\sqrt{6}-\dfrac{\sqrt{6}}{2}$

9 (1) $\sqrt{3}(3\sqrt{3}+\sqrt{6})=\sqrt{3}\times3\sqrt{3}+\sqrt{3}\times\surd$
$=9+3\sqrt{2}$
(2) $(\sqrt{7}+3)(\sqrt{7}-2)=(\sqrt{7})^2+(3-2)\sqrt{7}+3$
$\times(-2)=1+\sqrt{7}$ ←$7+\sqrt{7}$
(3) $(\sqrt{6}-\sqrt{15})^2=(\sqrt{6})^2-2\times\sqrt{6}\times\sqrt{15}+(\sqrt{15}$
$=21-6\sqrt{10}$ ←$6-6\sqrt{10}+15$
(4) $\dfrac{10}{\sqrt{2}}-2\sqrt{7}\times\sqrt{14}=5\sqrt{2}-14\sqrt{2}=-9\surd$
(5) $(2\sqrt{3}+1)^2-\sqrt{48}=12+4\sqrt{3}+1-4\sqrt{3}=$
(6) $\sqrt{5}(\sqrt{45}-\sqrt{15})-(\sqrt{5}-\sqrt{3})(\sqrt{5}+\sqrt{3})$
$=15-5\sqrt{3}-(5-3)=13-5\sqrt{3}$ ←$15-5\sqrt{3}-2$

得点アップのコツ
根号のついた数を1つの文字と考えて計算する。

10 (1) $x^2-2x+5=(1-\sqrt{3})^2-2(1-\sqrt{3})+5$
$=1-2\sqrt{3}+3-2+2\sqrt{3}+5=7$
別解 $x^2-2x+5=(x-1)^2+4$
$=(1-\sqrt{3}-1)^2+4=3+4=$
(2) $a+b=2\sqrt{5}$, $a-b=2\sqrt{2}$
$a^2-b^2=(a+b)(a-b)=2\sqrt{5}\times2\sqrt{2}=4\sqrt{10}$

11 (1) 正方形の1辺の長さを x cm とすると,
$x^2=6\times8=48$ → x は48の平方根の正の方。
(2) $5=\sqrt{5^2}=\sqrt{25}$, $6=\sqrt{6^2}=\sqrt{36}$ より,
$\sqrt{25}<\sqrt{a}<\sqrt{36}$ だから, $25<a<36$ → a は
27, 28, 29, 30, 31, 32, 33, 34, 35 の10
(3) $480=2^5\times3\times5=2^2\times2^2\times2\times3\times5$
$480n$ が自然数の2乗になればよいので, 求
る自然数 n は, $n=2\times3\times5=30$
(4) $63=3^2\times7$ だから, $a=7$, 7×2^2, 7×3^2,
7×4^2, …であれば, $63a$ は自然数の2乗に
るので, $\sqrt{63a}$ は自然数になる。
$7\times2^2=28$, $7\times3^2=63$, $7\times4^2=112$, …だか
2けたの自然数 a は, 28と63
(5) $7^2=49$, $8^2=64$ で, $49<58<64$ より,
$7<\sqrt{58}<8$ だから, $\sqrt{58}$ の整数部分は7
(6) $4<5<9$ より, $2<\sqrt{5}<3$ だから, $\sqrt{5}$ の
整数部分は2となる。よって, $a=\sqrt{5}-2$
$a(a+2)=(\sqrt{5}-2)(\sqrt{5}-2+2)=(\sqrt{5}-2)\times\surd$
$=5-2\sqrt{5}$

.134〜135 第3回

(1) ㋑，㋒　(2) ①…36，②…6

(1) $x=-4$，$x=5$　(2) $x=1$，$x=14$

(3) $x=-5$　(4) $x=0$，$x=12$

(5) $x=\pm3$　(6) $x=\pm\dfrac{\sqrt{6}}{5}$

(7) $x=10$，$x=-2$　(8) $x=\dfrac{-5\pm\sqrt{73}}{6}$

(9) $x=4\pm\sqrt{13}$　(10) $x=1$，$x=\dfrac{1}{2}$

(1) $x=-8$，$x=2$　(2) $x=-2$，$x=1$

(3) $x=4$　(4) $x=2\pm2\sqrt{3}$

(5) $x=-5$，$x=3$　(6) $x=-3$，$x=2$

(1) $x=6$　(2) $a=-8$，$b=15$

方程式…$x^2+(x+1)^2=113$

答え…7，8 と -8，-7

10 cm

5 m

$(4+\sqrt{10})$ 秒後，$(4-\sqrt{10})$ 秒後

P(4，7)

解説

(2)① x の係数 -12 の半分 -6 の 2 乗が入る。

(2)〜(4) 左辺を因数分解して解く。

(5)〜(7) 平方根の考えを使って解く。

(6) $25x^2=6$，$x^2=\dfrac{6}{25}$，$x=\pm\sqrt{\dfrac{6}{25}}=\pm\dfrac{\sqrt{6}}{5}$

(8)〜(10) 解の公式を使って解く。

(9) $(x-4)^2=13$ と変形して解いてもよい。

(1) $x^2+6x=16$
$(x+8)(x-2)=0$
（$x^2+6x-16=0$）

(2) $4x^2+4x-8=0$
$x^2+x-2=0$
$(x+2)(x-1)=0$
（両辺を4でわる）

(3) $\dfrac{1}{2}x^2=4x-8$
$x^2=8x-16$
$(x-4)^2=0$
（両辺に2をかける）（$x^2-8x+16=0$）

(4) $x^2-4(x+2)=0$
$x^2-4x-8=0$
（かっこをはずす）

$x=\dfrac{-(-4)\pm\sqrt{(-4)^2-4\times1\times(-8)}}{2\times1}$

$=\dfrac{4\pm4\sqrt{3}}{2}=2\pm2\sqrt{3}$
（$\dfrac{4\pm\sqrt{48}}{2}$）

(5) $(x-2)(x+4)=7$
$x^2+2x-15=0$
$(x+5)(x-3)=0$
（$x^2+2x-8=7$）

(6) $(x+3)^2=5(x+3)$
$x^2+x-6=0$
$(x+3)(x-2)=0$
（$x^2+6x+9=5x+15$）

別解 $x+3=M$ とおいて解く。

得点アップのコツ
方程式の解をもとの方程式に代入して検算する。

4 (1) $x=-4$ を $x^2+ax-24=0$ に代入して，
$16-4a-24=0$　$a=-2$
$x^2-2x-24=0$ を解くと，$x=-4$，$\underline{x=6}$

(2) $x^2+ax+b=0$ の解が 3 と 5 だから，
$x=3$ を代入して，$9+3a+b=0$　①
$x=5$ を代入して，$25+5a+b=0$　②
①，②を連立方程式として解くと，
$a=-8$，$b=15$

5 大きい方の整数は $x+1$ と表される。
$x^2+(x+1)^2=113$
これを解くと，$x=7$，$x=-8$
（$x^2+x-56=0$）

6 もとの紙の縦の長さを x cm とすると，紙の横の長さは $2x$ cm になる。
$2(x-4)(2x-4)=192$
これを解くと，$x=10$，$x=-4$
（$x^2-6x-40=0$）
$x>4$ であるから，$x=10$

7 道の幅を x m とすると，
$(30-2x)(40-2x)=30\times40\times\dfrac{1}{2}$
これを解くと，$x=5$，$x=30$
（$x^2-35x+150=0$）
$0<x<15$ であるから，$x=5$

8 点 P，Q が出発してから x 秒後に △PBQ の面積が 3 cm² になるとすると，$\dfrac{1}{2}x(8-x)=3$
これを解くと，$x=4\pm\sqrt{10}$
$0\leqq x\leqq8$ であるから，どちらも問題に適している。

9 点 P の x 座標を p とすると，y 座標は $p+3$
A$(2p,\ 0)$ より，OA $=2p$ cm
OA を底辺としたときの △POA の高さは点 P の y 座標に等しいから，$\dfrac{1}{2}\times2p\times(p+3)=28$
これを解くと，$p=4$，$p=-7$ ←$p^2+3p-28=0$
$p>0$ であるから，$p=4$　点 P の y 座標は $4+3=7$

p.136〜137 第4回

1 (1) $y=-2x^2$ (2) $y=-18$
(3) $x=\pm5$

2 右の図

3 (1) ㋑，㋔，㋕
(2) ㋒
(3) ㋐，㋒，㋓
(4) ㋑

4 (1) $0 \leqq y \leqq 27$
(2) $-18 \leqq y \leqq 0$

5 (1) -12 (2) 6

6 (1) $a=-1$ (2) $a=3,\ b=0$
(3) $a=3$ (4) $a=-\frac{1}{2}$ (5) $a=-\frac{1}{3}$

7 (1) $y=3x^2$ (2) $y=6x$
(3) $y=12$ (4) 3秒後

8 (1) $a=16$ (2) $y=x+8$
(3) 48

解説

1 (1) $y=ax^2$ に $x=2$，$y=-8$ を代入して，
$-8=a\times2^2$ $a=-2$
(2) $y=-2\times(-3)^2=-18$
(3) $-50=-2x^2$ $x^2=25$ $x=\pm5$

3 (1) $y=ax^2$ で，$a<0$ となるもの。
(2) $y=ax^2$ で，a の絶対値が最大なもの。
(3) $y=ax^2$ で，$a>0$ となるもの。
(4) $y=ax^2$ のグラフと $y=-ax^2$ のグラフは x 軸について対称である。

4 (1) x の変域に0をふくむから，y の最小値は，$x=0$ のときの $y=0$
-3 と1では -3 の方が絶対値が大きいから，最大値は $x=-3$ のときの $y=3\times(-3)^2=27$
(2) y の最大値は $x=0$ のときの $y=0$
最小値は $x=-3$ のときの $y=-2\times(-3)^2=-18$

5 (1) $x=-4$ のとき，$y=2\times(-4)^2=32$
$x=-2$ のとき，$y=2\times(-2)^2=8$
$\frac{(y\text{の増加量})}{(x\text{の増加量})}=\frac{8-32}{(-2)-(-4)}=\frac{-24}{2}=-12$
(2) $\frac{-(-2)^2-\{-(-4)^2\}}{(-2)-(-4)}=\frac{12}{2}=6$ ← $\frac{(y\text{の増加量})}{(x\text{の増加量})}$

6 (1) -1 と2では2の方が絶対値が大きいから，y の値が最小になるのは $x=2$ のときで，このとき，$y=-4$ となる。これを $y=ax^2$ に代入して，
$-4=a\times2^2$ $4a=-4$ $a=-1$
(2) $x=-2$ のとき，$y=2\times(-2)^2=8$ で $y=$ にならないから，$x=a$ のとき $y=18$
これを $y=2x^2$ に代入して，$18=2a^2$，$a^2=$
$-2 \leqq a$ だから，$a=3$ よって，$-2 \leqq x \leqq 3$
x の変域に0をふくむから，$b=0$
(3) $\frac{a\times3^2-a\times1^2}{3-1}=12$ $4a=12$ $a=3$
(4) $y=-4x+2$ の変化の割合は一定で，-4
$\frac{a\times6^2-a\times2^2}{6-2}=-4$ $8a=-4$ $a=-$
(5) $y=ax^2$ に $x=3$，$y=-3$ を代入して，
$-3=a\times3^2$ $9a=-3$ $a=-\frac{1}{3}$

7 (1) $\mathrm{BP}=3x$ cm，$\mathrm{BQ}=2x$ cm より，
$y=\frac{1}{2}\times2x\times3x=3x^2$ ← $y=\frac{1}{2}\times\mathrm{BQ}\times\mathrm{BP}$
(2) △BPQの底辺を $\mathrm{BQ}=2x$ cm とすると，さは6 cmで一定だから，$y=\frac{1}{2}\times2x\times6=6$
(3) $x=2$ は，$0 \leqq x \leqq 2$ にふくまれるから，
$y=3x^2$ に $x=2$ を代入して，$y=3\times2^2=12$
別解 $x=2$ は，$2 \leqq x \leqq 6$ にふくまれるから
$y=6x$ に $x=2$ を代入して，$y=6\times2=1$
(4) (3)から $18>12$ より，$y=18$ となるのは $2 \leqq x \leqq 6$ のとき。$y=6x$ に $y=18$ を代入し
$18=6x$ $x=3$

8 (1) $y=\frac{1}{4}x^2$ に $x=8$，$y=a$ を代入して，
$a=\frac{1}{4}\times8^2$ $a=16$
(2) 直線②は2点A(8, 16)，B(-4, 4)を通から，傾きは，$\frac{16-4}{8-(-4)}=\frac{12}{12}=1$
よって，②の式を $y=x+b$ とおくと，
$16=8+b$ $b=8$ より，$y=x+8$
(3) 直線②と y 軸との交点をCとする。C(0,
より $\mathrm{OC}=8$ → $\triangle\mathrm{OAB}=\frac{1}{2}\times8\times8+\frac{1}{2}\times8\times4=$
（△OAC）（△OBC）

得点アップのコツ
グラフがある点を通るときは，その点の x 座標と y 座標をグラフの式に代入してみる。

.138~139 第5回

(1) 2：3　(2) 9 cm　(3) 115°

(1) △ABC ∽ △DBA
2 組の角がそれぞれ等しい。
$x=5$

(2) △ABC ∽ △EBD
2 組の辺の比とその間の角がそれぞれ等しい。
$x=15$

(1) 1.40×10^7 人　(2) 432 人

(1) △ABP と △PCQ において，
仮定から，∠B＝∠C＝60°　①
∠APC＝∠B＋∠BAP＝60°＋∠BAP　②
また，∠APC＝∠APQ＋∠CPQ
＝60°＋∠CPQ　③
②，③より ∠BAP＝∠CPQ　④
①，④より，2 組の角がそれぞれ等しいから，
△ABP ∽ △PCQ

(2) $\frac{8}{3}$ cm

(1) $x=\frac{24}{5}$　(2) $x=6$　(3) $x=\frac{18}{5}$

(1) $x=9$　(2) $x=2$　(3) $x=10$

(1) 1：1　(2) 3 倍

(1) $x=6$　(2) $x=12$

(1) 20 cm^2

(2) 相似比…3：4，体積比…27：64

解 説

(1) 対応する辺は AB と PQ だから，相似比は
AB：PQ＝8：12＝2：3　対応する線分の長さの比

(2) BC：QR＝AB：PQ より，6：QR＝8：12
8QR＝72　QR＝9 cm

別解 (1)の相似比より，6：QR＝2：3

(3) 相似な図形の対応する角の大きさは等しいから，∠A＝∠P＝70°，∠B＝∠Q＝100°
四角形の内角の和は 360° だから，
∠C＝360°－(70°＋100°＋75°)＝115°

(1) ∠BCA＝∠BAD，∠B は共通。
よって，△ABC ∽ △DBA
AB：DB＝BC：BA より，6：4＝(4＋x)：6
4(4＋x)＝36　$x=5$

(2) BA：BE＝(18＋17)：21＝5：3　①
BC：BD＝(21＋9)：18＝5：3　②
①，②より，BA：BE＝BC：BD　③
また，∠B は共通　④
③，④より，△ABC ∽ △EBD
AC：ED＝BA：BE
25：x＝5：3　5x＝75　$x=15$

3 (1) 一万の位を四捨五入すると，14000000 人より，有効数字は，1，4，0 である。

(2) (近似値)－(真の値) を求める。
14000000－13999568＝432(人)

4 (2) PC＝BC－BP＝12－4＝8(cm)
△ABP ∽ △PCQ だから，←(1)より
BP：CQ＝AB：PC
4：CQ＝12：8(＝3：2)
3CQ＝8

5 (1) PQ ∥ BC だから，PQ：BC＝AP：AB
x：8＝6：(6＋4)(＝3：5)
5x＝24

(2) AP：PB＝AQ：QC より，
12：x＝10：(15－10)(＝2：1)
2x＝12

別解 AP：AB＝AQ：AC より，
12：(12＋x)＝10：15　10(12＋x)＝180

(3) AQ：AC＝PQ：BC より，
x：6＝6：10(＝3：5)
5x＝18

6 (1) 15：x＝20：12(＝5：3)
5x＝45

(2) x：4＝3：(9－3)(＝1：2)
2x＝4

(3) 右の図のように点 A～F を定め，A を通り DF に平行な直線を引いて，BE，CF との交点をそれぞれ P，Q とする。四角形 APED，四角形 AQFD はともに平行四辺形だから，

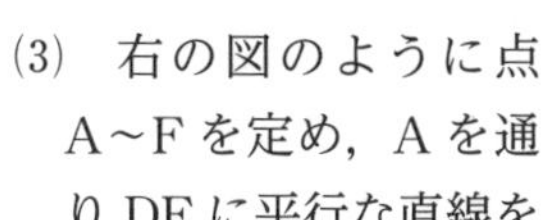

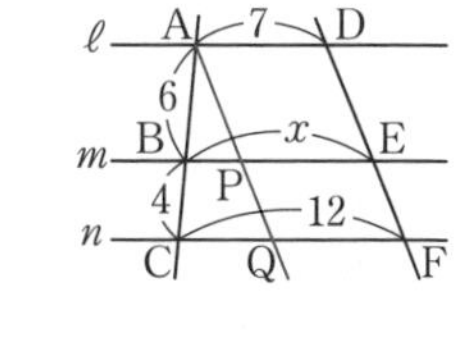

PE＝QF＝AD＝7 ←平行四辺形の対辺
よって，BP＝x－7，CQ＝12－7＝5
△ACQ で，BP ∥ CQ だから，
BP：CQ＝AB：AC
(x－7)：5＝6：(6＋4)(＝3：5)
5(x－7)＝15　$x=10$

別解 AF と BE の交点を R とする。

$BR = 12 \times \dfrac{6}{6+4} = \dfrac{36}{5}$

$RE = 7 \times \dfrac{4}{4+6} = \dfrac{14}{5}$

$x = BR + RE$

$= \dfrac{36}{5} + \dfrac{14}{5} = 10$

得点アップのコツ

定理を覚えてただ数値をあてはめるだけでなく，相似な三角形の対応する辺の比を意識しながら，比例式をつくるとよい。

7 (1) △CFB で，中点連結定理より，

DG // BF　　（G，D はそれぞれ辺 CF，CB の中点）

△ADG で，EF // DG だから，

AF : FG = AE : ED = 1 : 1

(2) △ADG で，(1)より，F は辺 AG の中点，E は辺 AD の中点だから，$EF = \dfrac{1}{2}DG$

よって，DG = 2EF　①

また，△CFB で，中点連結定理より，

$DG = \dfrac{1}{2}BF$　　よって，BF = 2DG　②

①，②より，BF = 2×2EF = 4EF

BE = BF − EF = 4EF − EF = 3EF

8 (1) AB // CD だから，

BE : CE = AB : DC　←△ABE∽△DCE

= 10 : 15 = 2 : 3

△BDC で，EF // CD だから，

EF : CD = BE : BC

x : 15 = 2 : (2+3)(= 2 : 5)　　$5x = 30$

(2) 線分 AM と BD の交点を P とする。

DP : BP = AD : MB = 2 : 1　←△APD∽△MPB

DP : BD = 2 : (1+2) = 2 : 3

x : 18 = 2 : 3　　　$3x = 36$

9 (1) ④の面積を x cm^2 とする。

$125 : x = 5^2 : 2^2$　←面積比は相似比の2乗に等しい。

$125 : x = 25 : 4$　　　$25x = 500$

(2) 9 : 16 = $3^2 : 4^2$ だから，相似比は 3 : 4

（相似比が $m:n$ ならば表面積比は $m^2:n^2$）

㋐と④の体積比は，$3^3 : 4^3 = 27 : 64$

（相似な立体の体積比は相似比の3乗に等しい。）

p.140〜141 第6回

1 (1) **50°**　(2) **52°**　(3) **119°**
(4) **90°**　(5) **37°**　(6) **35°**

2 (1) **70°**　(2) **47°**　(3) **60°**
(4) **76°**　(5) **32°**　(6) **13°**

3 **△BPC と △BCD において，**
$\overset{\frown}{AB} = \overset{\frown}{BC}$ より，等しい弧に対する円周角は等しいので，∠PCB = ∠CDB　①
また，共通な角だから，
∠PBC = ∠CBD　②
①，②より，2 組の角がそれぞれ等しいから，
△BPC ∽ △BCD

4 (1) **$x = 16$**　(2) **$x = \dfrac{24}{5}$**　(3) **$x = 5$**

5 **∠BOC は △ABO の外角だから，**
∠BAC + 45° = 110°，∠BAC = 65°
2 点 A，D は直線 BC について同じ側にあり，∠BAC = ∠BDC だから，円周角の定理の逆により，4 点 A，B，C，D は 1 つの円周上にある

6 (1)

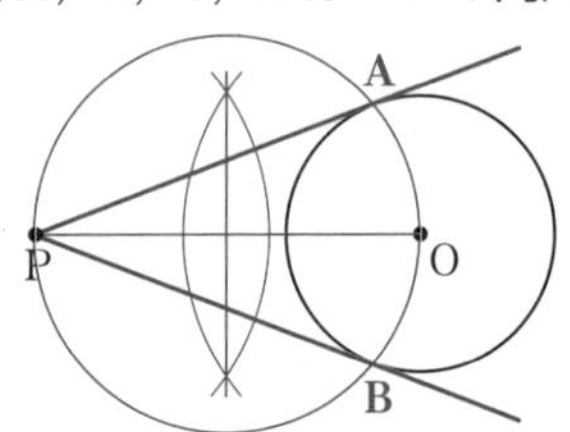

(2) **4 cm**

解説

1 (1) $\angle x = \dfrac{1}{2}\angle AOB = \dfrac{1}{2} \times 100° = 50°$

(2) $\angle x = 2\angle BAC = 2 \times 26° = 52°$

(3) 円周角 ∠x の中心角は，360° − 122° = 238°

$\angle x = \dfrac{1}{2} \times 238° = 119°$

(4) 半円の弧に対する円周角は 90°

(5) $\overset{\frown}{CD}$ に対する円周角は等しいから，

∠x = ∠B = 37°

(6) $\overset{\frown}{BC} = \overset{\frown}{CD}$ より，等しい弧に対する円周角等しいから，∠x = ∠CAD = 35°

2 (1) 点 O と A を結ぶ。

∠OAB = ∠OBA = 16°　←OA=OBより

∠OAC = ∠OCA = 19°　←OA=OCより

よって，∠BAC = 16° + 19° = 35°

∠x = 2∠BAC = 2×35° = 70°

(2) ∠OBC = ∠OCB = 43°　←OB=OCより

$\angle BOC = 180° - 43° \times 2 = 94°$

$\angle x = \frac{1}{2}\angle BOC = \frac{1}{2} \times 94° = 47°$

3) $\angle BOC + 10° = 110°$ ←∠BPCは△OBPの外角

$\angle BOC = 100°$

$\angle BAC = \frac{1}{2}\angle BOC = \frac{1}{2} \times 100° = 50°$

$\angle x + 50° = 110°$ ←∠BPCは△APCの外角

$\angle x = 60°$

4) $\angle BAC = \angle BDC = 55°$ ←$\overset{\frown}{BC}$に対する円周角

$\angle x = 21° + 55° = 76°$ ←∠xは△ABPの外角

5) 半円の弧に対する円周角は 90° だから，

$\angle ACB = 90°$

$\angle BAC = 180° - (90° + 58°) = 32°$ ←△ABCの内角の和より

$\angle x = \angle BAC = 32°$ ←$\overset{\frown}{BC}$に対する円周角

6) $\angle BAD = \angle BCD = \angle x$ ←$\overset{\frown}{BD}$に対する円周角

$\angle ABC = \angle x + 44°$ ←∠ABCは△BPCの外角

$\angle BAD + \angle ABC = \angle AQC$ より，←∠AQCは△ABQの外角

$\angle x + (\angle x + 44°) = 70°$

$2\angle x = 26°$　　$\angle x = 13°$

点アップのコツ

角度の問題は，必要な補助線を引き，わかった角の大きさを図の中にどんどん書き入れていくと，解き方の糸口がみえてくる。

(1) 円周角の大きさと弧の長さは比例するから，

$\overset{\frown}{AB} : \overset{\frown}{CD} = 30 : 40 = 3 : 4$

よって，$12 : x = 3 : 4$　　$3x = 48$

2) $\angle A = \angle C$，$\angle D = \angle B$ より，←円周角の定理

$\triangle ADP \backsim \triangle CBP$

よって，$DP : BP = AD : CB$

$x : 4 = 6 : 5$　　$5x = 24$

3) $\angle A = \angle C$，$\angle P$ は共通より，

$\triangle ADP \backsim \triangle CBP$

よって，$AP : CP = DP : BP$

$(13 + x) : (9 + 6) = 6 : x$

$x(13 + x) = 90$　　$13x + x^2 = 90$

これを解くと，$x^2 + 13x - 90 = 0$

$(x + 18)(x - 5) = 0$

$x = -18$，$x = 5$

$x > 0$ であるから，$x = -18$ は問題に適していない。

(2) 円の外部にある1点から，この円に引いた2本の接線の長さは等しいから，

$PB = PA = 4$ cm

p.142〜143 第7回

1 (1) $x = \sqrt{34}$　(2) $x = 7$
(3) $x = 4\sqrt{2}$　(4) $x = 4\sqrt{3}$

2 (1) $x = \sqrt{58}$　(2) $x = 2\sqrt{13}$
(3) $x = 2\sqrt{3} + 2$

3 (1) ○　(2) ×　(3) ○　(4) ○

4 (1) $7\sqrt{2}$ cm　(2) $9\sqrt{3}$ cm²　(3) $h = 2\sqrt{15}$

5 (1) $6\sqrt{5}$ cm　(2) $\sqrt{58}$　(3) $6\sqrt{10}\pi$ cm³

6 (1) $9^2 - x^2 = 7^2 - (8 - x)^2$　(2) 6　(3) $3\sqrt{5}$

7 3 cm

8 表面積 $(32\sqrt{2} + 16)$cm²，体積 $\frac{32\sqrt{7}}{3}$ cm³

9 (1) 6 cm　(2) $2\sqrt{13}$ cm　(3) 18 cm²

解説

2 (1) $\triangle ABD$ で，$AD^2 + 4^2 = 7^2$，$AD^2 = 33$

$\triangle ADC$ で，$x^2 = AD^2 + 5^2 = 33 + 25 = 58$

(2) 点Dから辺BCに垂線DHを引く。四角形ABHDは長方形だから，$BH = 3$

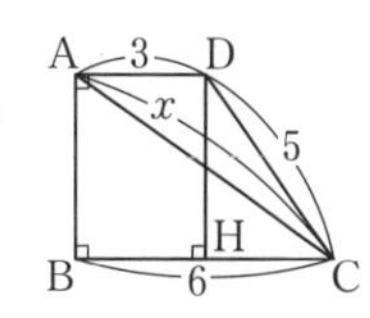

$CH = 6 - 3 = 3$

$\triangle DHC$ で，$DH^2 + 3^2 = 5^2$

$DH^2 = 16$　　$DH > 0$ であるから，$DH = 4$

$AB = DH = 4$ ←四角形ABHDは長方形

$\triangle ABC$ で，$x^2 = AB^2 + BC^2 = 4^2 + 6^2 = 52$

(3) $\triangle ADC$ で，$4 : DC = 2 : 1$ ←60°の角をもつ直角三角形の辺の長さの比

$DC = 2$

$4 : AD = 2 : \sqrt{3}$　　$AD = 2\sqrt{3}$

$\triangle ABD$ は直角二等辺三角形だから，

$BD = AD = 2\sqrt{3}$，$x = BD + DC = 2\sqrt{3} + 2$

得点アップのコツ

必要な直角三角形がないときは，垂線を引いて直角三角形をつくり出す工夫をする。

4 (2) 正三角形の高さは $3\sqrt{3}$ cm

(3) $BH = 2$，　$h^2 + 2^2 = 8^2$，　$h^2 = 60$

5 (1) 中心Oから弦ABに垂線OHを引く。

$AH^2 + 6^2 = 9^2$ より，$AH = 3\sqrt{5}$ cm ←$AH^2 = 45$

$AB = 2AH = 6\sqrt{5}$ cm ←HはABの中点

(2) $AB^2 = \{-2 - (-5)\}^2 + \{4 - (-3)\}^2 = 58$

(3) 円錐の高さを h cm とする。

$h^2 + 3^2 = 7^2$　　$h = 2\sqrt{10}$ ←$h^2 = 40$

体積は，$\frac{1}{3} \times \pi \times 3^2 \times 2\sqrt{10} = 6\sqrt{10}\pi$ (cm³)

6 (1) 直角三角形 ABH と直角三角形 ACH で，それぞれ AH^2 を x の式で表す。

(2) (1)の方程式を解く。$9^2-x^2=7^2-(8-x)^2$

$81-x^2=49-(64-16x+x^2)$ ← $-16x=-96$

$x=6$

(3) $AH^2=9^2-x^2=9^2-6^2=45$

7 $BE=x$ cm とする。$AE=(8-x)$ cm

折り返したから，$EF=AE=(8-x)$ cm

△EBF で，$x^2+4^2=(8-x)^2$

$x^2+16=64-16x+x^2$ ← $16x=48$

$x=3$

8 点 A から辺 BC に垂線 AP を引く。

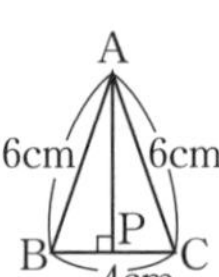

$BP=2$ cm ←PはBCの中点

$AP^2+2^2=6^2$ より，$AP=4\sqrt{2}$ cm ($AP^2=32$)

△ABC の面積は，$\frac{1}{2}\times4\times4\sqrt{2}=8\sqrt{2}$ (cm^2)

よって，表面積は，$8\sqrt{2}\times4+4^2=32\sqrt{2}+16$ (cm^2)

BD と CE の交点を H とする。$BH=2\sqrt{2}$ cm

△ABH で，$AH^2+(2\sqrt{2})^2=6^2$，$AH=2\sqrt{7}$ cm ← $AH^2=28$

体積は，$\frac{1}{3}\times4^2\times2\sqrt{7}=\frac{32\sqrt{7}}{3}$ (cm^3)

別解 △APH で，$AH^2+2^2=AP^2$ ← $AP^2=32$

$AH^2=28$，$AH>0$ であるから，$AH=2\sqrt{7}$ cm

9 (1) △MBF で，$MF^2=2^2+4^2=20$

$MF>0$ であるから，$MF=2\sqrt{5}$ cm

△MFG で，$MG^2=MF^2+4^2=20+16=36$

$MG>0$ であるから，$MG=6$ cm

(2) 右の図のように面 ABFE を開いたときの線分 MG が求める長さ。

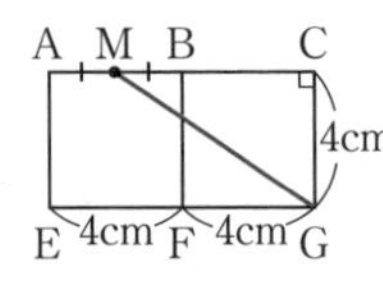

△MGC で，

$MG^2=(2+4)^2+4^2=52$

(3) $FH=\sqrt{2}FG=4\sqrt{2}$ cm

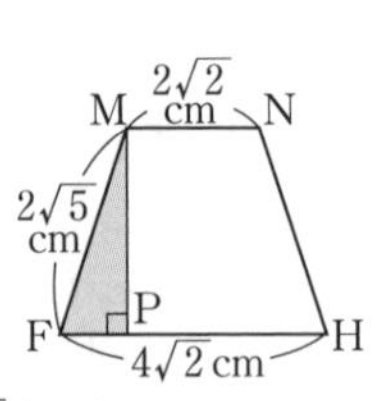

$MN=\sqrt{2}AM=2\sqrt{2}$ cm

点 M から FH に垂線 MP を引く。$MF=NH$ より，

$FP=(4\sqrt{2}-2\sqrt{2})\div2=\sqrt{2}$ (cm)

△MFP で，$MP^2+(\sqrt{2})^2=(2\sqrt{5})^2$

$MP=3\sqrt{2}$ cm ← $MP^2=18$

よって，四角形の面積は，

$\frac{1}{2}\times(2\sqrt{2}+4\sqrt{2})\times3\sqrt{2}=18$ (cm^2)

p.144 第8回

1 (1) 標本調査　(2) 標本調査

(3) 全数調査　(4) 標本調査

2 (1) ある工場で昨日作った5万個の製品

(2) 300個　(3) 約1000個

3 約700個

4 約440個

5 (1) 約15.7語（または，約16語）

(2) 約14000語

解説

1 対象となる集団のすべてを調査するのが全数査で，集団の一部を調査するのが標本調査であ

2 (1) 調査する対象となるもとの集団が母集

(2) 無作為抽出したデータの個数が標本の大き

(3) 5万個の中の不良品の数を x 個とすると

$50000:x=300:6$ ← $300x=300000$

$x=1000$

3 袋の中の玉の数を x 個とする。

(玉の総数)：100＝(取り出した玉の数)：(そのうちの印のついた数) と考えて，

$x:100=(23+4):4$

$4x=2700$

$x=675$ → 700 ←十の位を四捨五入

別解 印のついていない玉と印のついた玉の個の比で考えると，

$(x-100):100=23:4$

$4(x-100)=2300$　$x=675$

4 袋の中の白い碁石の数を x 個とする。

(白・黒の碁石の総数)：60＝(取り出した碁石の数)：(そのうちの黒い碁石の数) と考えて，

$(x+60):60=50:6$

$6(x+60)=3000$ ← $6x=2640$

$x=440$

別解 白い碁石と黒い碁石の個数の比で考える

$x:60=(50-6):6$ ← $6x=2640$

$x=440$

5 (1) $(18+21+15+16+9+17+20+11+14+$

$\div10=157\div10=15.7$ (語)

標本平均が母平均にほぼ等しいと考える。

(2) $15.7\times900=14130$ → 14000 (語) ←百の位を四捨五入

平均値を求める計算は，工夫して速く正確に行う。

6 5 4 3 2
D C B A

教科書ワーク
数学

特別ふろく②

無料ダウンロード

定期テスト対策問題

こちらにアクセスして，表紙カバーについているアクセスコードを入力してご利用ください。
https://www.kyokashowork.jp/ma11.html

1 実力テスト

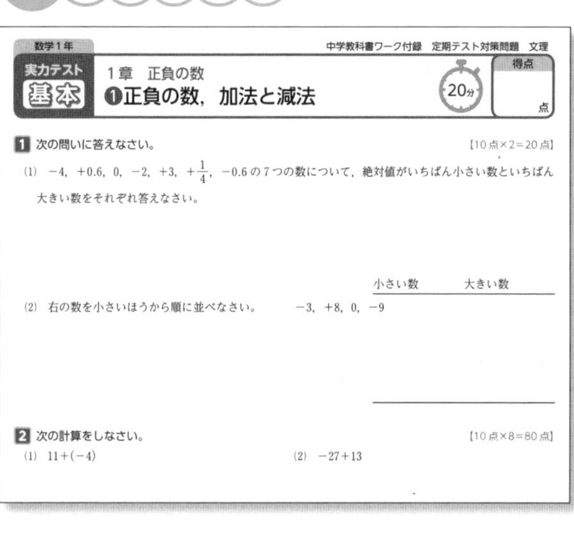

数学1年　中学教科書ワーク付録　定期テスト対策問題　文理

実力テスト 基本　1章　正負の数
❶正負の数，加法と減法　20分　得点　点

1 次の問いに答えなさい。【10点×2＝20点】

(1) -4，$+0.6$，0，-2，$+3$，$+\frac{1}{4}$，-0.6 の7つの数について，絶対値がいちばん小さい数といちばん大きい数をそれぞれ答えなさい。

小さい数　大きい数

(2) 右の数を小さいほうから順に並べなさい。　-3，$+8$，0，-9

2 次の計算をしなさい。【10点×8＝80点】

(1) $11+(-4)$　(2) $-27+13$

数学1年　中学教科書ワーク付録　定期テスト対策問題　文理

実力テスト 発展　1章　正負の数
❶正負の数，加法と減法　30分　得点　点

1 次の問いに答えなさい。【20点×3＝60点】

(1) 右の数の大小を，不等号を使って表しなさい。　$-\frac{1}{2}$，$-\frac{1}{3}$，$-\frac{1}{5}$

数学1年　中学教科書ワーク付録　定期テスト対策問題　文理

実力テスト 標準　1章　正負の数
❶正負の数，加法と減法　25分　得点　点

1 次の問いに答えなさい。【10点×2＝20点】

(1) 絶対値が3より小さい整数をすべて求めなさい。

(2) 数直線上で，-2からの距離が5である数を求めなさい。

2 次の計算をしなさい。【10点×8＝80点】

(1) $-6+(-15)$　(2) $-\frac{2}{5}-\left(-\frac{1}{2}\right)$

2 観点別評価テスト

観点別評価にも対応。
苦手なところを
克服しよう！

解答用紙が別だから，
テストの練習になるよ。

数学1年　中学教科書ワーク付録　定期テスト対策問題　文理

第①回　観点別評価テスト　●答えは，別紙の解答用紙に書きなさい。　40分

主体的に学習に取り組む態度

❶ 次の問いに答えなさい。

(1) 交換法則や結合法則を使って正負の数の計算の順序を変えることに関して，正しいものを次から1つ選んで記号で答えなさい。

ア　正負の数の計算をするときは，計算の順序をくふうして計算しやすくできる。
イ　正負の数の加法の計算をするときだけ，計算の順序を変えてもよい。
ウ　正負の数の乗法の計算をするときだけ，計算の順序を変えてもよい。
エ　正負の数の計算をするときは，計算の順序を変えるようなことをしてはいけない。

(2) 電卓の使用に関して，正しいものを次から1つ選んで記号で答えなさい。

ア　数学や理科などの計算問題は電卓をどんどん使ったほうがよい。
イ　電卓は会社や家庭で使うものなので，学校で使ってはいけない。
ウ　電卓の利用が有効な問題のときは，先生の指示にしたがって使ってもよい。

思考力・判断力・表現力等

❸ 次の問いに答えなさい。

(1) 次の各組の数の大小を，不等号を使って表しなさい。

①　$-\frac{3}{4}$，$-\frac{2}{3}$　②　$-\frac{2}{3}$，$\frac{1}{4}$，$-\frac{1}{2}$

(2) 絶対値が4より小さい整数を，小さいほうから順に答えなさい。

(3) 次の数について，下の問いに答えなさい。

$-\frac{1}{4}$，0，$\frac{1}{5}$，1.70，$-\frac{13}{5}$，$\frac{7}{4}$

①　小さいほうから3番目の数を答えなさい。
②　絶対値の大きいほうから3番目の数を答えなさい。

思考力・判断力・表現力等

❹ 次の問いに答えなさい。

(1) 次の数量を，文字を使った式で表しなさい。

数学1年　第①回　観点別評価テスト　解答用紙